"双一流"建设精品出版工程
"十三五"国家重点出版物出版规划项目
材料科学研究与工程技术系列图书

U0185349

微电子制造原理与工艺

PRINCIPLE AND TECHNOLOGY OF MICROELECTRONIC MANUFACTURING

张 威 李宇杰 刘 威 主编

哈尔滨工业大学出版社
HARBIN INSTITUTE OF TECHNOLOGY PRESS

内 容 简 介

本书首先介绍微电子制造的技术背景、工艺现状以及发展趋势,并阐述作为半导体衬底材料的单晶硅的生长方法及硅片的制造工艺;然后从基本原理和工艺过程两方面,阐述热氧化、热扩散、离子注入、光刻、刻蚀、蒸发、溅射、化学气相淀积、外延等微电子制造单项工艺过程;再以典型互补金属氧化物半导体(CMOS)器件为例,介绍制造完整器件并实现集成电路中各器件间隔离和金属化互连的关键工艺技术以及工艺集成的具体步骤;最后介绍工艺监控及电学测试方法。

本书适合作为普通高等学校电子封装技术、电子科学与技术、微电子技术等专业高年级本科生和研究生的专业课教材,也可以作为微电子制造领域及相关专业工程技术人员的参考书。

图书在版编目(CIP)数据

微电子制造原理与工艺/张威,李宇杰,刘威主编. —哈尔滨:哈尔滨工业大学出版社,2020.11(2023.3 重印)

ISBN 978 - 7 - 5603 - 9056 - 7

Ⅰ.①微… Ⅱ.①张… ②李… ③刘… Ⅲ.①微电子技术-高等学校-教材 Ⅳ.①TN4

中国版本图书馆 CIP 数据核字(2020)第 171109 号

材料科学与工程
图书工作室

策划编辑	许雅莹 杨 桦
责任编辑	张 颖 王 娇
封面设计	屈 佳

出版发行 哈尔滨工业大学出版社

社　　址 哈尔滨市南岗区复华四道街 10 号　邮编150006

传　　真 0451 - 86414749

网　　址 http://hitpress. hit. edu. cn

印　　刷 哈尔滨市工大节能印刷厂

开　　本 787 mm×1092 mm　1/16　印张20.25　字数 480 千字

版　　次 2020 年 11 月第 1 版　2023 年 3 月第 2 次印刷

书　　号 ISBN 978 - 7 - 5603 - 9056 - 7

定　　价 44.00 元

前　言

　　微电子制造技术是电子科学与技术中一个重要和关键的组成部分,其研究对象是制造微小电子器件、部件及组件的相关工艺、技术和设备,是实现电子器件小型化和微型化的手段和基础。随着微电子器件日益向着高集成度、高速、高频、超薄、低功耗、低成本的方向发展,短短几十年的时间,微电子制造技术也由最初的单层二维平面制造,发展为多层高密度、多功能三维制造,掺杂、光刻、刻蚀、薄膜制备等各种传统工艺技术不断进步,并与新兴的微纳加工手段相互融合,使器件或组件的集成度进一步提高、成本不断降低而功能不断提升。集成电路是现代工业的基础,信息技术产业的核心。我国的集成电路产业正处于高速、蓬勃的发展周期,要实现中国制造向中国创造转变,制造大国向制造强国转变,还需要在微电子制造领域有更多创新型、国际化的专业人才。哈尔滨工业大学电子封装技术本科专业是我国首批获得批准的电子制造类国防特色紧缺专业,于2007年获得教育部批准。自2008年起,作者讲授专业基础课程“微电子制造技术”。本书是作者根据多年的教学和科研工作的经验编写而成的,对于进一步完善专业体系建设,提高人才培养质量具有重要意义。

　　本书旨在从基本原理和工艺过程两方面系统介绍半导体集成电路及其他微电子器件的基本制造过程和各种工艺方法,以传统微电子制造中的各种单项工艺及这些单项工艺的集成为主要内容,结合微电子技术的发展现状和趋势,简单介绍相关的先进微纳制造技术及应用,使读者对微电子制造技术有较为完整和清晰的了解,从而较好地把握微电子制造技术的发展脉络。本书适合作为普通高等学校电子封装技术、电子科学与技术、微电子技术等专业高年级本科生和研究生的专业课教材,也可以作为微电子制造领域及相关专业工程技术人员的参考书。

　　本书共分为7章。第1章绪论,主要讲述微电子制造的基本概念、微电子制造技术的发展历史和发展趋势。第2章硅衬底,主要介绍硅的基本性质、结构特点、晶体缺陷以及晶体中杂质等基本特性,单晶硅的生长方法及硅片的制造工艺。第3~5章介绍硅芯片制造基本单项工艺的原理、方法、设备以及相关的技术基础及发展趋势。其中,第3章氧化与掺杂,介绍热氧化、热扩散和离子注入;第4章图形转移,介绍光刻及刻蚀两类基本的图形转移方法;第5章薄膜制备,主要介绍物理气相淀积(包括蒸发、溅射)、化学气相淀积及外延这几种基本的制膜方法。清洗及化学机械抛光作为微电子制造技术的辅助工艺也非常关键和重要,但限于本书的结构和篇幅,只在相关部分(如第5章和第6章)做简要介绍。第6章工艺集成,将各类单项工艺技术集成于一体,以CMOS器件的制备为例,介绍制造完整器件并实现集成电路中各器件间隔离和金属化互连的关键工艺技术以及工艺集成的工艺步骤。第 7 章监控与测试,主要介绍当前主要半导体集成电路工艺监控及电学测试方法。

本书由张威进行统稿与定稿,并编写第 1～3、6 章;郑振编写第 4 章;李宇杰编写第 5 章;刘威编写第 7 章;王春青教授对全书进行了审阅。

王春雨、姚旺在初稿编写中,帮助收集资料并撰写部分内容,田艳红、安荣、杭春进、王晨曦、孔令超对本书的编写给予了许多宝贵意见。在此,对上述各位以及为本书出版给予支持与帮助的人士表示衷心的感谢!

由于编者水平有限,加之时间仓促,书中难免存在不足之处,敬请广大读者批评指正。

编　者

2020 年 7 月

目　　录

第1章 绪 论

自从 1947 年贝尔实验室的第一个晶体管发明以来,微电子产业进入了集中增长时期。特别是大规模集成电路的高速发展,创造了人类现代工业发展史上的一个奇迹。集成电路在高集成化、高性能化、低成本化方面竞争激烈,性能提高、体积缩小及价格降低成为其显著特征。过去需占满整幢大楼的电子设备和仪器,现在可以缩小到安置在像"神舟五号""神舟六号"这样的宇宙飞船上;包含数亿只晶体管的电子计算机可以装进巡航导弹的小小弹头里;微机电系统(Micro-Electro-Mechanical System,MEMS)技术的迅猛发展还将研制出被称为"蚊子"导弹、"苍蝇"飞机、"蚂蚁"士兵等千奇百怪的战场"精灵",这些都是过去想象不到的事情。

微电子器件,特别是大规模集成电路,其性能不断提高的关键是微电子制造技术的不断进步。短短几十年的时间,微电子制造技术由最初的单层二维平面制造,发展为多层高密度、多功能三维制造;氧化、扩散、离子注入、光刻、刻蚀、物理气相淀积、化学气相淀积等各种传统工艺技术不断进步,并与新兴的微纳加工手段相互融合,使器件或组件的集成度进一步提高、成本不断降低而功能不断提升。

本书着重介绍微电子制造技术的基本原理和工艺过程,并简单介绍各种单项工艺发展现状和趋势,结合典型互补金属氧化物半导体(Complementary Metal Oxide Semiconductor,CMOS)电路制造主要工艺流程的介绍,使读者对微电子制造技术有较为完整和清晰的了解。在绪论中对微电子制造的基本概念、微电子制造技术的发展历史、发展趋势,以及本书的内容结构进行介绍。

1.1 微电子制造的基本概念

1.1.1 集成电路

微电子是专门研究微小电子器件的结构、功能和机制的科学。它所涉及的电子器件,尺寸多为微米甚至更小。这意味着,可以通过电子科学与技术将大量微小的电子器件集成在很小的空间范围内,制备出具有特定功能的小型或微型电子元件、电路或系统。电子电路与系统的小型化使人们能够将一个电路中所需的晶体管、电阻、电容和电感等各种元器件及互连布线等一起,制作在一块或几块很小的半导体晶片或介质基片上,然后封装在一个管壳内,成为具有所需电路功能的微型结构。这种微型结构被称为集成电路(Integrated Circuit,IC)。中央处理器(CPU)早已成为超大规模集成电路的代表,是计算机的核心,图 1.1 所示为酷睿 i7 系列 CPU。

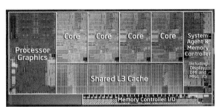

图 1.1　酷睿 i7 系列 CPU

集成电路的出现使计算机技术发生了革命性的变化,促进了计算机在各行各业的应用。由此引领的新技术革命和信息化革命使人类社会发生了深刻的变革。可以说,电子科学与技术是以集成电路为核心,在电子电路和电子系统的小型化及微型化过程中逐渐形成和发展起来的。如今,电子科学与技术已经渗透到人们生活和社会生产的各个环节,影响着人们的工作、生活和思维方式,是发展现代高新技术和国民经济现代化的重要基础。

微电子产品主要是半导体分立器件和集成电路,集成电路是最主要的微电子产品,它们占整个微电子产品的 90% 以上。随着相关制造技术的高速发展,单块集成电路芯片中所容纳的元器件数目和种类越来越多,这意味着集成电路的集成度越来越高。集成电路品种繁多,一般按集成度可分为小规模集成电路(Small Scale Integrated Circuits,SSI)、中规模集成电路(Medium Scale Integrated Circuits,MSI)、大规模集成电路(Large Scale Integrated Circuits,LSI)、超大规模集成电路(Very Large Scale Integrated Circuits, VLSI)、特大规模集成电路(Ultra Large Scale Integrated Circuits,ULSI) 和极大规模集成电路(Giga Scale Integrated Circuits,GSI)。集成电路的集成度及其所集成的典型电路见表 1.1。

表 1.1　集成电路的集成度及其所集成的典型电路

集成电路的种类	集成度		内部典型电路
	元器件的数量／个	逻辑门的数量／个	
SSI	$10 \sim 100$	$1 \sim 10$	逻辑门、触发器
MSI	$100 \sim 1\,000$	$10 \sim 100$	计数器、加法器
LSI	$10^3 \sim 10^5$	$10^2 \sim 10^4$	小型存储器、门阵列
VLSI	$10^6 \sim 10^7$	$> 10^4$	大型存储器、微处理器
ULSI	$10^7 \sim 10^9$	—	可编程逻辑器件、多功能专用集成电路
GSI	$> 10^9$	—	

1.1.2 制造工艺

1.集成电路制造基本工艺

所谓"工艺",是指将原材料或半成品加工成产品的工作、方法和技术等。如图1.2所示为硅基集成电路产品的生产过程示意图。

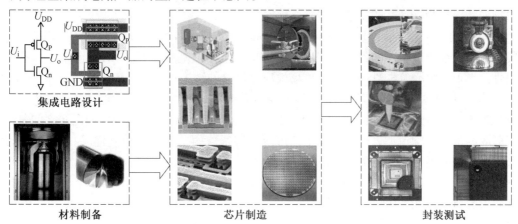

集成电路设计　　　　　　　　　　　　　　　　　　　　　　　　　

材料制备　　　　　　　　　　　　芯片制造　　　　　　　　　　封装测试

图 1.2　硅基集成电路产品的生产过程示意图

集成电路设计和制造的关系类似著书和出版社的关系,前者决定了内容,后者负责出版。集成电路设计人员将符合特定工艺规则约束的物理版图结果交付代工厂,由代工厂负责生产芯片。从想法到形成集成电路产品,需要经过设计、制造、封装和测试4个阶段。实际上,集成电路产业结构也按照以上阶段划分为设计业、制造业、封装和测试业,而材料制备属于辅助制造产业。

集成电路产品的种类很多,相关制造工艺和过程也有差异。但从整体上看,集成电路制造可分为材料制备、芯片制造工艺(也称前端工艺、集成电路制造工艺或微电子制造工艺)和封装测试工艺(也称后端工艺)三大部分。

制造微电子器件和集成电路的基本半导体原材料是圆形单晶薄片,简称圆片,也称晶片、晶圆。硅和砷化镓是目前最常用也是最重要的半导体材料。

材料制备主要指单晶生长和晶圆制备(包括单晶切片、研磨和抛光等几个环节)。抛光处理好的晶圆将作为器件和电路制造的衬底或基体。

具有特定功能的器件或电路以单元形式重复分布制作在晶圆上,这些单元称为芯片。

芯片制造工艺狭义上是指在半导体硅片(晶圆)上制造出集成电路或分立器件的芯片结构,需要经过20～30个工艺步骤,这些工艺步骤的工作、方法和技术即为芯片制造工艺。通常将工作内容近似、工作目标基本相同的单元步骤称为单项工艺,包括氧化、热扩散、离子注入、光刻、刻蚀、物理气相淀积、化学气相淀积、外延、化学机械抛光等。总体上可将这些单项工艺概括为三类:氧化与掺杂、图形转移、薄膜制备。

封装测试工艺以芯片的封装工艺为主要代表,也包括板级和系统级的组装工艺。根据不同产品的应用要求,制作好的芯片经过测试、划片、芯片键合、引线键合、模塑等工艺,封装及组装到各种电子和机械的装配件中。这些应用的例子有汽车电子、计算机及移动电话等。

2. 集成电路制造工艺流程

集成电路制造工艺可以分解为多个基本内容相同的单项工艺,不同产品的制造工艺就是将多个单项工艺按照需要以一定顺序进行排列,具体产品制造工艺分解的单项工艺的排列顺序称为该产品的工艺流程。

MOS 场效应晶体管(Metal-Oxide-Semiconductor Field Effect Transistor,MOSFET) 是集成电路产品中最基本的器件,也是 MOS 型集成电路的基本单元,它的制造工艺具有代表性。图 1.3 所示为典型 pnp 型 MOS 场效应晶体管的结构示意图。MOS 结构是指金属 - 氧化物 - 半导体结构,它以 n 型硅单晶半导体为衬底,在 n 型衬底的一定区域范围内经过掺杂工艺(热扩散或离子注入),分别形成重掺杂的 p 型源区和漏区,源区和漏区之间是衬底形成的沟道。沟道上方通过氧化工艺形成一层很薄的二氧化硅栅氧化层。源区、漏区和栅氧化层都通过其上方的金属电极与其他器件或外界电源连接,从中引出的金属电极分别称为源极(S)、漏极(D) 和栅极(G),在衬底上也引出一个电极(B)。金属电极结构之间由二氧化硅相互隔离。

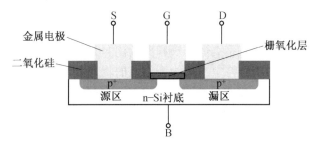

图 1.3 典型 pnp 型 MOS 场效应晶体管的结构示意图

图 1.4 所示为典型 pnp 型 MOS 场效应晶体管芯片制造的主要工艺流程。

由图 1.4 可知,pnp 型 MOS 晶体管芯片的制造主要由 10 个工艺步骤完成。① 清洗。在硅片加工过程中很多步骤需要用到清洗,清洗的目的是清除硅片表面的污染物。② 一次氧化。一次氧化是在硅片表面用热氧化方法得到二氧化硅薄膜,作为后续定域掺杂的掩蔽膜,同时也作为隔离器件有源区的场氧化层。③ 一次光刻、刻蚀工艺。一次光刻、刻蚀是在二氧化硅掩蔽膜上刻出源区、漏区窗口图形,以进行下一步的掺杂。光刻与刻蚀都属于图形转移工艺,光刻工艺是通过首先在衬底表面制备光刻胶薄膜,然后对其进行曝光和显影,去除光刻胶层中的部分光刻胶,使留下的光刻胶在衬底表面形成图形,从而将掩膜版上的图形转移到光刻胶上。刻蚀工艺的主要内容是将光刻形成的图形转移到衬底表面的材料(如硅衬底) 以及各种介质、半导体和金属膜中,实现栅、接触、互连等元器件的各种功能结构。④ 掺杂。掺杂是用热扩散或离子注入等方法在 n 型硅上掺入 p 型杂质硼,目的是获得源区和漏区。⑤ 二氧化硅薄膜淀积。二氧化硅薄膜淀积是用化学气相淀积的方法将二氧化硅填充到掩膜窗口,以便后续栅氧层的对准。⑥ 二次光刻、刻蚀。二次光刻、刻蚀是在二氧化硅薄膜上刻出栅极窗口图形。⑦ 二次氧化。二次氧化是在栅极窗口形成栅氧化层。⑧ 三次光刻、刻蚀。三次光刻、刻蚀是定义接触孔区域,也就是形成源极和漏极的窗口。⑨ 金属薄膜淀积。采用物理（或化学）薄膜淀积方法在芯片表面淀积金属层,作为晶体管芯片内的引出电极。⑩ 四次光刻、刻蚀。四次光刻、刻蚀形成金属焊盘图形。

　　由以上晶体管芯片制造工艺流程可知,晶体管的制造工艺实质上是由氧化、光刻、刻蚀、掺杂、薄膜淀积等几个单项工艺按一定顺序排列构成的。这些单项工艺是集成电路工艺的核心内容,其中光刻、刻蚀工艺在晶体管芯片制造中用到了 4 次,氧化工艺用到了 2 次。

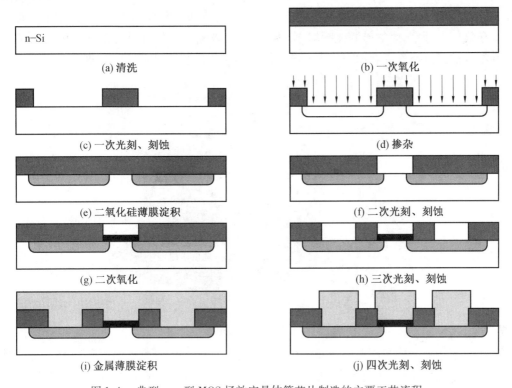

图 1.4　典型 pnp 型 MOS 场效应晶体管芯片制造的主要工艺流程

3. 集成电路制造工艺特点

　　集成电路工艺是一种超精细加工工艺,用特征尺寸来表示工艺水平。特征尺寸也称为工艺节点,是指集成电路光刻工艺所能达到的最小线条宽度,或者半导体器件的最小尺寸,如 MOS 晶体管的栅极宽度（即沟道长度）。一般来说,特征尺寸越小,表示工艺水平越高、芯片的集成度越高、性能越好、功耗越低。目前特征尺寸已进入纳米量级,因此对工艺环境、使用原材料的要求非常高。而芯片工艺的一次循环就可以制造出大量芯片产品的特性,使得集成电路工艺具有高可靠、高质量、低成本的优势,从而其应用范围也比较广泛。

　　（1）超净环境。

　　集成电路芯片的特征尺寸已在纳米量级,在芯片的关键部位若有 1 μm 甚至更小的尘粒,都会对芯片性能产生很大影响,甚至导致其功能失效。所以,芯片工艺对环境要求严格,是一种超净工艺,即集成电路芯片必须在超净环境下生产。

超净工艺完成场所可以是超净工作台、超净工作室、超净工作线,一般用"超净室"来概括。超净室是指一定空间范围内,室内空气中的微粒、有害气体、细菌等污染物被排除,其温度、洁净度、压力、气流速度与气流分布、噪声振动及照明、静电等被控制在某一范围内的工作环境。无论室外空气条件如何变化,室内均能维持原设定要求的洁净度、温度、湿度及压力等特性。超净室如图 1.5 所示。达到目标温度和湿度的空气,经增压室增压,通过天花板的过滤器过滤进入室内,再以适当角度并以层流方式流向超净室地板,在负压作用下通过地板或从地板四周流出超净室,再经气道回到位于天花板上层的气体处理室。在气体处理室,废气被直接提取、分离后处理、排除。而处理过的循环气体与一定温度和湿度的新鲜空气混合,再送到位于天花板上层的压力室,进行下一轮循环。

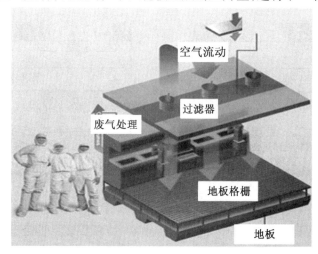

图 1.5　超净室

超净室必须严格控制单位体积的尘埃粒子数,同时也必须控制温度和湿度。通过对过滤器的滤孔尺寸、空气流量、温度和湿度等进行控制,可以得到符合空气质量等级标准的超净环境。超净室的空气质量等级标准(ISO14644—1 和 FED 209E) 见表1.2。两种标准中,超净室分类等级均定义为单位体积(即每立方米,为 ISO14644—1 标准;每立方英尺,为美国标准) 空气中含一定尺寸悬浮颗粒的数量。正常房间(非净化) 的空气每立方英尺中约含有50万个尘粒,而室外空气每立方英尺约含有100万个尘粒。当有风吹过时,很容易达到每立方英尺150 万个尘粒。

随着集成电路工艺的发展对工艺环境要求不断提高,不同集成电路芯片对工艺环境超净等级要求不同,芯片特征尺寸越小,要求超净室的级别越高。而同种芯片的不同单项工艺要求的超净室等级也不同,如光刻工艺对环境要求就较高。由于空气中的尘埃粒子会落到半导体晶片和掩膜上,致使器件失效。在光刻工艺的工作区域,情况更加严重。当尘埃粒子黏附在掩膜表面时,就如同掩膜上增加了不透光的图形,它们和掩膜上的电路图形一起转移到下面的各个层上。

表 1.2　空气质量等级标准（ISO 14644—1 和 FED 209E）

ISO 超净室分类（级）	FED 超净室分类（级）	浓度极限/（个·m⁻³）					
		0.1 μm	0.2 μm	0.3 μm	0.5 μm	1.0 μm	5.0 μm
	1	1					
ISO 1	10	10	2				
ISO 2	100	100	24	10	4		
ISO 3	1 000	1 000	237	102	35	8	
ISO 4	10 000	10 000	2 370	1 020	352	83	
ISO 5	100 000	100 000	23 700	10 200	3 520	832	29
ISO 6		1 000 000	237 000	102 000	35 200	8 320	293
ISO 7					352 000	83 200	2 930
ISO 8					3 520 000	832 000	29 300
ISO 9					35 200 000	8 320 000	293 000

（2）超纯材料。

集成电路所用材料必须"超纯"，这和工艺环境要求"超净"相一致。超纯材料是指半导体材料（不包括专门掺入的杂质），其他功能性电子材料及工艺消耗品等都必须为高纯度材料。

目前，集成电路工艺用半导体硅、锗材料的纯度已达 99.999 999 999%，即 11 个 9，记为 11 N。功能性电子材料（如铝、金等金属化材料）、掺杂用气体、外延气体等必须是集成电路用高纯度材料。工艺材料（如化学试剂，也是集成电路专用级高纯试剂）杂质含量已低于 0.1×10^{-9}，而石英杯、石英舟等工艺器皿用石英材料的杂质含量也低于 100×10^{-6}。集成电路工艺的发展对材料纯度要求不断提高，一般来说，不同集成电路芯片对材料纯度要求不同，芯片特征尺寸越小，要求材料纯度也就越高。

水也是用量很大的一种工艺材料，既用于硅片、电子材料及其工艺器皿的清洗，也用于配制化学品，在氧化工艺中又可作为硅片氧化的原材料。芯片工艺用水必须是超纯水，在微电子生产企业都有超纯水生产车间，水质的好坏直接影响芯片质量的好坏，水质不达标可能导致不能生产出合格的产品。微电子工业用超纯水一般用电阻率来表征水的纯度，超大规模集成电路用超纯水的电阻率在 18 MΩ·cm 以上，普通大功率晶体管用超纯水的电阻率一般在 10 MΩ·cm 以上。

（3）批量生产。

由图 1.4 典型 pnp 型 MOS 场效应晶体管芯片制造的主要工艺流程可知，用 10 个主要单项工艺步骤就能完成晶体管管芯的制造。对集成电路芯片而言，只要缩小各单元元件尺寸、增大硅片面积，不需要增加工艺步骤，完成一次工艺流程制造出的管芯就可以从几十、几百个增加到成千上万，甚至上亿个。而且，在一个晶片上的管芯是在完全相同的工艺条件下制造出来的，性能一致性好。集成电路各单元元件之间的电连接也是在同一工艺循环中完成的,在一个芯片上就实现了某种电路功能,相对于用多个分立元器件搭建的电路,元件之间的间距小,没有外部电连接,受环境影响小,有更高的稳定性和可靠性。

随着集成电路产品特征尺寸的减小,光刻工艺获得的横向最小尺寸已发展到纳米量级,掺杂、薄膜淀积所获得的纵向最小尺寸在十几个纳米量级,而工艺精度更在此之上。因此,集成电路工艺是高可靠、高精度、低成本、适合批量化生产的加工工艺。

1.2　微电子制造技术的发展历史

1.2.1　集成电路的诞生

20世纪30年代,量子力学取得了举世瞩目的成就。它应用于固体物理,发展出固体能带理论,为半导体技术的出现奠定了重要基础。1947年,美国电报电话公司(American Telephone & Telegraph Incorporated Company,AT&T Inc.)贝尔实验室的三位科学家约翰·巴丁(J. Bardeen)、沃尔特·布拉顿(W. Brattain)和威廉·肖克莱(W. Schokley)在锗半导体晶片表面的金属电极之间实现了对电流、电压与功率的放大,世界上第一只固体放大器——晶体管诞生了,如图1.6所示。这一发明是20世纪电子技术上的重大突破,它以晶体管取代真空电子管,为微电子技术的出现拉开了序幕。巴丁、布拉顿和肖克莱也因此获得1956年的诺贝尔物理学奖。

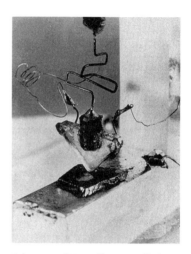

图1.6　世界上第一只晶体管

晶体管取代电子管,还只是一种器件代替另一种器件。1950年,人们成功制造出第一个pn结型晶体管。1952年,英国人杰弗里·达默(G. Dummer)在一次电子元件会议上首次提出一个大胆的设想:将电子设备做在一个没有导线的固体块上,这种固体块由一些绝缘的、导电的、整流的以及放大的材料层构成,把每层分割出来的区域直接相连,以实现某种功能。这标志着集成电路概念的出现。

1957年,美国仙童(Fairchild)半导体公司成立。以罗伯特·诺伊斯(R. Noyce)为首的仙童研究团队创造出一种新的晶体管制造方法。他们先在透明材料上绘好晶体管结构,然后用拍照片的方法,把结构显影在硅片表面的氧化层上;刻蚀去掉不需要的图形后,再把杂质扩散到硅片上,在硅片的不同区域实现不同的半导体性质。这种双扩散型晶体管制造方法是以硅取代锗材料的开始,并由此形成了一整套制造硅晶体管的平面处理和加工技术。在此基础上,诺伊斯等人又尝试将更多的晶体管集成在硅片上。

同时,美国德州仪器(Texas Instruments,TI)公司的杰克·基尔比(J. Kilby)也开始了类似的技术创新。1958年7月,基尔比成功地在一块锗片上集成了由晶体管、电阻和电容等12个元件形成的移相振荡器,并用热焊的方法将它们用极细的导线互连起来。世界上第一块集成电路诞生了,如图1.7所示。2000年,基尔比因集成电路的发明被授予诺贝尔物理学奖。

图1.7 世界上第一块集成电路

　　第一块集成电路上各器件间的连接依然是靠焊接导线来完成的。1959年7月,诺伊斯等人用蒸发淀积金属的方法代替热焊接导线,解决了元器件之间相互连接的问题,为集成电路的平面制造技术进入大批量生产奠定了基础。因此,比较公认的看法是:基尔比和诺伊斯是集成电路的共同发明人。

1.2.2 摩尔定律

　　由仙童公司最先推出的平面型晶体管制备技术实际上是基于早期光刻技术来实现的。只要光刻的精度不断提高,能够集成在一个半导体晶圆上的元器件数目就会相应提高,从而提高集成度。这使得该项技术具有极大的发展潜力。1965年,时任仙童半导体公司研究开发实验室主任的戈登·摩尔(G. Moore)应邀为《电子学》杂志35周年专刊撰写一篇题为 Cramming More Components onto Integrated Circuits 的观察评论报告。在开始绘制数据时,摩尔绘制了一张图:其纵轴代表集成电路上能被集成的晶体管数目,横轴为时间,结果是很有规律的几何增长。他预言此后数十年内芯片集成的速度将保持这种趋势。

　　事实证明,摩尔的预言是准确的。每一代芯片上集成的器件数目大体上是前一代芯片的两倍,而每一代芯片的出现则是在前一代产品出现后的18个月内。集成度的提高,意味着性能的提高和成本的降低。因此这一规律换句话说就是:集成电路芯片上所集成的电路的数目,每隔18个月就翻一番;同时其性能每隔18个月提高一倍,而价格下降一半。这就是著名的摩尔定律。图1.8所示为1970～2016年间微处理器中晶体管数目随时间的变化。这些数据与摩尔定律(图中的实线)完全吻合。这说明摩尔定律在过去的几十年中一直有效。当前,最先进的集成电路已含有超过17亿个晶体管。集成电路技术成为近50年来发展最快的技术。

　　集成电路发明以后不久,1961年,德州仪器公司研制出第一台用集成电路组装的计算机。该机共有587块集成电路,质量不到300 g,体积不到100 cm³,功率为16 W。从此,计算机进入一个新的发展时期。1968年,诺伊斯、摩尔和安迪·格鲁夫(A. Grove)在硅谷创立英特尔(Intergrated Electronics Corporation,Intel)公司。

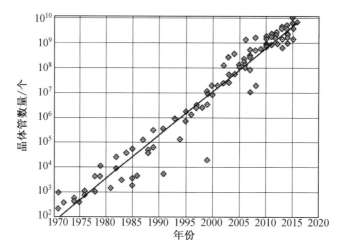

图 1.8　1970 ~ 2016 年间微处理器中晶体管数目随时间的变化

　　1969 年末,在风景如画的塔希提岛上,Intel 的设计师特德・霍夫(T. Hoff) 突发奇想,能不能将此前一直分离的负责数据处理的核心存储器与负责存储的逻辑存储器结合起来,做在同一块芯片上? 两年后,1971 年 11 月 15 日,世界上第一款 CPU——Intel 4004 诞生了。它能够处理 4 位的数据,频率为 108 kHz,每秒运算 60 000 次;在 3 mm × 4 mm 的空间内,集成了 2 250 个晶体管,采用线宽 10 μm 工艺制备(即 CPU 内部晶体管的栅极长度是 10 μm),成本不到 100 美元。这相当于大小仅为一粒米的芯片内核,就可以完成世界上第一台计算机(占地 170 m² 的、拥有 18 000 个晶体管的 ENIAC) 的功能。这在当时,实在是了不起的成就,被摩尔称为"人类历史上最具革新性的产品之一"。图 1.9 所示为世界上第一个 CPU——Intel 4004。

图 1.9　世界上第一个 CPU——Intel 4004

　　此后 Intel 又推出了 8 位的 8008/8085,1978 年之后,Intel 又相继发布了 16 位的 8086/80286,32 位的 80386/80486(也称 i486),直到后来被大家所熟悉的奔腾(Pentium) 系列、酷睿(Core) 系列以及 64 位的高端安腾(Itanium) 处理器。CPU 晶体管／芯片尺寸的变化如图 1.10 所示。如今,CPU 早已成为超大规模集成电路的代表,是计算机的核心。微处理器的发展推动了计算机及所有相关行业的长足进步。

　　随着 CPU 的集成度越来越高,其制造工艺也由微米过渡到纳米,工艺节点(即晶体管的栅极长度,其数值越小表示工艺水平越高) 由 180 nm、130 nm、90 nm、65 nm 和 45 nm 迅速变为 22 nm。Intel 的酷睿 i7 系列 CPU 已采用 22 nm 工艺制备。而且,该公司从 2013 年开始就已经在笔记本处理器的制造中使用了 14 nm 工艺。

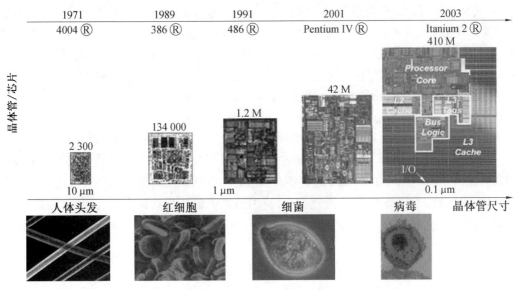

图 1.10 CPU 晶体管／芯片尺寸的变化

1.3 微电子制造技术的发展趋势

摩尔定律是微电子产业历史上最重要的预言和规律,它给了微电子技术人员和投资商极大的信心。根据这一定律,2016 年后微电子制造技术逐渐以 22 nm 工艺为主导。2018 年 6 月,台积电宣布 7 nm 工艺已大量生产,例如苹果发布的新手机 iphoneXS 中的 A12 芯片正是采用台积电的 7 nm 工艺。在未来的十几年中,微电子制造技术的发展仍将遵循摩尔定律。但是,理论分析指出,随着器件的特征尺寸不断缩小,尤其是缩小到 7 nm 以下时,强场击穿、绝缘氧化物量子隧穿、沟道掺杂原子的统计涨落等效应导致的晶体管的漏电流增大、功耗增加、互连延迟等问题越来越难以克服。从制造技术的角度看,随着集成度的增加,电路的复杂性和差错率也将呈指数增长,而全面、彻底的芯片测试将不再可能完成。同时,相关芯片的设计和制造成本都越来越高。32 nm 芯片的设计成本比130 nm 芯片增长了 360%,达到 6 000 万美元;而新建一条生产线从 90 nm 的 25 亿美元增加到 22 nm 的超过 45 亿美元。2020 年,一条生产线的建设成本为 150 亿 ~ 200 亿美元。这些都将对微电子技术的发展形成限制,从而使摩尔定律受到挑战。

为了克服上述困难,需要采用新的材料、新的器件结构和新的器件原理,同时不断开发出能适应这些新型材料和器件结构的、新的制造技术和工艺方法,进一步拓展摩尔定律的适用时间和产品对象。

1.3.1 半导体材料的发展

目前,世界电子级硅单晶材料的年产量已超过 1 万 t。8 ~ 12 in (英寸,1 in =25.4 mm) 硅片已广泛应用于超大规模集成电路的制造,其中 12 in 硅片约占 IC 用硅片的20% 以上。2015 年 12 in 硅片成为主流产品,2016 年 18 in 硅片已得到应用。晶圆直径越大,一次刻蚀制备的电路就越多,每片衬底的加工成本也就越低。增大硅单晶直径,目的是提高产率、降低成本,但同时也会导致空洞型缺陷密度增加和均匀性变差等问题。同时,随着器件速度和集成度不断提高,对硅晶圆性能(如硅片表面和内部结晶特性及氧含量)的要求也越来越高。进一步提高硅材料本身的性能仍是硅材料发展的大趋势。另一方面,随着硅材料的局限性逐步暴露,研究者们正广泛地探索以新材料取代硅单晶的可行性。

绝缘衬底上的硅(Silicon-On-Insulator,SOI)材料,通过在绝缘体上制备硅半导体薄膜,在器件硅层和衬底硅之间引入一层绝缘层,可以实现集成电路中元器件之间的隔离,彻底消除 CMOS 电路中的寄生闩锁效应。采用这种材料制成的集成电路寄生电容小、集成度高、速度快、工艺简单、短沟道效应小,特别适用于低压低功耗电路、高频微波电路以及耐高温抗辐射电路等。SOI 将有可能成为深亚微米的低压、低功耗集成电路的主流技术。

GeSi/Si 应变层超晶格材料的迁移率高,用它制备的器件和电路工作频率高、功耗小,性能优于硅,而价格低于 GaAs。加之其制造工艺与硅工艺 CMOS 集成电路技术兼容、工艺成本低,在微波器件和移动通信高频电路等领域有着广泛的应用前景和竞争优势。

采用砷化镓、磷化铟、氧化物半导体、金刚石等非硅材料制造集成电路,可以提高集成电路的开关速度、抗辐射能力和工作温度。金刚石集成电路甚至可在 400 ℃ 正常工作。以有机半导体材料为基础制备具有信息存储和处理功能的"生物芯片"技术也取得了一些进展。

具备更大禁带宽度的第三代半导体材料如 SiC、GaN 等具备高击穿电压、高饱和漂移速度、高导热率、高工作温度、高的抗辐照特性等特点,在微波功率器件、高温电子器件和电力电子器件等方面具备优势,将全面取代硅半导体材料。

新型材料的出现和应用为新型多功能、高密度集成器件的不断问世奠定了基础。

1.3.2 器件原理和结构的创新

提高集成度,一方面可以从提高制造精度的角度出发将更多、更小的晶体管集成到单一 CPU 中;另一方面也可以从芯片结构设计的角度出发,尝试将晶体管垂直摞起来,从三维立体集成的角度进一步提高集成度;甚至可以将信息系统的关键部件包括微处理器、存储器、片外存储控制接口甚至电源提供和功耗管理模块等都集成在单一芯片上,构成具有完整功能的"片上系统"(System-on-a-Chip,SoC)。这意味着,在单个芯片上就能完成一个电子系统的功能,而这个系统在以前往往需要一个或多个电路板,以及板上的各种电子器件、芯片和互连线共同配合来实现。

长期以来,人们对于小型化关注得最多的一直是处理器和存储器这两类芯片。但事实上,与集成电路芯片不断缩小相对应的是印制电路板(Printed Circuit Board,PCB)的尺寸并没有发生太大变化。比如,计算机主板的标准最小线宽一直是 76 μm,几乎没有进步。从终端产品的角度看,这已经成为整个系统性能提升的瓶颈。如果从一味追求集成电路芯片的小型化、低功耗和性能提升,转向实现整个终端电子产品(如计算机、手机等)

的轻薄短小、多功能和低功耗,则可以通过更广的途径保证"摩尔定律"的有效性。实现这一目标,可以从后端封装的角度出发,将多个具有不同功能的半导体集成电路芯片与无源器件,以及诸如微电子机械系统(Micro-Electro-Mechanical System,MEMS)或者光学器件等组装到单个标准封装件内,实现一定功能,形成一个完整系统或者子系统,组成一个系统级的封装(System-in-a-Package,SiP)芯片。对 SiP 芯片而言,PCB 板不再是承载芯片之间连接的载体。这不仅可以实现整体系统的高度集成和小型化,还具有开发周期短、功能更多、功耗更低、性能更优良、成本价格更低等优点。

材料、设计和封装理念的进步虽然可用来延长摩尔定律的适用时间,但现有的以微电子学为基础的电子器件将最终难以满足人类不断增长的、对更大信息量的需求。为此,研究者们正在积极探索基于全新原理的纳米电子、光电子、量子计算、光计算、分子计算和DNA 生物计算等技术,并以这些技术为支撑开发共振隧穿器件、单电子器件、量子器件和分子电子器件等新型器件。它们与基于传统原理和技术制备的特征线宽 10 nm 的 CMOS器件相比,集成度、信息处理速度和室温工作稳定性都将大大提高,而能耗和成本更低。尽管人们在这些热点领域的研究已经取得了丰富的成果,但目前上述具有全新原理的新型器件离大规模的实际应用和生产还有一定距离。最主要的困难是无法实现大规模集成($10^9 \sim 10^{10}$ cm^{-2})。比如,对于建立在量子力学基础上的单电子器件而言,其工作的必要条件是电子的平均自由程要大于或等于器件的特征尺寸,若希望器件能在 77 K 工作,其特征尺寸应小于 50 nm。而按照目前的工艺水平,大批量地制造这么小尺寸的结构和器件,并保证其形状、尺寸的一致性和空间分布的有序性,难度仍然相当大。新型器件的互连也是一大难题。例如,在基于碳纳米管、石墨烯等材料的器件中,不同电学性质的碳材料与金属之间形成电接触界面时,界面的结构和性质仍无法很好地控制,导致无法实现高可靠、工艺兼容性好的互连。

1.3.3 微电子制造工艺技术的进步

传统器件进一步小型化以及新型器件应用中遇到的这些问题,主要还是由制造工艺的发展相对滞后造成的。不同的器件尺寸、结构和材料,需要不同的制备工艺、技术和设备。器件小型化这一永恒的目标以及新器件、新材料的出现,将不断推动微电子制造工艺技术的进步,成为微电子制造工艺技术发展的原动力。微电子制造工艺技术未来的发展趋势主要包括两个方面。

1. 传统工艺技术制造能力的不断提升

光刻技术的发展最能体现传统微电子制造技术的发展特点。光刻的精度从 20 世纪中期的毫米级一直发展到今天 10 nm 以下的水平,光刻设备、掩膜制造设备和光刻胶材料技术的同步发展是其决定性因素。

目前,用于掺杂的离子注入和扩散技术的水平也有了很大提高。通过注入,既可以将能量为兆电子伏特(MeV)的高能离子注入晶体内部几微米的深度,也可以利用低能量的离子形成深度小于 100 nm 的浅扩散层,而且注入深度的控制精度相当高。

除此以外,微电子制造工艺已由最初的单层平面加工工艺发展为多层立体工艺(包括多层高密度和多层多功能两种方式)。有关研究情况表明,当器件尺寸进入微米及亚微米范围后,限制电路速度的除了晶体管的开关速度之外,还有金属互连及布线的 RC 延迟。而且,集成电路中的金属互连线所占用的面积,将在相当大的程度上决定其集成度。多层立体布线技术的发展,已成为制备高集成度、高速、高成品率的电路,尤其是超大规模集成电路必须采用的关键技术之一。

2. 多种制造技术的集成与融合

随着器件材料、结构和功能的多样化,多种制造技术的集成和相互融合势在必行。这种集成和融合包括硅基与非硅(如 ⅢA ~ ⅤA 族等材料为基础的)器件制造技术的集成技术、光电器件集成技术、微/纳器件的混合集成技术及系统级芯片集成技术等。通过这种融合,可以制备集量子效应–体效应于一体的混合集成器件,也可以通过光–电和光–光互连实现微电子、光电子、纳电子、自旋电子和分子电子器件等集成一体的具有强大、全新功能的集成芯片。

传统的微电子制造技术主要通过"自顶向下(Top-Down)"的方式来实现,也就是从三维体材料或二维薄膜材料上去除部分材料的方式形成器件的各个部件(如光刻和刻蚀技术等)。这种方式受空间分辨率、加工损伤以及杂质污染等的影响,使器件尺寸受限。而新兴的纳电子、分子电子器件等则通常采用"自底向上(Bottom-Up)"的方式实现,即从单个原子/分子、原子/分子团簇或纳米结构开始逐步构建器件的各个部件。但器件各部分形状、尺寸、性能的精确控制和集成都还难以实现。将"自顶向下"和"自底向上"两种制造方式相互结合,使各项技术取长补短,将是未来微纳制造技术的重要发展方向。

因此,集成电路工艺是 MEMS 和纳米技术的基础,对它们的诞生和发展起到了推动作用。

1.3.4 从"More Moore"到"More – Than – Moore"

由上述可知,目前集成电路的研发正沿着 4 个方向进行:首先是尝试改变晶体管结构,比如采用全耗尽型绝缘体上覆硅(Fully Depleted Silicon-on-Insulator,FD – SOI)技术等;第二,用能耗更低的其他半导体材料代替硅,保持晶体管基本结构不变;第三是利用完全不同的物理原理对晶体管功能进行替代,比如隧道场效应晶体管(Tunnel Field Effect Transistor,TFET)等;第四是尝试把晶体管垂直摞起来,设计制造三维芯片,实现系统级封装(System-on-Package,SoP)。这些努力将使 IC 产业继续按照摩尔定律往下发展,被称为"深度摩尔"或"更摩尔"(More Moore)。

而在更广的范围内,人们希望通过技术多元化和器件多样化,在单个芯片上加入越来越多的功能,甚至考虑要将整个手机或计算机的功能:信号和数据的处理、数据转换、信号的发射、接收和显示等,全都集成在一个封装体甚至一个芯片上,使一个系统级芯片能支持越来越多的功能,实现 SiP。这意味着,集成度的提高不一定要靠将更多模块放到同一块芯片上,而是靠封装技术来实现多功能的一体化集成,同样可以降低芯片的成本、提高等效集成度。这种新的思路不再仅仅专注于芯片内部技术,而是希望由摩尔定律的"更多更快",发展为"更好更全面",被称为是"超越摩尔"(More-Than-Moore)的新产业路线图。它指出了电子制造行业几种并行的发展规划:① 关注新材料,开发具有更高性能和更多功能的新型器件;② 整合不同的制造和封装工艺,使不同材料和器件的处理和制造技术相互兼容;③设计、制造一体化的三维芯片,保证结构与功能的一体化实现;④广泛采用最新的原理和模式使芯片完成更强大的功能,如量子计算等。

在拓展摩尔定律的过程中,具有新型结构和工作原理的器件不断涌现。在这些器件中,具有更低功耗和更快开关速度和逻辑运算能力的器件(比如上文提到的 TFET 等)将能够取代现有大规模数字集成电路中的关键基本逻辑单元 CMOS 器件,避免由于热效应对 CMOS 器件集成度和响应速度的限制,从而进一步提升集成电路的性能。也就是说,这些新的器件可以超越 CMOS 器件的尺寸极限,并实现更好、更强的性能。因此,人们将这些新兴的数字逻辑器件与相关技术称为"超越 CMOS"(Beyond CMOS)的技术方案。Beyond CMOS 带来的不仅仅是电路性能的提升,还可能是整体系统架构的更新,并带动新的应用。例如,采用量子计算机可以高效率地解决机器学习训练中最关键的最优化问题;在忆阻器(Memoristor)真正成熟后,可以在存储器中直接对数据进行操作,构建新的计算机框架,实现更高效的计算。

图 1.11 所示为后摩尔时代电子制造行业和领域的发展途径与趋势。上述所有这些努力将为人们开创一个崭新的信息时代。

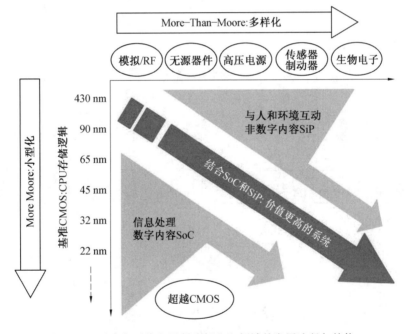

图 1.11　后摩尔时代电子制造行业和领域的发展途径与趋势

1.4　本书的内容安排

本书共分为 7 章。第 1 章绪论,主要讲述微电子制造的基本概念、微电子制造技术的发展历史和发展趋势。第 2 章硅衬底,主要介绍硅的基本性质、结构特点、晶体缺陷以及晶体中杂质等基本特性,单晶硅的生长方法及硅片的制造工艺。第 3～5 章介绍硅芯片制造基本单项工艺的原理、方法、设备以及相关的技术基础及发展趋势;其中,第 3 章氧化与掺杂,介绍热氧化、热扩散和离子注入;第4章图形转移,介绍光刻及刻蚀两类基本的图形转移方法;第5章薄膜制备,主要介绍物理气相淀积(包括蒸发、溅射)、化学气相淀积及外延这几种基本的制膜方法。清洗及化学机械抛光作为微电子制造技术的辅助工艺也非常关键和重要,但限于本书的结构和篇幅,只在相关部分(如第5章和第6章)做简要介绍。第6章工艺集成,将各类单项工艺技术集成于一体,以 CMOS 器件的制备为例,介绍制造完整器件并实现集成电路中各器件间隔离和金属化互连的关键工艺技术以及工艺集成的工艺步骤。第7章监控与测试,主要介绍当前主要半导体集成电路工艺监控及电学测试方法。内容框架如图 1.12 所示。

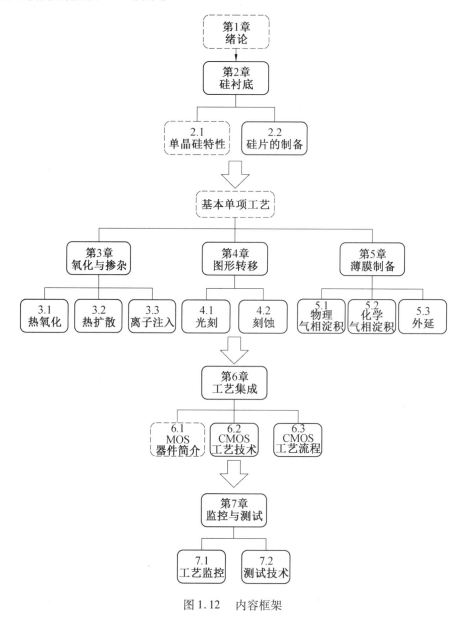

图 1.12　内容框架

思考与练习题

1.1　什么是集成电路? 按照集成度,集成电路可以划分为哪几类?

1.2　微电子产业如何划分?

1.3　什么是微电子制造前端工艺、后端工艺?

1.4　什么是单项工艺?

1.5　微电子制造前端工艺中的单项工艺都有哪些?

1.6　简述典型 pnp 型 MOS 场效应晶体管的制造工艺流程。

1.7　微电子制造工艺的特点有哪些?

1.8　简述摩尔定律的内容。

1.9　简述微电子制造技术的发展趋势。

参 考 文 献

[1] MOORE G. Cramming more components onto integrated circuits[J]. Electronics, 1965, 38(8):114-117.

[2] MOORE G. Progress in digital integrated electronics[J]. Ieee Iedm Tech Dig, 1975, 21:11-13

[3] 王占国. 后摩尔时代的微电子技术探讨[C]. 北海:全国化合物半导体材料、微波器件和光电器件学术会议, 2006.

第2章 硅衬底

用于承载微电子器件、电路的基片称为衬底,集成电路的衬底材料主要有:① 元素半导体,如硅、锗等;② 化合物半导体,如砷化镓、磷化铟、氮化镓等;③ 绝缘体,如蓝宝石、尖晶石等。在微电子产品中使用最多的半导体衬底材料是硅、锗、砷化镓。锗是使用最早的半导体衬底材料,在微电子产品刚刚出现时主要作为半导体器件及最初的小规模集成电路的衬底材料,目前只作为少量分立器件的衬底材料。砷化镓是当前应用最多的化合物半导体衬底材料,主要作为中低规模集成度的高速电路或超过 GHz 的模拟电路的衬底材料。硅是微电子产品中应用最广泛的半导体材料,无论在大功率器件上,还是在大规模、超大规模集成电路或是其他微电子产品上,目前都普遍使用单晶硅作为衬底材料。人们对硅的研究最为深入,作为衬底材料,单晶硅片的制备工艺也最为成熟。

单晶硅片(Silicon Wafer),简称晶片或晶圆。其主要的制备方法为:石英砂通过冶炼得到冶金级硅(Metallurgical Grade Silicon,MGS),再经过提纯得到电子级硅(Electronic Grade Silicon,EGS),然后由电子级多晶硅熔体拉制出单晶硅锭(单晶硅的生长技术主要介绍直拉法、区熔法),最后经过切片等工艺加工出硅片。另一种制备方法是在单晶衬底上通过外延工艺生长出单晶硅外延层,得到外延片。外延硅片是重要的微电子芯片的衬底材料,外延是单晶薄膜的制备工艺,将在5.3节介绍。

本章首先介绍单晶硅的性质、结构特点,从而使读者了解单晶硅为何会成为微电子产品中采用最多的衬底材料;然后介绍单晶硅片的制备方法。

2.1 单晶硅特性

硅基微电子产品都是采用硅单晶作为衬底材料。因此硅晶体的基本性质、硅晶体的结构、硅晶体的缺陷和硅晶体中的杂质这几方面的知识在微电子制造技术中是必备的基础理论知识。

2.1.1 硅晶体的基本性质

硅是元素周期表中 ⅣA 族元素,在地壳中的含量为 26.3%(质量分数),仅次于氧元素。硅通常以氧化物和硅酸盐形态出现,如自然界中的石英砂、石英、水晶就是主要含硅的氧化物,而花岗岩、黏土、石棉中主要含有硅酸盐。

单质硅有无定形体和晶体两种类型。晶体硅具有金刚石结构(sp^3 杂化),每个原子都与 4 个最近邻原子形成 4 对自旋相反的共有电子,构成 4 个共价键。4 个共价键取正四面体顶角方向,两两原子之间的夹角都是 109°28′。这种金刚石型的四面体原子共价晶体的结合能高,所以晶体硅熔点高(1 417 ℃),硬度大(莫氏硬度为 7.0)。

1. 硅的电学性质

在微电子产品中作为衬底使用的硅片是完整晶态的单晶硅。纯单晶硅在室温下只有微弱的导电性,该导电性主要来源于本征激发,单晶硅是本征半导体。当在晶体中掺入 VA 族的磷、砷、锑等杂质取代共价硅原子时,晶体成为以电子导电的 n 型半导体;当在晶体中掺入 ⅢA 族的硼、铝等杂质取代共价硅原子时,晶体成为以空穴导电的 p 型半导体。硅、锗、砷化镓的电学性质(室温)见表 2.1。

表 2.1 硅、锗、砷化镓的电学性质(室温)

性质	Si	Ge	GaAs
禁带宽度 /eV	1.12	0.67	1.43
禁带类型	间接	间接	直接
晶格电子迁移率 $/[cm^2 \cdot (V \cdot s)^{-1}]$	1 350	3 900	8 600
晶格空穴迁移率 $/[cm^2 \cdot (V \cdot s)^{-1}]$	480	1 900	250
本征载流子浓度 $/cm^{-3}$	1.45×10^{10}	2.4×10^{18}	9.0×10^6
本征电阻率 $/(\Omega \cdot cm)$	2.3×10^5	47	10^8

由表 2.1 可知,硅的禁带宽度比锗大,因而硅 pn 结的反向电流比锗小,硅元件可以工作到 150 ℃,而锗元件只能工作到 100 ℃。所以,硅几乎取代了最早在微电子领域使用的锗,成为最主要的半导体衬底材料。但是,从晶格电子迁移率来看,硅比锗,尤其比砷化镓低得多,不适宜在高频领域工作,而锗和砷化镓可以在高频领域工作。当前是砷化镓占领了高频、高速及微波微电子产品的衬底材料领域。另外,硅是间接带隙半导体,许多重要的光电应用不能采用硅材料,而是使用直接带隙的砷化镓材料,如发光二极管和半导体激光器,都是 ⅢA ~ VA 族化合物半导体的应用领域。

2. 硅的理化性质

室温下硅的化学性质不活泼。卤素和碱能侵蚀硅,硅对多数酸是稳定的。但在高温下,硅几乎与所有物质发生化学反应。

硅的热氧化反应为

$$Si(s) + O_2(g) \longrightarrow SiO_2(s) \tag{2.1}$$

$$Si(s) + 2H_2O(g) \longrightarrow SiO_2(s) + 2H_2(g) \tag{2.2}$$

前者称为干法氧化,后者称为湿法氧化。干法氧化和湿法氧化的温度均在 900 ~ 1 200 ℃ 之间。

硅与氯气(Cl_2)或氯化物(如 HCl)的化学反应为

$$Si(s) + 2Cl_2(g) \longrightarrow SiCl_4(g) \tag{2.3}$$

$$Si(s) + 3HCl(g) \longrightarrow SiHCl_3(g) + H_2(g) \tag{2.4}$$

上面两个反应常用来制造高纯硅的基本材料,即 $SiCl_4$ 和 $SiHCl_3$。

硅与酸的化学反应为

$$Si + HNO_3 + 6HF \rightarrow H_2SiF_6 + HNO_2 + H_2 + H_2O \tag{2.5}$$

硅不能被 HCl、H_2SO_4、HNO_3、HF 及王水所腐蚀,但可以被其混合液腐蚀。HNO_3 在反应中起氧化作用,没有氧化剂存在,HF 就不易与硅发生反应。此反应在硅的缺陷部位腐蚀快,对晶向没有选择性。

硅与金属作用可生成多种硅化物,如 $TiSi_2$、WSi_2、$MoSi$ 等,这些硅化物具有良好的导电性、耐高温、抗电迁移等特性,可以用来制备集成电路内部的引线、电阻等元件。

硅相对于其他半导体材料在电学性质方面并没有多少性能优势,但是,硅在其他方面有许多优势。硅、锗、砷化镓、二氧化硅的理化性质(室温)见表 2.2。

表 2.2　硅、锗、砷化镓、二氧化硅的理化性质(室温)

性质	Si	Ge	GaAs	SiO_2
原子序数	14	32	31/33	14/8
原子质量或分子质量	28.9	72.6	144.63	60.08
原子密度 /cm^{-3}	5.02×10^{22}	4.42×10^{22}	2.21×10^{22}	2.30×10^{22}
晶体结构	金刚石型	金刚石型	闪锌矿	四面体无规则
晶格常数 /cm	5.43×10^{-8}	5.66×10^{-8}	5.65×10^{-8}	—
熔点 /℃	1 417	937	1 238	1 700
密度 /($g \cdot cm^{-3}$)	2.33	5.32	5.32	2.27
相对介电常数	11.7	16.3	19.4	3.9
击穿电场 /($V \cdot \mu m^{-1}$)	30	8	35	600
蒸气压 /Torr	10^{-7}(1 050 ℃)	10^{-7}(880 ℃)	1(1 050 ℃)	10^{-3}(1 050 ℃)
比热容 /[$J \cdot (g \cdot ℃)^{-1}$]	0.70	0.31	0.35	1.00
热导率 /[$W \cdot (cm \cdot ℃)^{-1}$]	1.50	0.6	0.8	0.01
扩散系数 /($cm^2 \cdot s^{-1}$)	0.90	0.36	0.44	0.006
热膨胀系数 /$℃^{-1}$	2.5×10^{-6}	5.8×10^{-6}	5.9×10^{-6}	0.5×10^{-6}
导带有效态密度 /cm^{-3}	2.8×10^{19}	1.0×10^{19}	4.7×10^{17}	—
价带有效态密度 /cm^{-3}	1.0×10^{19}	6.0×10^{18}	7.0×10^{18}	—

注:1 Torr = 133.3 Pa。

硅相对于其他半导体材料的优势主要表现在以下几个方面:

①原材料充分。沙子(又称石英砂或硅石)是硅在自然界存在的主要形式,也是用来制备单晶硅的基本原材料,自然界大量存在且易于获得,这为降低单晶硅衬底材料的成本提供了有力保障。而锗在地壳中的分布非常分散,成品锗的价格远远高于硅。

②暴露在空气中的硅表面会自然生长几个原子层厚度的本征氧化层,在高温氧化条件下,易于进一步生长一定厚度的、性能稳定的氧化层。氧化层对于保护晶片表面的元器件的结构和性质有着极其重要的作用。而氧化锗不仅不致密,而且易溶于水。

③硅单晶密度是 $2.33g/cm^3$,只有锗或砷化镓密度的 43.8%。相对而言,硅微电子产品质量轻。随着超大规模集成电路集成度的增加,芯片面积也越来越大,所以衬底材料质

量轻就能减轻产品整机的质量。特别对于在航空、航天等空间领域应用的微电子产品,质量轻带来的优势就更加明显。

④ 晶体硅的热学特性好:热导率高、热膨胀系数小。硅的热导率可以和金属比拟,钢为 1.0 W/(cm·℃)、铝为 2.4 W/(cm·℃),硅的热导率介于钢、铝之间,为 1.5 W/(cm·℃)。良好的热学性质能减小芯片生产中高温工艺所带来的热应力;在使用中也有利于芯片的散热,保持整个芯片温度的均匀,产品应用性能好。

⑤ 单晶硅片的工艺性能好。拉制的单晶硅锭缺陷密度低、直径大,能够制造出晶格完整的大尺寸硅片。目前制造的硅片直径可达 18 in(1 in = 25.4 mm)。

⑥ 力学性能良好。可以采用硅微机械加工技术制作微小结构元件,在 MEMS 等领域应用前景广阔。

2.1.2 硅晶体的结构

自然界中的固态物质,简称为固体,可分为晶体和非晶体两大类。晶体类包括单晶体和多晶体。图 2.1 所示为非晶、多晶和单晶的结构示意图。

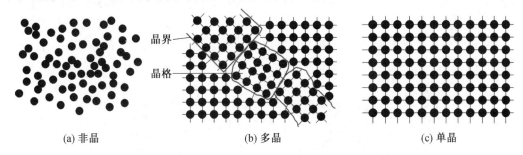

(a) 非晶　　　　　　　(b) 多晶　　　　　　　(c) 单晶

图 2.1　非晶、多晶和单晶的结构示意图

晶体结构的基本特点是组成晶体的原子、分子、离子在较大的范围内(至少是微米量级)按一定的方式有规则地排列而成,即长程有序。任一晶体都可以看作是由质点(原子、分子、离子)在三维空间中按一定规则做周期重复性排列所构成的。这种反映晶体中原子排列规律的三维空间格子,称为晶格。如果某一固体是由单一的晶格连续组成,就称该固体为单晶体,如锗(Ge)、硅(Si)、砷化镓(GaAs);如果是由相同结构的很多小晶粒无规则地堆积而成,就称该固体为多晶体,如各种金属材料和电子陶瓷材料。晶体性能上的两大特点是具有固定的熔点及各向异性。

非晶(体)的基本特点:无规则的外形和固定的熔点,内部结构也不存在长程有序,但在若干原子间距内的较小范围内存在结构上的有序排列,即短程有序,如非晶硅(Amorphous Silicon,α-Si)。

1. 晶胞

晶体中能够反映原子周期性排列基本特点及晶格对称性的基本单元,称为晶胞。晶胞并不是晶格最小的周期性重复单元,但它能反映晶体结构的立体对称性,因而在讨论晶体结构时采用。

硅晶体结构的特点之一为共价四面体。硅单晶中的每个原子都与 4 个最近邻原子形成 4 个共价键,图 2.2 所示为常见立方结构,都不符合这样的要求,其中简单立方晶体有 6 个最近邻原子,体心立方有 8 个,面心立方有 12 个。这就决定了硅晶体必为金刚石结构。金刚石结构的基本特点是每个原子有 4 个最近邻原子,它们都处于正四面体顶角方位。

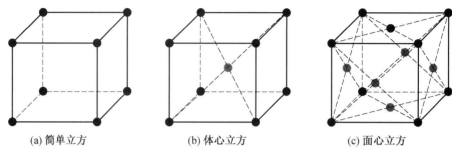

(a) 简单立方　　　　　　(b) 体心立方　　　　　　(c) 面心立方

图 2.2　常见立方结构

图 2.3 所示为金刚石结构的立方晶胞示意图,在立方单元 8 个顶点上各有 1 个原子,立方单元的 6 个面的面心处各有 1 个原子,立方单元中心到顶角引 8 条对角线,在互不相邻的 4 条对角线的中点各有 1 个原子。实际上,处在立方单元顶角和面心的原子构成了 1 套面心立方格子;而处在体对角线上的原子也构成 1 套面心立方格子。金刚石结构晶胞是由两套面心立方格子沿着体对角线错开 1/4 套构而成的复式格子。晶胞的边长就是晶格常数 a。

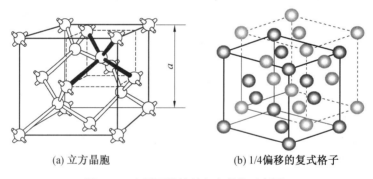

(a) 立方晶胞　　　　　　　　(b) 1/4 偏移的复式格子

图 2.3　金刚石结构的立方晶胞示意图

单晶硅在室温(300 K)时,a 为 $5.430\,5 \times 10^{-8}$ cm。由晶格常数可以计算出单晶硅的原子密度以及硅晶体的空间利用率。

例 2.1　已知硅的晶格常数或单胞的边长 $a = 5.430\,5 \times 10^{-8}$ cm,计算单晶硅的原子密度以及两个相邻硅原子的最小间距。

解　1 个晶胞体积为 a^3,立方单元顶点有 8 个原子,每个原子都属于 8 个晶胞所共有,所以 1 个晶胞顶点的原子数就是 1;立方单元面心原子是 6,而每个原子属于 2 个晶胞所共有,所以 1 个晶胞面心的原子数就是 3;只有位于立方单元空间(体)对角线上的 4 个原子完全属于 1 个晶胞所有。因此,1 个硅晶胞包含的原子数是 1 + 3 + 4 = 8(个)。

原子密度为

$$\frac{8}{a^3} = \frac{8}{(5.430\,5 \times 10^{-8})^3} \approx 5 \times 10^{22}(\mathrm{cm}^{-3})$$

由晶胞的晶格常数和原子间夹角能计算出硅晶体中原子的最小间距(即正四面体中心原子到顶角原子的距离,也就是晶胞体对角线长度的四分之一),即

相邻硅原子的最小间距为

$$\sqrt{3}a/4 = \sqrt{3}(5.430\ 5 \times 10^{-8})/4 = 2.35 \times 10^{-8}(\text{cm})$$

例2.2 已知硅的晶格常数或单胞的边长 $a = 5.430\ 5 \times 10^{-8}$cm,假设硅晶体中原子为刚性球体,并以密堆积方式排列,把原子之间的最小间距看作是两个原子直接接触,计算硅晶体的空间利用率。

解 计算可得原子半径为 $r = \sqrt{3}a/8$,用硅原子的体积 $4\pi r^3/3$ 与每个原子在晶体中所占的体积比得到硅晶体的空间利用率。

空间利用率为

$$\frac{\frac{4}{3}\pi r^3}{\frac{1}{8}a^3} = \frac{\frac{4}{3}\pi\left(\frac{\sqrt{3}}{8}a\right)^3}{\frac{1}{8}a^3} \approx 0.34$$

硅晶体结构的另一个特点是内部存在相当大的"空隙"(约66%)。硅晶体内大部分是"空"的,正因为如此,间隙杂质能很容易地在晶体内运动并存在于体内,同时对替位杂质的扩散运动提供了足够的条件。

2. 晶向、晶面

晶体晶格中的原子可以看作是位于一系列方向相同的平行直线上,这种直线系称为晶列。同一晶体中存在许多取向不同的晶列,在不同取向的晶列上原子排列情况一般是不同的,晶体的许多性质也与晶列取向(简称晶向)有关。通常用"晶向指数"标记某一取向的晶列。

以晶格中任一格点作为原点,取过原点的3个晶列 x,y,z 为坐标系的坐标轴,沿坐标轴方向的单位矢量 (x,y,z) 称为基矢(其长度为沿 x,y,z 相邻两格点之间的距离)。则任一格点的位置可由下面的矢量给出

$$\boldsymbol{L} = l_1\boldsymbol{x} + l_2\boldsymbol{y} + l_3\boldsymbol{z} \tag{2.6}$$

式中,l_1、l_2、l_3 为任意整数。

而任何1个晶列的取向可由连接晶列中相邻格点的矢量 $\boldsymbol{R}$ 的方向标记

$$\boldsymbol{R} = m_1\boldsymbol{x} + m_2\boldsymbol{y} + m_3\boldsymbol{z} \tag{2.7}$$

式中,m_1、m_2、m_3 必为互质的整数。

若 m_1、m_2、m_3 不为互质,那么这两个格点之间一定还包含有格点。对于任何一个确定的晶格来说,x、y、z 是确定的,实际上只用这3个互质的整数 m_1、m_2、m_3 标记晶向,记为 $[m_1,m_2,m_3]$,称为晶向指数。等价晶向记为 $<m_1,m_2,m_3>$。

晶体晶格中的原子也可以看作是处在一系列彼此平行的平面系上,这种平面系称为晶面。任何一个晶列都存在许多取向不同的晶面,不同晶面上的原子排列情况一般是不同的,晶体的许多性质也与晶面取向有关。通常用"晶面指数"标记某一取向的晶面。

用相邻的两个平行晶面在矢量 x,y,z 的截距标记,它们可以表示为 x/h_1、y/h_2、z/h_3,h_1、h_2、h_3 为互质的整数。通常用 h_1、h_2、h_3 标记晶面,记为 (h_1,h_2,h_3),称它们为晶面指

数,又称密勒指数。相应的等效晶面族用 $\{h_1,h_2,h_3\}$ 表示。

　　硅是金刚石结构晶胞,是由 2 套面心立方格子套构而成的复式格子。面心立方格子属于立方晶系,因此以简单立方晶格为基础标记晶向、晶面。图 2.4 所示为立方晶系的几种主要晶面。

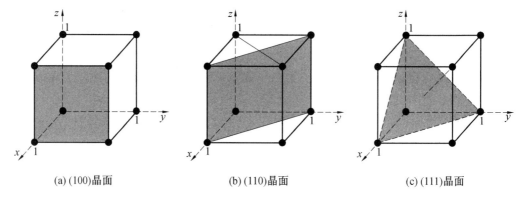

(a) (100)晶面　　　　　　(b) (110)晶面　　　　　　(c) (111)晶面

图 2.4　立方晶系的几种主要晶面

　　不难看出图 2.4 中阴影所示的 3 个晶面分别为(100)、(110) 和(111) 晶面。由晶格的对称性可知,有些晶面是彼此等效的,如晶面(100) 有 6 种等效晶面,即(100)、($\bar{1}$00)、(010)、(0$\bar{1}$0)、(001)、(00$\bar{1}$),记为 $\{100\}$ 晶面族;晶面(110) 有 12 种等效晶面,记为 $\{110\}$ 晶面族;晶面(111) 有 8 种等效晶面,记为 $\{111\}$ 晶面族。同理, < 100 > 代表了 [100]、[$\bar{1}$00]、[010]、[0$\bar{1}$0]、[001]、[00$\bar{1}$]6 个等价晶向; < 110 > 有 12 个等价晶向; < 111 > 有 8 个等价晶向。在微电子制造工艺中,硅的常用晶面分别为(100)、(110)、(111) 晶面,常用晶向分别为[100]、[110]、[111] 晶向。

　　实际上,[100] 晶向就是(100) 晶面的法线方向,也可以用[100] 晶向表示(100) 晶面。同理,[110] 晶向是(110) 晶面的法线方向,[111] 晶向是(111) 晶面的法线方向。

　　硅晶体的不同晶向和晶面上,原子排列情况不同。

　　例 2.3　已知硅晶体中[100]、[110]、[111] 晶向上硅原子分布,如图 2.5 所示。计算这 3 个晶向上硅的原子线密度。

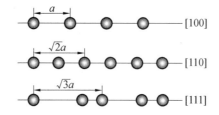

图 2.5　硅晶体中[100]、[110]、[111] 晶向上硅原子分布

　　解　硅的原子线密度即单位长度内的原子数目,则有

　　[100] 晶向硅原子的线密度为

$$\frac{2 \times \frac{1}{2}}{a} = \frac{1}{a}$$

[110]晶向硅原子的线密度为

$$\frac{2 \times \frac{1}{2} + 1}{\sqrt{2}\,a} = \frac{2}{\sqrt{2}\,a} \approx \frac{1.41}{a}$$

[111]晶向硅原子的线密度为

$$\frac{1 + 2 \times \frac{1}{2}}{\sqrt{3}\,a} = \frac{2}{\sqrt{3}\,a} \approx \frac{1.15}{a}$$

由此可知,[110]晶向硅原子的线密度最大。

例2.4 已知硅晶体中(100)、(110)和(111)晶面上的原子分布,如图2.6所示。计算这3个晶面上原子面密度。

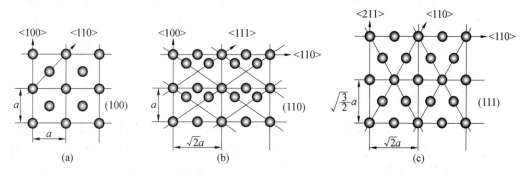

图2.6 硅晶体中(100)、(110)和(111)晶面上的原子分布

解 硅的原子面密度即晶体中某晶面上单位面积原子的个数。

在(100)晶面上,每个晶胞里,位于角上的原子为4个相邻晶胞的(100)晶面所共有,而位于面心上的原子只为这1个晶胞所有,因此(100)晶面硅原子的面密度为

$$\frac{1 + 4 \times \frac{1}{4}}{a^2} = \frac{2}{a^2}$$

在(110)晶面上,每个晶胞里,位于角上的原子为4个相邻晶胞的(110)晶面所共有,而位于面心上的每个原子为2个相邻晶胞的(110)晶面所共有,只有面内的2个原子才是该晶面独有的。因此(110)晶面硅原子的面密度为

$$\frac{2 + 2 \times \frac{1}{2} + 4 \times \frac{1}{4}}{\sqrt{2}\,a \times a} = \frac{4}{\sqrt{2}\,a^2} \approx \frac{2.83}{a^2}$$

在(111)晶面上,每个晶胞里,位于角上的原子为4个相邻晶胞的(111)晶面所共有,而位于晶面边上的原子为2个相邻晶胞的(111)晶面所共有,只有面内的2个原子才是该晶胞独有的。因此(111)晶面硅原子的面密度为

$$\frac{4 \times \frac{1}{4} + 2 \times \frac{1}{2} + 2}{\sqrt{\frac{3}{2}}a \times \sqrt{2}a} = \frac{4}{\sqrt{3}a^2} \approx \frac{2.30}{a^2}$$

由此可知,(110)晶面硅原子的面密度最大,但不均匀。

由硅的晶格结构及晶向、晶面特点可知,在[111]晶向,原子分布最不均匀,存在原子双层密排面{111}。因为双层密排面自身原子间距离最近,相比其他晶面结合最为牢固,晶面能也最低,化学腐蚀就比较困难和缓慢,所以腐蚀后容易暴露在表面,而在晶体生长过程中有使晶体表面成为{111}晶面的趋势。相反,两层双层密排面之间的相邻原子距离最远,面间相互结合脆弱,晶格缺陷容易在这里形成和扩展,而在外力作用下,硅晶体很容易沿着{111}晶面劈裂,这种易劈裂的晶面称为晶体的解理面。

硅晶体的不同晶面、晶向性质有所差异,因此,微电子制造技术是基于不同产品特性采用不同晶面的硅片作为衬底材料。

硅的解理面(111)面为天然易劈裂面,由硅片劈裂形状也能判断出硅片的晶面。(100)面与{111}面之间的相交线为90°,因此(100)面硅片劈裂时裂纹呈矩形形状;而(111)面和其他{111}面之间的相交线为60°,因此(111)面硅片劈裂时裂纹呈三角形形状。

2.1.3 硅晶体的缺陷

理想的情况下,半导体衬底材料都应是高度完美的单晶,但在微电子制造工艺中,会在晶体中不可避免的出现各种缺陷,这些晶体缺陷还扮演着重要的角色。根据维数,硅晶体中的缺陷可以分为四种:零维的点缺陷、一维的线缺陷、二维的面缺陷和三维的体缺陷。

不同的缺陷影响到制造工艺的不同方面。如点缺陷对于理解微电子制造工艺的掺杂和扩散过程很重要;对于任何热处理工艺,特别是快速热处理,应尽量避免线缺陷的产生;体缺陷则对于产品的合格率有重要的影响。如图2.7所示的零维、一维硅晶体缺陷是几种最为重要的半导体缺陷。

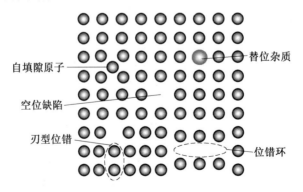

图2.7 零维、一维硅晶体缺陷

1. 点缺陷

硅晶体中的点缺陷主要包括三种:空位、自填隙原子和杂质。

空位是在晶格位置缺失一个原子,这是最常见的一种点缺陷,与之紧密联系的一种点缺陷是一个原子不在晶格位置上,而是处在晶格位置之间,称为填隙原子,如果填隙原子与晶格原子是同一种材料,就是自填隙原子。有时填隙原子是原子脱离附近的晶格位置形成的,并在原晶格位置处留下一个空位,这种空位和填隙原子的组合称为弗伦克尔缺陷。填隙原子或空位并不总停留在它们产生时的位置,这两种缺陷都可以在晶体中运动,也可能迁移到晶片的表面,并在表面消失。

空位和自填隙原子是本征缺陷。如同半导体中本征载流子的情形,完整的晶体在超过热力学温度 0 K 的情况下都会出现本征缺陷。热激发能使少量的原子离开它们正常的晶格位置,并在该位置留下空位。一般空位浓度可由阿雷尼乌斯(Arrhenius)函数计算得出

$$N_v^0 = N_0 e^{-E_a/kT} \qquad (2.8)$$

式中,N_v^0 为空位浓度;N_0 为晶格中原子密度(Si 为 5.02×10^{22} cm^{-3});E_a 为空位激活能;k 为玻耳兹曼常数;T 为热力学温度;kT 为温度常数。

Si 材料的空位激活能 E_a 在 2.6 eV 左右。室温时,完整晶体在 10^{44} 个晶格位置中只有一个空位。然而,当温度升至 1 000 ℃ 时,Si 中的空位缺陷上升至每 10^{10} 个晶格位置中就有一个空位。

式(2.8)也适用于自填隙原子的平衡浓度计算。硅自填隙原子的激活能为 4.5 eV,比空位的激活能高。因此,由式(2.8)可知,空位的平衡浓度通常不等于自填隙原子的平衡浓度,而是比自填隙原子的平衡浓度高。这一点与本征载流子情况有所不同,本征硅中电子和空穴的浓度总是相同的。

杂质原子是非本征点缺陷,是指硅晶体中的外来原子。在晶体生长、加工和微电子产品制造工艺过程中,不可避免要沾污一些杂质;而有些杂质又是在微电子制造工艺中有意掺入的。杂质中,填隙杂质在微电子制造工艺中要尽量避免,这些杂质破坏了晶格的完整性,引起晶格点阵的畸变,但对半导体晶体的电学性质影响不大;而替位杂质通常是在微电子制造工艺中有意掺入的杂质。例如,硅晶体中掺入 ⅢA 族、VA 族替位杂质,目的是调节硅晶体的电导率;掺入贵金属 Au 等,目的是在硅晶体中添加载流子复合中心,缩短载流子寿命。

2. 线缺陷

线缺陷是一维方向上的延伸,最常见的就是位错。在位错附近,原子排列偏离了严格的周期性,相对位置发生了错乱。位错主要有刃(型)位错和螺(旋)位错。刃型位错的主要特征是晶体中额外插入一个半原子面,这个多余的半原子面有如切入晶体的刀片,故被称为刃型位错,位错线垂直于滑移方向。螺旋位错的主要特征是原来一族平行晶面变成单个晶面所组成的螺旋阶梯,位错线与滑移方向平行。

(1)位错是晶体中存在应力的标志。

额外的原子面插入之前,键是伸展着的;插入之后,位错线周围原子的共价键分别被

压缩、拉长或悬挂。诱导位错产生的机理主要有三种类型：① 在硅晶体上有相当大的温度梯度存在，发生非均匀膨胀，在晶体内形成热塑性应力；当晶片受到刚性挤压并加热，或者晶片在加热时上面已经生长了若干不同热膨胀系数的薄膜层，都会产生类似的应力，诱导缺陷。② 硅晶体中存在高浓度的替位杂质，而这些替位杂质原子半径和硅原子半径大小不同，即晶格失配，形成内部应力，应力将降低打破化学键所需的能量，产生空位。③ 硅晶体表面的物理损伤，如表面划伤，或在某些工艺过程中，晶片表面受到其他原子的轰击，这些原子将足够的能量传递给晶格，使得化学键断裂，产生空位和填隙原子。

（2）位错是点缺陷的延伸，经常由点缺陷结团在一起形成。

晶体中每个点缺陷都与一个表面能量相联系，缺陷的表面积越大，储存在点缺陷中的能量越高。在热力学平衡状态，一个体系的能量将趋向于最小化，与同等体积的位错相比，点缺陷总表面积更大，所以能量更高。这些在晶体中随机运动的点缺陷将倾向于积聚在一起，直至形成一个位错或其他更高维数的缺陷，以释放多余的能量，这个过程称为结团。一旦产生高浓度的点缺陷，它们总是倾向于结团，形成位错或其他高维缺陷。

（3）晶体中的位错是可以运动的。

如图 2.8（a）、（c）所示是刃型位错的两种运动方式：滑移和攀移。滑移是位错线在不沿着该位错线的其他方向上的移动，这是剪切应力的结果。晶格的一个原子面断裂成两个半原子面，其中一个半原子面与原先额外的位错面合成一个连续的、新的晶格原子面，而另一个半原子面构成一个新的位错，这个过程称为位错面滑移。对一般晶体来说，沿某些晶面容易发生滑移，这样的晶面称为滑移面。构成滑移面的条件是该面上的原子面密度大，而晶面之间的原子价键密度小，间距大。对硅晶体来说，{111} 晶面中，两层双层密排面之间由于价键密度最小，结合最弱，因此，滑移常常沿 {111} 晶面发生，位错线也就多在 {111} 晶面之间。攀移是位错线简单的延伸或收缩，此时空位或填隙原子作为应力作用的结果产生出来，然后这些点缺陷成为线缺陷的一部分。

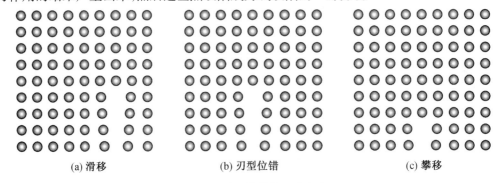

(a) 滑移　　　　　　　　　　(b) 刃型位错　　　　　　　　　　(c) 攀移

图 2.8　刃型位错的运动方式

3. 面缺陷

在晶体结构中，最明显的面缺陷例子是多晶的晶粒边界，另一种重要的面缺陷是层错。如在晶体生长过程中，由于堆积排列次序发生错乱，形成的面缺陷称为堆垛层错，简称层错。层错是一种区域性的缺陷，在层错以外或以内的原子都是规则排列的，只是在部分交界面处的原子排列发生错乱，所以它是一种面缺陷。

将一个额外的原子面插入到金刚石晶格中,就会形成一个层错。层错要么终止于晶体的边缘,要么终止于位错线。例如在{111}晶面方向上移去一个部分原子面将形成本征层错,而在{111}晶面方向上插入一个部分原子面则形成非本征层错,如图2.9所示,标号A、B、C对应于金刚石晶格中三个不同的原子面。

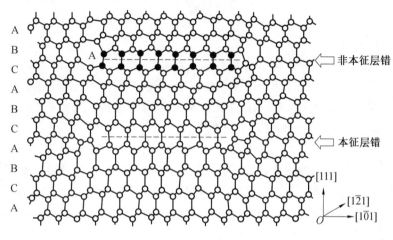

图2.9　二维晶体缺陷:层错

4. 体缺陷

体缺陷在三个方向上都失去了晶体排列的规则性。晶体中的空隙就是一种体缺陷;另外,当晶体中点缺陷、线缺陷浓度较高时,也会因结团产生体缺陷;晶界析出相是一种最常见的体缺陷,其中的一大类就是杂质淀积。为改变硅单晶电阻率而掺入晶体中的 ⅢA族、ⅤA族杂质在硅晶体中只能形成有限固溶体。当掺入的数量超过晶体可接受的浓度时,杂质将在晶体中淀积,形成体缺陷。

杂质转化成晶界析出时,相关的吉布斯自由能变化量可以表达为

$$\Delta G = -V\Delta G_v + A\gamma + V\varepsilon + R_e \tag{2.9}$$

式中,V为析出相的体积;ΔG_v为与这种转化相联系的单位体积自由能变化量;A为析出相的表面积;γ为单位面积析出相的自由能;ε为单位体积析出相的应变储能;R_e为与应变相关的项。

如果点缺陷的浓度超过了由式(2.8)给出的平衡值,就说晶体是过饱和的,则驱动这些缺陷使之形成扩展缺陷的趋势是相当强的。比如,当温度降低时,过饱和的程度增加,式(2.9)中第一项变得足够大,使得总的 ΔG 为负,从而为析出相的形成提供了所需的热动力。如果析出相形成时发生了较大的体积变化,由此引起的应变可以通过产生自填隙原子或位错而释放掉。

2.1.4　硅晶体中的杂质

制备纯的晶体是非常困难的,因为在制备的过程中周围的气氛以及容器中的原子会进入晶体中,这些原子一般能替代硅原子占据晶格位置,或是进入晶格间隙,这种外来的

其他原子就称为杂质(Impurities)。硅晶体中的杂质主要是有意掺入的 ⅢA 族、VA 族的硼、磷、砷、锑等。这些杂质在晶体中一般能替代硅原子占据晶格位置,并能在适当的温度下电离生成自由电子或空穴,控制和改变晶体的导电能力。通常称这种通过电离使半导体电学性质发生改变的杂质为电活性杂质。杂质会对晶体的性质产生很大的影响,对微电子工业利弊各半。

1. 固溶度和相图

在微电子行业中,有应用价值的并不是单质元素,而是若干元素所形成的化合物。即使是单晶硅材料,当它处于纯净态时作用也很小。实际使用的衬底硅片不会是纯净的本征半导体,而是掺入了特定微量杂质的固溶体,是混合物材料。通常采用固溶度和相图来表征混合物体系在热力学平衡状态下的性质。

(1)固溶度。

掺杂单晶硅,杂质作为溶质,硅作为溶剂,在热力学平衡状态,杂质溶质均匀地分布在单晶溶剂中,形成固溶体。在一定温度下,杂质在晶体中具有最大平衡浓度,这一平衡浓度就称为该杂质在晶体中的固溶度。图 2.10 所示为硅晶体中各种杂质的固溶度曲线,ⅢA 族、VA 族杂质在硅中的固溶度并不高,最高的砷在 1 200 ℃ 时,固溶度最大值也只有约 3×10^{21} cm^{-3},而金的最大固溶度在约 1 300 ℃ 时,只有 2×10^{17} cm^{-3}。所以,在热力学平衡状态,硅晶体中用于改变其电学性质的杂质也不是无限制地掺入,其浓度只能在一定范围内变化。

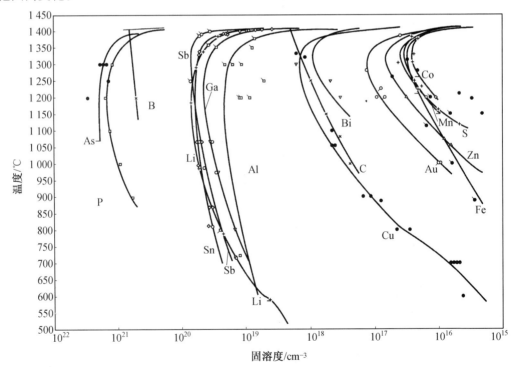

图 2.10 硅晶体中各种杂质的固溶度曲线

（2）相图。

相图是用来讨论混合物体系性质的一种图示方法。二元相图是显示两种材料混合物稳定相区域的一种示意图，这些相区域是组分百分比和温度的函数。在某些情况下，体系的压力对相图有一定的影响。但是对微电子制造业而言，由于体系的分压较小，系统的压强对相图的影响不大，一般的相图讨论都是指在一个大气压（1.01×10^5 Pa）下的情形。

Ge - Si 是一种最简单系统的例子，图 2.11 所示为该系统的相图。图中有两条实线，上面的一条是液相线，它表明给定的混合物在达到该温度时将完全处于液态；下面的一条是固相线，它表明在该温度下，这种混合物将完全处于固态。在这两条曲线中间，是既含有液态，又含有固态的混合物区域。从相图中可以很容易地确定熔化物的组成。例如，取 Si - Ge 原子比为 1∶1 的相组成点，此时 Si 和 Ge 的原子浓度相等，将它从室温开始加热，该材料将在 1 108 ℃ 时熔化，假定加热过程足够缓慢，过程中系统处在热力学平衡状态。处在两实线之间区域的熔化物，成分浓度可由液相线与温度线交点处的组分确定，这就是杠杆定律。例如，在 1 150 ℃，熔化物的组成以原子数分数计，Si 占 22%（图 2.11 中 C_1）；固体的成分浓度可由图 2.11 中固相线与温度线交点处的浓度读出，Si 占 58%（图 2.11 中 C_s）。当温度继续升高时，熔化物的成分浓度将逐渐回归初始值，同时不熔化的固体部分的组成则更接近于纯 Si。温度达到液相线后，整块材料都熔化，对于开始时 Si 原子数分数占 50% 的混合物，完全熔化出现在 1 272 ℃ 左右。在冷却过程中，将出现与加热过程相反的变化过程。

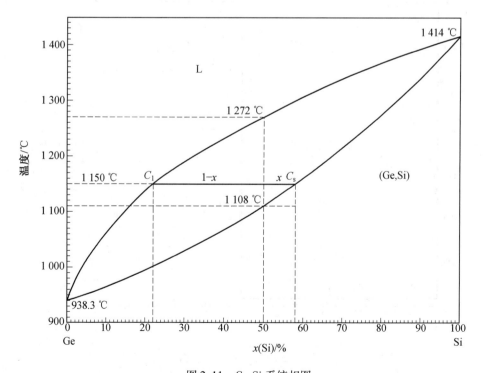

图 2.11 Ge-Si 系统相图

例2.5 针对上述讨论的例子,计算原子数分数各占50% 的 Ge – Si 材料,当它在1 150 ℃ 时,熔化掉的占多大比例?

解 设 x 是所求的熔化物所占的比例,则 $1 - x$ 就是固体所占的比例。C_0 是 Si 在 Ge – Si 混合材料中的原子数分数,C_1 是 Si 在液相中的原子数分数,C_s 是 Si 在固相中的原子数分数,由杠杆定律,有

$$x \cdot C_1 + (1 - x) \cdot C_s = C_0$$

已知 $C_0 = 50\%$,由相图可知,$C_1 = 22\%$,$C_s = 58\%$;代入上式得

$$0.22x + 0.58(1 - x) = 0.50$$

求得,$x = 0.22$。即原始材料22% 熔化掉,而78% 仍是固态。

图2.12 所示为 Ga – As 系统相图。像 Ga – As 体系这样,从液相开始冷却过程中,两种纯物质的原子按一定比例化合,形成与原来两者的晶格均不同的合金组成物即为金属间化合物。从右下方开始分析这个相图,该区域处在固相线下方,因而是固相。相图中间的竖线表示在此材料系中将形成 GaAs 化合物。左下方的区域是固态 GaAs 和 Ga 的混合物,而右下方是固态 GaAs 和 As 的混合物。如果将富 As 的固体加热到810 ℃ ,这一固溶物将开始熔化。在此温度和液相线之间,熔化物的浓度可由前述的杠杆定律确定。对于富 Ga 的混合物,固液混合态在比室温高一点点的30 ℃ 左右出现。由于该体系形成液相的温度较低,对于 GaAs 晶体的生长会产生一定的不利影响。

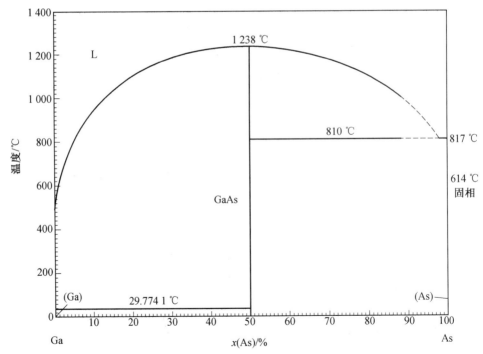

图2.12 Ga – As 系统相图

图2.13 所示为 Si – As 系统相图。图2.13 中给出了若干不同的固相线,使得相图显得非常复杂。然而,对微电子应用来讲,有应用价值的是 As 浓度较低的相图区域。因为

在微电子应用中,一般 As 在 Si 中的原子数分数不超过 5%。在此情况下,As 作为一种杂质溶于 Si 中而不形成化合物。在平衡态下,一种杂质可以溶于另一种材料的最高浓度称为这种杂质在该材料中的固溶度。图 2.13 中 As 的固溶度随着温度上升而逐渐增加,至 1 097 ℃ 时 As 原子数分数约为 4%。在这个小区域中的一条竖线,实际上会与相图中的 3 条曲线相交。一条是从 500 ℃ As 原子数分数为 0 到 1 097 ℃ As 原子数分数为 4% 的曲线,称为固溶相线,它是表示固溶度的;另外两条分别是固相线和液相线。As 在 Si 中的固溶度相对而言是很大的,这表明 As 可用于非常重的掺杂,以形成低电阻率区域,比如 MOSFET 器件的源极、漏极接触,以及双极型晶体管的发射极和集电极接触。对掺杂而言,最受关注的是从相图中得到杂质的固溶度,而 Si 中不同杂质的固溶度可以有多个量级的变化。

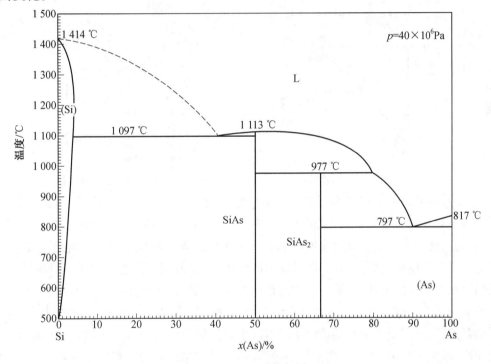

图 2.13 Si-As 系统相图

假设将硅片加热到 1 097 ℃,并用 As 掺杂到原子数分数为 3.5%,这种情形下会有什么现象发生呢?相图表明当这样的硅衬底冷却下来时,As 的成分最后会超过 Si 中所能固溶的最大浓度。如果保持热力学平衡,多余的 As 会凝聚出来,要么跑出 Si 晶格表面,要么在 Si 晶体内形成固体析出,而后者的可能性更大一些。要发生这种情况,As 原子必须能够在晶体中移动。如果晶片冷却得足够快,则无法析出,这样比热力学平衡条件所允许浓度更高的杂质就被冻结在 Si 晶格之中,此过程称为淬火。在微电子行业中,掺杂浓度可以(并且常常)是超过理论固溶度的。只需将含有多余杂质原子的晶片加热至一定温度之上,然后快速冷却即可做到这一点。最高的杂质浓度可以超过其理论固溶度的 10 倍甚至更高。这种掺杂技术对于微电子行业具有重要的意义。

2. 杂质对硅电学性能影响

（1）本征硅。

完全纯净的、结构完整的半导体晶体，称为本征半导体。在硅晶体中，硅的结构如图 2.14 所示，原子按四角形系统组成晶体点阵，每个原子都处在正四面体的中心，而 4 个其他原子位于四面体的顶点。每个原子与其最近临的原子之间形成共价键，共用一对价电子，如图 2.15 所示为本征硅的共价键结构。形成共价键后，每个原子的最外层电子是 8 个，构成稳定结构。共价键有很强的结合力，使原子规则排列，形成晶体。共价键中的 2 个电子被紧紧束缚在共价键中，称为束缚电子，常温下束缚电子很难脱离共价键成为自由电子，因此本征半导体中的自由电子很少，本征半导体的导电能力很弱。

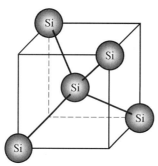
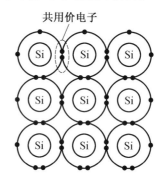

图 2.14　硅的结构　　　　图 2.15　本征硅的共价键结构

在绝对零度（$T = 0$ K）和没有外界激发时，价电子完全被共价键束缚，本征半导体中没有可以运动的带电粒子（即载流子），它的导电能力为零，相当于绝缘体。在常温下，由于热激发，使一些价电子获得足够的能量而脱离共价键的束缚，成为自由电子，同时共价键上留下一个空位，称为空穴。在其他力的作用下，空穴吸引附近的电子进行填补，这样的结果相当于空穴的迁移，而空穴的迁移相当于正电荷的移动，因此可以认为空穴也是电荷的载流子。本征半导体中存在数量相等的两种载流子，即自由电子和空穴，电子是负电荷的载流子，空穴是正电荷的载流子。本征半导体的导电能力取决于载流子的浓度。温度越高，载流子的浓度越高，则本征半导体的导电能力越强，说明温度是影响半导体性能的一个重要的外部因素，这是半导体的一大特点。因此下面给出本征载流子浓度与温度的关系（在 3.2 节要用到这个公式）。

硅的本征载流子浓度计算式为

$$n_i(\text{cm}^{-3}) = n_{i0} T(K)^{3/2} e^{-E_g/2kT} \tag{2.10}$$

式中，n_{i0} 为绝对零度时的本征载流子浓度；E_g 为禁带宽度。

禁带宽度的计算式为

$$E_g = E_{g0} - \frac{\alpha T(K)^2}{\beta + T(K)} \tag{2.11}$$

式中，E_{g0} 为绝对零度时的禁带宽度；α、β 均为温度变化系数。

禁带宽度等数值已经有试验数据，见表 2.3，可以直接引用以计算本征载流子浓度。

表 2.3　Si 和 GaAs 半导体材料本征载流子试验数据

半导体材料	绝对零度时本征载流子浓度 /cm^{-3}	绝对零度时的禁带宽度 /eV	温度变化系数 α /(eV·K)	温度变化系数 β /K
Si	7.3×10^{15}	1.17	0.000 463	636
GaAs	4.2×10^{14}	1.52	0.000 541	204

（2）掺杂硅。

硅晶体中的杂质主要是有意掺入的ⅢA族、ⅤA族的硼、磷、砷、锑等。这些杂质在晶体中一般能替代硅原子,占据晶格位置,并能在适当的温度下电离生成自由电子或空穴,控制和改变晶体的导电能力。通常称这种已电离、使半导体电学性质发生改变的杂质为电活性杂质。这里所说的杂质,对改变材料的性能有重要的意义,并不带有贬义色彩。图2.16 所示为掺杂硅的共价键结构示意图。

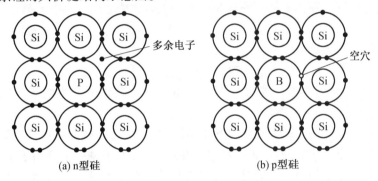

(a) n型硅　　　　　　　　　　(b) p型硅

图 2.16　掺杂硅的共价键结构示意图

在硅晶格格点上若有一个ⅤA族原子替代了硅原子,以磷为例,其电离示意图如图2.16(a) 所示。磷原子的最外层有 5 个价电子,其中 4 个与相邻的硅原子形成共价键,还"剩余"一个价电子。这个"剩余"价电子只受到磷原子核库仑势的吸引,这种吸引作用是相当微弱的,只要给这个剩余价电子些许能量就可使它脱离磷原子核的作用,从束缚电子变成自由电子,从而在晶体内运动,成为导带电子(即自由电子)。这种处于晶格位置又能贡献电子的杂质原子称为施主杂质。施主杂质有向导带施放电子的能力,而杂质本身由于施放电子而带正电,通常也称为施主中心。当剩余电子被束缚在施主中心时,其能量低于导带底的能量,相应的能级称为施主能级。施主杂质向导带施放电子所需的最小能量称为施主电离能 ΔE_{D},公式为

$$\Delta E_{\mathrm{D}} = E_{\mathrm{c}} - E_{\mathrm{D}} \tag{2.12}$$

式中,E_{c} 为导带底能级;E_{D} 为施主能级。

ⅤA族施主杂质在硅中的电离能很小,一般在0.01 ~ 0.05 eV 之间,和室温下的温度常数 kT 具有相同的数量级。因此,室温时施主杂质的绝大部分处于电离状态。硅的原子密度为5.02×10^{22} cm^{-3},如果掺入 10^{15} cm^{-3} 的杂质,这个杂质数只是硅原子总数的10^{-7},室温时这些杂质基本全部电离,贡献的电子浓度约为10^{15} cm^{-3},这个数值同室温时本征载流子浓度1.45×10^{10} cm^{-3} 相比约高5个数量级,所以,施主所提供的电子是载流子主体。

此时,硅的电阻率将由本征状态下的 $2.3 \times 10^5 \ \Omega \cdot cm$ 下降至 $3 \ \Omega \cdot cm$。由此可见,硅晶体的导电性能受杂质浓度控制。以电子导电为主的半导体称为 n 型半导体。n 型半导体中,由施主原子提供的电子,浓度与施主原子相同。掺杂浓度远大于本征半导体中载流子浓度,所以,自由电子浓度远大于空穴浓度。自由电子称为多数载流子(多子),空穴称为少数载流子(少子)。

在硅晶格格点上若有 1 个 ⅢA 族原子替代了硅原子,以硼为例,其电离示意图如图 2.16(b) 所示。硼原子的最外层只有 3 个价电子,与相邻的硅原子形成 3 个共价键,有 1 个近邻硅原子未成键,存在 1 个悬挂键。硼原子附近的硅原子(不是最近邻的硅原子)价键上的电子不需要太大的附加能量就能填补硼原子周围价键的空缺,而在原先的价键上留下 1 个空穴,硼原子因接受 1 个电子而成为 1 个负电中心。这样既能接受电子,又能向价带释放空穴而本身变为负电中心的杂质称为受主杂质。在空穴能量较低时,负电中心将空穴束缚在自己的周围,形成空穴的束缚态。当空穴具备一定能量时就可以脱离这种束缚,进入价带,所需要的最小能量就是受主电离能 ΔE_A,公式为

$$\Delta E_A = E_A - E_v \tag{2.13}$$

式中,E_v 为价带顶能级;E_A 为受主能级。

ⅢA 族受主杂质的电离能一般也很小,在室温时,受主杂质基本全部电离,与施主杂质一样,对硅晶体的导电性能有着重要作用。以空穴导电为主的半导体称为 p 型半导体。p 型半导体中,空穴是多子,电子是少子。

如果在硅晶体中同时存在施主和受主两种杂质,这时硅的导电类型要由杂质浓度高的那种杂质决定。例如,硅晶体中同时存在磷和硼,如果硼的浓度高于磷,那么这块硅晶体就表现为 p 型。但要注意的是导带中的电子浓度并不等于磷杂质浓度,因为电离的电子首先要填充受主能级,余下的才能发射到导带。这种不同类型杂质引起半导体导电能力相互抵消的现象,称为杂质补偿。

掺杂半导体的载流子浓度 n 和本征载流子浓度 n_i 之间存在如下关系

$$np = n_i^2 \tag{2.14}$$

由于半导体内部还是电中性的,所以掺杂浓度 N_D^+、空穴浓度 p 和电子浓度 n 之间的关系为

$$p + N_D^+ = n \tag{2.15}$$

将式(2.14)与式(2.15)联立并消除 p,可以求解关于 n 的二次多项式方程,即可得到非本征半导体中的载流子浓度 n 与本征载流子浓度 n_i 及掺杂浓度 N_D 之间的关系

$$n = \frac{N_D}{2} + \sqrt{\left[\frac{N_D}{2}\right]^2 + n_i^2} \tag{2.16}$$

硅晶体中除有意掺入的 ⅢA 族、ⅤA 族杂质外,一些有特殊作用的贵金属也被掺入。例如,金在硅中是作为一种载流子寿命控制杂质,在工艺上颇为重要,如在高速电路中经常被用来降低硅的载流子寿命。

(3)有害杂质。

在硅片制备及产品制作工艺过程中,因沾污,还会有其他有害杂质进入硅晶体中。硅晶体中有害的杂质主要有三类:非金属、金属和重金属。除氧、碳杂质外,非金属杂质还有

氢等；金属杂质有钠、钾、钙、铝、锂、镁、钡等；重金属杂质有金、铜、铁、镍等。

① 氧和碳杂质。当氧进入硅单晶，它处于硅晶格的间隙位置，形成 Si—O—Si 结构，它对硅的电学性质没有明显影响。但是，一旦经过热处理，则发生下列反应

$$\text{Si—O—Si} \xrightarrow{450\ ℃} \text{SiO}_{2.3.4.5} \xrightarrow{850\ ℃} \text{SiO}_x (x \approx 2) \tag{2.17}$$

电活性中间产物对硅的电学特性有影响。$[\text{SiO}_4]^+$ 基团是施主中心，其能级位于导带下 $0.13\ \text{eV}$ 和 $0.3\ \text{eV}$。温度升高至 $600 \sim 800\ ℃$，$[\text{SiO}_4]^+$ 消失，又出现与二氧化硅相结合的强烈依赖于碳的施主态带电复合体。在更高的温度下，二氧化硅析出，形成二氧化硅沉淀。采用 $650\ ℃$ 以上的高温对单晶进行退火，并急速冷却至 $400 \sim 450\ ℃$，有助于消除电活性热施主中心。

硅中氧易聚集金属杂质，使材料呈现较大的伪寿命，一旦经过热处理，材料呈现较小的真实寿命。氧的淀积还会引起氧化诱生堆垛层错，影响硅器件的特性，如阈值电压、饱和压降、电流放大系数、特征频率等。硅中氧的含量和氧淀积团的形态对硅单晶的力学性质有明显影响。氧含量较高时，机械强度随氧含量的升高而降低；在氧含量较低时，机械强度则随氧含量的升高而增强。

碳在硅中以非电活性的替位形式存在。高氧含量容易产生碳淀积，并形成电活性的碳化硅。另外，碳的淀积是旋涡缺陷产生的因素之一，碳在硅中还会减小硅的晶格常数，引起晶格畸变，使器件产生大的漏电和击穿电压下降。

② 重金属杂质。重金属杂质中对硅单晶影响最严重的是铁、铜，这些有害杂质来源于单晶炉和熔硅原料，它们除引入复合中心、减小载流子寿命外，还容易在位错、微缺陷和氧淀积团处聚集，形成重金属杂质淀积线或淀积微粒，使器件产生等离子体击穿、pn 结漏电"管道"等现象。

③ 金属杂质。钠、钾等碱金属杂质是半导体器件制造中最忌讳的有害杂质。这类杂质由于离子半径较小，一般处于硅中间隙位置，会在硅单晶中引入浅能级中心，参与导电。而微量的铝杂质引入，会对 n 型材料的掺杂起补偿作用。

3. 杂质的吸除

由于单晶材料的质量还无法完美地满足微电子器件的要求，加之材料中的缺陷和有害杂质是工艺诱生缺陷的主要核化中心，因此必须通过单晶生长过程中的质量控制和后续处理来提高单晶的质量，使单晶材料趋于完美。减少单晶材料缺陷和有害杂质的后续处理方法通常采用吸杂技术。吸杂是晶体中的杂质和缺陷扩散并被俘获在吸杂位置的过程。吸杂技术主要有物理吸杂、溶解度增强吸杂和化学吸杂。目前应用最广泛的是物理吸杂。

物理吸杂的基本过程为：在高温中，将晶体缺陷和杂质淀积团解体，并以原子态溶于晶体中，然后再使它们运动至有源区以外，或被俘获或被挥发。物理吸杂有如下几种方法。

（1）本征吸杂。

在硅基微电子制造工艺中，常见的吸杂方法是利用晶片体内固有的氧，将点缺陷和残余杂质（例如重金属）俘获和限制在氧淀积处，从而降低了它们在有源器件附近区域的浓度，这种吸杂方法称为本征吸杂。

生长单晶硅的工艺过程中会造成一部分氧固溶于其中，Si 中氧浓度的典型值约等于

10^{18} cm^{-3}。氧的固溶度满足简单的阿雷尼乌斯(Arrhenius)关系,即

$$C_{ox} = 2 \times 10^{21} e^{\frac{-1.032}{kT}} \tag{2.18}$$

当晶片温度低于 1 150 ℃ 时,氧倾向于从晶体中析出,形成三维缺陷。析出的形状取决于晶片的温度。如果晶片快速冷却,多余的氧将无法运动,也就无法结团析出,氧以一种过饱和(即大于晶片处于热力学平衡态时所允许的浓度)的形态处于晶片中。如果将晶片在大约 650 ℃ 下退火,则析出相的形状像一根根短杆,沿[110]方向析出在(100)平面上。晶片在约 800 ℃ 下退火时将在(100)面上形成方形的淀积,方形的边沿[111]方向。

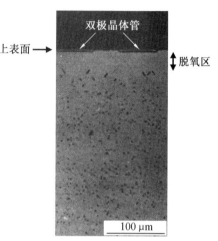

图 2.17   表层脱氧圆片的剖面图

如图 2.17 所示为表层脱氧圆片的剖面图。要进行本征吸杂处理,首先,晶片中的氧浓度要控制在 7.5×10^{17} ~ 1.0×10^{18} cm^{-3}。如果氧浓度比该值小,氧杂质之间分开得过远难以形成结团;氧浓度大时,会造成晶片的翘曲,而且会穿越有源区,形成其他像滑移位错一样的扩展缺陷。典型的本征吸杂工艺有三个步骤:外扩散、成核和析出。外扩散步骤的作用是降低接近晶片表面的脱氧层中所溶解的氧的浓度。其次,要控制脱氧层的深度,典型的脱氧层深度是 20 ~ 30 μm。一方面,不要采用过深的脱氧层,因为它会降低吸杂的效果;另一方面,不要采用过浅的脱氧层,如果脱氧层太靠近器件有源区,就会降低器件的性能。

再次,要控制工艺温度。脱氧层可以通过晶片在保护性气氛中的高温退火形成,工艺温度必须足够高,以使氧向外扩散离开表面,但温度又不能太高,以保证氧浓度不超过 1.0×10^{18} cm^{-3}。最后,由于氧可以在碳杂质处淀积,因此应用本征吸杂技术时,还应当对晶片内碳的浓度进行控制,晶片中碳的浓度是决定氧淀积大小和形状的一个要素,碳浓度一般在 2.0×10^{15} ~ 8.0×10^{16} cm^{-3}(这里浓度皆为原子数分数)。

(2)非本征吸杂。

在有源区(即晶体管所在位置)内不希望有二维及三维缺陷,而在非有源区域人为地引入缺陷能够吸引杂质聚集,使邻近的有源区内杂质减少,这种吸杂方法称为非本征吸杂。

① 背面损伤吸杂。通过在晶片背面引入损伤层,经热处理,损伤层在背面诱生大量位错缺陷,从而将体内有害杂质或微缺陷吸引至背面。引入损伤层的办法有喷砂、离子注入、激光辐照等。

② 应力吸杂。在晶片背面引入弹性应力,在高温下,应力场使体内有害杂质和缺陷运动至应力源处,从而"清洁"晶片体内。引入应力的办法有在背面淀积氮化硅、多晶硅或其他热膨胀系数与晶片不匹配的薄膜层。

③ 扩散吸杂。在有源区外进行杂质扩散,利用杂质与硅原子半径的差异引入大量失配位错,从而将有害杂质和缺陷聚集于失配位错,消除有源区的缺陷。

2.2 硅片的制备

微电子技术发展的主要途径是通过不断缩小器件的特征尺寸,增加芯片面积以提高集成度和信息处理速度。随着器件图形尺寸的缩小,任何微小的缺陷都会影响器件特性,如耐压、pn 结反向漏电流、阈值电压等;任何微小的电阻率的波动都会影响器件特性的一致性,从而影响电路正常工作,因而除了硅单晶技术指标,如导电类型、电阻率、少子寿命、位错密度以及晶向等指标外,对大直径单晶的生长、加工质量提出了更高的要求:Si、GaAs 等半导体衬底单晶材料向着大尺寸、高均质、晶格高完整性方向发展。

(1) 缺陷密度。

由于大直径单晶生长过程中热场控制、生长过程控制更加复杂,以及装料量的增加,晶体生长时固 – 液界面扰动、杂质分凝等造成的微区不匀现象更为严重,从而使晶体缺陷产生的概率增大。芯片面积的增大,对缺陷密度的要求更加严格。另外,器件尺寸的缩小,使微缺陷的影响已成为一个不可忽略的重要因素。

(2) 参数的均匀性。

大直径单晶生长过程中,掺杂杂质在固 – 液界面分凝的微区波动及生长速度的瞬间起伏,将产生单晶电阻率径向和轴向分布的不均匀性。随着芯片面积的增大和器件图形尺寸的缩小,微区电阻率不均匀对 IC 性能的影响更为显著,影响 IC 正常工作。

(3) 晶片平整度。

由于器件尺寸的缩小及芯片面积的增大,在微细加工过程中,晶片的翘曲将对图形加工质量产生影响,使加工图形畸变变得严重,即使微小的畸变,只要与加工图形尺寸接近,也会引起器件失效。晶片的翘曲是影响大直径单晶平整度的主要因素,理论分析表明,晶片直径越大,越容易产生翘曲现象。要想减少翘曲,必须增加晶片厚度,减小晶片所受的加工应力。

单晶硅片(Silicon Wafer)的制备有两种方法:一种是由石英砂冶炼、提纯制备出高纯多晶硅,然后由高纯多晶硅熔体拉制出单晶硅锭,再经切片等工艺加工出硅片;另一种方法是在单晶衬底上通过外延工艺生长出单晶硅外延层,得到外延片。本节主要介绍第一种方法。

2.2.1 多晶硅的制备

微电子工业使用的硅,是采用地球上最普遍的原料 —— 石英砂(也称硅石)制备而成。石英砂的主要成分是二氧化硅。石英砂通过冶炼得到冶金级硅(Metallurgical Grade Silicon,MGS),再经过一系列提纯得到电子级硅(Electronic Grade Silicon,EGS),电子级硅是高纯度的多晶硅。

1. 冶炼

冶炼是将石英砂及木炭或其他含碳物质(如煤、焦油等)放于熔炉加热,发生还原反应,得到硅。硅的质量分数在 98% ～ 99%,称为冶金级硅。

$$SiO_2(s) + 2C(s) \xrightarrow{1\,600 \sim 1\,800\,℃} Si(s) + 2CO(g) \qquad (2.19)$$

冶金级硅也称粗硅或硅铁。粗硅中主要含有铁、铝、碳、硼、磷、铜等杂质。这种纯度的硅是冶金工业用硅,微电子工业用硅只占其中的不到5%。

2. 提纯

粗硅的提纯是一系列物理化学过程。因为硅不溶于酸,所以粗硅的初步提纯一般用酸洗的方法。酸洗是一种化学提纯方法,是将冶金级硅至于流床(Fluidized Bed)反应器中,如图2.18所示,通入HCl气体或氯气作为氧化剂将硅转化形成SiHCl$_3$,去除粗硅中的铁、铝等主要金属杂质,初步提纯后,硅的纯度可达99.7%以上;进一步的提纯一般采用蒸馏方法。蒸馏提纯是一种物理提纯方法,是将低沸点反应物SiHCl$_3$置于蒸馏塔中,利用液态物质沸点不同去除其他杂质的反应,其过程可以用下式表示

$$Si(s) + 3HCl(g) \xrightarrow{1\,200 \sim 1\,300\,℃} SiHCl_3(g) + H_2(g) \xrightarrow{冷凝} SiHCl_3(l) \quad (2.20)$$

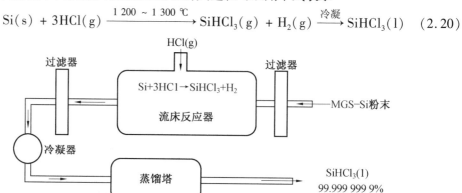

图 2.18　酸洗及蒸馏提纯装置

氢气易于净化,且在硅中溶解度极低,因此多用氢气作为SiHCl$_3$的还原剂,将已经纯化的SiHCl$_3$置于化学气相淀积反应室中,与H$_2$发生还原反应,使得单质Si在反应室内高纯度细长硅棒表面析出(硅棒温度在1 100 ℃左右),再将此析出物击碎即成块状多晶硅,纯度达99.999 999 9%以上电子级硅。此方法一般称为西门子(Siemens)方法,因西门子公司最早使用该方法而得名。电子级多晶硅的西门子法反应器如图2.19所示,上述过程可用下式表示为

$$SiHCl_3(l) + H_2(g) \xrightarrow{1\,100\,℃} Si(s) + 3HCl(g) \qquad (2.21)$$

另外,还可以采用硅烷还原法作为酸洗硅的进一步提纯方法。首先将酸洗过的硅和氢气反应生成硅烷SiH$_4$,SiH$_4$常温下是气态,易于纯化,纯化SiH$_4$后,加热使其分解,获得电子级高纯度多晶硅。

制备出的电子级高纯度多晶硅中仍然含有十亿分之几的杂质。微电子制造工艺最为关注的杂质是受主杂质硼和施主杂质磷,以及含量最多的碳。硼和磷的存在,降低了硅的电阻率,用来制备本征单晶硅时一定要去除;而碳在硅中虽然不是电活性杂质,但它在制备硅单晶时,在硅中呈非均匀分布,会引起显著的局部应变,使工艺诱生缺陷成核,造成电学性质恶化。电子级纯度硅中,硼杂质含量小于十亿分之一,磷杂质含量小于十亿分之一。杂质含量越少,制备的单晶硅锭的纯度就越高,晶格才能越完整。

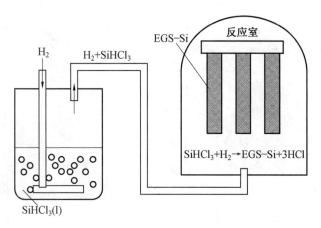

图 2.19　电子级多晶硅的西门子法反应器

2.2.2　单晶硅生长

单晶材料的制备主要有三种方式:第一种是由固态多晶或非晶材料经高温高压处理,使其转变为单晶材料,如用石墨制造人工金刚石;第二种是用过饱和溶液制备单晶材料,溶质过饱和结晶析出为单晶材料,如蒸发海水得到的晶体氯化钠颗粒;第三种是熔融体冷凝结晶形成单晶材料。单晶硅的制备采取第三种方式。

1. 直拉法

早在 1918 年,切克劳斯基(J. Czochralski)从熔融金属中拉制出了金属细灯丝。受此启发,在 20 世纪 50 年代初期,蒂尔(G. K. Teal)和里特尔(J. B. Little)采用类似的方法从熔融硅中拉制出了单晶硅锭,开发出直拉法生长单晶硅锭技术。因此,直拉法又被称为切克劳斯基法,简称 CZ 法。直拉法历经半个多世纪的发展,拉制的单晶硅锭直径已达到 450 mm,即 18 in。目前,微电子工业使用的单晶硅绝大多数是采用直拉法制备的。

图 2.20 所示为直拉法生长单晶硅装置示意图。在单晶炉内通入惰性气体(如 Ar),可以避免拉制出的单晶硅被氧化、沾污,并可通过在惰性气体中掺入杂质气体的方法来给单晶硅锭掺杂。将电子级的多晶硅放入坩埚中,加热使其熔融,用一个卡具夹住一块适当晶向的籽晶,悬浮在坩埚上。拉单晶时,先将籽晶的另一端插入熔融硅中,直至熔接良好;然后,缓慢地向上提拉,硅锭的熔体／晶体界面处,熔体冷凝结晶转变成晶体。硅锭被拉出时,边旋转边提拉,而坩埚则是向相反方向旋转。

直拉法生长单晶硅锭的装置称为单晶炉(图 2.21),它主要由四个部分组成:炉体部分;加热控温系统,包括光学高温计、加热器、隔热装置等;真空系统,包括机械泵、扩散泵、真空计、进气阀等;控制系统,包括显示器及控制面板等。

(1)单晶生长原理。

直拉法生长单晶硅的原理实际上是相变过程。将坩埚内的熔体和拉出的晶体看作一个热力学系统,单晶生长过程就是熔体／晶体界面向熔体方向的推移过程。

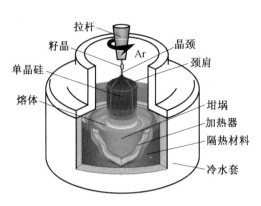

图2.20　直拉法生长单晶硅装置示意图　　　图2.21　单晶炉

从结晶热力学即晶体生长的驱动力来看,假设结晶过程很缓慢,单晶生长是热力学准平衡过程。任何系统都会自发处于吉布斯自由能最小状态。因此,满足硅晶体生成的必要条件为

$$G_s(T,p) \leqslant G_l(T,p) + \gamma \Delta A \tag{2.22}$$

式中,$G_s(T,p)$ 为系统晶体的吉布斯自由能;$G_l(T,p)$ 为熔体的吉布斯自由能;T 为熔体／晶体界面温度;p 为压力;γ 为界面势能;ΔA 为新生界面面积。

因为是在熔体／晶体界面转化为晶体的,界面面积固定,式(2.22)中 $\gamma \Delta A$ 项就为 0,当温度略低于熔点 T_m 时,就能满足式(2.22),晶体生长是自发过程。过冷度($\Delta T = T - T_m$)越大,自发过程就越易发生。

硅的熔点为 1 417 ℃,坩埚内熔体温度一般控制在 1 417 ～ 1 420 ℃ 之间。尽管通过硅锭和坩埚的反向转动对坩埚内熔体进行了搅拌,但坩埚内熔体温度仍不均匀,而是呈一定的分布。与坩埚接触位置的熔体温度最高,而熔体上部与晶体接触位置的熔体温度最低,并低至熔点。因此,提拉硅锭时,熔体／晶体界面的熔体就自发地转变为和硅锭相同晶向的晶体。

再从结晶动力学即单晶生长速度进行分析,在熔体／晶体界面,熔体转化为晶体必须释放结晶潜热,若忽略系统的热辐射和对流传热,只考虑一维热传导情况,沿轴向即硅锭生长方向温度梯度为 $\dfrac{\mathrm{d}T}{\mathrm{d}x}$,由一维能量守恒方程,可得

$$\left(-k_l A \frac{\mathrm{d}T}{\mathrm{d}x}\bigg|_l\right) - \left(-k_s A \frac{\mathrm{d}T}{\mathrm{d}x}\bigg|_s\right) = L \frac{\mathrm{d}m}{\mathrm{d}t} \tag{2.23}$$

式中,k_l 为熔体硅的热导率;A 为晶锭的截面积;T 为温度;k_s 为晶体硅的热导率;L 为硅的结晶潜热(约 1.42×10^6 J/kg);$\dfrac{\mathrm{d}m}{\mathrm{d}t}$ 为晶体质量生长速度。

因为单晶生长是在熔体／晶体界面进行的,所以单晶生长速度也就是硅锭向上的提拉速度。在通常直拉法生长条件下,两个热扩散量都是正值,并且第一项大于第二项,这意味着提拉速度有一个最大值。如果向上扩散到固体的热量都是熔体／晶体界面的结晶潜热产生的,即式(2.23)中第一项为 0,则能达到这个最大速度,此时液体部分没有温度梯度,令 $\mathrm{d}m = \rho A \mathrm{d}x$,其中 ρ 为硅的密度,则有

$$V_{max} = \frac{dx}{dt} = \frac{kA}{L}\frac{dT}{dm} = \frac{k}{\rho L}\frac{dT}{dx}\bigg|_s \tag{2.24}$$

由式(2.24)可得单晶生长提拉速度的最大值 V_{max} 约为 2.7 mm/min。如果试图以更快的速度从熔体中提拉晶体,熔体转化为晶体时释放出的结晶潜热就不能及时散发掉,且不会结晶成单晶。硅直拉单晶的典型温度梯度约为 100 ℃/cm,即使在接近最大提拉速度的情况下,温度梯度仍会与直径成反比。为使熔体的温度梯度降至最低,晶锭提拉时的旋转方向和坩埚本身的旋转方向相反。

在实际生产中,单晶生长并不采用最大提拉速度,而是从单晶硅锭的质量和生产效率两方面综合考虑来确定提拉速度。并且人们发现晶体的质量对提拉速度很敏感,在靠近熔体的晶体部分的点缺陷浓度很高。使晶体尽快地冷却以阻止这些缺陷结团,是比较合适的做法。另外,较快的冷却速度又意味着在晶体中将出现较大的温度梯度(从而出现较大的热应力),特别是对于大直径圆片更是如此。直拉法中,利用以下效应来减少晶锭中的位错:在开始阶段先采用快速提拉,在籽晶下方拉出一个窄的、高完整性的区域(称为颈部),籽晶中的位错,不管是原来就有的,还是由于与熔体接触时产生的,都将受到该区域的抑制而不会转到晶锭中。然后降低熔体温度,降低提拉速度,放肩至所需的晶锭直径。最后提拉速度和炉温通过反馈控制稳定下来,所需的反馈信号来自为测量晶锭直径而设置的光电传感器。系统中设置热屏蔽,对于控制熔体／晶体界面处温度场的分布,从而控制缺陷密度,是尤为重要的。

(2)单晶生长工艺。

直拉法生长单晶硅的主要工艺流程为:① 准备;② 开炉;③ 生长;④ 停炉。

各工艺步骤内容具体如下:

① 准备阶段。先清洗和腐蚀多晶硅,去除表面的污物和氧化层,放入坩埚内。再准备籽晶,籽晶作为晶核,必须挑选晶格完整性好的单晶,其晶向应与将要拉制的单晶硅锭的晶向一致,籽晶表面应无氧化层、无划伤。最后将籽晶卡在拉杆卡具上。

② 开炉阶段。是先开启真空设备将单晶生长室的真空度抽吸至高真空(一般低于 10^{-2} Pa),通入惰性气体(如 Ar)及所需的掺杂气体,至一定真空度。然后,打开加热器升温,同时打开水冷装置,通入冷却循环水。逐渐增加加热功率,使坩埚温度达到 1 420 ℃,硅的熔点是 1 417 ℃,多晶硅开始熔化,熔化过程中一直保持 1 420 ℃ 左右,直到多晶硅完全熔融。

③ 生长过程。可分解为五个步骤:引晶、缩颈、放肩、等径生长、收尾。引晶又称为下种,是将籽晶与熔体很好地接触。缩颈是在籽晶与生长的单晶硅锭之间先收缩出晶颈,晶颈最细部分直径只有 2 ~ 3 mm。放肩是将晶颈放大至所拉制晶锭的直径尺寸,再等径生长硅锭,直至耗尽坩埚内的熔体多晶硅。最后收尾结束单晶生长。

籽晶在拉单晶时是必不可少的种子,一方面,籽晶作为复制样本,可使拉制出的硅锭和籽晶有相同的晶向;另一方面,籽晶是作为晶核,有较大晶核的存在可以减小熔体向晶体转化时必须克服的能垒(即界面势垒)。

缩颈能终止拉单晶初期籽晶中的位错、表面划痕等缺陷,能终止籽晶与熔体连接处的缺陷向晶锭内延伸。如图2.22所示为缩颈作用示意图,籽晶缺陷延伸到只有 2 ~ 3 mm 的颈部表面时就终止。为保证拉制的硅锭晶格完整，可以进行多次缩颈。

晶体生长中，控制拉杆提拉速度和转速、坩埚温度及坩埚反向转速是很重要的，硅锭的直径和生长速度与上述因素有关。在坩埚温度、坩埚反向转速一定时，主要通过控制拉杆速度来控制硅锭的生长。即籽晶熔接好后先快速提拉进行缩颈，再渐渐放慢提拉速度进行放肩至所需直径，最后等速拉出等径硅锭。

晶体的质量对拉杆提拉速度很敏感。典型的拉杆提拉速度一般在 10 μm/s 左右。在靠近熔体

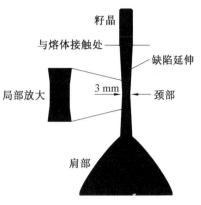

图 2.22   缩颈作用示意图

处晶体的点缺陷浓度最高，快速冷却能阻止这些缺陷结团。点缺陷结团后多为螺位错，这些位错相对硅锭轴心呈漩涡状分布。

④ 停炉阶段。应先降温，然后再停止通气，停止抽真空，停止通入冷却循环水，最后才能开炉取出单晶硅锭，这样可以避免单晶硅锭在较高温度就被暴露在空气中，带来氧化和污染。

（3）晶体掺杂。

微电子工艺使用的衬底硅片既有本征型，又有掺杂型，根据不同微电子产品工艺特点，选用特定导电类型和电阻率的硅片作为衬底材料。因此，在单晶生长时，需要在硅锭中掺入一定量的特定 ⅢA、ⅤA 族杂质。硅锭掺杂方法主要有三种：液相掺杂、气相掺杂和中子嬗变掺杂。

直拉法生长单晶时，通常采用液相掺杂方法。在选择掺杂剂、计算掺杂剂量时，还应考虑杂质分凝效应和杂质蒸发现象。表 2.4 给出了硅中常见杂质的分凝系数和蒸发常数。

表 2.4   硅中常见杂质的分凝系数和蒸发常数

参数	B	Al	Ga	In	O	P	As	Sb
分凝系数 k	0.80	0.001 8	0.007 2	3.6×10^{-4}	0.25	0.35	0.27	0.02
蒸发常数 E	5×10^{-6}	10^{-4}	10^{-3}	5×10^{-3}	—	10^{-4}	5×10^{-3}	1.8×10^{19}

杂质分凝效应是指杂质在硅熔体与晶体中平衡浓度有所不同的现象，用分凝系数 k 来表征。k 为杂质在硅晶体中的平衡浓度 C_s 和在熔体中的平衡浓度 C_l 之比，即

$$k = \frac{C_s}{C_l} \tag{2.25}$$

由表 2.4 可知，通常 $k < 1$，这使得在拉制硅锭过程中留在坩埚熔体内杂质的浓度始终大于提拉出的晶体部分的浓度。因此，硅锭轴向杂质浓度是逐渐增加的。假设熔体中杂质均匀，则由分凝系数可得

$$C_s = kC_0 (1 - X)^{k-1} \tag{2.26}$$

式中，C_0 为熔体中杂质的初始浓度；X 为熔体中已结晶部分的比例。

由式(2.26)可以计算得到硅锭沿轴向杂质浓度的分布。分凝系数小的杂质,液相掺杂电阻率的均匀性较差。

例 2.6 从含有 0.01% 磷或硼的熔体中拉制硅锭,计算晶锭顶端磷或硼杂质的浓度。如果晶锭长 1 m,截面均匀,在何处两种杂质浓度分别是晶锭顶端处杂质浓度的 2 倍?

解 已知硅原子密度为 5×10^{22} cm^{-3},由表 2.4 可知磷和硼的分凝系数分别为 $k_P = 0.35$、$k_B = 0.8$。

计算晶锭顶端磷浓度为

$$C_P^0 = 5 \times 10^{22} \times 0.35 \times 0.000 1 = 1.75 \times 10^{18}(\text{cm}^{-3})$$

晶锭顶端硼浓度为

$$C_B^0 = 5 \times 10^{22} \times 0.8 \times 0.000 1 = 4 \times 10^{18}(\text{cm}^{-3})$$

设分别在 x_P、x_B 处磷、硼杂质浓度为晶锭顶端杂质浓度的 2 倍,即 $C_x = 2C_0$;由式(2.26)可得

$$2 \times 1.75 \times 10^{18} = 0.35 \times 1.75 \times 10^{18}(1 - x_P)^{0.35-1}, x_P \approx 0.93(\text{m})$$

$$2 \times 4 \times 10^{18} = 0.8 \times 4 \times 10^{18}(1 - x_B)^{0.8-1}, x_B \approx 0.99(\text{m})$$

掺磷晶锭距离顶端 0.93 m 处杂质浓度是顶端杂质浓度的 2 倍;掺硼晶锭距离顶端 0.99 m 处 杂质浓度是顶端杂质浓度的 2 倍。

由以上计算可知,硼掺杂硅锭轴向杂质浓度分布较均匀,而磷掺杂硅锭轴向杂质浓度分布的均匀性较差。实际上,分凝系数太小的杂质在拉制单晶锭时难以由熔体进入晶体,一般不被选用。

杂质蒸发现象是指坩埚中熔体内的杂质从熔体表面蒸发到气相中的现象,用蒸发常数 E 来表征杂质蒸发的难易程度。蒸发常数的定义式为

$$N = EAC_l \tag{2.27}$$

式中,N 为蒸发到气相中杂质的原子数;A 为气体/熔体表面面积;C_l 为熔体中杂质浓度。

杂质蒸发会减小熔体中杂质浓度,一般不选择蒸发常数过大的杂质作为直拉单晶硅掺杂杂质。但也要考虑到,在炉内有惰性气体的情况下,逸出杂质不易扩散而离开熔体表面,这就会使蒸发速率降低,也就是说杂质的蒸发速率和气压有关。因此,在工艺过程中杂质蒸发的速率可以通过控制炉内惰性气体的气压来调控。

气相掺杂是指在单晶炉内通入的惰性气体中加入一定剂量的含掺杂元素的气体,在杂质气氛下,蒸发常数小的杂质部分溶入熔体硅中,再被掺入单晶体内,或直接由气相扩散溶入晶体硅中的掺杂方法。例如,在单晶炉内惰性气氛中掺入稀释的磷烷(PH_3)[或乙硼烷(B_2H_6)]拉制 n 型(或 p 型)单晶硅锭。

气相掺杂的方法难以制备轻掺杂的高阻硅。

中子嬗变掺杂(Neutron Transmutation Doping,NTD)又称为中子辐照掺杂,是利用核反应进行掺杂的方法,将纯净的硅锭放置在核反应堆中,用中子照射,硅单晶中的同位素 ^{30}Si 发生嬗变,转化为 ^{31}P,从而实现在硅晶体中均匀掺入磷杂质的一种掺杂方法。

天然硅元素中有三种稳定的同位素,其中 ^{28}Si 的含量为92.28%(质量分数);^{29}Si 的含量为4.67%(质量分数);^{30}Si 的含量为3.05%(质量分数)。^{30}Si 有中子嬗变现象;被中子

照射的 ^{30}Si,原子核吸收中子,释放出 γ 射线后转化为放射性元素 ^{31}Si,在释放出电子后生成稳定的 ^{31}P,反应过程为

$$^{30}\text{Si} \xrightarrow{\text{中子}} {}^{31}\text{Si} + \gamma \tag{2.28}$$

$$^{31}\text{Si} \xrightarrow{\text{半衰期 2.62 h}} {}^{31}\text{P} + e \tag{2.29}$$

^{31}P 是施主杂质,理论上,通过控制辐照中子的剂量,从而控制 ^{30}Si 嬗变的原子数,能获得不同掺杂浓度的 n 型硅。中子嬗变掺杂的最大掺杂浓度为

$$n = 0.030\ 5 \times 5 \times 10^{22} = 1.53 \times 10^{21} (\text{cm}^{-3}) \tag{2.30}$$

实际上,还必须考虑在中子照射中,可能发生的其他原子的核反应消耗中子,使得实际掺杂浓度与理论掺杂浓度有所不同,如

$$^{28}\text{Si} \xrightarrow{\text{中子}} {}^{29}\text{Si} + \gamma \tag{2.31}$$

$$^{29}\text{Si} \xrightarrow{\text{中子}} {}^{30}\text{Si} + \gamma \tag{2.32}$$

中子照射过程会带来晶格损伤,嬗变掺杂后需要进行硅锭的热退火,退火条件通常为:600 ℃,1 h。

中子嬗变掺杂无液相掺杂和气相掺杂中的杂质分凝、杂质蒸发现象,掺杂均匀性好,特别适合制作电力电子器件所要求的高阻单晶硅。但是,中子嬗变掺杂只能用于制备 n 型硅锭。

硅单晶生长中除了有意掺入的电活性杂质外,还有因工艺沾污掺入的无意杂质。工艺上在两方面可能引入无意杂质:一是生长单晶硅所用的多晶硅原料中的杂质,即受原料纯度限制;二是拉单晶用的坩埚或工艺过程中掺入的其他杂质。无意掺入的杂质中若含有电活性杂质,也会改变硅锭的电阻率及电阻率的均匀性。多晶硅原料是电子级纯度,杂质含量微不足道,所以工艺过程中掺入的杂质是无意杂质的主要来源。

直拉法生长单晶硅工艺过程中,坩埚带来的污染最为严重。坩埚多为内衬熔融石英材料,外面包裹石墨杯。熔融石英的成分是 SiO_2,在 1 500 ℃ 就会释放出可观的氧气,而硅熔体温度在 1 417 ℃ 左右,因此微量的坩埚材料会被硅熔体消耗,且坩埚的转动也加重了坩埚内表面石英材料的分解,其分解式为

$$SiO_2(s) \xrightarrow{1\ 500\ ℃} Si(s) + O_2(g) \tag{2.33}$$

溶入硅中的氧气超过 95% 从熔体硅表面逸出,其他的则溶入晶体硅中,因为氧气在硅中多以施主杂质形式出现,且不稳定,所以直拉法难以生长出无氧、高阻单晶硅。

另外,被硅熔体消耗的坩埚材料中含有的其他杂质也会溶入单晶硅锭,影响硅锭的质量。

2. 区熔法

在 20 世纪 50 年代初,凯克(Keck)和泰勒(Theurer)研究小组分别提出了悬浮区熔法。最初,悬浮区熔法是作为一种硅的提纯技术被提出的,随后这种技术被应用到单晶生长中,发展成为制备高纯度硅单晶的重要方法。

悬浮区熔法(Floating Zone,FZ),简称区熔法,是一种无坩埚的硅单晶生长方法,悬浮区熔装置示意图如图 2.23 所示。多晶硅锭与单晶硅锭分别由卡具夹持着反向旋转,由高

频加热器在多晶与单晶连接之处产生悬浮的熔融区,多晶硅锭连续地通过熔融区并熔化,在熔体／晶体界面转化为单晶。

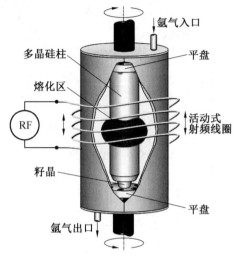

图 2.23 悬浮区熔装置示意图

在区熔法制备单晶装置中,给多晶硅锭加热的高频线圈内通有大功率射频电流,射频功率激发的电磁场在多晶硅中引起涡流,产生焦耳热,通过调整线圈功率,使多晶硅锭近邻线圈部分熔化,产生悬浮熔区,由于硅表面张力较大,且密度较低,只要保持表面张力与重力之间的平衡,熔区就能稳定不脱落。在旋转的同时,熔区通过多晶硅锭,而熔体硅冷凝结晶形成了单晶硅。实际上,可以看成是多晶／熔体／晶体两两相界面的推移实现了单晶的生长。

区熔法为确保单晶硅沿着所需晶向生长,也采用所需晶向的籽晶作为种子,籽晶与多晶硅的熔接是区熔法拉单晶的关键。与直拉法类似,将一个很细的籽晶快速插入熔融晶柱的顶部,先拉出一个直径约 3 mm、长 10 ~ 20 mm 的细颈,然后放慢拉速、降低温度使晶棒放宽至较大直径。顶部安置籽晶技术的困难在于,晶柱的熔融部分必须承受整体的重量,而直拉法则没有这个问题。因为此时晶锭还没有形成,这就使得该技术仅限于生产不超过几千克的晶锭。

区熔法拉单晶硅的工艺和直拉法也相类似,工艺流程为:① 清炉、装炉;② 抽空、充气;③ 预热;④ 化料、引晶;⑤ 生长细颈(缩颈);⑥ 放肩、充入氩气;⑦ 转肩、保持、释放夹持器;⑧ 收尾、停炉。

区熔法掺杂主要采用前述的气相掺杂方法。此外,区熔法还独有芯体掺杂方法,即在多晶硅锭中先预埋掺有一定剂量杂质的芯体,在熔区中杂质扩散到整个区域,从而掺入单晶硅中。气相掺杂和芯体掺杂方法引入杂质的径向均匀性都不高。低浓度 n 型硅,通常是用区熔法先拉制不掺杂的高阻硅,再采用中子嬗变法掺入磷杂质。

区熔法与直拉法相比,去掉了坩埚,因此没有坩埚带来的污染,能拉制出高纯度、无氧的高阻硅,是制备高纯度、高品质硅的方法。图 2.24 所示为不同生长方法可得到的单晶硅最小载流子浓度。但是,区熔法采用高频线圈加热使得生产费用较高,且熔区需要承受熔体重量和表面张力之间平衡的限制,拉制大直径硅锭的难度大。目前,研制大直径悬浮区熔硅生长装置仍是微电子材料领域的一个热点。

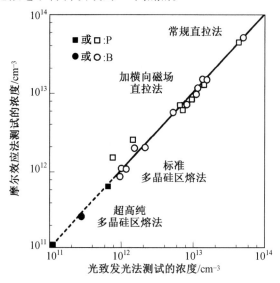

图 2.24   不同生长方法可得到的单晶硅最小载流子浓度

区熔法主要应用在电力电子领域,作为电力电子器件的衬底材料,如普通晶闸管、功率场效应晶体管、功率集成电路等。另外,也可以采用区熔法对直拉法制备的硅锭进行进一步的提纯。

2.2.3　切制硅片

从大的方面来讲,硅片制备包括单晶硅锭生长和切片工艺两大步骤。前文已经介绍了单晶硅锭的生长,制备好的单晶硅锭经切片工艺加工得到硅片。

1. 切片工艺

切片工艺流程:① 裁切与检测;② 外径滚磨;③ 定晶向;④ 切片;⑤ 圆边;⑥ 研磨;⑦ 腐蚀;⑧ 吸杂与抛光;⑨ 清洗;⑩ 检验与包装。

各工艺步骤内容如下:

① 裁切与检测(Cutting & Inspection)。切除单晶硅锭直径偏小的头部、尾部,并将单晶硅锭分段成切片设备可以处理的长度,应对尺寸进行检测以决定下一步加工的工艺参数,并应切取试片测量单晶硅锭的电阻率和含氧量等。裁切设备为内圆切割机或外圆切割机。

② 外径滚磨(Surface Grinding & Shaping)。由于生长的单晶硅锭的外圆柱面并不平整,[111]晶向硅锭有三个棱,[100]晶向硅锭有四个棱,外径尺寸和圆度均有一定偏差,通过外径滚磨可以获得较为精确的直径,晶锭的外径滚磨如图 2.25 所示。外径滚磨设备为磨床。

③ 定晶向(Crystal Orientation)。微电子器件一般在低指数面的晶片上制作,而晶体的取向涉及界面电荷密度的高低、表面复合速度的大小、埋层图形的漂移等问题,因此必须对晶体进行定向。晶体定向在切割晶片之前进行。硅单晶解理面是(111)面,为了减少硅片在划片加工时破碎的概率,要求划片方向尽可能利用解理面与晶片表面的交线。

一般采用(111)面或(100)面。< 111 > 方向是最佳划片方向。为了识别晶片划片方位及晶片晶向和导电类型,必须在晶片上做出主、次参考面识别标志。

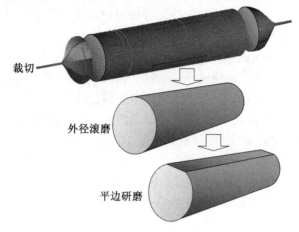

图 2.25　晶锭的外径滚磨

晶体定向的方法主要有光图像法、X 射线法和解理法。

将滚磨后的硅锭进行平边研磨或 V 形槽处理,采用 X 射线衍射的方法确定晶向。当 X 射线被晶体衍射时,通过测量衍射线的方位即可以确定出晶体取向。直径在 8 in (200 mm) 以下的硅锭,用磨床磨出平边,用来标记晶向和掺杂类型,在后面工艺中用于对准晶向。硅片主要晶向和掺杂类型的定位平边(定位面)形状如图 2.26 所示。直径 8 in 以上的硅锭是在其侧面磨出一 V 形槽。

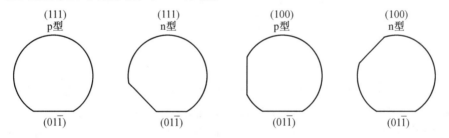

图 2.26　硅片主要晶向和掺杂类型的定位平边形状

④ 切片(Wire Saw Slicing)。以主平边为基准,将硅锭切成具有精确尺寸的薄晶片。(111)、(100) 硅片的切片偏差小于 ±1°,而外延用(111) 硅片应偏离晶向 3° ±0.5° 切片。切片设备为内圆切割机或线切割机。

⑤ 圆边(Edge Profiling)。由于刚切下来的硅片外边缘很锋利,硅单晶又是脆性材料,为避免边角崩裂影响硅片强度、破坏硅片表面光洁和对以后工序带来污染颗粒,必须用专用的电脑控制设备自动修整硅片边缘形状和外径尺寸。圆边设备为圆边机。

⑥ 研磨(Lapping)。通过研磨除去切片造成的硅片表面锯痕及破损,有效改善硅片的曲度、平坦度和平行度,达到一个抛光过程可以处理的规格。研磨设备为研磨机(双面研磨)。主要原料为研磨浆料(主要成分为氧化铝、铬砂、水),滑浮液。

⑦ 腐蚀(Etching)。在经切片及研磨等机械加工之后,硅片表面因加工应力而形成的

损伤层用化学腐蚀的方法去除。腐蚀方式有酸性腐蚀和碱性腐蚀,酸性腐蚀是最普遍的方法。

酸性腐蚀液由 HNO_3-HF 混酸及一些缓冲酸液(CH_3COOH、H_3PO_4)组成。碱性腐蚀液由 KOH 或 NaOH 强碱加纯水组成。

⑧ 吸杂与抛光(Gettering & Polishing)。吸杂是通过在晶片背面引入损伤层,经热处理,损伤层在背面诱生大量位错缺陷,从而将体内有害杂质或微缺陷吸引至背面。引入背损伤的主要方法有研磨、喷砂、离子注入、激光辐照等,这道工序根据需要而定。

抛光是去除硅片表面的微缺陷、改善表面光洁度、获得高平坦度抛光面的加工方法。抛光加工通常先进行粗抛,以去除损伤层,一般去除量为 10 ～ 20 μm;然后再精抛,以改善硅片表面的微粗糙程度,一般去除量在 1 μm 以下。

抛光液通常由含有 SiO_2 的微细悬浮硅酸盐胶体和 NaOH 强碱(或 KOH、NH_4OH)组成,分为粗抛浆液和精抛浆液。抛光设备为单片式抛光机、多片式抛光机。多片式抛光机如图 2.27 所示。

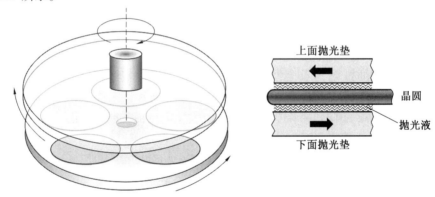

上面抛光垫
晶圆
抛光液
下面抛光垫

图 2.27 多片式抛光机

⑨ 清洗(Cleaning)。在硅片制备过程中很多步骤需要用到清洗,清洗分为化学清洗和机械清洗。这里的清洗是指抛光后的最终清洗,目的是清除晶片表面的污染物。清洗方法采用传统的 RCA 清洗程序。 主要的清洗用化学试剂为 H_2SO_4、H_2O_2、HF、NH_4OH、HCl。

⑩ 检验与包装(Inspection & Packing)。全面的检验以保证产品最终达到规定的尺寸、形状、表面光洁度、平整度等技术指标,并且将成品用柔性材料分隔、包裹、装箱,准备发往芯片制造车间或出厂发往订货客户。

2. 硅片规格及用途

微电子芯片生产厂家一般是直接购买硅片作为衬底材料,所生产的芯片用途不同、品种不同,选用的硅片规格也就不同。硅片规格有多种分类方法,可以按照硅片直径、单晶生长方法、掺杂类型等参量和用途来划分种类。

(1)按硅片直径划分。

硅片直径主要有 3 in、4 in、6 in、8 in、12 in(300 mm),目前已发展到 18 in(450 mm)等规格。直径越大,在一个硅片上经一次工艺循环可制作的集成电路芯片数就越多(图

2.28），每个芯片的成本也就越低。因此，更大直径硅片是硅片制备技术的发展方向。但硅片尺寸越大，对微电子工艺设备、材料和技术的要求也就越高。

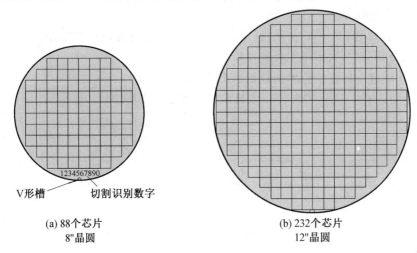

(a) 88个芯片
8"晶圆

(b) 232个芯片
12"晶圆

图 2.28　晶圆直径越大芯片数越多

（2）按单晶生长方法划分。

直拉法制备单晶硅，称为 CZ 硅（片）；磁控直拉法制备的单晶硅，称为 MCZ 硅（片）；悬浮区熔法制备的单晶硅，称为 FZ 硅（片）；用外延法在单晶硅或其他单晶衬底上生长硅外延层，称为外延硅（片）。

CZ 硅主要用于二极管、太阳能电池、集成电路，也可以作为外延片的衬底，如存储器电路通常使用 CZ 抛光片，主要是因为其成本较低。当前 CZ 硅片直径可控制在 3 ～ 12 in 之间。MCZ 硅和 CZ 硅用途基本相似，但 MCZ 硅性能好于 CZ 硅。

FZ 硅主要用于高压大功率可控整流器件领域，在大功率输变电、电力机车、整流、变频、机电一体化、节能灯、电视机等系列产品的芯片中普遍采用。当前 FZ 硅片直径可控制在 3 ～ 6 in 之间。

外延硅片主要用于晶体管和集成电路领域，如逻辑电路一般使用价格较高的外延片，因其在集成电路制造中有更好的适用性，并具有消除闩锁效应的能力。当前外延片的直径在 3 ～ 12 in 之间。

实际生产中是从成本和性能两方面考虑新用硅片的生产方法和规格的，当前仍是直拉法单晶硅材料应用最为广泛。

（3）按掺杂类型等参量划分。

硅片有多个特征参量，如晶向、掺杂类型、杂质浓度（或电阻率）等，可以按照其中一个参量来划分硅片，如按照掺杂浓度划分硅片。本征硅理论上的电阻率可以达到 20 kΩ·cm，生产单晶硅片时，即使并未有意掺杂，也会有杂质无意掺入其中，如当前 FZ 硅无意杂质浓度最低可达到 10^{11} cm^{-3}。轻掺杂硅片，标记为 n$^-$–Si 或 p$^-$–Si，杂质浓度在 10^{12} ～ 10^{15} cm^{-3} 之间，多用于大功率整流器件。中等掺杂硅片，标记为 n–Si 或 p–Si，杂质浓度在 10^{16} ～ 10^{18} cm^{-3} 之间，多用于晶体管器件。重掺杂硅片，标记为 n$^+$–Si 或 p$^+$–Si，杂质浓度在 10^{19} ～ 10^{21} cm^{-3} 之间，是外延用的单晶衬底。

按晶向划分硅片,有[100]型、[110]型和[111]型硅片。

按掺杂类型划分硅片,有n型和p型硅片。

(4)按用途划分。

硅片作为微电子产品的衬底,按照其用途来划分规格也是常用方法,如有二极管级硅片、集成电路级硅片、太阳电池级硅片等。

二极管级硅片的主要技术参数见表2.5。

表 2.5　二极管级硅片的主要技术参数

项目	二极管级单晶硅片
生长方式	CZ/MCZ
导电类型	n
掺杂剂	磷
晶向	< 111 >
电阻率 /($\Omega \cdot cm$)	5 ～ 100
电阻率径向不均匀性	≤ 15%(MCZ)
直径 /mm	75 ～ 103
切方规格 /mm	N/A
少子寿命 /μs	≥ 100
氧浓度 /cm^{-3}	≤ 1×10^{18} ≤ 6×10^{17}(MCZ)
碳浓度 /cm^{-3}	≤ 5×10^{16} ≤ 1×10^{16}(MCZ)
位错密度 /cm^{-2}	≤ 100
硅片形态	磨片
硅片厚度 /μm	150 ～ 600
厚度公差 /μm	± 5
总厚度偏差 /μm	≤ 10
弯曲度 /μm	≤ 10
表面质量	无孔洞、无裂纹、无氧化花纹及用户其他要求

思考与练习题

2.1　通过硅的原子质量和密度来估算硅的晶格常数。

2.2　简述硅晶体的化学性质。

2.3　简述硅晶体的电学性质。

2.4　简述硅单晶为何会成为微电子产品中采用最多的衬底材料。

2.5　描述非晶体材料。为什么这种硅不能用于硅片？

2.6　什么是晶向、晶面？

2.7　什么是晶胞？硅的晶胞是什么类型？

2.8　硅晶胞的基本性质有哪些？

2.9　为什么要用单晶进行硅片制造？

2.10　什么是密勒指数，它表示什么？

2.11　画出(100)、(110)和(111)3个平面的图。

2.12　简述MOS器件用得最多的是哪个方向的晶面？

2.13　硅的晶体缺陷有哪些？

2.14　叙述位错的形成机制。

2.15　叙述位错的运动机制。

2.16　本征硅和非本征硅之间的区别有哪些？

2.17　砷化镓相对于硅的优缺点是什么？

2.18　硅中杂质的种类有哪些？并叙述杂质对电学性能的影响。

2.19　杂质物理吸除的方法有哪些？

2.20　什么是本征吸杂、非本征吸杂？

2.21　叙述多晶硅的制备方法。

2.22　晶体生长的定义是什么？

2.23　什么是CZ单晶生长法？

2.24　简述CZ生长法中主要设备的名称。

2.25　直拉工艺的主要目的是什么？影响直拉工艺的主要参数是什么？

2.26　为什么掺杂材料要在CZ法中加入到熔体中？

2.27　晶体生长中主要的掺杂方法有哪些？

2.28　描述区熔法。

2.29　简述切片工艺过程。

2.30　画出4种定位边图，当晶圆直径大于200 mm时用什么替代定位边？

参 考 文 献

[1] FRANSSILA S. 微加工导论[M]. 陈迪,刘景全,朱军,等译. 北京:电子工业出版社,2005.

[2] 张亚非.半导体集成电路制造技术[M]. 北京:高等教育出版社,2006.

[3] 徐泰然. MEMS和微系统:设计与制造[M]. 王晓浩,译. 北京:机械工业出版社,2004.

[4] 施敏.半导体器件物理与工艺[M]. 王阳元,嵇光大,卢文豪,等译. 北京:科学出版社,1992.

[5] 施敏,梅凯瑞. 半导体制造工艺基础[M].陈军宁,柯导明, 孟坚,等译. 合肥:安徽大学出版社,2007.

[6] 张兴,黄如,刘晓彦. 微电子学概论[M]. 北京:北京大学出版社,2003.

[7] ZANT P V. 芯片制造:半导体工艺制成实用教程[M]. 赵树武,朱践知,于世恩,等译. 北京:电子工业出版社,2008.

[8] QUIRK M, SERDA J. 半导体制造技术[M]. 韩郑生,译. 北京:电子工业出版社,2009.

[9] CAMPBELL S A. 微电子制造科学原理与工程技术[M]. 曾莹,严利人,王纪民,等译. 北京:电子工业出版社,2003.

第 3 章   氧化与掺杂

氧化与掺杂是最基本的微电子平面工艺之一。氧化（Oxidation）通常是指热氧化单项工艺，是在高温、氧（或水汽）气氛条件下，衬底硅被氧化生长出二氧化硅薄膜所需厚度的工艺。掺杂（Doping）是在硅衬底选择区域掺入定量杂质，以改变半导体电学特性的工艺，包括热扩散、离子注入两种单项工艺。热扩散（Diffusion）是在高温有特定杂质气氛条件下，杂质以扩散方式进入衬底的掺杂工艺；离子注入（Ion Implantation）是将离子化的杂质用电场加速射入衬底，并通过高温退火使之有电活性的掺杂工艺。两者都可通过氧化和光刻等工艺在衬底表面先制备氧化层掩膜，再进行掺杂，从而实现在硅衬底选择区域（掩膜窗口）的掺杂。

热氧化工艺制备二氧化硅薄膜需要消耗衬底硅，工艺温度高，通常在 900 ~ 1 200 ℃ 之间，是一种本征生长氧化层方法。在微电子制造工艺中二氧化硅是最重要的介质薄膜，而制备二氧化硅薄膜的方法有多种，除了热氧化方法之外，还有化学气相淀积、物理气相淀积等方法。热氧化制备的氧化层致密、与硅之间相容性好、与硅的界面处硅晶格完好，这也是硅能成为集成电路芯片衬底的最主要原因。热氧化工艺主要应用于 MOS 器件中的栅氧化层以及掺杂掩膜用的氧化层。

热扩散工艺是准热力学平衡过程，高温下杂质溶入硅中，因存在浓度梯度杂质向内部扩散，因此，热扩散掺杂受平衡浓度即固溶度的限制。高温下杂质在硅中的固溶度高，扩散速率快，故工艺温度通常在 900 ~ 1 200 ℃ 之间。热扩散工艺对杂质浓度和分布的控制能力较低，目前多用于制造大功率分立器件的深结掺杂，或者中、低集成度双极型电路的埋层掺杂和隔离掺杂。

离子注入是将杂质离子直接射入硅衬底，是非热力学平衡过程，掺杂浓度和分布易于控制，杂质浓度不受固溶度限制，掺杂浓度范围广。但掺杂后必须通过退火来激活杂质和消除杂质入射对衬底晶格造成的损伤，退火温度通常在 800 ℃ 以上。离子注入工艺适合浅结掺杂和对浓度及分布要求较高场合的掺杂。当前在微电子制造中，通常是离子注入与热扩散两种工艺混合使用进行掺杂，即采用离子注入将定量杂质射入衬底硅表面，再通过热扩散将杂质推入衬底内部，形成所需分布。

氧化、扩散是高温工艺，而离子注入的退火也必须在高温下进行，并且这三项工艺都是对硅本体的加工，衬底硅也参与其中，也就是说这三个单项工艺都是硅参与的高温工艺。在高温工艺中硅衬底性质，如晶格完整性、晶向等都对工艺有影响。高温工艺将会导致衬底硅中杂质的再分布现象，在芯片制造后期采用该工艺会对衬底硅的性能带来影响，且考虑到能耗等问题，降低工艺温度长期以来都是高温工艺的发展方向，而快速热处理技术正是在此基础上出现并不断发展完善起来的。

本章重点对热氧化、热扩散和离子注入这三个单项工艺的原理、方法、设备进行介绍，并对相关技术的发展趋势进行展望。

3.1 热氧化

在微电子制造中,热氧化是在硅片表面上生长二氧化硅薄膜的一项工艺技术。自从早期人们发现硼、磷、砷、锑等杂质元素在 SiO_2 中扩散速度比在 Si 中的扩散速度慢得多,SiO_2 薄膜就被大量用在器件生产中作为选择扩散的掩膜,并促进了硅平面工艺的出现。同时,热氧化层与硅之间完美的界面特性是成就硅时代的主要原因。

本节将在介绍 SiO_2 薄膜基本物理化学性质的基础上,重点阐述二氧化硅薄膜的生长机理、生长动力学模型,讨论生长过程中工艺参数对薄膜生长速率、质量和性能的影响,并对热氧化设备、各种热氧化方法以及热氧化工艺展望进行介绍。

3.1.1 SiO_2 薄膜概述

1. SiO_2 薄膜的结构

SiO_2 是自然界中广泛存在的物质,其结构如图 3.1 所示。SiO_2 的结构的基本单元是由 Si—O 原子组成的正四面体,Si 原子位于正四面体的中心,氧原子位于 4 个角顶,如图 3.1(a)所示;若四面体之间由 Si—O—Si 连接,与 2 个硅连接的氧原子称为桥联氧或氧桥,而只与 1 个硅原子连接的氧原子称为非氧桥,如图 3.1(c)所示。

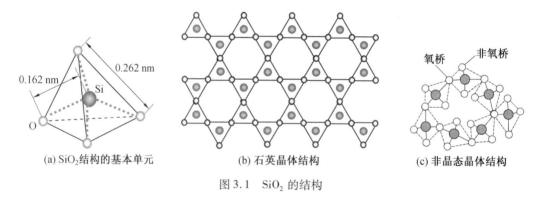

(a) SiO_2结构的基本单元　　(b) 石英晶体结构　　(c) 非晶态晶体结构

图 3.1 SiO_2 的结构

SiO_2 按其结构特征可分为结晶形和非结晶形(无定形)。晶态的 SiO_2 常称为石英,由 Si—O 四面体在三维空间做周期性的排布构成,每个氧原子由两个相邻 Si—O 四面体共有,即氧原子都是桥联氧原子,其结构如图 3.1(b)所示;非晶态的 SiO_2 称为熔融石英,SiO_2 的氧原子多数是非桥联氧原子,其结构如图 3.1(c)所示。热氧化得到的 SiO_2 薄膜为非晶态,对于 SiO_2 网络,从较大的范围来看,其原子的排列是混乱的、不规则的,即所谓"长程无序";但从较小的范围来看,其原子的排列并非完全混乱,而是有一定的规则,即所谓"短程有序"(这种有序的范围一般为 1 ~ 10 nm)。像 SiO_2 这样在结构上具备"长程无序、短程有序"的一类固态物质,有别于"长程有序"的晶体,特称为无定形体或玻璃体。微电子制造工艺中形成和利用的都是这种无定形的玻璃态 SiO_2。在非晶态的 SiO_2 膜中,氧桥所占的比例越大,膜的致密度就越高,强度也越高。

2. SiO₂ 薄膜的性质

SiO₂ 是一种十分理想的电绝缘材料。用高温氧化制备的 SiO₂ 电阻率可高达 10^{16} $\Omega \cdot cm$ 以上，它的本征击穿电场强度为 $10^6 \sim 10^7$ V/cm。石英晶体熔点为 1 732 ℃，而非晶态的 SiO₂ 薄膜无熔点，软化点为 1 500 ℃。不同方法制备的 SiO₂ 的密度在 2.0 ~ 2.3 g/cm³ 之间，折射率在 1.43 ~ 1.47 之间。

SiO₂ 的化学性质非常稳定，不溶于水，室温下只与氢氟酸发生化学反应，化学反应方程式为

$$SiO_2 + 4HF \longrightarrow SiF_4 + 2H_2O \tag{3.1}$$

$$SiO_2 + 6HF \longrightarrow H_2SiF_6 + 2H_2O \tag{3.2}$$

式中，六氟硅酸(H_2SiF_6)为可溶于水的络合物。

微电子器件制造过程中的湿法刻蚀就是利用了 SiO₂ 这一化学性质，其刻蚀速率与 SiO₂ 薄膜本身的性质有很大的关系。

热生长的 SiO₂ 能紧紧黏附在 Si 衬底表面上，用"生长"一词表明。在温度作用下，氧化物从硅半导体材料上生长出来，在生长过程中实际上消耗了硅。硅表面总是覆盖一层 SiO₂，这是因为硅片只要在空气中暴露，就会立刻在其上形成几个原子层的自然氧化膜，厚度为 1.5 ~ 2.0 nm，即使长时间暴露在 25 ℃ 的室温下，这层氧化膜的厚度也只能达到 4.0 nm 左右。这种氧化物是不均匀的，在微电子制造工艺中常被认为是一种污染物。自然氧化膜在硅基半导体工艺中仍有一些用途，可用作储存器单元的复合介质层。

3. SiO₂ 薄膜的作用

由于二氧化硅薄膜具有与硅的良好亲和性、稳定的化学性质和电绝缘性、良好的可加工性以及对掺杂杂质的掩蔽能力，对于硅基微电子制造工艺很重要，同时也成为最普遍应用的膜材料。SiO₂ 薄膜在微电子制造中的作用有以下几个方面，见表 3.1。

（1）作为栅氧化层。在集成电路的特征尺寸越来越小的情况下，作为 MOS 结构中栅介质的厚度也越来越小。对于 0.18 μm 工艺，典型的栅氧化层厚度是 (2 ±0.15) nm。此时 SiO₂ 作为器件的一个重要组成部分，它的质量直接决定器件的多个电学参数，器件可靠性的关键是栅氧化层的完整性，所以具有高质量、极好的膜厚均匀性、无杂质是它的基本要求。

（2）作为选择性掺杂的掩膜。SiO₂ 可作为硅表面选择性掺杂的有效掩蔽层。与 Si 相比，掺杂物（如硼、磷、砷等）在 SiO₂ 里的移动缓慢，只需要薄氧化层即可阻挡掺杂物。薄氧化层（如 15 nm）也可作为离子注入的屏蔽氧化层，它可以用来减小对硅表面的损伤，还可以通过减小沟道效应，获得对杂质注入结深的更好控制。注入后，可以用氢氟酸（HF）选择性除去氧化物，使硅表面再次平坦。

（3）作为场氧化层。集成电路中，器件与器件之间的隔离可以用 pn 结自隔离，也可以用 SiO₂ 介质隔离。SiO₂ 介质隔离比 pn 结隔离的效果好，它采用一个厚的场氧化层来完成。通常器件之间的电隔离可以采用局部氧化（Local Oxidation of Si，LOCOS）工艺，是在器件之间的区域热生长后的氧化层实现隔离，将在第 6.2 节详述；技术节点小于 0.35 μm，必须使用浅槽隔离（Shallow Trench Isolation，STI）工艺，是用淀积的方法制备介质材料，详见第 6.2 节。

表 3.1 SiO₂ 薄膜在微电子制造中的作用

应用	目的	结构
栅氧化层	用作 MOS 晶体管栅和源漏之间的介质	栅氧化层　栅　源　漏　晶体管位置　p⁺硅衬底
注入屏蔽氧化层	用于减小注入沟道损伤	屏蔽氧化层　离子注入　p⁺硅衬底　硅上表面 大的损伤+更强的沟道效应　硅上表面 小的损伤+更弱的沟道效应
场氧化层	用于器件与器件之间的隔离	场氧化层　晶体管位置　p⁺硅衬底
垫氧化层	减小 Si₃N₄ 和衬底 Si 之间的应力	钝化层　氧化硅　垫氧　压点金属　M–4 ILD–5　M–3 ILD–4
层间氧化层	用作多层金属布线层间的隔离	压点金属　钝化层　层间氧化层　M–4 ILD–5　ILD–4　M–3
阻挡氧化层	保护器件有源区免受后续工艺的影响	阻挡氧化层　金属　扩散电阻　扩散电阻　p⁺硅衬底

(4) 作为缓冲层。当 Si_3N_4 直接淀积在 Si 衬底上时,界面存在极大的应力与极高的界面态密度,因此多采用 $Si_3N_4/SiO_2/Si$ 结构。当进行场氧化时,该缓冲层(或者称为垫氧化层)利用 SiO_2 软化现象可以减小 Si_3N_4 和衬底 Si 之间的应力。

(5) 作为层间介质层。在芯片集成度越来越高的情况下就需要多层金属布线,它们之间需要用绝缘性能良好的介电材料加以隔离,SiO_2 就能充当这种层间隔离介质。通常用化学气相淀积的方法获得(不是热生长),将在第 6.3 节详述。

(6) 作为保护器件的阻挡氧化层和电路的钝化层。为保护器件有源区免受后续工艺的影响,可以在有源区表面制作阻挡氧化层;为了防止机械性的损伤,或接触含有水汽的环境太久而造成器件失效,通常在 IC 制造工艺结束后,在表面淀积一层钝化层,掺磷的 SiO_2 薄膜常用作这一用途。

3.1.2 热氧化原理

1. 热氧化生长机理

硅很容易氧化,在空气中放置时,晶圆表面就会生成 2 ~ 4 nm 厚的自然氧化层。但自然氧化层的厚度很薄且不均匀,质量欠佳。要可控地生成优质、均匀、可靠的氧化层,需要先除去硅晶圆表面的自然氧化层,然后进行热氧化。热氧化过程可以由氧气与硅在高温下反应生成二氧化硅,即

$$Si(s) + O_2(g) \xrightarrow{\text{高温}} SiO_2(s) \tag{3.3}$$

也可以由水蒸气与硅在高温下反应生成二氧化硅,即

$$Si(s) + 2H_2O(g) \xrightarrow{\text{高温}} SiO_2(s) + 2H_2(g) \tag{3.4}$$

前者称为干氧氧化,后者称为湿氧氧化。干氧氧化和湿氧氧化的温度均在 900 ~ 1 200 ℃ 之间。干氧氧化的氧化层生长速率慢而质量高,湿氧氧化的氧化层生长速率较快而质量稍逊。

以干氧氧化为例,热氧化过程首先是气相中的氧分子传输到达硅晶圆表面,与最外层的硅晶圆反应生成第一层氧化层。继续氧化既可以通过氧分子或氧原子穿过已有 SiO_2 层向硅晶圆内部扩散并与内层的硅原子反应来实现,也可以由内层的硅原子向外扩散穿过已有 SiO_2 层到达晶圆表面,并与来自气相的氧分子反应实现。Si 在 SiO_2 中的扩散系数约为 10^{-17} cm^2/s,比氧分子或氧原子在 SiO_2 中的扩散系数小几个数量级。因此,实际的氧化过程将以氧分子或氧原子向晶圆内部扩散并与内层的硅原子反应为主。这意味着,硅与氧之间的反应将始终在 Si/SiO_2 界面上发生,图 3.2 所示为 SiO_2 的生长过程中界面位置随热氧化过程而移动示意图。这一点意义重大:热氧化生成的界面不与外界气相接触,不会受到污染,因而能保证氧化层的质量。

已知硅与二氧化硅的原子密度分别为 $N_{Si} = 5.0 \times 10^{22}$ cm^{-3},$N_{SiO_2} = 2.2 \times 10^{22}$ cm^{-3},假设要生长二氧化硅的厚度为 x_0,就能知道需要消耗硅的厚度 x,即

$$x = N_{Si}/N_{SiO_2} \cdot x_0 = 0.44x_0 \tag{3.5}$$

氧化反应会消耗晶圆表面的硅,这层硅的厚度与新生成的氧化层厚度相比约为 44%。

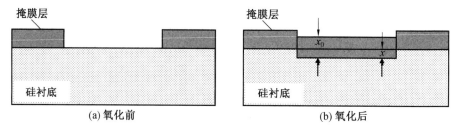

图 3.2 SiO_2 的生长过程中界面位置随热氧化过程而移动示意图

2. 迪尔 - 格罗夫热氧化模型

Deal - Grove 热氧化模型,称为迪尔 - 格罗夫热氧化模型,简称 D - G 模型(也称线性 - 抛物线模型(Linear - Parabolic Model)),是用固体理论描述硅的热氧化过程的模型,如图 3.3 所示。

其适用范围如下:

① 氧化温度为 700 ~ 1 300 ℃。

② 局部压强为 0.1 ~ 25 个大气压。

③ 氧化层厚度为 30 ~ 2 000 nm 的湿氧氧化和干氧氧化。

从图 3.3 可知热氧化时气体内部(主气流区)、SiO_2 中及 Si 表面处氧化剂的浓度分布情况以及相应的流量。图中 C_g 是远离衬底的主气流区中氧化剂的浓度;C_s 是贴近 SiO_2 表面的边界层中氧化剂的浓度;C_o 是氧化物内表面氧化剂的浓度;C_i 则是 Si/SiO_2 界面上氧化剂的浓度。以单位时间穿过单位面积的氧分子数为氧流量 J,在图 3.3 所示的氧化过程中存在三个氧流量:从气相进入硅衬底表面氧化层的氧流量 J_1,氧分子扩散穿过已生成的氧化层的流量 J_2 以及与硅反应生成 SiO_2 的氧流量 J_3。

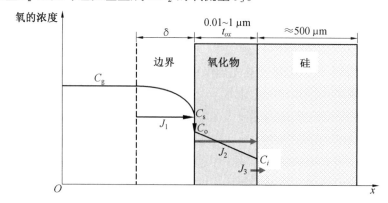

图 3.3 Deal - Grove 热氧化模型

根据上述模型,将热氧化过程分为以下几个连续步骤。

(1)气相输运。

气体沿固体表面流动时,固体表面附近的一层气体将形成边界层,也称界面层、附面层、滞流层,如图 3.4 所示。边界层外的气相远离固体表面,流速为 v_0;边界层中,紧贴固体表面的气体速度 $v = 0$。气体流速沿固体表面法线方向逐渐增大到 $v = 0.990 v_0$。从 $v = 0$ 到 $v = 0.990 v_0$ 的位置之间垂直固体表面的距离,定义为边界层的厚度 δ。

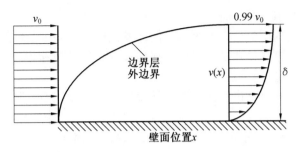

图 3.4　边界层

在氧化过程中,由于固相硅表面存在一个气相边界层,气相氧化剂在固相硅片衬底与主气流区之间存在一个浓度的差异。由于边界层中为层流流动,氧分子主要通过扩散穿过边界层到达气体/SiO_2界面。根据菲克第一定律,稳态扩散的条件下,单位时间内通过垂直于扩散方向的单位面积的扩散物质量(即扩散通量)与该单位面积处的浓度梯度成正比,有

$$J_1 = D_{O_2} \frac{C_g - C_s}{\delta} \tag{3.6}$$

式中,D_{O_2}为氧分子在边界层中的扩散系数。但由此得到的氧流量值偏低,因此不能用式(3.6)表示。

实际上,边界层中除扩散外还存在由对流引起的晶圆表面法线方向上的传输。用氧分子在边界层中的质量输运系数h_g(单位为 cm/s)来表示边界层中晶圆表面法线方向上总的传输效应更为准确,边界层中的氧流量取线性近似,即从气体内部到气固界面处的氧化剂流量J_1正比于主气流区气体内部氧化剂浓度C_g与贴近SiO_2表面的边界层中氧化剂的浓度C_s的差,此时

$$J_1 = h_g(C_g - C_s) \tag{3.7}$$

假设氧气为理想气体,有

$$C_g = \frac{n}{V} = \frac{p_g}{kT} \tag{3.8}$$

式中,k为玻耳兹曼常数;p_g为氧化剂的气相分压。

(2)固相扩散。

氧化剂以扩散方式穿过SiO_2层(忽略漂移的影响),到达Si/SiO_2界面,氧分子在氧化层中的扩散满足菲克第一定律,因此J_2可以表示为

$$J_2 = D_{SiO_2} \frac{C_o - C_i}{t_{ox}} \tag{3.9}$$

式中,D_{SiO_2}为氧分子在二氧化硅层中的扩散系数;t_{ox}为氧化层的厚度。

(3)化学反应。

氧化剂通过SiO_2层扩散到Si/SiO_2界面处与Si反应,生成新的SiO_2,反应速率取决于化学反应动力学,因此J_3可以表示为

$$J_3 = k_s C_i \tag{3.10}$$

式中,k_s为化学反应式(3.3)的化学反应常数。

（4）反应的副产物离开界面。

发生化学反应的副产物（如 H_2 等）扩散出氧化层，并向主气流区转移。由于氢的原子小、质量低，因而不论在氧化层或气相中都具有较高的扩散速率，能迅速扩散逸出反应室，所以可忽略它对氧化速率的影响。

热氧化是在氧化气氛下进行的，在准平衡态稳定生长条件下，根据质量守恒定律有

$$J_1 = J_2 = J_3 \tag{3.11}$$

由此得到两个方程，其中包含三个未知浓度：C_s、C_o 和 C_i。根据亨利定律，固体表面吸附原子或分子的浓度与固体表面外气相中该原子或分子的分压成正比

$$C_o = Hp_s = HkTC_s \tag{3.12}$$

式中，H 为亨利气体常数；p_s 为氧化剂在二氧化硅固体表面的分压，可由理想气体方程 $p_s = kTC_s$ 表示。

在平衡情况下，SiO_2 层中氧化剂浓度 C^* 应与气体（主气流区）中氧化剂分压 p_g 成正比，即 $C^* = Hp_g$。

求解由式（3.7）～（3.12）的联立方程可得

$$C_i = \frac{Hp_g}{1 + \dfrac{k_s}{h} + \dfrac{k_s t_{ox}}{D_{SiO_2}}} = \frac{C^*}{1 + \dfrac{k_s}{h} + \dfrac{k_s t_{ox}}{D_{SiO_2}}} \tag{3.13}$$

式中，$h = h_g/(HkT)$。

3. 热氧化生长速率

由 Deal-Grove 热氧化模型从理论上求解氧化层生长速率 R，即 SiO_2 层厚度的变化速率，可由 Si/SiO_2 界面处的氧分子流量除以单位体积 SiO_2 对应的氧分子数 N_1 得出

$$R = \frac{dt_{ox}}{dt} = \frac{J_3}{N_1} = \frac{Hk_s p_g}{N_1\left[1 + \dfrac{k_s}{h} + \dfrac{k_s t_{ox}}{D_{SiO_2}}\right]} \tag{3.14}$$

此处 N_1 为生长单位体积氧化层所需要的氧化剂分子数。氧化剂与 Si 反应生成 SiO_2，每形成一个单位体积 SiO_2，需要一个 O_2 分子或两个 H_2O 分子。因此，对于干氧氧化 $N_1 = N_{SiO_2} = 2.2 \times 10^{22} cm^{-3}$；对于湿氧氧化，$N_1 = 2N_{SiO_2}$。

假设氧化前衬底表面已有的氧化层厚度为 t_0，即初始条件为 $t_{ox}\mid_{t=0} = t_0$，则以上微分方程的解为

$$t_{ox}^2 + at_{ox} = b(t + \tau) \tag{3.15}$$

其中，t 为氧化时间

$$\begin{cases} a = 2D_{SiO_2}\left(\dfrac{1}{k_s} + \dfrac{1}{h_g}\right) \\[2mm] b = \dfrac{2D_{SiO_2}Hp_g}{N_1} \\[2mm] \tau = \dfrac{t_0^2 + at_0}{b} \end{cases} \tag{3.16}$$

讨论氧化层生长过程中的两种极限情况，如图 3.5 所示，即式（3.15）有两个重要的近似形式。

（1）氧化时间很短（$t \to 0$），所生长的氧化层很薄时，$t_{ox}^2 \ll t_{ox}$，式（3.15）中二次方项可以忽略，则氧化层厚度可以近似解为

$$t_{ox} \approx \frac{b}{a}(t + \tau) \qquad (3.17)$$

氧化层厚度随时间呈线性变化，称为线性近似。氧化过程处于线性区，b/a 称为线性速率系数。其中，

$$\frac{b}{a} = \frac{k_s h}{k_s + h} \cdot \frac{Hp_g}{N_1} = \frac{k_s h}{k_s + h} \cdot \frac{C^*}{N_1} \qquad (3.18)$$

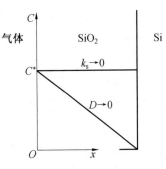

图 3.5　SiO$_2$ 中氧化剂在热氧化过程的两种极限情况下的浓度分布

对应于图 3.5，当氧化剂在 SiO$_2$ 中的扩散系数 D_{SiO_2} 很大时，$C_i = C_0 = C^*/(1 + k_s/h)$。对于多数氧化情况来看，气相质量输运系数 h 是化学反应常数 k_s 的 10^3 倍，$k_s \to 0$。在这种情况下，进入 SiO$_2$ 中的氧化剂快速扩散到 Si/SiO$_2$ 界面处。相比之下，在界面处氧化剂与 Si 反应生成 SiO$_2$ 的速率很慢，结果造成氧化剂在界面处堆积，趋向于 SiO$_2$ 表面处的浓度。因此，SiO$_2$ 生长速率由 Si 表面的化学反应速度控制。在线性氧化规律时，化学反应常数 k_s 决定氧化层的生长速率，也称为化学反应控制阶段。

（2）氧化时间很长（$t \to \infty$），所生长的氧化层很厚时，$t_{ox}^2 \gg t_{ox}$，式（3.15）中一次方项可以忽略，则氧化层厚度可以近似解为

$$t_{ox}^2 \approx b(t + \tau) \qquad (3.19)$$

氧化层厚度随时间呈抛物线型变化，称为平方近似，氧化过程处于抛物线区，b 称为抛物线速率系数。

对应于图 3.5，当氧化剂在 SiO$_2$ 中的扩散系数 D_{SiO_2} 很小时，（$D_{SiO_2} \ll k_s t_0$，即 $D_{SiO_2} \to 0$），则得 $C_i \to 0$，$C_0 \to C^*$。在这种极限情况下，氧化剂以扩散方式通过 SiO$_2$ 层运动到 Si/SiO$_2$ 界面处的数量极少，以至于到达界面处的氧化剂与 Si 立即发生反应生成 SiO$_2$，在界面处没有氧化剂的堆积，浓度趋于零。因扩散速度太慢，而大量氧化剂堆积在 SiO$_2$ 表面处，浓度趋向于气相平衡时的浓度 C^*。由此可知，在这种情况下，SiO$_2$ 的生长速率主要由氧化剂在 SiO$_2$ 中的扩散速率所决定，扩散过程决定氧化层生长速率，也称为扩散控制阶段。氧化层厚度随氧化时间变化曲线如图 3.6 所示。

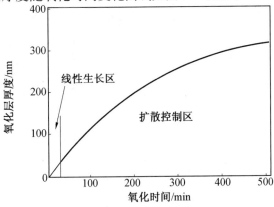

图 3.6　氧化层厚度随时间变化曲线

可见,热氧化速率(在一定时间内,氧化层的厚度)是由三方面因素决定:氧化剂在气体内部输运到二氧化硅界面速率、在二氧化硅层中扩散速率以及在 Si/SiO_2 界面的化学反应速率。因为在气相过程中的扩散速率比在固相中快得多,所以热氧化速率主要受到氧化剂在二氧化硅层中扩散速率以及在 Si/SiO_2 界面的化学反应速率的影响。

4. 影响氧化速率的因素

在微电子制造工艺中,氧化层厚度的控制是十分重要的。如栅氧化层的厚度在亚微米工艺中仅几十纳米,甚至几纳米。通过 Deal – Grove 氧化速率模型可以从理论上推导出硅的热氧化过程中氧化剂浓度、氧化工艺时间与氧化层生长速率和厚度之间的一般关系,预测热氧化过程中的两种极限情况。但在实际的氧化层生长工艺过程中,多种因素对氧化层生长速率产生影响。下面从温度、氧化剂分压、衬底晶向、掺杂浓度等因素对氧化速率的影响角度进行讨论。

(1)温度对氧化速率的影响。

氧和水汽在 SiO_2 中的溶解、扩散,以及在 Si/SiO_2 界面的化学反应速率均是温度的函数。温度对氧化速率影响很大,高温下, O_2 、 H_2O 扩散和反应均较快,且 O_2 略快于 H_2O ,但是两者在 SiO_2 中的溶解度相差很大(H_2O 的溶解度约是 O_2 的600倍),因此湿氧氧化速率远大于干氧氧化速率。

温度对氧化速率的影响可以从抛物线速率系数 b 和线性速率系数 b/a 与温度的关系来看。将它们的对数值对温度的倒数 $1/T$ 作图时,将得到一条直线,且该直线的斜率将分别由反应速率和扩散系数的氧化激活能确定。图3.7所示为抛物线速率系数 b 和线性速率系数 b/a 随温度的变化曲线。

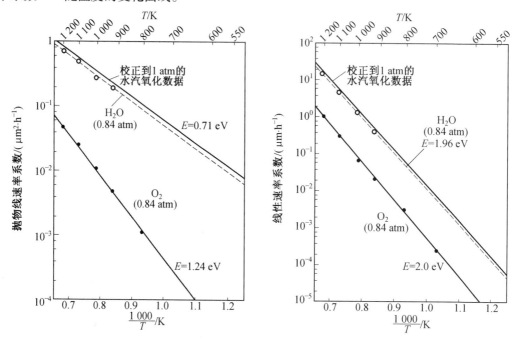

图3.7　抛物线速率系数 b 和线性速率系数 b/a 随温度的变化曲线(1 atm = 101.325 kPa)

由图 3.7 可知,温度对抛物线速率系数 b 的影响是通过氧化剂在 SiO_2 中的扩散系数 D_{SiO_2} 产生的。由 b 的定义($b = \dfrac{2D_{SiO_2}Hp_g}{N_1}$)可知,$b$ 与温度之间也是指数关系。对于干氧氧化和湿氧氧化,线性速率系数 b/a 与温度的关系都是指数关系,激活能分别为 2.0 eV 和 1.96 eV。其值接近 Si – Si 键断裂所需要的 1.83 eV 的能量值,说明影响线性速率系数 b/a 的主要因素是化学反应常数 k_s。k_s 与温度的关系为 $k_s = k_{s_0}\exp(-E_a/kT)$,其中 k_{s_0} 是试验常数,它与单位晶面上能与氧化剂反应的硅价键数成正比。由图 3.7 中的数据可得出在不同氧化气氛下,抛物线速率系数 b 和线性速率系数 b/a 均随温度的增加而增大,湿氧环境下的氧化速率比干氧氧化的速率大得多。

(2)氧化剂分压对氧化速率的影响。

气体中氧化剂的分压对氧化速率也有影响。如图 3.8 所示为 900 ℃ 湿氧环境中不同蒸气压力下 SiO_2 氧化层厚度与氧化时间的关系。由抛物线速率系数 b 的定义,b 与氧化剂的分压 p_g 具有一定的比例关系;但 a 与氧化剂分压无关,因此线性速率系数 b/a 与氧化剂的分压 p_g 的关系就由 b 决定,也是线性关系。因此当氧化剂的分压 p_g 增大,氧化速率也会增加。也正是因为 b 与氧化剂的分压 p_g 成正比,那么在一定的氧化条件下,p_g 靠抛物线速率系数 b 来对氧化速率进行影响,通过改变反应室内氧化物质分压可以改变氧化层生长速率,由此而出现了高压氧化和低压氧化技术。

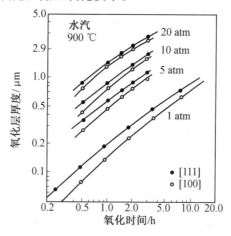

图 3.8 900 ℃ 湿氧环境中不同蒸气压力下 SiO_2 氧化层厚度与氧化时间的关系

(3)衬底晶向对氧化速率的影响。

不同晶向的衬底单晶硅由于表面悬挂键密度不同,生长速率也呈现各向异性。热氧化是氧化剂与硅的氧化反应,衬底硅的性质对氧化速率也有影响。单晶硅各向异性,不同晶向的衬底,氧化速率略有不同。氧化速率与晶向的关系可用有效表面键密度来解释,主要是因为在氧化剂压力一定的情况下,Si/SiO_2 界面反应速率系数取决于 Si 表面的原子密度和氧化反应的活化能,对化学反应速率常数 k_s 有直接影响,所以线性速率系数 b/a 强烈依赖于晶向,而抛物线速率系数 b 则与晶向无关。

（4）掺杂浓度对氧化速率的影响。

ⅢA ~ ⅤA 族元素是工艺中常用的掺杂元素,当它们在衬底硅中的浓度相当高时,会影响氧化速率,其原因是氧化膜的结构与氧化膜中杂质含量和杂质种类有关。硅在热氧化过程中,由于杂质在 Si 和 SiO_2 中的溶解度不同,杂质在 Si/SiO_2 界面产生再分布。再分布的结果导致 Si/SiO_2 界面处杂质分布不连续,即杂质不是较多地进入 Si 就是较多地进入 SiO_2 ,界面杂质的再分布会对氧化膜特性产生影响。

对于分凝系数小于 1 的杂质(如硼),在氧气中氧化时,杂质被分凝到 SiO_2 中去,使 SiO_2 网络结构强度变弱,氧化剂在其中有较大的扩散系数,而且在 SiO_2 网络中的氧化剂浓度也提高了,因此氧化速率提高。

对于分凝系数大于 1 的杂质(如磷),在分凝过程中,只有少量的磷掺入到生长的 SiO_2 中,而大部分磷集中在 Si/SiO_2 界面处和靠近界面的硅中。因而使线性氧化速率系数变大,抛物线速率系数基本不受磷浓度的影响。因分凝进入 SiO_2 中的磷量很少,氧化剂在 SiO_2 中的扩散能力基本不受影响。对掺磷硅的湿氧氧化,仅在低温时才看到有浓度的依赖关系,因为低温下表面反应控制是主要的,而高温时以扩散控制为主。

掺杂浓度对氧化速率的影响一般在高浓度下(如大于 10^{19} cm^{-3})才明显,低浓度时可不必考虑。b/a 在高浓度时基本随浓度增加而增加,这时氧化受界面处反应速率控制,而对 b 相来讲,与浓度关系不大,它反映了氧化速率受氧化剂通过氧化膜的扩散控制。

掺氯氧化是当前微电子制造中用来制造高质量洁净 SiO_2 膜的常用技术。在氧化气氛中加入适量的含氯气体(如 HCl、C_2HCl_3 等),会改善氧化膜及其下面硅的特性。

掺氯氧化对氧化膜起主要作用的是氯,常用的氯源有氯气、氯化氢、三氯乙烯(Trichloroethylene,TCE)、三氯乙烷、三氯甲烷、三氯乙酸(Trichloroacetic Acid,TCA)等,目前国内应用较多的是 HCl 和 TCE。

掺氯氧化可以降低界面态密度,减少钠离子等有害杂质浓度,提高氧化膜的介质击穿强度、增加氧化速率。

HCl 的氧化过程,实质上就是在热生长 SiO_2 膜的同时,在 SiO_2 中掺入一定数量的氯离子的过程。试验表明,所掺入的氯离子主要分布在 Si/SiO_2 界面附近 10 nm 左右处,降低了固定正电荷密度和界面态密度(可使固定正电荷密度降低约一个数量级)。氯在氧化膜中的行为是比较复杂的,观察分析认为有以下几种情况:

① 氯离子是负离子,在氧化膜中集中必然造成负电荷中心,它与正电荷的离子起中和作用。

② 它能在氧化膜中形成某些陷阱态来俘获可动离子。

③ 碱金属离子和重金属离子能与氯形成蒸气压高的氯化物而被除去。

④ 在氧化膜中填补氧空位,与硅形成 Si—Cl 键或 Si—O—Cl 复合体。所有这些都会对氧化膜及其下面的硅的性质有显著影响。

大量试验表明,HCl 氧化还具有明显的吸除有害杂质的作用。加热炉的加热部件和绝缘层中可能存在一些金属污染物,吸除 SiO_2 (包括石英管)中杂质的机理是:Na、Fe、Au

等杂质由 SiO_2 层内扩散到外表面,与 HCl 形成有挥发性的氯化物(如 $NaCl$、$FeCl_3$、$AuCl_3$ 等),从而起到吸杂的效果。因此,应用 HCl 氧化可生长出较为"清洁"的 SiO_2。以 Na^+ 钝化为例:当 Na^+ 移动到 Si/SiO_2 界面 Si—O—Cl 复合体附近时,由于 Cl^- 和 Na^+ 的库仑作用很强,Na^+ 被束缚到 Cl^- 周围,而且发生中和作用,形成 $(Na^+Cl^-)\cdots Si\equiv$ 的结构。用放射性示踪测量得知,在 HCl 氧化膜中,沾污的 Na^+ 仍然有相当数量是堆积在 Si/SiO_2 界面附近处,但用 MOS 的 C-V 法,通过 B-T(偏压-温度)处理,测得这时源移的平带电压只有 0.2 V。这说明已达到 Si/SiO_2 界面的 Na^+ 被界面处的 Cl^- 束缚,而且中性化,故当电场反向时,不再向 Si/SiO_2 界面漂移。Na^+ 在 Si-Cl 中心处失去了正电荷而不可动,Na^+ 即被固定住了(可使 Na^+ 减少半个到一个数量级)。这就是 HCl 氧化的表面钝化作用。

而且,掺氯氧化的氧化速率比纯氧中高。例如,氧气中掺入 3% 的氯气,可以使线性氧化区的氧化速率提高一倍。HCl 对氧化速率系数的影响如图 3.9 所示。

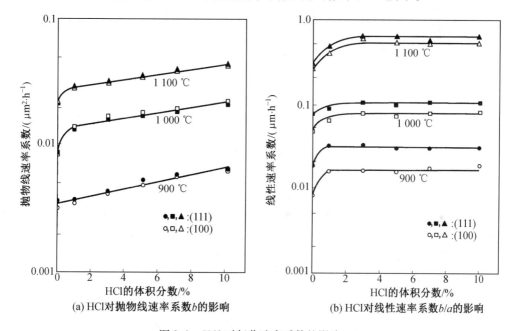

(a) HCl对抛物线速率系数b的影响 (b) HCl对线性速率系数b/a的影响

图 3.9 HCl 对氧化速率系数的影响

由图 3.9 可见,抛物线速率系数 b 随 HCl 的体积分数线性增大,在 1 000 ℃ 和 1 100 ℃,HCl 的体积分数小于 1% 时,b 随 HCl 的体积分数的增加而增长得很快;当 HCl 的体积分数小于 1% 时,线性速率系数 b/a 随 HCl 的体积分数增加而增大;当 HCl 的体积分数大于 1% 时,b/a 却不随 HCl 的体积分数的改变而变化。对于干氧氧化,HCl 的体积分数一般为 1% ~ 5%,因为在高温下,如果 HCl 的体积分数过高会腐蚀硅表面。掺氯氧化可以提高氧化速率。这是因为进入 SiO_2 中的氯集中在 Si/SiO_2 界面附近,因 Si—O 键能为 4.25 eV,Si—Cl 键能为 0.5 eV,所以 Cl 先与 Si 反应生成 SiO_2 的中间产物即氯硅化合物,然后再与氧反应生成 SiO_2。在上述反应过程中,氯起催化作用。另外,氯替代氧形成非桥联的 Si—Cl 键,使 SiO_2 网络变得疏松,氧化剂在 SiO_2 中的扩散加快,也使氧化速率增加。

在上述的掺氯氧化工艺中,关键要提供足够的氧气,否则硅片表面可能会被未完全反应的 HCl 腐蚀。若因此使硅表面变得不平整,可能会降低栅氧化层的质量。与氯气一样,HCl 在有水蒸气存在的情况下,可以与不锈钢管道发生反应,污染 Si 的表面。另外,用三氯乙烯和三氯乙酸作为氯源,它们的腐蚀性比 HCl 的小。但使用这两种物质作为氯源,必须采取严格的安全预防措施,因为 TCE 可能致癌,TCA 在高温下能够形成光气($COCl_2$),光气是一种高毒物质。

5. 初始阶段氧化及模型修正

目前在 ULSI 工艺中,栅氧化层厚度通常都小于 30 nm,而 Deal – Grove 热氧化模型对于厚度小于 30 nm 的超薄热干氧氧化规律描述是不准确的。对于较厚的氧化硅层,Deal – Grove 热氧化模型可以在很宽的参数范围内(30 ~ 2 000 nm)给出较为准确的氧化速率。但是当氧化层很薄时,根据 Deal – Grove 热氧化模型,其氧化速率应该接近于一个常数:$\lim\limits_{t \to 0} \dfrac{\mathrm{d}t_{\mathrm{ox}}}{\mathrm{d}t} = \dfrac{b}{a}$。而这一结果远远低于试验测量得到的氧化速率,严重低估了薄氧化层的厚度,如图 3.10 所示,初始氧化速度理论值为 b/a,但实际值比其大 4 倍甚至更多。

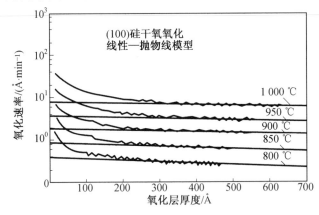

图 3.10　氧化速率实际值与 Deal – Grove 热氧化模型理论值的对比

初始氧化阶段是氧化层的快速生长过程。这意味着有与上述氧化不同的氧化机理。Deal – Grove 热氧化模型是建立在中性氧气分子穿过氧化膜与 Si 反应的假设基础上的,而在氧化初始阶段,实际上氧在 SiO_2 中的扩散是以离子形式进行的。

$$O_2 = O_2^- + 空穴^+ \tag{3.20}$$

氧离子和空穴同时向 Si/SiO_2 界面扩散,由于空穴扩散速率快,就会在 SiO_2 层内产生一内建电场,此电场又加速了氧离子的扩散,如此就解释了实际与模型曲线的差异。不过这种加速作用只存在于 SiO_2 表面一个很薄的范围内,因此实际试验数据只是在氧化初始阶段与理论模型存在偏差。

高质量的薄 SiO_2 层对于制备 MOS 器件的栅极至关重要,其厚度必须精确控制。为了解决这一问题,可以用表 3.2 中的硅的热氧化速率系数,其中 τ 值是对 Deal – Grove 热氧化模型给出的干氧氧化速率进行校正。校正后的模型可以精确预测 $t_{\mathrm{ox}} > 30$ nm 时的厚度。但在 $t_{\mathrm{ox}} < 30$ nm 时,预测得到的氧化层将比实际的要厚。

表 3.2 硅的热氧化速率系数

温度 /℃	干氧		τ/h	湿氧(4.8 Pa)	
	a/μm	b/(μm² · h⁻¹)		a/μm	b/(μm² · h⁻¹)
800	0.370	0.0011	9	—	—
920	0.235	0.004 9	1.4	0.50	0.203
1 000	0.165	0.011 7	0.37	0.226	0.278
1 100	0.090	0.027	0.076	0.11	0.510
1 200	0.040	0.045	0.027	0.05	0.720

例 3.1 计算在 120 min 内,920 ℃ 湿氧氧化过程中生长的二氧化硅的厚度。假定此前硅片表面已有 1 00 nm 的氧化层。

解 按照表 3.2,920 ℃ 下湿氧氧化过程,$a = 0.50$ μm,$b = 0.203$ μm²/h,代入式 (3.16) 中得

$$\tau = \frac{0.1 \times 0.1 + 0.5 \times 0.1}{0.203} = 0.295 \ (h)$$

式 (3.15) 的解为

$$t_{ox} = \frac{-a + \sqrt{a^2 + 4b(t + \tau)}}{2}$$

代入 a、b 和 τ 的值可得

$$t_{ox} = \frac{-0.5 + \sqrt{0.5 \times 0.5 + 4 \times 0.203 \times (2 + 0.295)}}{2} = 0.48 \ (μm)$$

此时,$a \approx t_{ox}$,不能使用线性或平方近似。

例 3.2 将硅晶片在 1 000 ℃ 下进行干氧氧化,需要生长 40 nm 厚的 SiO_2 层,(1) 如果忽略快速生长过程,求出所需的氧化时间;(2) 如果考虑快速生长过程,求出所需的氧化时间。

解 按照表 3.2,1 000 ℃ 下干氧氧化,$a = 0.165$ μm,$b = 0.011$ 7 μm²/h,代入式 (3.15) 中得

$$(0.04 \ μm)^2 + 0.165 \ μm \times 0.04 \ μm = 0.011 \ 7 \ μm²/h \times (t + \tau)$$

由此可得

$$t + \tau = 0.7 \ h$$

(1) 忽略快速生长过程,即 $\tau = 0$,则 $t = 0.7$ h $= 42$ min。

(2) 考虑快速生长过程,即 $\tau = 0.37$,则 $t = 0.33$ h $= 20$ min。

在推导 Deal - Grove 热氧化模型时,曾假定由气相到达硅片表面并向内扩散通过氧化层,最终在 Si/SiO₂ 界面上参与反应的是氧分子。但实际上氧分子在向固相内部扩散的过程中可能发生分解和复合等多种变化,导致形成氧原子、氧离子等不同形式的氧。它们的扩散系数和氧分子不同。同时,试验表明当氧化层很薄时,氧化层中的氧空位会向外扩

散到达表面而与氧反应。此时氧化在表面而不是在 Si/SiO$_2$ 界面上进行,这与 Deal - Grove 热氧化模型的假设也不一致。另外,由于存在界面应力,氧化是在一个有限厚度内而不是突变的 Si/SiO$_2$ 界面上进行的。此时氧化速率可修正为

$$\frac{dt_{ox}}{dt} = \frac{b}{2t_{ox} + a} + c_1 e^{-t_{ox}/l_1} + c_2 e^{-t_{ox}/l_2} \tag{3.21}$$

式中,c_1 和 c_2 为比例常数;l_1 和 l_2 为氧化反应的特征距离,氧化反应在这个距离范围内发生。l_1 与温度之间呈微弱的依赖关系,其典型值在 1 nm 量级。l_2 与温度无关,其典型值约为 7 nm 量级。这个模型与试验数据能精确吻合,甚至对温度非常低的氧化也吻合得很好。

3.1.3 热氧化工艺

1. 热氧化设备

热氧化过程由热氧化设备来完成。热氧化设备主要由控制器、硅片装卸装置、炉体和气路系统四部分组成。炉体是热氧化设备的主体,通常包括容纳硅片并提供气氛环境的炉管、用来加热的加热元件(如电阻丝等)、电源及热偶。一台优良的热氧化设备应具备的特点是:

① 能控制氧化温度,保证炉体中有足够长的恒温区,且恒温区温度稳定;对温度变化能产生快速响应从而进行精确地调控。先进氧化设备的温度偏差可控制在 ±0.5 ℃。

② 硅片装卸装置要保证硅片放置稳定、不被沾污,且氧化的过程中所有硅片的位置相对固定。

③ 气路系统要能提供所需的密封环境,并可靠精确地控制气体的成分(尤其是混合气体中各组分的比例)、压力(常压、高压或低压)、流量和流动状况。

④ 安全。

常见的热氧化设备主要有卧式和立式两种,如图 3.11 所示。图 3.11(a) 是卧式热氧化炉结构。图 3.11(b) 是一种三管卧式炉系统。

立式氧化炉类似于竖起来的卧式炉,由于其结构特点,如图 3.11(c) 所示,使它具有一些卧式炉不具备的优点:

① 容易实现自动化。

② 硅片水平放置,承载舟不会因重力而发生弯曲。

③ 氧化均匀性比卧式炉好。

④ 洁净度高,产尘密度小。

⑤ 设备体积小,在洁净室占地小,可灵活安放。

目前,立式炉管在大尺寸硅片(直径 200 ～ 300 mm)的氧化工艺中已取代了卧式炉管,成为半导体工业界的标准设备。图 3.11(d) 是双体立式炉系统。

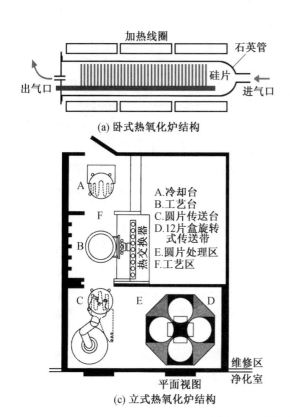

(a) 卧式热氧化炉结构

(b) 三管卧式炉系统

(c) 立式热氧化炉结构

A.冷却台
B.工艺台
C.圆片传送台
D.12片盒旋转
式传送带
E.圆片处理区
F.工艺区

平面视图

维修区
净化室

(d) 双体立式炉系统

图 3.11　热氧化设备

2. 热氧化方法

制备热氧化薄膜的方法很多。根据氧化气氛的不同,热氧化法又可分为干氧氧化、湿氧氧化和氢氧合成氧化等。

（1）干氧氧化。

干氧氧化就是在氧化过程中,直接通入干燥纯净的 O_2 进行氧化的方法。通过干氧氧化可以得到致密的氧化硅薄膜,氧化膜干燥,电阻率和击穿场强高,适合光刻且与光刻胶的黏附性好、掩蔽能力强。因此干氧氧化主要用于栅氧介质及较薄的掩膜层或牺牲层的制备。但干氧氧化的氧化速率低,不适合生长较厚的氧化膜。

（2）湿氧氧化。

湿氧氧化法中,O_2 先通过 95～98 ℃ 的去离子水,将水汽一起带入氧化炉内,O_2 和水汽同时与 Si 发生氧化反应。为了获得较厚的氧化膜可以采用湿氧氧化,与氧分子相比水分子在氧化硅中的扩散系数和溶解度都要大很多,因此湿氧氧化的氧化速率比干氧氧化高很多。对于湿氧氧化而言,由 Deal – Grove 热氧化模型得到的公式和结果依然成立,只是需要将相应参数,如扩散系数、质量输运系数、化学反应速率常数、气体分压和单位体积分子数均换成与湿氧氧化对应的值即可。实际氧化时,很多时候并不是使用纯的氧气或水蒸气,而是使用氧气和水蒸气的混合物。此时,水蒸气的分压小于一个大气压,控制氧化速率的关键是控制氧气和水蒸气的比例。湿氧氧化获得的氧化硅层密度较低、结构较疏松、致密性差、表面易有缺陷,与光刻胶黏附性不良,用于需要厚氧化层且不承受大的电应力的场合。

(3)氢氧合成氧化。

氢氧合成氧化是指在常压下,使用高纯氢气和氧气的混合气体进行氧化,使之在一定温度下燃烧生成水,水在高温下气化,然后水汽与 Si 反应生成 SiO_2 的氧化方法。为了安全起见,通入的氧气必须过量,因此实际上是水汽和氧气同时参与氧化反应。因为气体纯度高,所以燃烧生成的水纯度很高,这就避免了湿氧氧化过程中水蒸气带来的污染。SiO_2 膜的质量取决于氢气和氧气的纯度(一般氢气纯度可达 99.999 9% ,氧气纯度为 99.99% 或更高)。氧化速率则取决于氢气和氧气的比例。这种氧化方法氧化效率高,更适合生长厚氧化层,生成的 SiO_2 膜质量好、均匀性和重复性好。

热氧化是以消耗衬底硅为代价的,这类氧化称为本征氧化,以本征氧化方法生长的二氧化硅薄膜具有沾污少的优点。另外,热氧化温度高,生长的氧化膜致密性好,针孔密度小。因此,热氧化膜常用来作为掺杂掩膜和介电类薄膜。但是,热氧化温度在微电子制造工序后期是受到严格限制的,因为高温会改变横向和纵向的杂质分布。另外,热氧化只能在硅衬底上生成热氧化薄膜,在非硅表面上得不到热氧化薄膜,所以热氧化薄膜无法作为保护膜。

在半导体芯片生产中制备 SiO_2 薄膜的常用方法除了热氧化法外,还有化学气相淀积法、阴极溅射法、阳极氧化法、外延淀积法等。不同的制备工艺方法所生产的薄膜性质也有些许差别。

3. 热氧化工艺步骤

要获得纯净、均匀、致密的高质量氧化层,需要仔细设计热氧化的工艺过程。以卧式氧化炉中的干氧氧化为例,IC 制造中典型的热氧化工艺主要步骤包括:

① 将硅片送入炉管,通入 N_2 及小流量 O_2;

② 升温,升温速率为 5 ~ 30 ℃/min;

③ 通大流量 O_2,氧化反应开始;

④ 通大流量 O_2 及 TCE(0.5% ~ 2%);

⑤ 关闭 TCE,通大流量 O_2,以消除残余的 TCE;

⑥ 关闭 O_2,改通 N_2,退火;

⑦ 降温,降温速率为 2 ~ 10 ℃/min;

⑧ 将硅片拉出炉管。

对于 10 nm 及更薄的氧化层,则需要采用一些特殊的氧化工艺,如稀释氧化(即采用 O_2 和惰性气体 Ar 等的混合物作为氧化气氛)、低压氧化(降低氧化炉中的气压)、快速热氧化(采用快速热处理设备)等来精确控制其厚度。

IC 制造中最重要的氧化是 CMOS 工艺中的栅氧化。栅氧化层的厚度很薄,甚至薄到 2 nm 以下。但对其性能的要求却很高,需要获得均匀、致密、介电强度高的氧化膜。为了更好地控制栅氧化层的厚度,保证氧化过程的均匀性和重复性,栅氧化的温度通常较低。而为了获得低缺陷密度的栅氧化层,则需要采用掺氯氧化。温度低于 1 000 ℃ 时氯的钝化效果较差,因此一般的栅氧化工艺采取两步氧化法:先在 800 ~ 1 000 ℃,使用 O_2 和 HCl 的混合气体进行氧化;然后升温到 1 000 ~ 1 100 ℃,采用 N_2 和 HCl 的混合气体退火。具体步骤为:

① 先将炉温升至 1 100 ℃,并通入 O_2 和 HCl 的混合气体 60 min,对炉管进行清洁;

② 炉中改通 N_2,同时将炉温降至 800 ℃;

③ 炉中改通 O_2 和 N_2 的混合气体,缓慢将硅片推入炉中;

④ 将炉温升至 1 000 ℃,升温速率为 5 ~ 30 ℃/min;

⑤ 通入大流量的 O_2 和小流量的 HCl(0.5% ~ 3%),氧化开始;

⑥ 氧化结束,关闭 O_2 和 HCl,改通 N_2,升温至 1 050 ℃ 退火;

⑦ 降温至 800 ℃,降温速率为 2 ~ 10 ℃/min;

⑧ 将硅片拉出炉管。

4. 热氧化工艺展望

热氧化工艺无疑是硅工艺的核心技术之一。随着芯片特征尺寸越来越小,当今热氧化工艺的发展方向主要集中在如何制造电学性能优良且足够薄的栅氧化层,要求这层薄栅具有高介电常数、较低氧化层电荷及较高击穿电压等特性。围绕这些要求,氧化层生长工艺改进主要从降低氧化温度着手,同时低温工艺也有利于抑制杂质的扩散。但低温工艺过程氧化层生长速率较慢,不利于生产实践。在降低氧化温度的前提下,为保证生长速率,工艺上又从两个方面改进。一是利用高压氧化,耐 10 ~ 25 个标准大气压的氧化炉已经实现商品化。高压氧化的主要特点是氧化速率快,反应温度低,从而减小了杂质的再分布和 pn 结的位移。高压水汽氧化还能抑制氧化堆垛层错,因而减小了器件的漏电流。另外,由于反应温度低,硅片翘曲程度大大改善,因而减小了光刻的对准难度。二是利用淀积工艺生产 SiO_2 薄膜,在第 5 章将详细介绍。

若需要更薄的栅介质层,SiO_2 将不再适用。此时应使用氮化硅、氮氧化硅(SiO_xN_y)或三氧化二铝、氧化锆等高 K 介质材料作为替代的栅介质层材料。改进高 K 介质薄栅工艺必将引领 IC 工艺迈入新的纪元。

3.2 热 扩 散

扩散是一种自然现象,是由物质自身的热运动引起的。扩散运动是原子、分子和离子在浓度梯度方向上传播,运动的结果是浓度分布趋于均匀。在微电子制造中,扩散是一种传统的掺杂技术,也称为热扩散,它是在高温作用下将所需杂质元素按期望的浓度和分布引入到半导体材料中,以达到改变材料电学性能、形成半导体器件的目的。

在微电子制造工艺中,大多数杂质掺杂都是在有选择的区域内扩散。为了实现选择掺杂,需要利用杂质扩散的阻挡层作为掩蔽窗口进行选择扩散。一般来说,硅半导体工艺中常用的硼、磷、砷等几种杂质在二氧化硅层中的扩散系数均远小于在硅中的扩散系数,并且二氧化硅耐高温,因此可利用硅的氧化物作为杂质扩散的阻挡层,通常称为掩膜(或掩膜层)。

实际上热扩散过程中杂质原子在硅片内的扩散运动是各向同性的,包括与硅片表面垂直方向和平行方向,分别称为纵向扩散和横向扩散。选择扩散时发生在掩蔽窗口周边的横向扩散通常是不希望的,它会影响器件的集成度和性能。扩散掺杂区如图 3.12 所示。

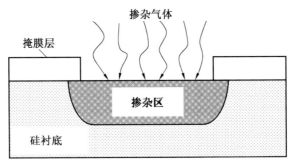

图 3.12　扩散掺杂区

准确的局部掺杂(选择掺杂)是制作各种半导体器件所必不可少的,并且杂质必须是激活的,即杂质原子要处于晶格中正常节点位置,以提供器件所需的载流子。通常要对扩散后杂质在衬底中的浓度分布进行描述,如图 3.13 所示。硅片深度为横坐标,杂质或者载流子浓度为纵坐标,一般变量的数值之间会相差几个数量级,因此画图时浓度通常以对数形式给出。掺杂的浓度范围为 $10^{14} \sim 10^{21}\ cm^{-3}$,而硅的原子数密度 $5 \times 10^{22}\ cm^{-3}$,所以掺杂浓度为 $10^{17}\ cm^{-3}$ 时,相当于在硅中轻微掺入百万分之几的杂质。

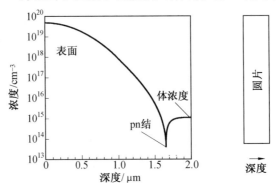

图 3.13　典型硅片纵深方向上杂质或载流子浓度变化

局部掺入的杂质可能发生再分布,这种再分布既可能是按照设计要求有意进行的,又可能是某些热处理过程的副效应。半导体中杂质的浓度分布对器件的击穿电压、阈值电压、电流增益、泄漏电流等都具有决定性的作用,因此在扩散工艺中必须严格控制杂质的浓度以及再分布。

本节首先介绍扩散方程,对杂质分布进行宏观描述;然后介绍原子扩散方式及扩散模型,从原子级对扩散机理进行阐述;最后对扩散设备、工艺步骤、工艺前景进行介绍。

3.2.1 扩散原理

1. 扩散方程 —— 菲克定律

本质上,扩散是微观粒子做不规则热运动的统计结果。浓度差的存在是扩散运动的必要条件,即粒子由浓度较高的地方向着浓度较低的地方进行,从而使得粒子的分布逐渐趋于均匀;也就是说,只有当晶体中的杂质存在浓度梯度时才会出现净的杂质移动,表现为杂质扩散流。温度高低、粒子大小、晶体结构、缺陷浓度以及粒子运动方式都是决定扩散运动快慢的主要因素。

如果在有限的基体中存在浓度梯度,杂质扩散必定降低浓度梯度,在足够长时间以后,杂质浓度将变得均匀,宏观上杂质移动也就停止。扩散粒子可以是杂质原子或离子(称为掺杂剂),也可以是与基体相同的粒子(自扩散)。

1855 年,菲克(A. Fick)用数学式描述了这种情况,用来讨论扩散现象的宏观规律,如扩散物质的浓度分布与时间的关系,扩散定律也称为菲克定律。

对于平面器件工艺中的扩散问题,扩散所形成的 pn 结平行于硅片表面,而且扩散深度很浅,因此可以近似地认为扩散只沿着垂直于硅片表面的方向进行。温度一定时,单位时间内通过垂直于扩散方向的单位面积上的扩散物质流量为扩散通量(Diffusion Flux),用 J 表示,单位为 $m^{-2} \cdot s^{-1}$ 或 $kg/(m^2 \cdot s)$,与扩散物质浓度梯度(Concentration Gradient)成正比。在一维情况下,菲克第一定律的数学表达式为

$$J(x,t) = - D \frac{\partial C(x,t)}{\partial x} \tag{3.22}$$

式中,D 为扩散系数(m^2/s),它是温度的函数;C 为扩散物质的体积浓度(m^{-3} 或 kg/m^3);$\frac{\partial C(x,t)}{\partial x}$ 为浓度梯度,负号"–"表示扩散方向为浓度梯度的反方向,即扩散物质由高浓度区向低浓度区扩散;x 为从表面算起的距离(m)。

虽然菲克第一定律能准确地描述扩散过程,但实际应用中,扩散物质流量难以测量,而浓度是可以测量的,因此发展了菲克定律的另一种表达方式 —— 菲克第二扩散定律,其描述的概念和第一定律相同,但其中的变量更容易测量。

图 3.14 所示为一维扩散方程示意图。假设有一个等截面 A 的条形材料,考虑长度为 dx 的小薄层的体积,则杂质进、出微分体积单元的流量差为

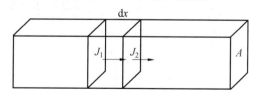

图 3.14 一维扩散方程示意图

$$\frac{J_2 - J_1}{dx} = \frac{\partial J}{\partial x} \tag{3.23}$$

式中,J_1 为进入该体积元的流量;J_2 为离开该体积元的流量。

如果这两个流量数值不等,表明掺杂剂的浓度发生了改变。由于体积单元中杂质的数量是微分体积单元($A \cdot \mathrm{d}x$)和浓度的乘积,则连续方程可以表达为

$$A\mathrm{d}x \frac{\partial C}{\partial t} = -A(J_2 - J_1) = -A\mathrm{d}x \frac{\partial J}{\partial x} \tag{3.24}$$

或

$$\frac{\partial C(x,t)}{\partial t} = -\frac{\partial J}{\partial x} \tag{3.25}$$

根据菲克第一定律,可得

$$\frac{\partial C(x,t)}{\partial t} = \frac{\partial}{\partial x}\left(D \frac{\partial C}{\partial x}\right) \tag{3.26}$$

如果假定扩散系数 D 是与位置 x 无关的常数,公式可以简化成

$$\frac{\partial C(x,t)}{\partial t} = D \frac{\partial^2 C(x,t)}{\partial x^2} \tag{3.27}$$

式(3.27)就是菲克第二定律,也就是通常所说的扩散方程。菲克第二定律的物理意义为:在浓度梯度的作用下,随时间的推移,某点 x 处杂质原子浓度的增加(或减少)是扩散杂质粒子在该点的积累(或流失)的结果。

对于三维扩散的情况,如果介质是各向同性的,可以将公式用拉普拉斯算子简单地表达,菲克第二定律可以表达成

$$\frac{\partial C}{\partial t} = D \nabla^2 C \tag{3.28}$$

2. 杂质分布 —— 菲克定律的分析解

要描述扩散行为,需要对扩散方程进行求解。由于它是二阶微分方程,需要两个独立的边界条件。对于不同的初始条件和边界条件,可以有不同形式的解。本节主要考虑两种杂质表面源的扩散分布。

(1)恒定表面源的扩散分布。

恒定表面源的扩散是指硅片在扩散过程中,表面的杂质浓度始终保持不变。恒定表面源扩散是将硅片处于恒定浓度的杂质氛围之中,杂质扩散到硅表面很薄的表层的一种扩散方式,目的是预先在硅扩散窗口掺入一定剂量的杂质。

恒定表面源扩散时硅片一直处于恒定浓度的杂质氛围中,因此认为硅片表面达到了该扩散温度的固溶度,根据这种扩散的特点,其初始条件和边界条件为

$$C(x,0) = 0$$
$$C(0,t) = C_s$$
$$C(\infty,t) = 0$$

解微分方程式(3.27),得

$$C(x,t) = C_s \mathrm{erfc}\left(\frac{x}{2\sqrt{Dt}}\right) \tag{3.29}$$

式中,C_s 为杂质表面浓度;x 为扩散深度,即由表面算起的垂直距离;$\mathrm{erfc}(x)$ 为余误差函数,即 $1 - \mathrm{erf}(x)$,其中 $\mathrm{erf}(x)$ 是误差函数,可以从数学用表中找到,余误差函数代数式见

表 3.3；$\sqrt{Dt}$ 为特征扩散长度,是在求解扩散问题中经常出现的形式。

表 3.3 余误差函数代数式

$$\mathrm{erf}(x) \equiv \frac{2}{\sqrt{\pi}} \int_0^x e^{-y^2} dy$$

$$\mathrm{erfc}(x) \equiv 1 - \mathrm{erf}(x) = \frac{2}{\sqrt{\pi}} \int_x^\infty e^{-y^2} dy$$

$$\mathrm{erf}(0) = 0$$

$$\mathrm{erf}(\infty) = 1$$

$$\frac{\mathrm{d}}{\mathrm{d}x}\mathrm{erf}(x) = \frac{2}{\sqrt{\pi}} e^{-x^2}$$

$$\frac{\mathrm{d}^2}{\mathrm{d}x^2}\mathrm{erf}(x) = -\frac{4}{\sqrt{\pi}} x e^{-x^2}$$

$$\int_0^x \mathrm{erfc}(y') \mathrm{d}y' = x \cdot \mathrm{erfc}(x) + \frac{1}{\sqrt{\pi}}(1 - e^{-x^2})$$

$$\int_0^\infty \mathrm{erfc}(x) \mathrm{d}x = \frac{1}{\sqrt{\pi}}$$

可见,当杂质表面浓度 C_s、杂质扩散系数 D 以及扩散时间 t 确定后,杂质的扩散分布就确定了,恒定源扩散杂质浓度服从余误差分布,图 3.15 所示为恒定表面源扩散的杂质浓度分布。p^+ 区、n^+ 区的预淀积扩散都基本属于此类分布。

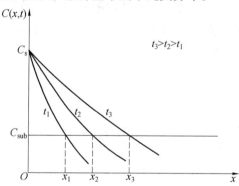

图 3.15 恒定表面源扩散的杂质浓度分布

恒定表面源扩散的主要特点如下:

① 杂质分布形式。从图 3.15 可见,在表面浓度 C_s 一定的情况下,扩散时间越长,杂质扩散得就越深,扩散到硅内的杂质数量也就越多。图中各条曲线下所围的面积可直接反映扩散到硅内杂质的数量。杂质的分布形式为式(3.29)所示的余误差函数分布。

② 杂质表面浓度 C_s。杂质表面浓度 C_s 并不等于硅片周围气氛中的杂质浓度,而是取决于杂质元素和扩散温度。当气氛中杂质的分压较低时,C_s 将与其周围气氛中杂质的分压成正比;当气氛中杂质的分压较高时,C_s 则与周围气氛中杂质的分压无关,数值上就等于扩散温度下杂质在硅中的固溶度。在通常的扩散条件下,杂质表面浓度 C_s 基本上由该杂质在扩散温度(900 ~ 1 200 ℃)下的固溶度所决定,而在 900 ~ 1 200 ℃ 的温度范围

内,固溶度随温度变化不大。因此,杂质的固溶度给杂质表面浓度设置了上限。可见,恒定表面源扩散,很难通过改变温度来达到控制表面浓度 C_s 的目的,这也是该扩散方法的不足之处。

③ 杂质总量 $Q_T(t)$。如果扩散时间为 t,则单位表面积扩散到硅片内部的杂质总量可通过对式(3.29)进行积分获得,即

$$Q_T(t) = \int_0^\infty C(x,t)\,\mathrm{d}x = \frac{2}{\sqrt{\pi}}C_s\sqrt{Dt} \tag{3.30}$$

由式(3.30)可知,在杂质表面浓度 C_s 一定的情况下,扩散时间越长,则扩散进入硅片内的杂质总量就越多。由积分的几何意义可知,图 3.15 中各条曲线下所围的面积可直接反映扩散到硅片内的杂质数量。

④ 杂质浓度梯度。如果杂质按照余误差函数分布,可通过对式(3.29)进行微分,得到杂质浓度分布梯度为

$$\left.\frac{\mathrm{d}C}{\mathrm{d}x}\right|_{(x,t)} = -\frac{C_s}{\sqrt{\pi Dt}}\mathrm{e}^{-x^2/4Dt} \tag{3.31}$$

由式(3.31)可知,浓度梯度受 C_s、t 和 D 的影响。在实际生产中,可以改变其中的某个量使杂质浓度梯度满足要求。例如,在其他参数不变的情况下,可选用固溶度大的杂质,即通过提高 C_s 来增大浓度梯度。

⑤ 结深。如果扩散杂质与硅片原有杂质的导电类型不同,则在两种杂质浓度相等处形成 pn 结。考虑硅片是一个已经均匀掺杂了磷的 n 型硅(磷的浓度为 C_{sub}),然后向内扩散 p 型杂质硼的过程,并假设杂质表面浓度远大于磷的浓度($C_s \gg C_{sub}$)。当某一个位置(深度为 x_j)的硼的浓度与磷的浓度相等,即 $C(x_j,t) = C_{sub}$ 时,构成 pn 结的结深可按式(3.29)求出

$$x_j = 2\sqrt{Dt}\,\mathrm{erfc}^{-1}\left(\frac{C_{sub}}{C_s}\right) \tag{3.32}$$

扩散时间越长,扩散温度越高,则杂质扩散得越深,但扩散的深度通常小于 1 μm。

(2) 有限表面源的扩散分布。

有限表面源的扩散是指在扩散过程中硅片外部无杂质的环境氛围下,杂质源限定于扩散前淀积在硅片表面极薄层内的杂质总量 Q_T,扩散过程中 Q_T 为常量,依靠这些有限的杂质向硅片内进行扩散。目的是使杂质在硅中形成一定的分布或获得一定的结深。有限表面源扩散通常是通过热扩散工艺的再分布工序实现的。

根据这类扩散的特点,为方便求解扩散方程,假设扩散开始时杂质总量 Q_T 是均匀分布在厚度为 δ 的一个薄层内,则有限表面源扩散的初始条件(图 3.16)如下。

初始条件是一个脉冲函数,在扩散层厚度相对于硅片厚度很小薄层内杂质的总含量为 Q_T,表面层浓度为 C_s;而在距离表面 0 ~ δ 薄层以外的所有位置其内部浓度为 0。在 $t=0,0 < x < \delta$ 时

$$C(x,0) = \frac{Q_T}{\delta} = C_s \tag{3.33}$$

在 $t=0,\delta < x$ 时

$$C(x,0) = 0 \qquad (3.34)$$

在扩散过程中,由于没有外来杂质补充,在硅片表面($x=0$处)的杂质流密度等于0。同时,扩散层厚度相对于硅片厚度是很小的。所以,它的边界条件为

在 $t > 0, x = 0$ 时

$$\frac{\mathrm{d}C(0,t)}{\mathrm{d}x} = 0 \qquad (3.35)$$

在 $t > 0, x \to \infty$ 时

$$C(\infty, t) = 0 \qquad (3.36)$$

根据初始条件和边界条件,解微分方程式(3.27),得

$$C(x,t) = \frac{Q_T}{\sqrt{\pi Dt}} e^{-x^2/4Dt} \qquad (3.37)$$

可以看出,有限表面源的扩散分布是一种高斯函数分布,在平面器件工艺中的基区扩散和推进扩散(隔离扩散的再分布)基本都属于此类分布。

图 3.17 所示为有限表面源扩散浓度随深度变化曲线。

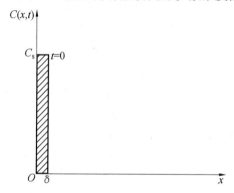

图 3.16　有限表面源扩散的初始条件

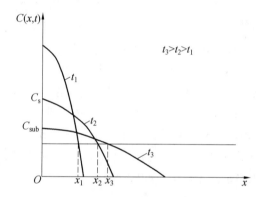

图 3.17　有限表面源扩散浓度随深度变化曲线

有限表面源扩散的特点如下:

① 杂质分布形式。从图 3.17 可见,对于有限表面源扩散,当温度相同时,扩散时间越长,杂质扩散得就越深,表面浓度就越低。杂质的分布形式为式(3.37)所示的高斯函数分布。

② 杂质表面浓度 C_s。将 $x = 0$ 代入式(3.37),就可以求出任何时刻 t 的表面浓度 C_s,即

$$C_s = C(0,t) = \frac{Q_T}{\sqrt{\pi Dt}} \qquad (3.38)$$

扩散时间越长,表面浓度就越低。有限表面源扩散的表面杂质浓度是可控的,这种扩散方式有利于制作低表面浓度和较深的 pn 结。

③ 杂质总量 Q_T。有限表面源扩散的杂质是预先淀积的,扩散过程中杂质表面浓度变化很大,但在整个扩散过程中杂质总量保持不变。图 3.17 中各曲线下所围的面积能直接反映预淀积的杂质数量,各条曲线下的面积应该相等。

④ 杂质浓度梯度。如果杂质按照高斯函数分布,可通过对式(3.37)进行微分,得到杂质浓度分布梯度为

$$\left.\frac{\mathrm{d}C}{\mathrm{d}x}\right|_{(x,t)} = -\frac{x}{2Dt}C(x,t) \tag{3.39}$$

杂质浓度梯度将随着扩散深度的增加而减小。

⑤ 结深。结深的求解依然根据 $C(x_j,t) = C_{sub}$，按照式（3.37）进行求解，得

$$x_j = 2\sqrt{Dt}\left(\ln\frac{C_s}{C_{sub}}\right)^{1/2} \tag{3.40}$$

3. 实际分布与理论分布的偏差

由于扩散过程中存在浓度效应和电场效应，因此实际的杂质扩散分布曲线与理论分布曲线有一定的偏差。例如，浓度在 10^{20} cm^{-3} 以下，硼在硅中扩散率的测量数据与本征扩散率基本一致，然而，当杂质浓度超过 10^{20} cm^{-3} 时，不是所有的硼原子都能占据到晶格位置，有些硼原子必须处于填隙位置，或者凝结成团。人们发现硼的扩散率在这个范围内急剧降低，如图 3.18 所示为高浓度硼扩散的典型分布图。

实际上，在高温扩散条件下掺入的杂质基本上处于离化状态，离化了的施主（或受主）杂质离子与电子（或空穴）同时向低浓度区域扩散，由于电子（或空穴）的运动速度比离化杂质快得多，就会形成一个空间电荷层，进而出现一个内建电场，它的方向正好起着帮助运动较慢的杂质离子加速扩散的作用，这种现象称为场助扩散效应。例如，低浓度和中等浓度的砷的扩散率可以采用简单的本征扩散率很好的描述；高浓度下砷扩散的场助扩散效应很明显，造成的结果是扩散分布非常陡，而填隙原子的增多使得扩散分布的顶部变得平缓，如图 3.19 所示为高浓度砷扩散的典型分布图。在高浓度扩散时，由于场助扩散效应等作用，使得扩散杂质的浓度分布不再遵循简单的余误差分布或高斯分布，而是在表面附近处的浓度梯度变小，内部的浓度梯度增大。表现在扩散系数 D 上，当 $C_{sub} > 10^{19}$ cm^{-3} 时，D 不再是常数。

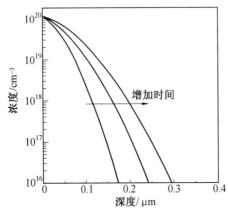
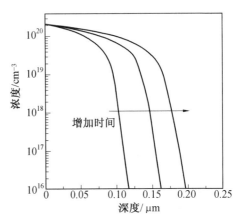

图 3.18　高浓度硼扩散的典型分布图　　图 3.19　高浓度砷扩散的典型分布图

另外，在理论分析中没有考虑杂质原子与 Si 原子晶格长度不同所产生的应力以及杂质原子之间的相互作用。例如在发射极推进效应中，磷扩散将加强硼的扩散。硼单独扩散将导致一个正如简单理论所预测的剖面分布，但是，硼在掺杂区域扩散得更快，这是因为在磷扩散工艺中产生的空隙加强了硼的扩散。

因此扩散方程中把 D 视为常数的假定不能成立,需要探究扩散系数的物理机制。

扩散可以表述成是杂质原子沿着浓度梯度移动的过程,基于对半导体晶体各向同性的假设,可以采用菲克第二定律的分析给出在稳态下的浓度分布曲线;但是从原子级来看,扩散仍然需要充分解释,因为扩散系数不会是一个常数,特别是当浓度达到一定的数值时,扩散系数实际上也是浓度的函数。下面主要讨论决定扩散系数 D 的物理机制。

4. 原子扩散方式

在一个固体中每一个原子都受到邻近多个原子的束缚,要克服这个束缚到达另一个位置就要具备一定的能量,这个要克服的能量称为扩散激活能。原子的能量从哪里来呢? 一个基本的来源就是温度。在一定的温度下,原子在其平衡位置进行振动,温度越高振动幅度越大,则具备的能量越高,跳出束缚的概率就越大。例如在 1 100 ℃ 时,硅中的 1 个磷原子 1 s 会跳 832 次,而在室温时 1 个磷原子大约 10^{46} 年才会跳一次。说明两个问题: ① 有效的扩散需要温度;② 扩散的结果在室温下可以保持下来。

杂质原子在半导体中进行扩散的方式有两种。以在硅中扩散为例,激活能量为 1 ~ 1.5 eV 的 O、Au、Fe、Cu、Ni、Zn、Mg 等不易与硅原子键合的杂质原子,在相对较低的温度下从半导体晶格的间隙中挤进去,即所谓"填隙式"(Interstitial)扩散;而激活能量为 3.5 ~ 4 eV 的 P、B、As、Al、Ga、In、Ge 等容易与硅原子键合的杂质原子,则在高温下主要代替硅原子而占据晶格点的位置,再依靠与周围格点原子的位置交换进行扩散,即所谓"替位式"(Substitutional)扩散。

杂质原子必须处于替代晶格的位置才能起到提供载流子的作用,即具有电活性或者说被电激活。填隙式扩散对掺杂水平没有直接贡献,但填隙式扩散的速度比替位式扩散快得多。Si 中杂质的扩散方式分类见表 3.4。

表 3.4 Si 中杂质的扩散方式分类

扩散方式	杂质
替位式扩散	P、B、As、Al、Ga、Sb、Ge
填隙式扩散	O、Au、Fe、Cu、Ni、Zn、Mg

5. 扩散的原子模型

替位扩散方式下杂质原子的扩散模型如图 3.20 所示,图 3.20 中黑点表示杂质原子,圆圈表示晶格位置上的硅原子。1 个替位式的杂质原子要从原始位置到达邻近位置首先要克服势垒或者从势阱中跑出来。如果要直接交换,这个势阱的能量来自于它周围 4 个原子的结合键能,它的能量要打破这 4 个键的能量,而被交换的硅原子也要打破周围 3 个原子间的结合键能,这时,扩散激活能就很大,扩散系数必然就小,如图 3.20(a)。但是,如果在晶体中存在缺陷,例如它的旁边正好有 1 个空位,这时只需打破 3 个键,所需要的能量就小得多,从宏观上看,扩散激活能就会小很多,扩散系数就大,如图 3.20(b)。

因此,空位交换扩散是替位式杂质原子的主要扩散机制,这一扩散模型称为 Fair 空位扩散模型。空位扩散模型成功地用于描述温度低于 1 000 ℃ 时低、中掺杂浓度的杂质的扩散率,但是增加了一个细节:空位电荷。

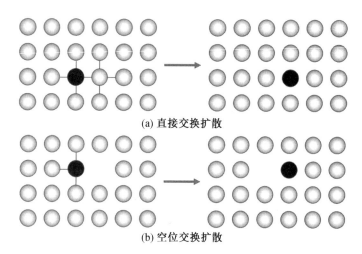

(a) 直接交换扩散

(b) 空位交换扩散

图 3.20 替位扩散方式下杂质原子的扩散模型

在硅晶体中,每1个原子要和它的4个近邻原子形成共价键,以填充价电子层达到饱和。当有1个空位存在时,这4个近邻原子的价电子层就处于不饱和状态了。若载流子在这个空位就可能被俘获,其中1个原子的价电子层被填充及饱和,此时这个空位就会出现负电荷,称为1个带负电的空位;也可以出现其中1个原子的电子丢失的情况,此时出现带正电的空位。这种俘获电子或者邻近原子失去电子的空位是带有电荷的,称为空位电荷,如图3.21所示。

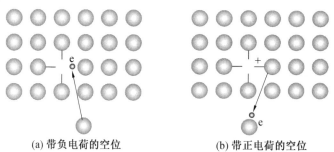

(a) 带负电荷的空位

(b) 带正电荷的空位

图 3.21 空位电荷

由于在正常的工艺条件下,空位的数目极少,因此可以将每个空位的作用看作是独立的。这样,实际的扩散系数 D 可以表达为所有不同带电状态下空位的扩散系数之和(包括不带电的空位),并采用加权系数进行加权,加权系数$(C_z/n_i)^j$为这个位置的载流子浓度／本征载流子浓度,即电荷俘获概率,其中j是带电状态的阶数。总扩散系数由三部分组成:中性空位扩散系数、负电荷空位扩散系数和正电荷空位扩散系数。即

$$D = D^0 + \frac{n}{n_i}D^- + \left(\frac{n}{n_i}\right)^2 D^{2-} + \left(\frac{n}{n_i}\right)^3 D^{3-} + \left(\frac{n}{n_i}\right)^4 D^{4-} +$$

$$\left(\frac{p}{n_i}\right)D^+ + \left(\frac{p}{n_i}\right)^2 D^{2+} + \left(\frac{p}{n_i}\right)^3 D^{3+} + \left(\frac{p}{n_i}\right)^4 D^{4+} \tag{3.41}$$

式中,n_i为扩散温度下的本征载流子浓度;n与p为载流子浓度,分别代表扩散温度下的电子浓度与空穴浓度。

关于载流子浓度的讨论：

① 对于高掺杂浓度的扩散$(C \gg n_i)$，电子或空穴浓度就等于杂质浓度。

② 对于低掺杂浓度的扩散$(C \ll n_i)$，$p \approx n \approx n_i$。

③ 当电子浓度很大时，式(3.41)中的正电荷项可以忽略。

④ 当空穴浓度很大时，式(3.41)中的负电荷项可以忽略。

⑤ 另外，式(3.41)中的3次幂和4次幂一般非常小，通常可以忽略。

中性空位扩散系数，可以由下式表示

$$D^0 = D_0^0 e^{-E_a^0/kT} \tag{3.42}$$

式中，E_a^0为中性空位的扩散激活能(与杂质必须克服的势垒有关)；D_0^0为与温度无关的常数，其值取决于晶格振动的频率和晶体的几何结构；k为波耳兹曼常数，为1.38×10^{-23} J/K 或者8.62×10^{-5} eV/K；T为绝对温度，单位为 K。

和带电空位有关的扩散系数计算的数据已经有人通过试验获得，各种常用掺杂元素在 Si 和 GaAs 中的扩散系数和激活能见表3.5。

表 3.5　各种常用掺杂元素在 Si 和 GaAs 中的扩散系数和激活能

掺杂元素		施主杂质				中性空位		受主杂质	
		$D_0^=$	$E_a^=$	D_0^-	E_a^-	D_0^0	E_a^0	D_0^+	E_a^+
Si 中的 As	D			12.0	4.05	0.066	3.44		
Si 中的 P	D	44.0	4.37	4.4	4.0	3.9	3.66		
Si 中的 Sb	D			15.0	4.08	0.21	3.65		
Si 中的 B	A					0.037	3.46	0.41	3.46
Si 中的 Al	A					1.39	3.41	2 480	4.2
Si 中的 Ga	A					0.37	3.39	28.5	3.92
GaAs 中的 S	D					0.019	2.6		
GaAs 中的 Se	D					3 000	4.16		
GaAs 中的 Be	A					7×10^{-6}	1.2		
GaAs 中的 Ga	I					0.1	3.2		
GaAs 中的 As	I					0.7	5.6		

注：施主杂质用 D 表示，受主杂质用 A 表示，自填隙杂质用 I 表示；扩散率单位 cm²/s，激活能单位 eV。

其中，施主原子贡献了电子，带正电荷，就容易被负电荷空位俘获；受主原子贡献了空穴，带负电荷，就容易被正电荷空位俘获。

值得注意的是，从表中试验数据来看，所有中性空位的扩散激活能 E_a^0 都在 3.39 ~ 3.66 eV 之间。这比产生中性空位所需的激活能(Si 材料的空位激活能 E_a 在 2.6 eV 左右) 高出约 1 eV。这多出的能量就代表了图 3.20(b)中杂质原子与空位交换所需克服的有效势垒高度。

例 3.3　在假设砷的浓度远低于本征载流子浓度及假设砷的浓度为 $1 \times 10^{19}\ cm^{-3}$ 两种条件下,计算 1 000 ℃ 时砷在硅中的扩散率。(已知 1 000 ℃ 时,$n_i = 10^{19}\ cm^{-3}$)

解　当 $T = 1\ 273\ K$,$kT = 0.110\ eV$ 时,有

$$D_i = 0.066 e^{\frac{-3.44}{0.110}} = 1.6 \times 10^{-15}\ cm^2/s$$

根据表 3.5,对于砷扩散必须考虑带一个负电荷的空位,因此

$$D_- = 12 e^{\frac{-4.05}{0.110}} = 1.2 \times 10^{-15}\ cm^2/s$$

根据基本的半导体物理,载流子浓度 n 与掺杂浓度 N_D、本征载流子浓度 n_i 之间有关系

$$n = \frac{N_D}{2} + \sqrt{\left[\frac{N_D}{2}\right]^2 + n_i^2}$$

当 $N_D \ll n_i$ 时,$n = n_i$,并且有

$$D = D_i + D_- = 2.8 \times 10^{-15}\ cm^2/s$$

由于题中已知在 1 000 ℃ 时,$n_i = 10^{19}\ cm^{-3}$。因此,如果有 $N_D = 1 \times 10^{19}\ cm^{-3}$,则有 $n = 1.618 \times 10^{19}\ cm^{-3}$,且有

$$D = 1.6 \times 10^{-15} + \frac{1.618 \times 10^{19}}{10^{19}} 1.2 \times 10^{-15} = 3.5 \times 10^{-15}\ (cm^2/s)$$

杂质在硅中扩散的第二个重要机制与硅的自填隙原子有关,自填隙扩散方式下杂质原子的扩散模型如图 3.22 所示。一个自填隙原子取代一个替位式杂质原子,将其推到间隙位置,处于间隙位置的杂质可以很快地在间隙中运动,称为推填机制。这种扩散机制的特点是需要自间隙原子的推动作用。

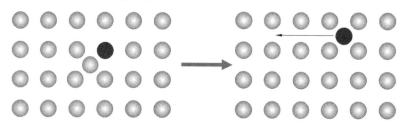

图 3.22　自填隙扩散方式下杂质原子的扩散模型

由于杂质在间隙位置上时可以通过间隙快速运动,因此还有两种机制可能使杂质再回到晶格位置,如图 3.23 所示。一种机制称为"踢出"机制(Kick - Out),杂质将晶格上的硅原子"踢出"到间隙位置;另一种机制称为"离解"机制(Frank - Turnbull),杂质与空位发生离解反应,被空位俘获。它们的特点是不需要自间隙原子的推动作用。

推填机制与空位机制是相关联的,自填隙原子移到晶格位置,取代杂质,并且把杂质原子撞到空隙位置,杂质原子在间隙中快速移动,被空位俘获。这种间隙式扩散只有在存在空位扩散时才会发生。原来认为硅片中硼、磷的扩散只能靠空位机制才能运动,实际上往往是通过空位及推填两种机制进行扩散运动的,哪一种扩散机制占主要地位取决于具体工艺。

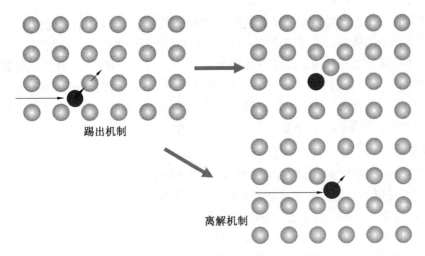

图 3.23 杂质回到晶格位置的两种机制

3.2.2 扩散工艺

1. 扩散炉

扩散的工艺设备是扩散炉,也称高温炉或管式反应炉。它最先用于扩散工艺,实际上现在高温炉已经成为某一类高温设备的通称,用于热氧化、离子注入后退火、合金、薄膜淀积等工艺。结构上分为卧式炉和立式炉,后期发展的立式炉结构复杂、功能更好,更适合大尺寸晶片。

扩散炉包括四个基本组成部分:气源柜、炉体柜、装片台和控制系统。气源柜负责精确地向反应室提供气体,包括扩散杂质源。炉体柜也称工艺腔、反应室,是系统的重要部分。控制系统执行工艺条件控制,如工序、时间、温度、气阀和气流速度等。

杂质扩散时,一般是把半导体晶片放入精确控制的高温石英管炉中,并通以含有待扩散杂质的混合气体而完成的。利用液态源进行扩散的装置示意图如图 3.24 所示。

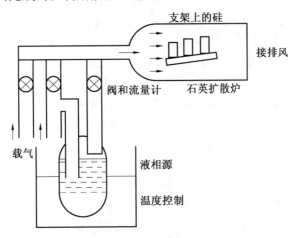

图 3.24 利用液态源进行扩散的装置示意图

扩散工艺往往都需要较高的扩散温度;因为杂质原子的半径一般都比较大,要它们直接进入到半导体晶格中去是很困难的,然而如果利用高温产生出一些热缺陷,则通过这些热缺陷的帮助即可很容易地扩散并进入到半导体中去。当今技术中,硅常用的扩散温度范围为 900 ~ 1 200 ℃,砷化镓为 600 ~ 1 000 ℃。扩散进入半导体的杂质原子数目与混合气体的杂质分压有关。扩散是一个批量工艺,长的扩散时间由一次性扩散大量的硅片来补偿,100 块甚至 200 块硅片可一批放入扩散炉中。

2. 杂质源

随着微电子制造技术的发展,杂质源的种类也越来越多,每种杂质源的性质又不相同,在室温下又以不同相态存在。杂质源按所处相态可分为气态源、液态源和固态源。

杂质源为气态(如 B_2H_6、BF_3、AsH_3、PH_3 等),稀释后挥发进入扩散系统的扩散掺杂过程称为气态源扩散。进入扩散炉管内的气体,除了气态杂质源外,有时还需通入稀释气体,或者是气态杂质源进行化学反应所需要的气体。气态杂质源一般先在硅表面进行化学反应生成掺杂氧化层,杂质再由氧化层向硅中扩散。对于气态源扩散来说,虽然可以通过调节各气体流量来控制表面的杂质浓度,但实际上由于杂质总是过量的,所以调节各路流量来控制表面浓度是不灵敏的。气态杂质源多为杂质的氢化物或者卤化物,这些气体的毒性很大,而且易燃易爆,操作上要十分小心,实际生产中很少采用。

杂质源为液态(BBr_3、$B(CH_3O)_3$、$POCl_3$ 等) 时,由保护性气体携带进入扩散系统的扩散掺杂过程称为液态源扩散。携带气体(通常是氮气) 通过源瓶,把杂质源蒸气带入扩散炉管内。液态源一般都是杂质化合物,在高温下杂质化合物与硅反应释放出杂质原子;或者杂质化合物先分解产生杂质的氧化物,氧化物再与硅反应释放出杂质原子。进入扩散炉管内的气体除了携带杂质的气体外,还有一部分不通过源瓶而直接进入炉内,起稀释和控制浓度的作用,对某些杂质源还必须通入进行化学反应所需要的气体。在液态源扩散中,虽然也可以通过调节源温来改变杂质源的浓度,但为了保证稳定性和重复性,扩散时源温通常控制在 0 ℃。液态的杂质源容易水解而变质,所以对携带气体要进行纯化和干燥处理。

在早期的需要高度控制掺杂情况的半导体制造工艺中,通常使用 $POCl_3$(沸点 107 ℃) 泡沫作为 n 型液态掺杂源,BBr_3(沸点 90 ℃) 作为 p 型掺杂源,例如双极晶体管基区扩散。以使用液态源的磷扩散为例,它的化学反应方程为

$$4POCl_3 + 3O_2 \longrightarrow 2P_2O_5 + 6Cl_2 \tag{3.43}$$

P_2O_5 在硅片表面形成磷硅玻璃,然后由硅还原出磷,即帽层氧化

$$2P_2O_5 + 5Si \longrightarrow 4P + 5SiO_2 \tag{3.44}$$

磷被释放并扩散进入硅,Cl_2 被排放。

杂质源为固态(如 BN、B_2O_3、Sb_2O_3、P_2O_5 等),通入保护性气体,在扩散系统中完成杂质由源到硅片表面的气相输运的扩散掺杂过程称为固态源扩散。采用固态源扩散时,除了将固态杂质源置于坩埚中直接扩散外,还可以把固态源做成片状的源片,并与硅片交替平行排列,这样有较好的重复性、均匀性,适于大面积扩散。另外,在硅片表面制备一层固态杂质源也属于固态源扩散。固态源扩散法便利,对设备要求不高,操作与液态源基本相同,生产效率高,所以也是应用较多的一种方法(特别是硼扩散方面)。但源片易吸潮变

质,在扩散温度较高时,还容易变形,这时就不如液态源扩散优越。当需要高的掺杂浓度(接近或者等于掺杂剂的固溶度极限)时,一般使用固态源,如双极晶体管发射极,MOS 的源/漏极。对于固态源,氮化硼(BN)片作为 p 型掺杂剂,P_2O_5 片和砷被用作 n 型掺杂剂。

BN 源需要活化后使用,目的是在源表面形成一层 B_2O_3,活化一般是将 BN 片放入炉管内,通入氧气,扩散温度保持 0.5 h 以上,以使硼源表面及炉管中形成 B_2O_3 气体。化学反应过程为

$$4BN + 3O_2 \xrightarrow{800 \sim 1\,000\ ℃} 2B_2O_3 + 2N_2 \tag{3.45}$$

B_2O_3 气体在 Si 表面的化学反应(帽层氧化)为

$$2B_2O_3 + 3Si \longrightarrow 4B + 3SiO_2 \tag{3.46}$$

由此硼扩散进入 Si。硼与 Si 晶格失配系数为 0.254,失配大,有伴生应力缺陷,造成严重的晶格损伤。在 1 500 ℃,$D_B = 10^{12}$ cm^2/s 时,硼在硅中的最大固溶度达到 4×10^{20} cm^{-3},但是最大电活性浓度是 5×10^{19} cm^{-3}。

磷固态源也需要活化后使用,活化一般是磷源放入炉管内,通入氧气,扩散温度保持一段时间,以使磷源表面及炉管中形成 P_2O_5 蒸气,在磷扩散时转化为磷硅玻璃(PSG)和磷,磷进入 Si 中(帽层氧化),化学反应过程为

$$2P_2O_5 + 5Si \longrightarrow 4P + 5SiO_2 \tag{3.47}$$

磷是 n 型替位杂质,失配因子为 0.068,失配小,杂质浓度可达 10^{21} cm^{-3},该浓度即为电活性浓度。

3. 扩散工艺步骤

恒定表面源扩散适宜于制作高表面杂质浓度的浅结,但是难以制作低表面浓度的结。而有限表面源扩散则需要事先在硅片中引入一定量的杂质。为了同时满足对表面浓度、杂质总量以及结深等要求,实际生产中常采用两步扩散工艺。这两个步骤都在扩散炉内进行,是两种不同条件下的杂质扩散过程。

第一步称为预扩散或预淀积,在较低的温度下,采用恒定表面浓度扩散的方式在硅片表面扩散一薄层杂质原子,目的在于确定进入硅片的杂质总量。在预淀积过程中,进入炉中的气态杂质源在高温(500 ~ 1 100 ℃)下发生气相化学反应,在硅片表面生成氧化物形式的掺杂源,进而杂质原子从氧化层转移到晶片内部晶格,并形成杂质浓度从高到低的浓度梯度分布。

第二步称为主扩散或再分布或推进扩散,在较高的温度下,采用恒定杂质总量扩散的方式,让淀积在表面的杂质继续往硅片中扩散,目的在于控制扩散深度和表面浓度。在推进扩散过程中,在更高温度(1 000 ~ 1 250 ℃)和保护气氛下使预淀积在硅片中的杂质由表面向纵深处推进扩散,获得期望的掺杂参数,这个过程是预淀积杂质在严格控制下的再分布。

例如,双极晶体管中基区的硼扩散,一般采用两步扩散工艺。因硼在硅中的固溶度随温度变化较小,一般在 10^{20} cm^{-3} 以上,而通常要求基区的表面浓度在 10^{18} cm^{-3},因此必须采用第二步再分布来得到较低的表面浓度。

典型的扩散工艺步骤:① 表面氧化;② 光刻;③ 刻蚀;④ 去胶;⑤ 预淀积;⑥ 帽层氧化;⑦ 再分布。典型的扩散工艺步骤如图 3.25 所示。

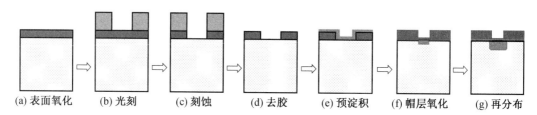

(a) 表面氧化　(b) 光刻　(c) 刻蚀　(d) 去胶　(e) 预淀积　(f) 帽层氧化　(g) 再分布

图 3.25　典型的扩散工艺步骤

各工艺步骤内容具体如下：

① 表面氧化。扩散属于高温掺杂工艺,需要采用氧化物作为掩膜。

② 光刻。在光刻之前需要对硅片进行清洗,之后进行光刻。

③ 刻蚀。刻蚀出需要扩散掺杂的窗口。

④ 去胶。去胶后再对硅片进行清洗。

⑤ 预淀积。预淀积是恒定源扩散,目的是在扩散窗口硅表层扩入总量一定的杂质(如硼)。扩散炉升温到规定的工艺温度,把硼源推入恒温区,硼源也可以在炉内与炉子一起升温,通入 N_2 作为保护气体,以避免空气中杂质的沾污。当炉管内充满 B_2O_3 蒸气时,再将待掺杂硅片推入炉管的恒温区,进行预淀积。

⑥ 帽层氧化。预淀积后进行帽层氧化,目的是防止杂质向气相中扩散。

⑦ 再分布。再分布是有限表面源扩散,硼源总量已在预淀积时扩散在窗口上了,再分布的目的是使杂质在硅中具有一定的分布,或达到一定的结深。再分布不再需要其他硼源,一般工艺温度高于预淀积温度,时间长于预淀积时间。之后去除氧化物进入下一步工艺。

热扩散工艺简单易行,成本低。历史上,热扩散曾经是制作器件有源区和隔离区的重要工艺。热扩散的主要缺点是存在横向扩散,影响扩散后的图形精度;难以对掺杂总量、结深(特别是浅结)和杂质浓度分布进行精密的控制,均匀性和重复性也较差。

4. 扩散工艺展望

随着半导体集成电路的高速发展,半导体器件的特征尺寸不断减小,芯片集成度不断提高,特征尺寸的降低,超浅结、陡峭的杂质分布等需要促使工艺技术进一步改进,近年发展的扩散掺杂技术包括快速气相掺杂和气体浸没激光掺杂。

(1) 快速气相掺杂(Rapid Vapor – phase Doping,RVD)。

快速气相掺杂是一种掺杂剂从气相直接向硅中扩散,并能形成超浅结的快速掺杂工艺。利用快速热处理过程将处在掺杂气氛中的硅片快速均匀地加热至所需要的温度,同时掺杂剂发生反应产生杂质原子,杂质原子直接从气态转变为被硅表面吸附的固态,然后进行固相扩散,完成掺杂目的。同普通扩散炉中的掺杂不同,快速气相掺杂在硅片表面上并未形成含有杂质的玻璃层。同离子注入相比(特别是在浅结的应用上),RVD 技术的潜在优势在于它并不受离子注入所带来的一些效应的影响,如沟道效应、晶格损伤或使硅片带电。

RVD 技术是一种以气相掺杂剂方式直接扩散到硅片中,以形成超浅结的快速热处理工艺。在该技术中,掺杂浓度通过气体流量来控制,对于硼掺杂,使用 B_2H_6 为掺杂剂;对于磷掺杂,使用 PH_3 为掺杂剂;对于砷掺杂,使用砷或 TBA(叔丁砷)为掺杂剂。硼和磷掺杂的载气均使用 H_2,而对于砷掺杂,使用 He(对砷为掺杂剂)或 Ar(对 TBA 为掺杂剂)为载气。

RVD 的物理机制现在还不太清楚,但从气相中吸附掺杂原子是实现掺杂工序的一个重要方面。除了气体的流量外,退火温度和时间也是影响结分布的重要因素。实际工艺操作结果表明,要去除一些表面污染(如氧、碳或硼的团族),大于 800 ℃ 以上的预烘焙和退火是必要的。

RVD 技术已成功地用于制备 0.18 μm 的 CMOS 器件,其结深为 50 nm。该 PMOS 器件显示出良好的短沟道器件特性。RVD 制备的超浅结的特性是:掺杂分布呈非理想的指数分布,类似于固态源扩散,峰值在表面处。但不同的是,RVD 技术可用三个调节参数来控制结深和表面浓度。

(2)气体浸没激光掺杂(Gas Immersion Laser Doping,GILD)。

气体浸没激光掺杂工艺是用准分子激光器(308 nm)产生高能量密度($0.5 \sim 2.0$ J/cm²)的短脉冲($20 \sim 100$ ns)激光,照射处于气态源(如 PF_5 或 BF_3)中的硅表面,硅表面因吸收能量而变成液体层,同时掺杂由于热解或光解作用产生杂质原子,通过液相扩散,杂质原子进入这个很薄的液体层。溶解在液体层中的杂质,其扩散速率比在固体中高 8 个数量级以上,因而杂质快速并均匀地扩散到整个熔化层中。当激光照射停止后,这个已经掺有杂质的液体层通过固相外延转变为固态结晶体,由液体变为固态结晶体的速度非常快(> 3 m/s)。在结晶的同时,杂质也进入激活的晶格位置,不需要进一步退火过程,而且掺杂只发生在表面的一薄层内。

由于硅表面受高能激光照射的时间很短,而且能量又几乎都被表面吸收,硅体内仍处于低温状态,不会发生扩散现象,也就是说,体内的杂质分布没有受到任何扰动。硅表面熔化层的深度由激光束的能量和脉冲时间所决定。因此,可根据需要控制激光能量密度和脉冲时间以达到控制掺杂深度的目的。在液体中杂质扩散速率非常快,杂质的分布也就非常均匀,因此,可以形成陡峭的杂质分布形式。

在 GILD 基础上,发展了一种变革性的掺杂技术 —— 投影式 GILD(Project Gas Immersion Laser Doping,P – GILD),它可以得到其他方法难以获得的突变掺杂分布、超浅结深度和相当低的串联电阻。通过在一个系统中相继完成掺杂、退火和形成图形,P – GILD 技术对工艺有着极大的简化,这大大地降低了系统的工艺设备成本。近年来,该技术已成功地用于 CMOS 器件和双极型器件的制备中。P – GILD 技术有着许多不同的结构形式和布局,但原理基本一致,它们都有两个激光发生器、均匀退火和扫描光学系统、介质刻线区、掺杂气体室和分布步进光刻机。晶片被浸在掺杂的气体环境中(如 BF_3、PF_5、AsF_5),第一个激光发生器用来将杂质淀积在硅片上,第二个激光发生器通过熔化硅的浅表面层将杂质推进到晶片中,而掺杂的图形则由第二个激光束扫描介质刻线区来获得。在这一工艺技术中,熔融硅层再生长的同时完成杂质激活,不需要附加退火过程。

P – GILD 技术的主要优势:由于 P – GILD 技术无须附加退火过程,整个热处理过程仅在纳秒数量级内完成,故该技术避免了常规离子注入的相关问题,如沟道效应、光刻胶、超浅结与一定激活程度之间的矛盾。

P – GILD 技术的主要缺点是集成工艺复杂,技术尚不成熟,目前还未成功地应用于 IC 芯片的加工中。

3.3　离子注入

早在20世纪50年代初,美国贝尔实验室就开始研究用离子束轰击技术来改善半导体的特性。1954 年,肖克利(Shockley)提出采用离子注入技术能够制造半导体器件。1961 年,第一个离子注入器件 ——Si 粒子探测器诞生。从此,应用离子注入技术陆续制成不同类型的半导体器件,而且对离子注入的相关基础理论、工艺和设备的研究也不断深入。目前,离子注入技术已被广泛应用于集成电路、半导体器件制造过程,并成为不可或缺的工序。此外,离子注入技术还被应用于金属表面的改性,以提高金属材料的耐蚀性和耐磨性能;在超导研究中,离子注入被用来提高超导材料的临界温度 T_c。

离子注入技术与扩散方法相比,优点:离子注入是一个非平衡过程,杂质不受靶材固溶度的限制,可获得任意掺杂浓度;能精确控制掺杂的浓度分布和掺杂深度,均匀性和重复性好;可在低温下进行掺杂,一般不超过400 ℃,退火温度也在650 ℃ 左右,避免了高温过程带来的不利影响,如结的推移、热缺陷、硅片的变形等;通过质量分析器选出单一的杂质离子,掺杂物纯度高;由于注入的直进性,因此其横向扩展比热扩散小得多,有利于提高集成电路的集成度、提高器件和集成电路的工作频率;工艺灵活,可以穿透表面薄膜注入下面的衬底中,也可以采用多种材料作掩蔽膜,如 SiO_2、金属膜或光刻胶等;可以用电的方法来控制离子束,因而易于实现自动控制,同时也易于实现无掩膜的聚焦离子束技术;杂质的选择范围广。缺点:离子注入将在靶中产生大量晶格缺陷,且注入的杂质大部分停留在间隙位置处,因此需要进行退火处理;离子注入的生产效率比扩散工艺低;离子注入系统复杂昂贵。

离子注入技术以其掺杂浓度控制精确、位置准确等优点,正在取代热扩散掺杂技术,成为 VLSI 工艺流程中掺杂的主要技术。

在微电子制造中应用离子注入进行掺杂,分为两个步骤:离子注入和退火再分布。离子注入是将含杂质的化合物分子(如 BCl_3、BF_3)电离为杂质离子后,聚集成束并用强电场加速,使其成为高能离子束,直接轰击半导体材料。在掺杂窗口处,杂质离子被注入衬底材料本体,在其他部位,杂质离子被衬底材料表面的保护层屏蔽,以实现有选择地改变这种材料表层的物理或化学性质,完成选择掺杂过程。被掺杂的衬底材料一般称为靶材料。靶材料可以是晶体,也可以是非晶体。虽然在微电子制造中被掺杂的材料大多数都是晶体,但为了精确控制深度,避免沟道效应,往往使靶(硅片)的晶轴方向与入射离子束方向之间具有一定的角度。这时的晶体靶就可以按非晶靶来处理。非晶靶,也称为无定形靶,在实际应用中有普遍的意义。另外,常用的介质膜,如 SiO_2、Si_3N_4、Al_2O_3 和光刻胶等都是典型的无定形材料。

退火再分布是在离子注入之后为了恢复损伤和使杂质达到预期分布并具有电活性而进行的热处理过程。一束离子轰击靶时,其中一部分离子在靶表面就被反射,不能进入靶内,称这部分离子为散射离子,进入靶内的离子称为注入离子。注入离子在靶内一定的位置形成一定的分布。通常,离子注入的深度(平均射程)较浅且浓度较大,必须重新使它们再分布。掺杂深度由注入杂质离子的能量和质量决定,掺杂浓度由注入杂质离子的数目(剂量)决定。同时,由于高能粒子的撞击,导致硅结构的晶格发生损伤。为恢复晶格损伤,在离子注入后要进行退火处理。根据注入的杂质数量不同,退火温度在 450 ~ 950 ℃ 之间,掺杂浓度大则退火温度高,反之则低。在退火的同时,掺入的杂质同时向硅体内进行再分布,如果需要,还要进行后续的高温处理以获得所需的结深和分布。

本节首先介绍离子注入技术的基本原理、离子注入的杂质分布;然后对注入带来的损伤以及消除方法进行阐述;最后对离子注入设备、工艺步骤、工艺前景进行介绍。

3.3.1 离子注入原理

1. 射程分布理论(LSS 理论)

1963 年,林哈德(J. Lindhard)、沙尔夫(M. Scharff)和希奥特(E. Schiott)提出用于研究低速度、重离子在无定形靶材中的射程分布理论,简称 LSS 理论。LSS 理论所得出的结论可适合于质量范围相当宽的入射离子领域。入射离子与半导体(称为靶)的原子核和电子不断发生碰撞,导致能量损失,经过一段曲折路径的运动后,最终停止在硅衬底的某一深度。离子从进入硅片到停止在晶体中所经过的距离称为射程(Range, R),此距离在入射轴上的投影称为投影射程(Projected Range, R_p)。杂质离子的射程和投影射程如图 3.26 所示。由于单位距离中的碰撞次数以及每次碰撞所损耗的能量均为随机变量,因此质量和初始能量相同的离子在衬底内停留的位置会有一个空间分布,投影射程的统计偏离称为投影偏差 ΔR_p。

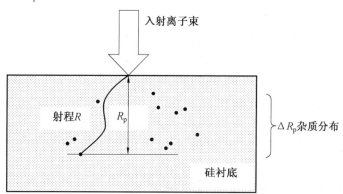

图 3.26 杂质离子的射程和投影射程

入射离子在硅衬底中的能量损失有两种机制:一种是核阻止(或称核阻滞),即入射离子与硅原子发生碰撞,离子能量转移到原子核上,引起离子改变运动方向而发生散射,靶原子核可能移位而成为间隙原子核,或者只是能量增加;另一种是电子阻止(或称电子阻滞),即入射离子和靶原子周围电子云发生碰撞,由于离子质量远大于电子,离子方向几乎不变,形成注入通道,但在电子云的库仑力场的黏滞作用下失去能量,而束缚电子被激发或电离,自由电子发生移动,杂质注入衬底的两种能量损失机制如图 3.27 所示。

LSS 理论认为,两种能量损失机制是彼此独立的过程,总能量损失为两者之和,设 E 为入射离子在其运动路径上某点 x 处的能量,定义核阻止能力 $S_n(E) = dE_n/dx$,即核阻止

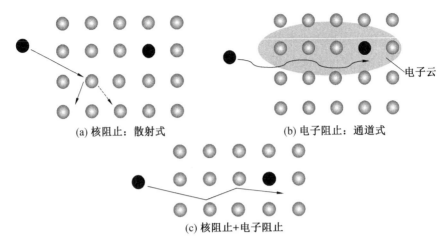

(a) 核阻止：散射式   (b) 电子阻止：通道式

电子云

(c) 核阻止+电子阻止

图 3.27   杂质注入衬底的两种能量损失机制

能量损失率,表示入射离子因核阻止而在单位长度上的能量损失,单位为 eV/cm;定义电子阻止能力 $S_e(E) = dE_e/dx$,即电子阻止能量损失率,表示入射离子因电子阻止而在单位长度上的能量损失,单位为 eV/cm;则入射离子在 dx 射程内,由核及电子碰撞而失去的总能量为

$$dE = dE_n + dE_e = (S_n + S_e)dx \qquad (3.48)$$

当 $S_n(E)$ 和 $S_e(E)$ 可知时,入射离子由初始能量 E_0 到静止时在靶内所走过的总距离 R 就可通过积分求得。

2. $S_n(E)$ 和 $S_e(E)$ 的计算

核碰撞指的是入射离子与靶内原子核之间的相互碰撞。离子与原子核碰撞,离子将能量转移给靶原子核,这使入射离子发生偏转,也使很多靶原子核从原来的格点移位。由于入射离子与靶原子的质量一般不同,因此每次碰撞之后,入射离子都可能发生大角度的散射并失去一定的能量;靶原子核也因碰撞而获得能量,如果获得的能量大于原子束缚能,就会离开原来所在位置,进入晶格间隙,成为填隙原子核并留下一个空位,形成缺陷。

核阻止过程可以看成是一个入射离子硬球(初始能量为 E_0,质量为 M_1)与靶原子硬球(初始能量为 0,质量为 M_2)之间的弹性碰撞,如图 3.28 所示。

两球碰撞时,动量沿着球心发生传递。由动量及能量守恒定律可以得到偏转角 θ 及速度 v_1 和 v_2。当发生正面碰撞时,入射硬球能量损失最大,这时,入射球 M_1 损失的能量或转移给 M_2 的能量为

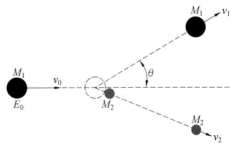

图 3.28   入射离子与靶原子硬球碰撞示意图

$$\frac{1}{2}M_2v_2^2 = \frac{4M_1M_2}{(M_1 + M_2)}E_0 \qquad (3.49)$$

$S_n(E)$ 具体形式的推导过程和表达式比较复杂,而且无法得到解析形式的结果。离

子在硅晶格中被原子核和电子阻止减速。在低能量时,碰撞能量不至于破坏化学键,损失能量小,$S_n(E)$ 随能量增加而增加;在高能量时,由于高速的粒子没有足够的时间与靶原子进行有效的能量交换,所以 $S_n(E)$ 随能量增加而减小。因此,$S_n(E)$ 在某个中等能量处达到最大值。在一系列简化假设(材料的本质、交互作用势和不同变量的能量独立等)下,在进行粗略而有效的一阶近似后,可得到与入射离子能量无关的核阻止能力表达式为

$$S_n^0(E) = 2.8 \times 10^{-15} \left(\frac{Z_1 Z_2}{Z^{1/3}} \right) \frac{M_1}{(M_1 + M_2)} \quad \text{eV/cm} \tag{3.50}$$

式中,Z_1 为入射离子电荷数(原子序数);Z_2 为靶原子电荷数(原子序数);Z 为减少的原子电荷数,$Z = (Z_1^{2/3} + Z_2^{2/3})^{3/2}$。

电子碰撞指的是注入离子与靶内自由电子及束缚电子之间的碰撞。注入离子和靶原子周围电子云之间的库仑作用,使离子和电子碰撞失去能量,而束缚电子被激发或电离,自由电子发生移动,这种碰撞能瞬时地形成电子 - 空穴对。离子与硅中的束缚电子或自由电子碰撞,能量转移到电子,由于两者的质量相差非常大(10^4 量级),在每次碰撞中,注入离子的能量损失很小,而且散射角度也非常小,也就是说每次碰撞都不会显著地改变注入离子的动量。又由于散射方向是随机的,虽然经过多次散射,注入离子运动方向基本不变。

电子阻止类似于黏滞气体的阻力(一阶近似)。电子阻止能力与入射离子的速度成正比,也就是说与入射离子能量的平方根成正比,即

$$S_e(E) = \frac{\mathrm{d}E_e}{\mathrm{d}x} = k_e \sqrt{E} \tag{3.51}$$

式中,k_e 为原子质量和原子序数的弱相关函数,$k_e = \sqrt{\frac{Z_1 Z_2}{M_1^3 M_2}} \frac{(M_1 + M_2)^{3/2}}{(Z_1^{2/3} + Z_2^{2/3})}$,$k_e$ 值基本与被注入的离子无关。硅的 k_e 值约为 $10^7 (\text{eV})^{1/2}/\text{cm}$,砷化镓的 k_e 值约为 $3 \times 10^7 (\text{eV})^{1/2}/\text{cm}$。

3. $S_n(E)$ 和 $S_e(E)$ 的理论曲线

根据上述的讨论,在离子注入过程中,核阻止和电子阻止究竟哪种能量阻止机理起主要作用,取决于入射离子的能量、速度、质量和靶材料的原子质量和原子序数。

图 3.29 所示为几种常见硅中杂质的 $S_n(E)$ 和 $S_e(E)$ 与能量的关系。

由图 3.29 可知,对硅靶来说,注入离子不同,其核阻止能力达到最大的能量值不同。较重的原子(如砷)有较大的核阻止能力,即单位距离内的能量损失较大;硅中的电子阻止能力随入射离子能量的增加而增加。图 3.29 中还标出了 $S_n = S_e$ 时的交叉能量。对于离子质量比硅原子小的 B 来说,交叉点能量只有 10 keV,这说明在整个实际注入能量范围(1 keV ~ 1 MeV)内,硼离子主要通过电子阻止机理消耗能量。对于离子质量较高的 As 来说,交叉点能量达到 700 keV,这说明在大部分能量范围内,核阻止机理起主要作用。磷的交叉能量是 130 keV。当 E_0 小于 130 keV 时,核阻止机理起主要作用;E_0 大于 130 keV 时,电子阻止机理起主要作用。

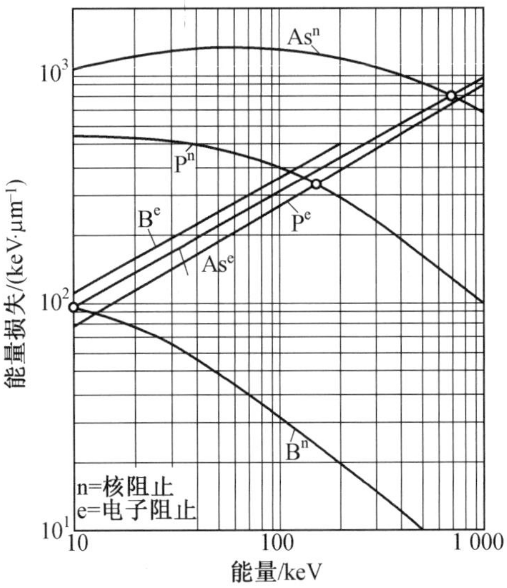

图 3.29　几种常见硅中杂质的 $S_n(E)$ 和 $S_e(E)$ 与能量的关系

在经典物理学中的两弹性碰撞基础得出的式(3.48),并未考虑入射离子与靶内原子核之间存在的相互作用。实际上入射离子与靶原子核之间存在吸引力或排斥力而引起了一个势函数关系,如果假设入射离子与靶内原子核之间是弹性碰撞,两粒子之间的相互作用只是电荷作用力,那么相应的势函数 V 只与两粒子间的距离有关,即 $V = V(r)$。

对于运动缓慢而质量较重的入射离子来说,若忽略外围电子的屏蔽作用,所得结果与试验不符。要想得到比较理想的结果,应该考虑电子屏蔽作用。一般来说,电子屏蔽效应只是在两粒子相距较远时才起作用,当距离很近时可以忽略,而只考虑库仑势作用。

当考虑电子的屏蔽作用时,势函数形式为

$$V(r) = \frac{q^2 Z_1 Z_2}{r} f\left(\frac{r}{a}\right) \tag{3.52}$$

式中,Z_1、Z_2 为两个粒子的原子序数;r 为两粒子之间的距离,$f\left(\frac{r}{a}\right)$ 为电子屏蔽函数,表示原子周围电子的屏蔽效应,其中,a 为屏蔽长度,$a = \dfrac{0.88a_0}{(Z_1^{2/3} + Z_2^{2/3})^{1/2}}$,$a_0$ 为玻耳半径,$a_0 = 0.529 \times 10^{-8}$ cm。

在 LSS 理论中引进了无量纲的能量

$$\varepsilon = \frac{E_0 a M_2}{Z_1 Z_2 q^2 (M_1 + M_2)} \tag{3.53}$$

$$\rho = \frac{RNM_1 M_2 4\pi a^2}{(M_1 + M_2)^2} \tag{3.54}$$

式中,M_1 为注入离子;M_2 为靶原子的质量;N 为单位体积内的原子数。

由 ε 和 ρ 导出的核碰撞能量损失"通用"曲线,即 $S_n(E)$ 和 $S_e(E)$ 随入射离子能量变化的理论曲线,如图 3.30 所示。图 3.30 中通过原点的一系列斜率不同的直线,它们分别表示不同 k_e 值所对应的电子阻止能力。

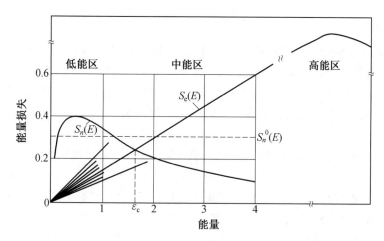

图 3.30　$S_n(E)$ 和 $S_e(E)$ 随入射离子能量变化的理论曲线

由此注入离子的能量可以分为 3 个区域：

① 低能区：在这个区域中，核阻止能力占主要地位，电子阻止能力可以忽略。

② 中能区：在一个比较宽的区域中，核阻止能力和电子阻止能力同等重要，必须同时考虑。

③ 高能区：在这个区域中，电子阻止能力占主要地位，核阻止能力可以忽略。但这个区域的能量值，一般来说超出了集成电路工艺中的实际应用范围，属于核物理的研究课题。

图 3.31 所示为初始能量 E_0 对能量损失机理及射程分布的影响。由图 3.31 可知：$S_n(E)$ 的最大值发生在低能区，而 $S_e(E)$ 的最大值发生在高能区。两条曲线的交界处存在一个临界能量（ε_c）。在低能区，即当入射离子的初始能量 E_0 小于临界能量 ε_c 时，$S_n > S_e$，以核阻止为主，此时散射角较大，离子运动方向发生较大偏折，射程分布较为分散。在高能区，当 E_0 大于 ε_c 时，$S_n < S_e$，以电子阻止为主，此时散射角较小，离子近似做直线运动，射程分布较为集中。随着离子能量的降低，逐渐过渡到以核阻止为主，离子射程的末端部分又变为折线。

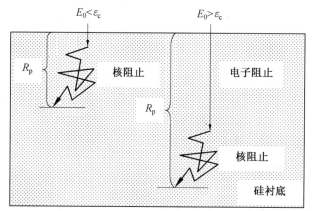

图 3.31　初始能量 E_0 对能量损失机理及射程分布的影响

4. 杂质分布

离子注入的杂质分布与扩散不同。如上所述,即使相同能量的离子,其路径和射程也有所不同,导致射程分布的统计特征。对一定剂量的离子束,其能量是按概率分布的,所以杂质分布也是按概率分布的。注入离子在靶内分布与注入方向有着一定的关系,一般来说,离子束的注入方向与靶表面垂直方向的夹角比较小,通常假设离子束的注入方向垂直靶表面。

进入靶内的离子,在同靶内原子核和电子碰撞过程中,不断损失能量,最后停止在某一位置。任何一个入射离子,在靶内所受到的碰撞是一个随机过程。虽然可以做到只选出那些能量相等的同种离子注入,但各个离子在靶内所发生的碰撞、每次碰撞的偏转角和损失的能量、相邻两次碰撞之间的行程、离子在靶内所运动的路程总长度以及总长度在入射方向的投影射程(注入深度)都是不相同的。如果注入的离子数量很小,它们在靶内分布是很分散的;但是,如果注入大量的离子,那么这些离子在靶内将按一定统计规律分布。

(1) 浓度分布。

由 LSS 理论,忽略横向离散效应,此射程分布在一级近似条件下,注入离子在非晶靶中的浓度分布可用高斯函数来表示,即

$$C(x) = C_{\max} e^{-\frac{1}{2}\left(\frac{x-R_p}{\Delta R_p}\right)^2} \tag{3.55}$$

式中,x 为沿入射方向距离靶表面的距离,$C(x)$ 为该处的离子浓度。

由式(3.54)可知,峰值浓度位于 $x = R_p$ 处。一般情况下,入射离子的总量 Q(也称为剂量)是已知的,通过确定 Q 和 $C_{\max}$ 的关系可求出 $C_{\max}$ 的值。

$$Q = \int_0^\infty C(x)\,\mathrm{d}x = \int_0^\infty C_{\max} e^{-\frac{1}{2}\left(\frac{x-R_p}{\Delta R_p}\right)^2}\mathrm{d}x \tag{3.56}$$

令 $X = \dfrac{x - R_p}{\Delta R_p}$,通过积分变换,可得

$$C_{\max} = \frac{Q}{\sqrt{2\pi}\,\Delta R_p} \tag{3.57}$$

于是可以得到入射离子的浓度分布为

$$C(x) = \frac{Q}{\sqrt{2\pi}\,\Delta R_p} e^{-\frac{1}{2}\left(\frac{x-R_p}{\Delta R_p}\right)^2} \tag{3.58}$$

如图 3.32 所示为入射离子在非晶靶中的浓度分布曲线。

离子注入的杂质浓度分布和有限表面源扩散时杂质浓度分布相似,其主要特点:

① 对于扩散来说,最大浓度在表面,即 $x = 0$ 处,而对于离子注入来说,最大浓度在投影射程,即 $x = R_p$ 处。

② 在 $x = R_p$ 的两侧,注入离子的浓度对称地下降,且下降速度越来越快,即在

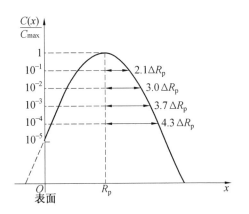

图 3.32　入射离子在非晶靶中的浓度分布曲线

$(x - R_p) = \pm 2.1 \Delta R_p$ 处，离子浓度比峰值低一个数量级，在 $\pm 3.0 \Delta R_p$ 处低两个数量级，在 $\pm 3.7 \Delta R_p$ 处低三个数量级，在 $\pm 4.3 \Delta R_p$ 处低四个数量级。

③ 杂质的横向扩散比扩散工艺要小得多。

注入杂质的表面浓度 C_s 为

$$C_s = C(0) = \frac{Q}{\sqrt{2\pi} \Delta R_p} e^{-\frac{1}{2}\left(\frac{R_p}{\Delta R_p}\right)^2} \tag{3.59}$$

令

$$C(x_j) = \frac{Q}{\sqrt{2\pi} \Delta R_p} \exp\left[-\frac{1}{2}\left(\frac{x_j - R_p}{\Delta R_p}\right)^2\right] = C_{sub} \tag{3.60}$$

得

$$x_j = R_p \pm \Delta R_p \sqrt{2\ln\left(\frac{C_{max}}{C_{sub}}\right)} \tag{3.61}$$

对于非晶体硅或小晶粒多晶硅衬底的离子注入分布符合高斯分布规律，这是因为非晶靶的原子排列是杂乱无章的，入射离子所受到的碰撞是随机的，受到的阻止是各向同性的，所以入射离子在不同方向射入靶中将得到相同的射程。在实际的离子注入中，离子浓度分布非常复杂，不完全服从高斯分布。

（2）射程估算 —— 非晶靶。

入射离子的能量即使相同，但由于注入离子与靶原子核和电子碰撞的随机性，各个离子的射程不会一样，将形成一个停止点的分布 —— 射程分布。设注入离子的初始能量为 E_0，从进入靶面到静止时所经过的总路程即为射程 R，由 LSS 理论，若已知 $S_n(E)$ 和 $S_e(E)$，便可求得

$$R = \int_0^R dx = \int_0^{E_0} \frac{dE}{dE/dx} = \int_0^{E_0} \frac{dE}{S_n + S_e} \tag{3.62}$$

射程在注入方向上的投影称为投影射程，代表了实际的注入深度。希奥特（Schiott）等人得出了 R 与投影射程 R_p 和投影标准偏差 ΔR_p 之间关系的一般关系式

$$R_p \approx \frac{R}{1 + \frac{M_2}{3M_1}} \tag{3.63}$$

$$\Delta R_p \approx \frac{2\sqrt{M_1 M_2}}{3(M_1 + M_2)} R_p \tag{3.64}$$

对于低能区的射程估算：

根据式（3.62）可计算入射离子的平均总射程 R，由于在低能区，可以不考虑电子阻止，因此用 $S_n(E)$ 的一级近似 $S_n^0(E)$（图3.30中虚线）估算射程，则

$$R = \frac{1}{N}\int_0^{E_0} \frac{1}{S_n(E)} dE \approx \frac{1}{N}\int_0^{E_0} \frac{1}{S_n^0(E)} dE = \frac{E_0}{NS_n^0(E_0)} \tag{3.65}$$

对于高能区的射程估算：

在高能区，可不考虑原子核阻止，则射程 R 为

$$R = \frac{1}{N}\int_0^{E_0}\frac{1}{S_e(E)}\mathrm{d}E \approx \frac{1}{Nk_e}\int_0^{E_0}\frac{1}{E^{1/2}}\mathrm{d}E = \frac{2E_0^{1/2}}{Nk_e} \qquad (3.66)$$

对于非晶 Si, $R \approx 20E_0^{1/2}$。

为避免复杂的计算,投影射程和标准偏差的 LSS 数据可从表 3.6 中查得。

表 3.6　投影射程与标准偏差 LSS 数据表　　　　　　　μm

能量 /keV	B		P		Ar		Sb	
	R_p	ΔR_p	R_p	ΔR_p	R_p	ΔR_p	R_p	ΔR_p
10	0.034	0.021	0.015	0.009	0.010	0.004	0.009	0.003
30	0.100	0.043	0.038	0.022	0.022	0.009	0.019	0.007
50	0.162	0.057	0.062	0.033	0.032	0.014	0.027	0.010
60	0.191	0.062	0.074	0.039	0.037	0.016	0.031	0.011
80	0.248	0.070	0.099	0.050	0.048	0.020	0.038	0.013
100	0.299	0.076	0.125	0.059	0.058	0.024	0.046	0.016
120	0.348	0.081	0.151	0.069	0.068	0.028	0.053	0.018
160	0.438	0.088	0.204	0.086	0.088	0.036	0.067	0.023
200	0.519	0.093	0.256	0.101	0.109	0.043	0.081	0.028

投影射程和标准偏差的数据也可以用蒙特卡洛法模拟得出,硅中常用注入杂质的投影射程及标准偏差如图 3.33 所示。从图 3.33 中可以看出:① 入射离子的能量越大,投影射程就越大;② 在一定能量下的注入深度与杂质的原子量有很大关系,原子量小的容易达到大的深度,即 $R_p(B) > R_p(P) > R_p(As) > R_p(Sb)$,据此,在源/漏区离子注入应用中,可以用 BF_2^{2+} 离子代替 B^+ 离子从而得到浅结;③ 标准偏差并不完全与射程呈线性关系,对某一元素在一定的入射能量下,投影偏差和横向偏差相差不多,通常约在 20% 以内。

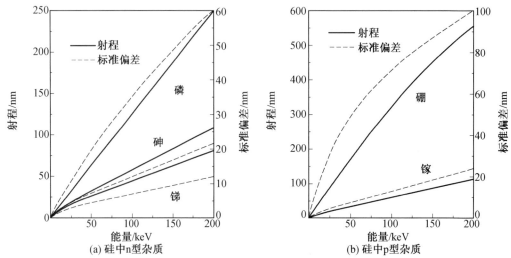

图 3.33　投影射程及标准偏差

（3）沟道效应 —— 单晶靶。

前面所讨论的主要是入射离子在非晶靶中的射程分布，非晶靶的原子排列是杂乱无章的，入射离子所受到的碰撞过程是随机的，受到的阻止是各向同性的，所以以入射离子在不同方向射入靶中将得到相同的射程。然而，在单晶靶中，原子的排列是有规律和周期性的，因此靶原子对入射离子的阻止作用是各向异性的，取决于靶的晶体取向，因而入射离子入射方向不同将得到不同的射程。当离子沿着沟道方向入射单晶靶时，因为在沟道内发生许多近似弹性、掠射性的碰撞，所以它们在与原子核碰撞时不会损失太多的能量。因此，对进入沟道的离子而言，唯一的能量损失机理就是电子阻止，沟道是类似于没有靶原子挡路的直通道，其射程会比在非晶靶中大得多，从而偏离高斯函数分布，使注入分布产生一个较长的拖尾，这种现象称为离子注入的沟道效应（Channeling Effect）。

图3.34所示为单晶Si沿＜110＞晶向的原子排列模型和沿＜110＞轴偏离8°观察时的原子排列模型。当沿着＜110＞晶向观察时，可以看到一些由原子列包围成的直通道，好像管道一样，称为“沟道”。离子沿此方向注入时，其运动轨迹将不再是无规则的，而是将沿沟道运动并且很少受到原子核的碰撞，因此来自靶原子的阻止作用要小得多，这些离子的能量损失率很低，从而导致入射离子的射程变大，形成沟道效应。在偏离＜110＞方向观察时，原子的排列是紧密而且紊乱的，如果离子沿此方向注入时，必然要与靶原子发生严重的碰撞，受到较大的阻止作用，甚至发生大角度散射，射程较短，与非晶靶的情况类似，不会产生沟道效应。

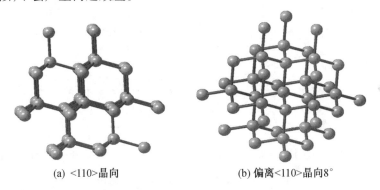

(a) ＜110＞晶向   (b) 偏离＜110＞晶向8°

图3.34 单晶Si沿＜110＞晶向的原子排列模型和沿＜110＞轴偏离8°观察时的原子排列模型

入射离子进入沟道并不一定发生沟道效应，只有当入射离子的入射角小于某一角度 Ψ 时才会发生，这个角称为临界角。临界角可以用来描述沟道效应，其公式可以表示为

$$\Psi = 9.73° \sqrt{\frac{Z_1 Z_2}{E_0 d}} \tag{3.67}$$

式中，Z_1、Z_2 为入射离子和靶原子的原子序数；E_0 为入射能量（keV）；d 为沿原子运动方向上的原子间距（Å）。

图3.35所示为硅中杂质发生沟道效应的临界角。图3.36所示为入射离子注入沟道时的碰撞情况。从图3.36(a)可以看出，入射离子A以大于临界角 Ψ 注入，与晶格原子发生弹性散射，而不产生沟道效应，甚至从衬底表面反射回来，未进入衬底，这叫背散射现象；离子B以稍小于临界角 Ψ 的角度注入，它将在沟道内受到较大的核碰撞而损失较多的

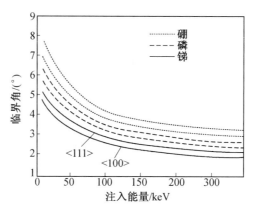

图 3.35 硅中杂质发生沟道效应的临界角

能量,因而在沟道中震荡,但比大于临界角射入离子的入射深度更深。离子 C 以远小于临界角 Ψ 的角度注入,它在沟道中很少受到原子核的碰撞,出现沟道效应,以很长的波长在沟道中运动,在电子阻止的作用下最终停留在靶内的某一位置。从图 3.36(b) 可以看出入射离子在离晶轴不同位置注入时产生的碰撞情况。靠近晶轴位置入射的离子 A 很容易与晶格原子碰撞而产生大角度散射,不进入沟道。离子 B 在离晶轴稍远的位置注入,受到较大的核碰撞而在两个晶面间震荡,波长较短,容易受到靶原子的碰撞,甚至中途退出沟道。离子 C 在远离晶轴的位置入射,基本不受到原子核的碰撞,出现沟道效应。

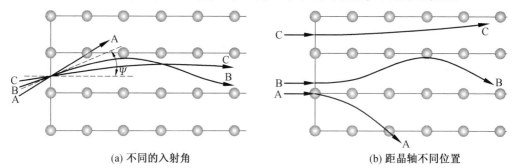

(a) 不同的入射角   (b) 距晶轴不同位置

图 3.36 入射离子注入沟道的碰撞情况

在实际生产过程中,为了使掺杂物质在器件中的分布尽量均匀,降低沟道效应的措施如下:

① 可以采用偏离主晶轴 5°～10° 的入射方向注入(大部分的注入系统将硅晶片倾斜 7°,并从平边扭转 30° 左右),这时,离子将与射入非晶靶中差不多,受到较大的阻挡作用,不会发生沟道效应,这种入射方向称为紊乱方向。离子沿紊乱方向射入晶体时,可以当成非晶靶处理。

② 可以在注入前破坏其晶格结构来减小沟道效应。例如,可在掺杂注入前先用高剂量的惰性离子(A_r^+)注入来损伤晶片表面,在晶片表面产生一个预非晶化层。

③ 晶体表面常常覆盖有介质膜,如 SiO_2、Si_3N_4、Al_2O_3 和光刻胶等典型的无定形材料。例如表面生长 20～25 nm 的非晶氧化层可使离子束的方向随机化,以不同角度进入硅晶片,而不是直接向下进入晶体沟道。

上述情况的晶体靶都可以认为是无定形靶。但是,在无定形靶中运动的离子,由于碰撞使其运动方向不断改变,因而也会有部分离子进入沟道。这些进入沟道的离子将对注入离子的分布产生一定的影响。进入沟道的离子,在运动过程中由于碰撞又可能脱离沟道。沟道离子虽然会引起注入离子分布的拖尾现象,但对注入离子峰值附近的分布并不会产生实质性的影响。

一束注入方向平行于晶轴的入射离子不一定都会进入沟道,一部分因大于入射临界角或靠近晶轴位置而与靶原子碰撞发生散射,这部分称为随机束。它们在靶中的分布和在非晶靶中的分布类似,在靶表面形成高斯分布。另一部分离子进入沟道,并分为两种不同的情况。其中,一部分离子几乎很少受到靶原子核的碰撞,而以很长的波长在沟道中运动,它们主要受到靶内电子的碰撞或散射而损失能量,最终停留在靶内的某一位置;另一部分以稍小于临界角或比较靠近晶轴的位置入射,因而在沟道中的振动频率较高,波长较短,容易受到靶原子的碰撞,甚至中途退出沟道。

入射离子在单晶靶中的射程分布估算可分为两种不同情况,下面分别进行估算。

对于低能入射,核阻止为主,电子阻止可忽略,通过计算可得沟道离子的最大射程为

$$R_{max} = \frac{M_2}{2G_0 M_1} E_0 \tag{3.68}$$

式中,G_0 为几何因子。晶格的热振动在决定低能离子入射的射程分布中起主要作用。

对于高能入射,只要离子能够保持在沟道内运动,其轨道的绝大部分将离原子列较远,因而核阻止作用较小,可只考虑电子阻止,则最大射程为

$$R_{max} = \frac{1}{N}\int_0^{E_0}\frac{1}{S_e(E)}dE \approx \frac{1}{Nk_e}\int_0^{E_0}\frac{1}{E^{1/2}}dE = \frac{2E_0^{1/2}}{Nk_e} \tag{3.69}$$

式(3.64)只能表示 $R_{max}E_0^{1/2}$,并不能直接用于计算 R_{max},因为离子进入沟道时,在单位长度射程上所受到的碰撞次数并不直接由靶原子体密度 N 决定,而是由沟道轴周围原子排列的情况所决定;同时沟道中表征电子阻止能力的 k_e 值与非晶靶的不同。

在实际注入时还有更多影响注入离子射程分布的因素,主要有衬底材料、晶向、离子束能量、注入杂质剂量以及入射离子性质等。

3.3.2 退火及快速热处理

1. 注入损伤

离子注入技术可以精确地控制掺杂杂质的数量及深度,但是在离子注入的过程中,带有一定能量的入射离子进入靶表面后,与靶原子发生碰撞并伴随能量交换,入射离子失去能量而最终停留在靶内的某一位置。入射离子既可以停留在靶晶格的间隙位置形成间隙杂质,也可以占据靶原子的晶格位置形成替位杂质,同时靶原子会获得能量。如果靶原子获得的能量足够使其挣脱原来晶格的束缚,离开平衡位置进入间隙位置,则其原来的晶格位置就会形成"空位",进入间隙位置的原子形成间隙原子,通常空位和间隙原子是成对出现的。在这种情况下,靶的晶体结构就会出现局部的无序,产生缺陷。这种晶格损伤可以是一种级联过程,因为被移位的原子可以将能量依次传递给其他原子,形成更多缺陷。当注入离子的数量增多时,这种缺陷可能重叠和扩大形成复杂的损伤,再加上靶材料原来

固有的缺陷,会形成复杂的损伤复合体。严重时,晶体完全被打乱而形成无序的非晶层。因此,离子注入靶内沿入射离子运动轨迹的周围产生大量空位和间隙原子等点缺陷,以及空位与其他杂质结合而形成的复合缺陷等,衬底的晶体结构受到损伤,称为注入损伤。同时在注入的离子中,只有少量的离子处在电激活的晶格位置。因此,必须通过退火等手段恢复衬底损伤,而且使注入的原子处于电激活位置,达到掺杂目的。

(1)级联碰撞。

因碰撞而离开晶格位置的原子称为移位原子。注入离子通过碰撞把能量传递给靶原子核及其电子的过程,称为能量淀积过程。一般来说,能量淀积可以通过弹性碰撞和非弹性碰撞两种形式进行。如果入射离子在靶内的碰撞过程中,不发生能量形式的转化,只是把动能传递给靶原子,并引起靶原子的运动,总动能是守恒的,这样的碰撞称为弹性碰撞;如果在碰撞过程中,总动能不守恒,有一部分动能转化为其他形式的能,例如,入射离子把能量传递给电子,引起电子的激发,这样的碰撞称为非弹性碰撞。

实际上,上述两种碰撞形式是同时存在的。只是当入射离子的能量较高时,非弹性碰撞过程起主要作用;入射离子的能量较低时,弹性碰撞占主要地位。在集成电路制造中,入射离子的能量较低,以弹性碰撞为主。碰撞的结果可能产生移位原子,使一个处于平衡位置的原子发生移位所需的最小能量称为移位阈能,用 E_d 表示。

入射离子在与靶内原子碰撞时,可出现三种情况:① 如果在碰撞过程中靶原子获得的能量小于 E_d,那么就不可能有移位原子产生,被碰原子只是在平衡位置振动,将获得的能量以振动能的形式传递给近邻原子,表现为宏观的热能;② 如果在碰撞过程中靶原子获得的能量大于 E_d 而小于 $2E_d$,那么被碰原子本身可以离开晶格位置,成为移位原子,并留下一个空位。但这个移位原子离开平衡位置之后,所具有的能量小于 E_d,不可能再使被碰的原子发生移位;③ 如果在碰撞过程中靶原子获得的能量大于 $2E_d$,被碰原子本身移位之后,还具有很高的能量,在它的运动过程中,还可以使被碰的原子发生移位。

移位原子也称为反冲原子,与入射离子碰撞而移位的原子,称为第一级反冲原子。与第一级反冲原子碰撞而移位的原子,称为第二级反冲原子,以此类推。这种不断碰撞的现象称为"级联碰撞"。结果是使大量的靶内原子移位,产生大量空位和间隙原子,导致晶格损伤。对于同一样品(靶),不同的注入离子所产生的级联碰撞情况是不同的。

(2)非晶层的形成。

注入损伤根据晶格损伤情况可以分为三种:简单损伤、非晶区、非晶层。注入离子引起的晶格损伤可能是简单的点缺陷,也可能是复杂的损伤复合体,甚至使晶体结构完全受到破坏而变成无序的非晶层。晶格损伤形成非晶层的特点之一是在离子注入的 Si 表面呈现烟雾状或乳白色。前述沟道效应的降低措施之一,就是利用注入损伤在晶片表面产生一个预非晶化层。

注入损伤与注入离子的质量、能量、剂量及靶温等有关,以下将使晶体刚刚变成非晶层的各种影响因素的临界量进行简单介绍。

由入射离子产生的损伤分布取决于离子与靶原子的质量。损伤区的分布与注入离子质量的关系如图 3.37 所示。

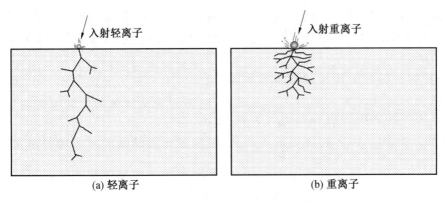

图 3.37 损伤区的分布与注入离子质量的关系

同靶原子相比,当入射的是轻离子($M_1 < M_2$),在每次碰撞过程中因为碰撞时转移的能量正比于离子的质量,所以每次与晶格原子碰撞时,轻离子转移很小的能量,将受到大角度的散射。两次碰撞之间的平均自由路程较大,即第一级反冲原子之间相距较远。碰撞时传递给第一级反冲原子的能量较小,因而第一级反冲原子在运动过程中只能产生数量较少的移位原子。入射离子的大部分能量是在与电子的碰撞中损失的,但也有相当比例损失于非弹性碰撞之中。入射离子的能量淀积及级联碰撞情况如图 3.37(a) 所示。其特点为射程比较大,损伤区的范围较大,入射离子运动方向变化大,产生的损伤密度小,不重叠,其运动轨迹呈"锯齿形"。当入射的是重离子($M_1 \geqslant M_2$),在相同的情况下,在每次碰撞中,入射离子的散射角度很小,动量变化较小,基本上继续沿原来的方向运动。但是入射离子传输给靶原子的能量很大,被撞原子离开正常晶格位置。由于第一级反冲原子获得很高的能量,在反冲原子逐步降低能量的过程中,将引起多个近邻原子移位,形成一个小的级联碰撞,这个级联碰撞就在离子的轨迹附近。因为离子在每次碰撞中产生的第一级反冲原子均处于沿离子运动的轨迹附近,所以每个反冲原子产生的各个小级联碰撞轨迹互相重叠。离子注入靶后,由于离子与原子多次碰撞而失去能量,因此在离子轨迹的末端产生的反冲原子密度降低,并且从离子上得到的能量比离子刚进入靶时要小,故整个级联的形状类似一个一端较粗而另一端较细的椭球,区域的大小为 1 ~ 10 nm。同轻离子相比,如果离子注入时的能量相同,离子散射具有更小的角度,射程也较短,入射离子的运动轨迹较直,所造成的损伤区域很小,损伤密度大,甚至会形成非晶区,如图 3.37(b) 所示。可见,一个入射重离子注入靶时,在其路径附近形成了一个高度畸变的损伤区域。

损伤区的分布与注入离子能量的关系如图 3.31 所示。当入射离子的初始能量较小时,以核阻止为主,损伤区域大,但损伤密度小;当入射离子的初始能量较大时,先以电子阻止为主,损伤很少。随着离子能量的降低,逐渐过渡到以核阻止为主,损伤变得严重,这时损伤密度也变大。

当注入剂量较低时,各个入射离子形成的损伤区彼此很少重叠,注入区内形成的将是许多互相隔开的损伤区。当注入剂量增大时,各个损伤区最终将会发生重叠而形成连续的非晶层,开始形成连续非晶层的注入剂量称为临界剂量。一般来说,在一定的条件下,随着注入剂量的增加,所引起的晶格损伤也更加严重。当剂量达到一定数量时,就会形成完全无序的非晶层。当注入离子的剂量小于临界剂量时,损伤量随注入剂量成正比地增加,当注入剂量超过临界剂量时,损伤量不再增加而趋于饱和。损伤饱和正是对应于连续非晶层的形成。

离子注入时的靶材温度,对晶格损伤的程度和变化有着重要的影响。如果降低注入时靶的温度,空位的迁移率减小,在注入过程中缺陷从损伤区逸出的速率降低,缺陷的积累率增加,这有利于非晶层的形成。故降低注入温度时,临界剂量随之减小。例如,将 B^+、P^+、Sb^+ 离子注入硅中,硅靶形成非晶层的临界剂量与靶温的关系曲线如图 3.38 所示。

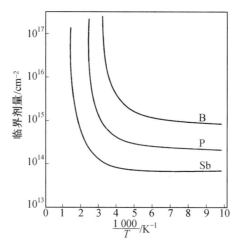

图 3.38　硅靶形成非晶层的临界剂量与靶温的关系曲线

由图 3.38 可知,在室温附近,临界剂量与温度的倒数呈指数关系,随温度升高,临界剂量增大。在低温,临界剂量趋向一恒定值。如果靶温在室温或室温以下,这时空位的迁移率较低,缺陷从畸变区域中逸出的速率较低。由注入离子产生的缺陷就可直接集合而形成稳定的损伤区,这些损伤区的缺陷密度是很高的,可以看成是非晶区。

2. 退火

入射离子注入靶时,在其所经过的路径附近区域将产生许多空位、间隙原子和其他形式的晶格畸变。由于离子注入形成的损伤区和畸变团直接影响半导体材料和微电子产品的性能:增加了散射中心,会使载流子迁移率下降;增加了缺陷数目,会使少子寿命降低和 pn 结反向漏电流增大;注入损伤严重的样品比未经离子注入的样品更容易吸潮。此外,注入半导体中的受主或施主杂质大部分都停留在间隙位置处,而处在间隙位置上的杂质原子是不会释放出载流子的,也就不会改变半导体的电特性,达不到掺杂的目的。因此,从产品应用方面考虑,为了激活注入的离子,恢复迁移率及其他材料参数,必须在适当的温度和时间下对半导体进行退火,以使杂质原子处于晶体点阵位置,即替位式状态,成为受主或施主中心,以实现杂质的电激活。

退火(Anneal),就是利用热能将离子注入后的样品进行热处理,以消除注入损伤,激活注入杂质,恢复晶体的电性能。具体工艺上就是注入离子的晶体在某一高温下保持一段时间,使杂质通过扩散进入替位位置,成为电活性杂质,并使晶体损伤区域"外延生长"

为晶体,恢复或部分恢复迁移率与少子寿命。退火工艺可以实现两个目的:一是减少点缺陷密度,因为间隙原子可以进入某些空位;二是在间隙位置注入的杂质原子能移动到晶格位置,变成电激活杂质。

(1)硅的退火特性。

把将要退火的晶片,在真空或是在氮、氩等高纯气体的保护下,加热到某一温度进行热处理,由于晶片处于较高温度,原子的振动能增大,因而移动能力加强,可使复杂的损伤分解为点缺陷(如空位、间隙原子)或者其他形式的简单缺陷。这些结构简单的缺陷在热处理温度下能以较高的迁移速率移动,当它们互相靠近时就可能复合而使缺陷消失。对于非晶区域来说,损伤恢复首先发生在损伤区与结晶区的交界面,即由单晶区向非晶区通过固相外延再生长而使整个非晶区得到恢复。

离子的质量、注入时的能量、注入剂量、杂质激活率、注入时靶温和样片的晶向等条件的不同,所产生的损伤程度、损伤区域大小都会有很大的差别。所以,退火的温度、时间和退火方式等都要根据实际情况而定。另外,还要根据对电学参数恢复程度的要求选定退火条件,退火温度的选择还要考虑到欲退火晶片所允许的处理温度。

低剂量所造成的损伤,一般在较低温度下退火就可以消除。例如,注入的 Sb^+,当剂量较低时($10^{13}\ cm^{-2}$),在 300 ℃ 左右的温度下退火,缺陷基本上可以消除。当剂量增加形成非晶区时,在 400 ℃ 的温度下退火,部分无序群才开始分解,但杂质激活率只有 20% ~ 30% 。非晶区的重新结晶要在 550 ~ 600 ℃ 的温度范围内才能实现。在此温度范围内,很多杂质原子也随着结晶区的形成而进入晶格位置,处于电激活状态。在重新结晶的过程中伴随着位错环的产生,在低于 800 ℃ 的温度范围内,位错环的产生是随温度的升高而增加的,另外在新结晶区和原晶体区的交界面可能发生失配现象。

载流子激活所需的温度比恢复寿命和迁移率所需要的温度低,这是因为硅原子进入晶格的速度比杂质原子慢。硅晶体中杂质的激活能一般为 3.5 eV,而硅本身扩散激活能一般为 5.5 eV,也就是说当杂质原子已经进入晶格位置时,还可能存在一定数量的间隙硅,它们的存在将影响载流子的寿命和迁移率。

退火温度的选择还要考虑到其他因素。例如,在 CMOS 制程中,用离子注入代替 p 阱扩散中预淀积,退火温度的选择要考虑到杂质的再分布,一般为 1 100 ~ 1 200 ℃。在这样高的温度下退火,一方面可以消除损伤,另外可同时得到低表面浓度、均匀的 p 阱区和需要的结深。

(2)硼的退火特性。

对较轻的离子(如 B^{3+})和较重的离子(如 P^{5+})的注入层退火有着不同的等时退火特性(不同退火温度下采用相同退火时间进行退火行为的比较)。如图 3.39 所示为硼的等时退火特性,它表示硼离子以 150 keV 的能量和三种不同剂量注入硅中的退火温度与电激活比例(自由载流子数 p 和注入剂量 Q 的比)的关系曲线。

由图 3.39 可见,对低剂量($Q = 8 \times 10^{12}\ cm^{-2}$)情况表现为电激活比例随温度上升而单调增加;对于两种较高剂量($Q = 2.5 \times 10^{14}\ cm^{-2}$ 和 $Q = 2.0 \times 10^{15}\ cm^{-2}$)情况,从退火特性与温度变化关系可分为三个温度区:Ⅰ 区(500 ℃ 以下)、Ⅱ 区(500 ~ 600 ℃)、Ⅲ 区

（600 ℃以上）。其中，Ⅰ、Ⅲ区均表现为电激活比例随着退火温度升高而增加；Ⅱ区则表现出反常退火特性，出现逆退火现象，即随着温度升高电激活比例反而下降的现象。

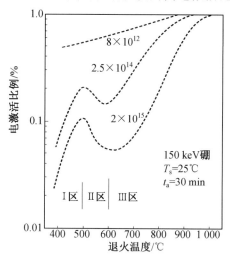

图3.39　硼的等时退火特性

Ⅰ区以点缺陷无序为特征，无规则分布的点缺陷（如间隙原子、空位等）控制着自由载流子浓度。随着退火温度上升，移动能力增强，因此间隙硼和硅原子与空位的复合概率增加，使点缺陷消失，替位硼的浓度上升，电激活比例增大，提高了自由载流子浓度。由TEM证明在较低温度区域内没有扩展态缺陷（位错）。退火温度从室温升高到接近500 ℃，如双空位这样的点缺陷消除。升高到约500 ℃，替位硼的浓度也下降，但下降仅一半；而自由载流子浓度有数量级的上升，反映陷阱缺陷的除去。由TEM证明在Ⅰ区内随替位硼原子减少，同时产生了位错结构，位错形成在500 ℃以上。

在Ⅱ区内，当退火温度在500～600 ℃的范围内时，点缺陷通过重新组合或结团，凝聚为位错环一类较大尺寸的缺陷团（二次缺陷），从而能量降低。因为硼原子非常小并和缺陷团有很强的作用，很容易迁移或结合到缺陷团中，处于非激活位置，因而出现随温度的升高而替位硼的浓度下降的现象，也就是自由载流子浓度随温度上升而下降的现象。在600 ℃附近替位硼的浓度下降到一个最低值。与500 ℃情况相比，在Ⅱ区600 ℃它的最后状态是少量替位硼原子和大量间隙硼原子。因此硼可能淀积在位错或靠近位错处。

在Ⅲ区内，替位硼的浓度以接近5.0 eV激活能随温度上升而上升，此能量相当于在升高温度时Si的自空位的产生和移位能。空位产生后移向非替位硼即间隙硼处，使硼从非替位淀积处"离解"出来，进入空位而处于替代位置（Frank - Turnbull机制），因此硼的电激活比例也随温度上升而增加。

对于没有逆退火出现的低剂量硼注入情况，不需要热产生空位就可以发生替代行为。在接近 10^{12} cm^{-2} 剂量只需在800 ℃几分钟时间就完全退火。如果在室温下注入高剂量的硼，需要在更高的温度下退火才能得到理想的结果。只有剂量高于 5.0×10^{16} cm^{-2} 在室温注入，才产生无定形层。但是如果降低靶温，产生无定形层的剂量约为 10^{15} cm^{-2}。可以看到，即使硼剂量达到 2.0×10^{15} cm^{-2}，硅衬底仍然是晶体。当硼的剂量大于

$10^{15}\ \text{cm}^{-2}$ 时,硅表面层变为非晶态,非晶层下的单晶半导体起着非晶层晶化的籽晶作用。沿 $<100>$ 晶向外延生长速率在 550 ℃ 时为 10 nm/min,600 ℃ 时为 50 nm/min,激活能为 2.4 eV,因此,10 ~ 50 nm 的非晶层可在几分钟内完成晶化。

(3) 磷的退火特性。

图 3.40 所示为磷的等时退火特性,虚线所表示的是损伤区还没有变为非晶层的退火特性,实线则表示非晶层的退火特性。当剂量从 $3\times10^{12}\ \text{cm}^{-2}$ 增加到 $3\times10^{14}\ \text{cm}^{-2}$ 时,注入层不是无定形,为消除更为复杂的无规则损伤,需要相应提高退火温度。在低剂量时,磷的退火特性与硼相似,然而,当剂量大于 $10^{15}\ \text{cm}^{-2}$ 时,形成的无定形层出现了不同退火机理。对所有高剂量注入,基本适合的退火温度仅 600 ℃ 左右,此时在单晶衬底上发生无定形层的固相外延生长,此温度低于非无定形层的退火温度。在外延生长的过程中,VA 族施主原子与硅原子一样都是在硅片表面运动并以层状生长,同时以替位方式进入晶格。无定形层在深度上不连续,退火的外延生长过程可同时出现在两个界面上,当生长界面最后相遇时可能发生位错现象。深度分布的不同部位的退火行为也有差别:在尾部的低浓度($10^{16}\ \text{cm}^{-3}$)掺杂(表层剂量相当于 $10^{12}\ \text{cm}^{-2}$)很容易退火,而分布的次无定形(中等浓度至 $10^{17}\ \text{cm}^{-3}$)部分中的掺杂只有较低激活率。这种现象来源于注入的无定形层边界和低浓度的分布尾部之间存在高密度缺陷。关于室温注入砷和锑的退火特性,除了它们在较低剂量就可形成无定形层外,基本上与磷注入的退火特性相同。

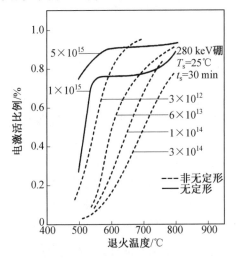

图 3.40 磷的等时退火特性

表3.7 所示为一些杂质退火后在 Si、Ge 晶格中的位置。在同样退火条件下,硅中注入的 P、B、Bi、Sb 皆有较为良好的退火特性,85% 以上的注入离子都处于替位位置。

(4) 热退火引起的杂质再分布。

注入离子在靶内的分布可近似认为是高斯型的,然而在消除晶格损伤,恢复电学参数和激活载流子所进行的热退火过程中,会使高斯分布有明显的展宽,偏离了注入时的分布,尤其是尾部的偏离更为严重,出现了较长的按指数衰减的尾巴。

表 3.7 一些杂质退火后在 Si、Ge 晶格中的位置 %

Si			Ge		
注入离子	晶格中位置		注入离子	晶格中位置	
	替位位置	间隙位置		替位位置	间隙位置
P(室温)	85	11	Sb	85	5
As	55	1	Bi	80	0
Sb	88	2	In	75	0
Bi	86	1	Ti	35	30
B	90		Hg	30	30
Ga	10		Pb	85	2
In	34	27			
Ti	27	26			

衬底温度 450 ℃
注入剂量 1.5×10^{14} cm^{-2}
能量 40 keV
退火温度 800 ℃

衬底温度 300 ~ 350 ℃
注入剂量 1 ~ 5×10^{14} cm^{-2}
能量 30 keV

退火会改变杂质的分布

$$C(x,t) = \frac{Q}{\sqrt{2\pi}\sqrt{\Delta R_p^2 + 2Dt}}\exp\left[\frac{-(x - R_p)^2}{2(\Delta R_p^2 + 2Dt)}\right] \tag{3.70}$$

试验发现退火后的实际杂质分布比式(3.70)预测的要深,原因是离子注入时形成高浓度的空位和自填隙缺陷增强了杂质的扩散率,这种现象称为瞬时效应或瞬时增强效应。可以在退火前先在 500 ~ 650 ℃ 进行一次预处理来消除这些缺陷。要实现杂质的激活,需要的温度是 850 ~ 1 000 ℃。

实际上,热退火温度同热扩散时的温度相比,要低得多。在比较低的温度下,对于晶体中的杂质来说,扩散系数是很小的,杂质扩散很慢,甚至可以忽略。但是,对于注入区的杂质,即使在比较低的温度下,杂质扩散效果也是非常显著的,这是因为注入离子所造成的晶格损伤使硅内的空位密度比热平衡时晶体内的空位密度要大得多。另外,由于离子注入也使得晶体内存在大量的间隙原子和各种缺陷,这些原因都会使扩散系数增大,扩散效应增强。正因如此,有时也称热退火过程中的扩散为增强扩散。因为在 Si 和 Ge 中,慢扩散杂质 B、Al、Ga、In、P、As、Sb 等是通过空位而进行扩散的,故其热扩散系数应与空位密度成正比。由于离子注入会引起空位密度增加,因而扩散系数增大导致扩散增强。试验还表明,当增加离子注入速率时,由于缺陷的产生率增加,离子注入区的空位密度也随之增加,则增强扩散效应也更加显著。

(5) 热退火引起的二次缺陷。

退火时虽然通过简单损伤的复合可大大消除晶格损伤,但与此同时也有可能发生由简单损伤的再结合而形成复杂的损伤,因此退火后往往会留下所谓的二次缺陷。二次缺陷可能影响载流子的迁移率、少数载流子寿命及退火后注入原子在晶体中的位置等,因而直接影响半导体器件的特性。曾经有许多人用透射电子显微镜对二次缺陷进行了观察和研究。迄今为止观察到的二次缺陷有黑点、各种位错环、杆状缺陷、层错及位错网等。

当注入材料退火时,在可以相遇的空间范围内空位与间隙原子复合,复合后缺陷就消失,两种类型缺陷完全消失是不可能的,因为两种处于不同空间。因此,短时间退火后,注入材料还有两种类型点缺陷的残留缺陷,这两种点缺陷的分布和浓度是各自不同的。进一步退火使点缺陷聚结在一起形成位于(111)面的本征和非本征的位错环。进一步退火后,位错环生长,能量增加。对于某一个尺寸,位错环的能量将变成等于由 $\pm(a/2) < 110 >$ 位错束缚的无位错环能量。如果注入材料仍处于饱和点缺陷状态,完整的环也能因吸收点缺陷而扩大,形成位错网。通常,注入离子的共价四面体的半径与主体原子的四面体半径是不同的。因此,在退火期间,注入杂质占据替位会产生局部应力。因为位错和杂质应力场的合适的弹性的相互作用,注入原子迁移到退火期间产生的位错环和位错网可以降低系统的整体应力能。

在实际应用中,应采用合理的注入工艺和退火工艺减少二次缺陷的种类和数量。热退火工艺的合理选择对器件的性能是至关重要的,不同的掺杂离子、掺杂剂量和注入温度所要求的退火工艺也不同。表3.8给出了Si中进行离子注入后在不同的退火温度下所能实现的目标。

表 3.8 Si 中进行离子注入后在不同退火温度下所能实现的目标

温度/℃	退火实现的目标
450	部分激活,迁移率为体内值的 20% ~ 50%
550	低剂量 B(10^{12} cm^{-2})50% 激活,其他元素部分激活
600	非晶材料晶化;大剂量 P(10^{15} cm^{-2}) 及 As(10^{14} cm^{-2})50% 激活;迁移率为体内值的 50%
800	大剂量 B(10^{15} cm^{-2})20% 激活,所有其他元素 50% 激活
950	全部激活;达到体内迁移率数值;少数载流子寿命完全恢复

热退火虽然可以满足一般的要求,但也存在一些缺点:
① 对注入损伤的消除和对杂质原子的电激活都不够完全。
② 退火过程中还会产生二次缺陷。
③ 经热退火后虽然少子的迁移率可以得到恢复,但少子的寿命及扩散长度并不能恢复。
④ 此外,长时间的高温热退火会导致明显的杂质再分布,抵消了离子注入技术固有的优点。为了充分发挥离子注入的优越性,逐渐采用快速退火方法。

3. 快速热处理

半导体芯片制作过程中有许多热处理的步骤,如杂质激活、热扩散、金属合金化、氧化生长或淀积等。但制作深亚微米特征尺寸的超大规模集成电路,关键要获得极浅的 pn

结。虽然改变离子注入的能量即可控制结深,但离子注入后,采用传统的扩散炉高温长时间退火工艺,会造成注入离子的严重再扩散。而且当设计几何尺寸小到 0.35 μm、硅片直径从 150 mm 增至 200 mm 甚至更大时,传统的热处理炉不能完全满足工艺的要求。在这种情况下,只有快速热处理(Rapid Thermal Processing,RTP)工艺的高温短时间退火才能既保持离子注入原有的分布,又能满足超大规模集成电路的要求。

RTP 工艺是在极短的时间($10^{-3} \sim 10^{2}$ s)内使离子注入后的单片硅片表面加热到极高的温度,从而达到消除注入损伤、使杂质电激活并且减少杂质再分布的目的。快速热处理起初用于注入后的退火工艺,过去几年间,RTP 已逐渐成为微电子产品生产中必不可少的一项工艺,用于离子注入后的退火、快速热氧化(Rapid Thermal Oxidation,RTO)、金属硅化物的形成和快速热化学薄膜淀积。RTP 能快速地将单个硅片加热到高温,避免有害杂质的扩散,减少金属污染,防止器件结构的变形和不必要的边缘效应,而且其温度控制比较精确,适合于制造高精度、特征线宽较小的集成电路。更为重要的是,RTP 在大直径硅单晶材料的缺陷工程上也得到了应用。通过在高温下对硅片进行处理,在硅片的纵深方向上建立起空位浓度梯度,即在硅片的表面空位浓度低而体内的浓度高,利用空位来增强硅片体内在后续处理中的氧沉淀。

图 3.41 所示为快速热处理设备示意图。

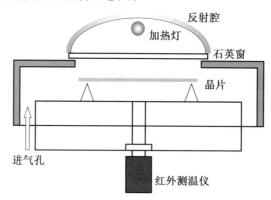

图 3.41　快速热处理设备

RTP 设备与传统高温炉管的区别:

① 传统炉管采用电阻丝,RTP 采用加热灯管。

② 传统炉管利用热对流及热传导原理,使硅片与整个炉管周围环境达到热平衡,温度控制精确;而 RTP 设备通过热辐射选择性加热硅片,较难控制硅片的实际温度及其均匀性。

③ 传统炉管的升、降温速度为 5 ~ 50 ℃/min,而 RTP 设备的升、降温速度为 10 ~ 200 ℃/s。

④ 传统炉管是热壁工艺,容易淀积杂质;RTP 设备则是冷壁工艺,减少了硅片沾污。

⑤ 传统炉管为批处理工艺,而 RTP 设备为单片工艺。

⑥ 传统炉管的致命缺点是热预算大,无法适应深亚微米工艺的需要;而 RTP 设备能大幅降低热预算。

快速热处理的关键问题：

（1）温度的均匀性。有三个因素会造成硅片的温度不均匀：一是晶片边缘接收的热辐射比晶片中心少；二是晶片边缘的热损失比晶片中心大；三是气流对晶片边缘的冷却效果比晶片中心好。

（2）光源与反应腔设计。大多数RTP设备采用钨-卤灯或惰性气体长弧放电灯作为加热源。前者发光功率较小，但工作条件简单（普通的交流线电压）；后者发光功率较大，但需要工作在稳压直流电源下，且需要水冷装置。多数反应腔包含漫反射的反射面，以使辐射在整个硅片上均匀分布，并且将灯泡分组为可以独立控制的加热区。通过采用高强度光源及反应腔体的设计，可以提供晶片温度的均匀性和重复性。

（3）温度测量。准确和可重复的温度测量是RTP工艺面临的最大困难之一。硅片温度测量值被用于反馈回路中控制灯泡的输出功率。

RTP在生产中主要应用的方面有：S/D结注入退火（掺杂剂激活）；接触合金化；难熔钛化物（如TiN）和硅化物（如$TiSi_2$）生成；栅介质薄氧化物生成；CVD和PVD膜致密化（如氧化膜、硅化膜、阻挡层膜）；硅材料缺陷工程中的应用；杂质扩散方面的应用等。

3.3.3 离子注入工艺

1. 离子注入设备

离子注入技术有三大基本要素：① 离子的产生；② 离子的加速；③ 离子的控制。

离子注入的主要控制参数有离子能量（10 ~ 200 keV）、离子电流（0.1 ~ 25 mA）和离子剂量（比如 FET：5×10^{15} cm^{-2}）。离子能量决定杂质分布的深度和形状，离子电流决定扫描时间，离子剂量 Q（即单位面积硅片表面注入的离子数）决定杂质浓度，可通过以下公式表示

$$Q = \frac{It}{enA} \tag{3.71}$$

式中，I 为束流（C/s）；t 为注入时间（s）；e 为电子电荷，为 1.6×10^{-19}（C）；n 为离子电荷数（比如 B^+ 为1）；A 为注入面积（cm^2）。

离子注入设备是一种特殊的粒子加速器，用来加速杂质离子，使它们能穿透硅晶体到达几微米的深度。一般来讲，离子注入设备应该有合适的可调能量范围、有合适的束流强度、能满足多种离子的注入、有好的注入均匀性以及无污染等性能要求。通常，离子注入设备由离子源、质量分析器、加速器、聚焦系统、扫描系统、靶室、真空系统和控制系统几部分组成。如图3.42所示为离子注入设备的结构示意图。

（1）离子源。

离子源的作用主要有两个：一是杂质离子的产生；二是将其引出形成离子束。

离子源的种类很多，根据离子产生的方法可分为电子碰撞型、表面电离型和热离子发射型。电子碰撞型是利用电子与气体或蒸气的原子碰撞产生等离子体，称为等离子体离子源，现在大多数的离子源都是这种类型。大规模集成技术中使用的等离子体离子源，主要是由电场加速方式产生的，如直流放电式、射频放电式等。

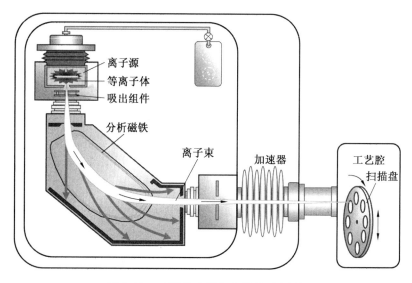

图 3.42 离子注入设备的结构示意图

等离子体离子源的原理:杂质源必须以带电粒子束或离子束的形式存在。离子本身带电,因此能够被电磁场控制和加速。注入离子在离子源中产生,正离子由杂质气态源或固态源的蒸气产生。通过电子轰击气体原子,离子源中会产生离子。图 3.43 所示为 Freeman 离子源。

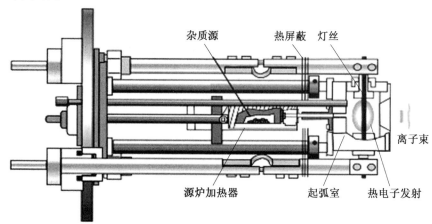

图 3.43 Freeman 离子源

常用的杂质源见表 3.9。由于很多原材料如硼在单体时熔点、沸点很高,蒸气压很小,不能直接作为杂质源。一般采用其气体化合物或者容易气化的物质形式。卤素化是最典型的形式,但是大多数都有剧毒或毒性。砷烷,无色、剧毒,与空气形成可燃气体;磷烷,又名磷化氢,剧毒、易燃气体;三氯氧磷,剧毒;乙硼烷,无色,与空气形成易爆物,是火箭高能燃料;五氯化锑,熔点 2.8 ℃,沸点 140 ℃,易分解。

表 3.9　常用的杂质源

杂质	杂质源	化学名称
砷(As)	AsH_3	砷烷(气体)
磷(P)	PH_3	磷烷(气体)
磷(P)	$POCl_3$	三氯氧磷(液体)
硼(B)	B_2H_6	乙硼烷(气体)
硼(B)	BF_3	三氟化硼(气体)
硼(B)	BBr_3	三溴化硼(液体)
锑(Sb)	$SbCl_5$	五氯化锑(固体)

（2）质量分析器。

从离子源中引出的离子可能包含许多不同种类的离子,它们在引出电压的加速下,以很高的速度运动。质量分析器的作用是可以将需要的杂质离子从混合的离子束中分离出来,图 3.44 所示为注入机中的磁性质量分析器。其原理:带电离子在磁场中受洛伦兹力作用,不同离子的质量及电荷不同(荷质比不同),因而在质量分析器磁场中偏转的角度不同,由此可分离出所需的杂质。

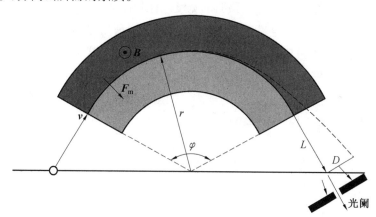

图 3.44　注入机中的磁性质量分析器

初始速度是引出电场加速的结果,粒子动能的变化等于电场力所做的功

$$E = qV_a = \frac{1}{2}mv^2 \tag{3.72}$$

$$v = \left(\frac{2qV_a}{m}\right)^{1/2} \tag{3.73}$$

当带电粒子加入磁场后,会受到洛伦兹力的作用,向心力 F_m 的方向与离子速度 v 和磁场强度 B 所构成的平面垂直。

$$F_m = qvB = \frac{mv^2}{r} \tag{3.74}$$

由于洛伦兹力不对粒子做功,不改变其动能和速率。但由于其与粒子运动方向垂直,因此改变粒子的运动方向,因此粒子将在平面内做匀速圆周运动。由式(3.73)和式(3.74)可以计算出旋转半径 r 为

$$r = \frac{mv}{qB} = \frac{1}{B}\sqrt{\frac{2mV_a}{q}} = \frac{1}{B}\sqrt{\frac{2V_a}{q_0}} \tag{3.75}$$

式中,m 为离子质量;v 为离子速度;q 为电荷量;B 为磁场强度;q_0 为荷质比;V_a 为引出电位。

从式(3.75)可知,满足荷质比 $q_0 = \dfrac{2V_a}{r^2B^2}$ 的离子可通过光阑。或者对于给定的具有荷质比为 q_0 的离子,可通过调节磁场 B 使其满足式(3.76),从而使该种离子通过光阑。

$$B = \frac{1}{r}\sqrt{\frac{2mV_a}{q}} = \frac{1}{r}\sqrt{\frac{2V_a}{q_0}} \tag{3.76}$$

当假设分析器采用对称设计时,可以导出质量为 $m + \delta m$ 的粒子加入后,通过加速以后输出并运行一段距离后的偏离距离 D。

$$D = \frac{\delta m}{m}\frac{r}{2}\Big[1 - \cos\varphi + \frac{L}{r}\sin\varphi\Big] \tag{3.77}$$

偏离的距离要大于束的宽度加上狭缝的宽度才能使杂质完全被屏蔽。

另外,若固定 r 和 V_a,通过连续改变 B,可使具有不同荷质比的离子依次通过光阑,测量这些不同荷质比的离子束流的强度,可得到入射离子束的质谱分布。

例 3.4　如果分析磁场使离子束轨迹弯曲 45°,$L = R = 50$ cm。当系统调整为选择 B_{10} 时,若 B_{11} 也被送入系统,求 B_{11} 的偏距距离 D。如果引出电压是 20 kV,求所需的磁场。

解　由于质量相差 1 原子质量单位

$$\frac{\delta m}{m} = \frac{1}{10} = 0.1$$

以及

$$D = \frac{1}{2}50\frac{1}{10}(1 - \cos 45° + \sin 45°) = 2.5 \text{ (cm)}$$

因为狭缝通常为几个毫米宽,所以该分析器可很容易地分辨这两种质量。很显然,质量重的物质较难分辨,并需要更大半径的磁铁。根据式(3.76)

$$B = \frac{1}{0.50 \text{ m}}\sqrt{2\frac{10 \times 1.67 \times 10^{-27} \text{ kg}}{1.6 \times 10^{-19} \text{ C}}2 \times 10^4 \text{ V}} = 0.13 \text{ (T)} = 1.3 \text{ (kG)}$$

式中,磁通密度单位为 T 和 kG。

(3) 加速器。

加速器的作用是对杂质离子加速,获得所需的能量,该加速能量是决定离子注入深度的一个重要参量。

加速器从加速类型上主要可以分为两种,一种是静电场加速的高压加速器;另一种是

高频电场加速的周期加速器。离子注入机的加速器通常为前一种,如图 3.45 所示。

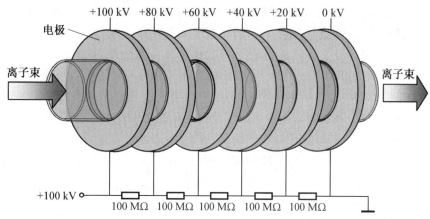

图 3.45 离子注入机的高压静电场加速器

离子通过加速器获得的能量为

$$\Delta E = qZ\Delta V \tag{3.78}$$

式中,Z 为离子的电荷数;ΔV 为加速器两端的电压差。

加速器和分析器从排列方式上划分可以分为三种:(1) 先分析后加速,即离子束先进入磁场分析器进行分离然后再加速;(2) 先加速后分析;(3) 前后加速,中间分析。

三种排列方式各有优缺点。对于先分析后加速,其优点是分析时离子的能量较低,分析器可以做得比较小、造价低;在加速前将不需要的离子分离,需要的高压功率比较小,产生的 X 射线相应减少;改变离子能量不需改变分析器电流,便于操作。缺点是离子在低能段的飞行距离较长,空间电荷效应较大,离子损失较多;离子经过分析器后产生的其他离子也得到加速而注入靶中,会影响注入离子的纯度。对于先加速后分析,优点是离子束在低能段的漂移距离较短,从而减少了空间电荷和电荷交换;由于分析器在后面,因电荷交换而产生的其他元素离子得不到加速而无法注入靶中,提高了注入离子的纯度。缺点是离子在进入分析器时的能量较高,需要的分析器较大、造价高,产生的 X 射线量大;另外,如果要改变离子的能量必须改变分析器的电流,增加了操作难度。对于前后加速中间分析的排列方式,其主要优点是离子的能量可调范围比较广,当有后加速时可进行高能注入,如果去掉后加速可作为一般的中低能注入设备使用。另外,后加速还可以是可变极性的,既有正高压也有负高压,可进行后加速或后减速。其主要缺点是两端都处于高电位,给操作带来不便。

(4) 聚焦系统和中性束陷阱。

聚焦系统的作用是聚焦离子束,使其在预定空间内运动。中性束偏移器的作用是滤除中性粒子。

离子束从离子源到靶室一般都要传输一定的距离,离子束中的许多离子除了具有纵向速度外还会有横向速度,同性离子间也会相互排斥。离子在传输过程中还会与系统中残余气体分子碰撞而发生散射。为了确保离子束能传输到靶室并具有合适的束斑大小和形状,需要在传输过程中聚焦离子束。

离子束的主要成分是离子,但可能会再出现某些中性粒子。中性粒子一般都是离子与热电子的结合物,也可能是束内离子之间碰撞时进行电荷交换的产物。由于中性粒子在终端台的静电扫描装置中不能被偏转,将被注入晶片中心区,从而造成颗粒沾污,所以极不希望它们出现。为了避免这个问题,多数离子注入系统都装有一个弯道。离子束从一个静电偏转系统的两块平行电极板之间通过,由于中性粒子不受电场作用,所以不能被偏转入弯道,最终被一个挡板所接收;而经过平行电极板的离子却有足够的偏转量,可以继续沿着弯道运动。因此静电偏转系统以及弯道相当于制作的一个陷阱,将中性粒子滤除掉。图 3.46 所示为是聚焦透镜和中性束陷阱示意图。

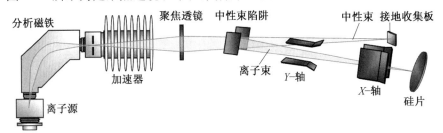

图 3.46　聚焦透镜和中性束陷阱示意图

（5）扫描系统。

扫描系统的作用是控制离子束扫描方向,使杂质离子在整个硅片上均匀注入。聚束离子束的注入束斑通常很小,中等电流约为 $1~cm^2$,大电流约为 $3~cm^2$,必须通过扫描才能覆盖整个硅片。扫描方式有两种:另一种是固定硅片,移动束斑;另一种是固定束斑,移动硅片。一般来讲,中低电流注入机使用的是固定硅片法,大电流注入机使用的是固定束斑法。

扫描系统可分为四种:静电扫描、机械扫描、平行扫描和混合扫描。

静电扫描:硅片固定,离子束在 X、Y 方向作电扫描,如图 3.47 所示。把两组电极放于合适的位置上,连续调整电压,偏转的离子束就能扫描整个硅片。这种扫描方式的优点是由于静电扫描过程中硅片固定不动,因此颗粒沾污发生的机会大大降低;在静电扫描系统中,硅片虽然在 X、Y 方向固定,但可以旋转硅片并使其相对于离子束有一定的倾斜,这样可以获得所需的结特性,并减小沟道效应。主要缺点是离子束不能垂直扫描硅表面,因此会导致光刻材料的阴影效应,阻碍离子束的注入。

机械扫描:离子束固定,硅片在 X、Y 方向作机械运动。此方法一般用于大电流注入机,因为静电很难使大电流高能离子束偏移。这种机械扫描方式的优点是在机械扫描过程中,多个硅片固定在一个大轮盘外沿,可以每次处理一批硅片;并且在很大面积上将离子束能量有效地平均化,减弱了硅片由于吸收离子能量而加热;另外轮盘也可以相对离子束方向倾斜一定的角度,从而可以防止沟道效应。主要缺点是可能产生较多的颗粒,沾污硅片表面。

平行扫描:离子束先静电扫描,然后通过一组磁铁,调整它的角度,使其垂直注入硅片表面。静电扫描的离子束与硅片表面不垂直,容易导致阴影效应。平行扫描的离子束与硅片表面的角度小于 $0.5°$,因而能够减小阴影效应和沟道效应。

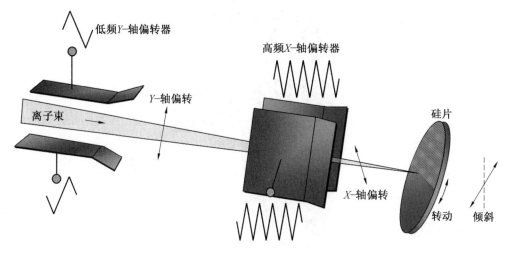

图 3.47　静电扫描系统

混合扫描:硅片放置在轮盘上旋转,并沿着 Y 轴扫描。离子束在静电(或电磁)的作用下沿着 X 轴方向扫描。这种方法通常用于中低电流注入,每次注入一个硅片。

(6)工艺腔。

工艺腔就是承载硅片的真空室,也是控制离子注入质量的关键环节,其作用是控制硅片温度、控制硅片电荷以及控制注入剂量等。

离子轰击导致硅片温度升高,冷却系统要对其进行降温。一般来讲,温度要控制在 50 ℃ 以下,如果超过 100 ℃,硅片表面的光刻胶就很难去除,如果超过 300 ℃,器件将会失效并导致退火效应。为了防止出现由于高温而引起的问题,有气体冷却和橡胶冷却两种技术。冷却系统集成在硅片载具上,硅片载具有多片型和单片型两种。

离子注入的是带正电荷的离子,注入时部分正电荷会聚集在硅片表面,即硅片充电。这会对注入离子产生排斥作用,使离子束的入射方向偏转、离子束流半径增大,导致掺杂不均匀,难以控制;电荷积累还会损害表面氧化层,使栅绝缘层的绝缘能力降低,甚至击穿。解决的方法是用电子枪向硅片表面发射电子,或用等离子体来中和掉积累的正电荷。

离子束流量检测及剂量控制是通过法拉第杯来完成的,如图 3.48 所示。然而离子束会与电流感应器反应产生二次电子,这会产生测量偏差。在法拉第杯杯口附加一个负偏压电极以防止二次电子的逸出,获得精确的测量值。电流从法拉第杯传输到积分仪,积分仪将离子束电流累加起来,结合电流总量和注入时间,就可计算出掺入一定剂量的杂质需要的时间。

2. 离子注入工艺步骤

典型的离子注入的工艺步骤:① 预非晶二氧化硅层(预非晶氧化);② 光刻掩膜层(光刻胶);③ 曝光;④ 显影;⑤ 离子注入;⑥ 去胶;⑦ 退火。如图 3.49 所示。

为避免沟道效应的产生,采用热氧化在晶体表面生长 20 ~ 25 nm 的非晶氧化层使离子束的方向随机化;由于离子注入是低温工艺,因此掩膜层可以采用光刻胶,利用光刻工艺步骤中的曝光和显影制作出掺杂窗口,以实现选择性注入;离子通过介质薄膜注入硅衬底,预非晶氧化层有保护硅的作用,沾污少,可以获得精确的表面浓度;之后去胶清洗硅片表面;最后进行退火以消除注入损伤,激活注入杂质。

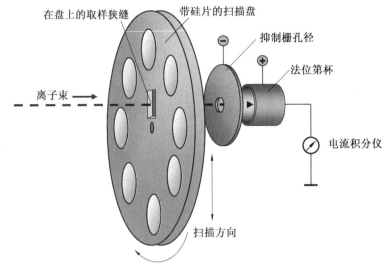

图 3.48　法拉第杯离子束电流测量

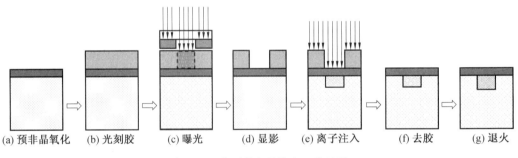

(a) 预非晶氧化　(b) 光刻胶　(c) 曝光　(d) 显影　(e) 离子注入　(f) 去胶　(g) 退火

图 3.49　典型的离子注入工艺过程

3. 离子注入工艺展望

随着 VLSI 技术的发展,芯片的特征尺寸越来越小,工艺的发展成为影响电路集成度提高的主要因素。在45 nm 技术节点,离子注入掺杂后的超浅结的结深将达到9.5 nm,为了进一步减小超浅结的结深,按照传统方法必须减小离子注入能量,向超低能量(200 ~ 500 eV) 离子注入方向发展。同时还要减小其能量污染效应,提高生产效率。但现有高电流低能离子注入机很难在低能量污染和高生产效率的前提下满足要求。研究发现,采用较高分子量掺杂材料(如 $B_{10}H_{14}$ 或 $B_{18}H_{22}$) 代替 B 进行等效掺杂时,离子束电流和注入能量都会大大增加。同时还具有其他一些优点,如减轻隧穿效应,对掺杂表面进行无定形化处理等。因此,用较高分子量掺杂材料进行等效离子掺杂是满足45 nm 及以下工艺要求的有效方法。

曾经有一些研究者采用了传统的离子束注入技术制备超浅结,通过减小注入能量、降低热处理时间和温度等来实现,如低能离子注入(L−E)、快速热退火(RTA)、预非晶化注入(PAI) 等。但从根本上讲,这些技术制备超浅结会带来几个问题:瞬态增强扩散的限制、激活程度的要求、深能级中心缺陷等。较有希望的新兴超浅结掺杂技术包括等离子体浸没掺杂及离子淋浴掺杂。

（1）离子体浸没掺杂（Plasma Immersion Ion Implantation Doping，PIIID）。

PIIID 技术最初是 1986 年在制备冶金工业中抗蚀耐磨合金时提出的，也称等离子体离子注入、等离子体掺杂或等离子体源离子注入掺杂。1988 年，该技术开始进入半导体材料掺杂领域，用于薄膜晶体管的氧化、高剂量注入形成埋置氧化层、沟槽掺杂、吸杂重金属的高剂量氢注入等工序。与传统注入技术不同，PIIID 系统不采用注入加速、质量分析和离子束扫描等工艺。在 PIIID 操作系统中，一个晶片放在邻近等离子体源的加工腔中，该晶片被包含掺杂离子的等离子体包围。当一个负高压施加于晶片底座时，电子将被排斥而掺杂离子将被加速穿过鞘区而掺杂到晶片中。

PIIID 技术用于 CMOS 器件超浅结制备的优点有：① 以极低的能量实现高剂量注入；② 注入时间与晶片的大小无关；③ 设备和系统比传统的离子注入机简单，因而成本低。可以说，这一技术高产量、低设备成本的特点符合半导体产业链主体发展的方向，这是考虑将该技术用于源 – 漏注入的主要原因。目前，PIIID 技术已成功地用于制备0.18 μm 的 CMOS 器件，所获得器件的电学特性明显优于上述传统的离子注入技术。

以前 PIIID 技术的主要缺点是：硅片会被加热、污染源较多、与光刻胶有反应、难以测定放射量。可是现在 PIIID 系统的污染已经稳定地减小到半导体工业协会规定的标准，减小与光刻胶的反应将是今后 PIIID 技术应用的关键。

（2）离子淋浴掺杂（Ion Shower Doping，ISD）。

ISD 是一种在日本被使用的薄膜晶体管（TFT）掺杂新技术，但目前在 USLI 领域还未受到足够的重视。ISD 有些类似 PIIID 技术，离子从等离子体中抽出并立即实现掺杂，所不同之处是离子淋浴掺杂系统在接近等离子体处有一系列的栅格，通过高压反偏从等离子体中抽出掺杂离子。抽出离子被加速通过栅格中的空洞而进入晶片加工室（工艺腔室）并完成掺杂工序。

ISD 有着类似 PIIID 技术的优点，它从大面积等离子体源中得到注入离子，整个晶片同时掺杂，不需要任何额外的离子束扫描工序，并且离子在通过栅格时被加速；而在 PIIID 技术中，离子加速电压加到硅片衬底底座，有一大部分压降降到衬底上，降低了离子的注入能量。

ISD 的最大缺点是掺杂过程中引入的载气原子（如氢）带来的剂量误差以及注入过程中硅片自热引起的光刻胶的分解问题。在 TFT 器件中，使用过量的氢来钝化晶粒间界和实现高杂质激活。虽然这在硅单晶中不会发生，但进入栅格空洞的沾染离子仍然会注入硅片中。这一点使 ISD 技术似乎不太适合 ULSI 制备，尽管由离子淋浴得到的 TFT 器件在电学特性上可与传统离子注入工艺相比拟。

即使如此，国外对使用 ISD 实现 MOS 器件的超低能注入仍然抱有极大的兴趣，并集中研究能控制沾染的栅格，使 ISD 能与 ULSI 工艺兼容。一些研究工作表明，通过改善 B_2H_6/H_2 等离子体条件，可控制 B_2H_x 和 BH_x 离子中 x 的比例，从而得到合适的硼掺杂分布。目前已制备出0.18 μm 的CMOS 器件，以比较用10 keV 的 BF_2 传统离子注入和6 keV 的 B_2H_6/H_2 离子淋浴注入形成的 S/D 和 G 极工艺。

综合扩散工艺及离子注入工艺的发展前景，四种超浅结掺杂新技术的比较见表3.10。

表 3.10 四种超浅结掺杂新技术的比较

离子掺杂技术	优点	缺点
RVD	掺杂与退火同时完成;无沟道效应和充放电效应;无注入损伤	指数掺杂分布;高剂量 H 引入;低激活程度;均匀性和剂量控制差,需要硬掩膜
P – GILD	突变掺杂分布,高激活程度;低串联电阻;无须附加退火过程,热处理过程仅在纳秒数量级;污染少	集成工艺复杂,需预注入;结深度分布不均匀,掺杂分布难以控制;技术本身尚不成熟
PIIID	低能量、高剂量、高激活程度;低成本,不受尺寸限制;设备简单	硅片会被加热,污染源较多,与光刻胶有反应,难以测定放射量
ISD	从大面积等离子体源中得到注入离子,整个晶片同时掺杂,不需要任何额外的离子束扫描工序	掺杂过程中引入载气原子,带来剂量误差;注入过程中硅片自热引起光刻胶分解

应用超浅结掺杂新技术时需要考虑的问题主要有:新的超浅结技术是否可同时用于 p^+n 结和 pn^+ 结,实现源/漏和栅掺杂;会不会造成栅氧化层中陷阱的充放电和物理损伤;对裸露硅的损伤会不会形成瞬态增强扩散和杂质的再分布;工艺是否兼容现有的典型的 CMOS 掩膜材料;是否会引入可充当深能级中心的重金属元素和影响杂质扩散、激活和 MOS 器件可靠性的氟、氢、碳、氮等元素沾污等。这些都是有待研究解决的纳米 CMOS 超浅结方面的问题。在 2008 年的 IEDM(International Electron Devices Meeting) 会议上,超浅结被列为 22 nm 技术节点最具有挑战性的 15 项技术之一,其重要性可见一斑。注入材料、工艺和设备的更新将推动超浅结技术向前发展。

思考与练习题

3.1 简述 SiO_2 薄膜在微电子器件中有哪些作用。

3.2 试推导热氧化法制备二氧化硅薄膜的淀积速率公式。

3.3 温度为 1 000 ℃ 时,硅在干氧中的氧化系数分别为 $a = 0.165\ \mu m, b = 0.011\ 7\ \mu m^2/h, \tau = 0.37\ h$。采用两步生长氧化层工艺,首先生长 50 nm 的氧化层,然后再氧化到 100 nm 的总厚度。计算每次氧化所需要的时间。

3.4 硅片购买来时已在 800 ℃ 氧化 0.6 h,现在需要在 1 000 ℃ 温度下将氧化膜再增厚 100 nm。计算所需要的时间(不修正与修正分别计算)。

3.5 热氧化时在氧气中加入少量氯的作用是什么?

3.6 推导热氧化法二氧化硅生长速率公式。

3.7 推导菲克第二定律,并给出两种边界条件下的分析解。

3.8 叙述扩散的基本工艺步骤。

3.9 简述与扩散相比,离子注入掺杂有哪些优缺点。

3.10 讨论在离子注入过程中,核阻止和电子阻止究竟哪种能量阻止机理起主要作用。

3.11 分别叙述什么是沟道效应及注入损伤,并说明解决措施。

3.12 叙述离子注入机的主要组成部分以及各部分的作用及工作原理。

3.13 在 1 000 ℃ 下在硅片中进行 20 min 的磷的预淀积扩散,然后在 1 100 ℃ 下进行推进扩散,如果衬底浓度为 10^{17} cm^{-3},则为获得 4.0 μm 的结深,推进时间应为多少?推进后的表面浓度是多少?

3.14 分别推导余误差分布和高斯分布的浓度梯度表达式;假设衬底杂质浓度为 C_{sub},试分别推导余误差分布和高斯分布的结深表达式。

3.15 假设扩散系数 $D = 10^{-15}$ cm^2/s,余误差分布的表面浓度 $C_s = 10^{19}$ cm^{-3},高斯分布的杂质总量 $Q_T = 10^{13}$ cm^{-2},试分别计算经 10、30、60 min 几种扩散时间后余误差分布的杂质总量 Q_T 和高斯分布的表面浓度 C_s。

3.16 能量为 30 keV、剂量为 10^{12} cm^{-2} 的硼离子注入硅中,试求 R_p、C_{max} 和 0.3 μm 深度处的浓度分别是多少?

3.17 硅中注硼,要求 $R_p = 0.3$ μm、$C_{max} = 10^{17}$ cm^{-3},试求所需的能量和剂量。如果衬底为 N 型,杂质浓度为 10^{15} cm^{-3},试求注入后的结深。

3.18 一典型的强束流注入机的工作束流为 2 mA,在 150 mm 直径的硅片上注入氧离子 O^+,剂量为 10^{18} cm^{-2},试求要注入多长的时间。

3.19 在 1 000 ℃ 工作的扩散炉,温度偏差为 ±1 ℃,扩散深度相应的偏差是多少(假定是高斯分布扩散)?

3.20 对 n 区进行 P 扩散,使 $C_s = 1 000C_{sub}$。证明:假定是恒定源扩散,结深与 $(Dt)^{1/2}$ 成正比,请确定比例因子。

3.21 什么是硼的逆退火现象?

参 考 文 献

[1] FRANSSILA S. 微加工导论[M]. 陈迪,刘景全,朱军,等译. 北京:电子工业出版社,2005.

[2] 张亚非. 半导体集成电路制造技术[M]. 北京:高等教育出版社,2006.

[3] 徐泰然. MEMS 和微系统:设计与制造[M]. 王晓浩,译. 北京:机械工业出版社,2004.

[4] 施敏. 半导体器件物理与工艺[M]. 王阳元,嵇光大,卢文豪,等译. 北京:科学出版社,1992.

[5] 施敏,梅凯瑞. 半导体制造工艺基础[M].陈军宁,柯导明,孟坚,等译. 合肥:安徽大学出版社,2007.

［6］张兴,黄如,刘晓彦. 微电子学概论［M］. 北京:北京大学出版社,2003.

［7］ZANT P V. 芯片制造:半导体工艺制成实用教程［M］. 赵树武,朱践知,于世恩,等译. 北京:电子工业出版社,2008.

［8］QUIRK M, SERDA J. 半导体制造技术［M］. 韩郑生,译. 北京:电子工业出版社,2009.

［9］CAMPBELL S A. 微电子制造科学原理与工程技术［M］. 曾莹,严利人,王纪民,等译. 北京:电子工业出版社,2003.

第4章　图形转移

集成电路制造的基本特点是局部的掺杂,圆片上需要掺杂的地方要暴露出来,而不掺杂的地方要遮挡住。这些暴露和不暴露的部分构成一个图形,预先制作在一个掩膜版上。首先,整个集成电路制造最重要的部分就是将设计者的想法转换到半导体晶片上,也就是说需要在晶片表面制作出满足设计者要求的极细微尺寸的图形。

光刻是微电子制造技术中最为复杂的关键工艺,它借助掩膜版以及涂敷在半导体晶片上的光刻胶,在光学 – 化学作用下形成带有相应图形的后续工艺掩膜层,实现由掩膜版到光刻胶掩膜层的图形转移。

刻蚀是用化学或物理方法去除晶片表面材料层的工艺过程,大多数情况下刻蚀工艺在完成光刻工序之后进行,它通过有选择地去除未被光刻胶(或其他薄膜)掩蔽的表面材料层、保留掩蔽区域的材料层,实现图形的复制转移。例如,在阻挡图形制备完成以后,需要将二氧化硅腐蚀掉,以进行离子注入、热扩散等工艺;在互连阶段,需要在介质、金属薄膜上刻蚀图形。

光刻技术与刻蚀技术合称为图形转移技术,图形转移技术在微电子制造过程中占有极为重要的地位,通过图形转移技术形成的集成电路层及其单个功能结构的横向尺寸以及结构间的接近程度会决定电路的集成度和速度。

本章首先介绍光刻基本原理、光刻设备、光刻胶以及光刻的工艺过程,然后从湿法刻蚀(包括对硅、氮化硅、氧化硅等不同材料的刻蚀应用)和干法刻蚀(包括等离子体刻蚀、高压等离子体刻蚀、离子铣、反应离子刻蚀、高密度等离子体刻蚀)两方面介绍刻蚀技术,最后对图形转移技术进行展望。

4.1　光　　刻

在进行一类单元的操作加工时需要将其余部分遮挡,只有要加工的部分开窗口。一系列的遮挡与窗口构成系统的一幅图像。每次的加工图形形成一个掩膜版。掩膜版(Mask)由透光的衬底材料(石英玻璃)和不透光的金属吸收材料(主要是金属铬)组成,通常还要在表面淀积一层保护膜,避免掩膜版受到空气中微粒或其他形式的污染。光刻就是通过光学照相术将掩膜版的图形精确而完整无误地复制到光刻胶上。图4.1 所示为正性光刻,由图 4.1 中可以看出,经过光刻,掩膜版上的图形转移到光刻胶上。

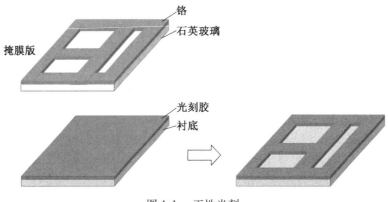

图 4.1 正性光刻

4.1.1 光刻原理

光刻通常被认为是 IC 制造中最关键的步骤,需要提高技术水平并结合其他工艺以获得高成品率。据估计,光刻成本在整个晶片加工成本中几乎占到三分之一。光学光刻中主要参数是尺寸与精度,其基本原理涉及光的衍射。影响质量的因素有光源(光的波长)和设备(曝光方式)。

1. 光刻的主要参数

(1) 关键尺寸。

关键尺寸(Critical Dimension,CD)是指在集成电路光掩膜制造及光刻工艺中为评估及控制工艺的图形处理精度,特设计一种反映集成电路特征线条宽度的专用线条图形。半导体产业常使用"工艺节点"这一术语来描述在硅片制造中可应用的 CD,例如 150 nm以下工艺节点分别是 130 nm、90 nm、45 nm、32 nm、22 nm、14 nm、10 nm 和 7 nm。减小关键尺寸可在单个晶片上布局更多芯片,这样将大大降低制造成本,提高利润。

(2) 分辨率。

光刻中一个重要的性能指标是每个图形的分辨率。分辨率是清晰分辨硅片上间隔很近的特征图形对的能力。分辨率对任何光学系统都是一个重要的参数,并且对光刻非常关键,因为需要在硅片上制造出极小的器件尺寸,器件的分辨率如图 4.2 所示。晶片上形成图形的实际尺寸就是特征尺寸,最小的特征尺寸就是关键尺寸。由于线宽和间距尺寸必须相等,随着特征尺寸的减小,要将特征图形彼此分开更困难。

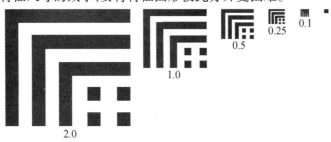

图 4.2 器件的分辨率

（3）套准精度。

光刻要求晶片表面上存在的图案与掩膜版上的图形准确对准,这种特性指标就是套准精度。对准十分关键是因为掩膜版上的图形要层对层准确地转移到晶片上,当图形形成要多次用到掩膜版时,任何套准误差都会影响晶片表面上不同图案间总的布局宽容度。图4.3所示为CMOS反相器的模版布局。如图4.3中所示,制备CMOS反相器至少需要8块掩膜版,各层之间的套准容差很小。而大的套准容差会减小电路密度,即限制了器件的特征尺寸,从而降低IC性能。

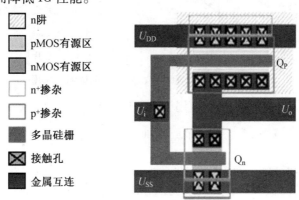

图4.3　CMOS反相器的模版布局

（4）工艺宽容度。

在光刻工艺中有许多工艺是可变量。例如,设备设定、材料种类、人为操作、机器对准,还有材料随时间的稳定性。工艺宽容度表示的是光刻始终如一地处理符合特定要求产品的能力。目标是获得最大的工艺宽容度,以提高工艺生产好的器件的能力。为了获得最大的工艺宽容度,要调整不同的工艺变量。对于光刻,高的工艺宽容度意味着在生产过程中,即使遇到所有的工艺发生变化,在规定范围内也能达到关键尺寸要求。

2. 光刻的基本原理

这里主要简单介绍光刻过程中的物理基础知识。有助于理解光刻的技术和掌握分析不同光刻系统的方法。

（1）衍射。

在光刻过程中采用光作为加工介质和手段,用于加工的光通过掩膜版上一个个很小的空间(孔、缝)到达目标。当缝的尺寸与光的波长接近时,一个重要的因素就影响到线条的精度和分辨率。在这里要把光的传播作为电磁波来理解,可以表达为

$$\varepsilon(\boldsymbol{r},\upsilon) = E_0(\boldsymbol{r})e^{j\varphi(\boldsymbol{r},\upsilon)} \tag{4.1}$$

式中,E_0为电场强度;j为虚数;φ为波的相位;$\boldsymbol{r}$为空间位置;υ为波的频率。

惠更斯原理指出,光学系统中任一局部扰动,例如增加一个掩膜,都会产生从扰动点向外传播的大量的球面子波。为了求解被扰动的电磁波,必须叠加所有子波。

图4.4所示为惠更斯原理在掩膜光刻系统上的应用。由图4.4可以看出,一个点光源辐照在掩膜上,掩膜上有一个简单图形(一个宽为W,长为L的窄长的缝)。为了更好地说明衍射的影响,这里假设掩膜的透明部分不影响入射波阵面。这个狭缝可以分成许多宽$\mathrm{d}x$、长

dy 的微小矩形单元。点 P_w 和 P_m 分别在晶片和掩膜上。每一矩形单元产生一个子波。

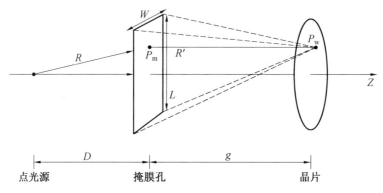

图 4.4 惠更斯原理在掩膜光刻系统上的应用

晶片表面上任一点的曝光总量可用下式积分表示

$$\xi(R') = j\frac{A}{\lambda}\iint_{\Sigma}\frac{\mathrm{e}^{-jk(R,R')}}{RR'}\mathrm{d}\sigma \tag{4.2}$$

式中，R 为点光源与 P_m 点之间的距离；R' 为 P_m 点与 P_w 点之间的距离；λ 为光的波长；σ 为 P_m 附近微小单元的面积，$\mathrm{d}\sigma = \mathrm{d}x\mathrm{d}y$；$A$ 为从光源算起单位距离处正弦波的幅度；Σ 为掩膜上的孔所对的立体角。

若已知电场，乘以它的复数共轭量就可以计算晶片表面的电磁场强度。若让 W 和 L 趋于无穷大，则式（4.2）代表的是一个无限球面波系列的总和，它精确重现了未受扰动的波，其强度可以表示为

$$I = \xi\xi^* = E_0\mathrm{e}^{j\varphi}E_0\mathrm{e}^{-j\varphi} = E_0^2 \tag{4.3}$$

如果孔是有限大小，电场是不同相位平面波的叠加。在最简单的情况下，孔只分为两个单元，此时

$$I = \left[E_1\mathrm{e}^{j\varphi_1} + E_2\mathrm{e}^{j\varphi_2}\right]\left[E_1\mathrm{e}^{-j\varphi_1} + E_2\mathrm{e}^{-j\varphi_2}\right]$$
$$= E_1^2 + E_2^2 + 2E_1E_2\cos(\varphi_1 - \varphi_2) \tag{4.4}$$

式（4.4）中包含了子波间干涉造成的交叉项。它引起光强的振荡，这也是衍射图像的一个特征部分。

实际上即使简单的几何形状，对于式（4.2）的求解也是相当复杂的，在这里只对极限的情况进行讨论，以增加对光刻过程衍射的理解，有助于后续的学习。

如果假设：

$$W^2 \gg \lambda\sqrt{g^2 + r^2} \tag{4.5}$$

式中，r 为衍射图形中心与观察点的径向距离，则其结果是近场或菲涅耳（Fresnel）衍射。这种类型衍射的图像如图 4.5 所示。

光强从边缘位置逐渐上升，在预期强度附近振荡，当达到图形中心时振荡消失。这种振荡是掩膜孔的惠更斯子波的相长和相消干涉造成的。振荡的幅度和周期由孔的大小决定。

可以看出，当 W 很大时，振荡很快消失，达到简单光线轨迹情况。设晶片表面图形宽度的增加为 ΔW，应用几何光学理论，可以得出：

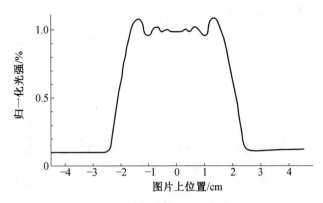

图 4.5 典型近场（菲涅耳）的衍射图像

$$\Delta W = W \frac{g}{D} \tag{4.6}$$

需要指出的是，当 W 与 λ 相近时，以上的近似不再适用，需要使用产生极化效应的矢量衍射理论。

另一衍射的极端情况为，假设

$$W^2 \ll \lambda \sqrt{g^2 + r^2} \tag{4.7}$$

这种情况称为远场或夫琅和费（Fraunhofer）衍射。式（4.7）称为夫琅和费判据。在晶片表面，光强作为位置的函数可表示为

$$I(x,y) = I_c(0) \left[\frac{(2W)(2L)}{\lambda g} \right]^2 I_x^2 I_y^2 \tag{4.8}$$

式中，$I_c(0)$ 为入射束流密度（W/cm^2）。

$$I_x = \frac{\sin\left[\frac{2\pi x W}{\lambda g}\right]}{\frac{2\pi x W}{\lambda g}} \tag{4.9}$$

$$I_y = \frac{\sin\left[\frac{2\pi y L}{\lambda g}\right]}{\frac{2\pi y L}{\lambda g}} \tag{4.10}$$

式中，L 为线条与间隔的长度。式（4.9）与式（4.10）中 x 和 y 是晶片表面观测点的坐标，此函数与它的平方一维曲线图，典型远场衍射图像如图4.6所示。此函数在 $x = 0$ 处有尖锐的峰值，并在 $1/2$ 的整数倍处经过 0。

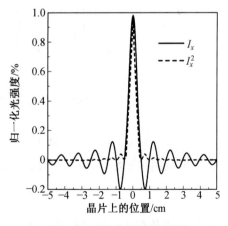

图 4.6 典型远场衍射图像

然而，实际系统比这些简单的假设复杂得多。光源不是一个简单的点，而是有一定体积的实际光源，而且实际光源会发射出许多波长的光。发出的光在通过透镜／反射镜组合时会被收集，实际使用的每一光学元件都可能会存在缺陷，如局部畸变和色差。掩膜本身也会反射、吸收和相移入射的辐照光。在晶片表面的反射进一步使计算复杂化。结果，即使使用复杂的商用软件进行模拟计算，得到的晶片表面产生图形（实像）也只可能是数

值近似。远场衍射图像如图4.7所示。

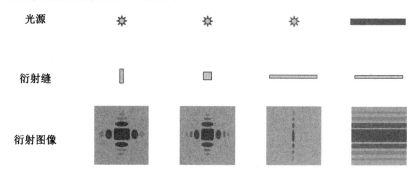

图4.7 远场衍射图像

（2）调制传输函数。

当讨论一个光学系统的分辨率时，习惯于讨论一个线条与间距的系列（称为衍射光栅，Diffraction Grating），而不是一个单一的孔。如果符合夫琅和费判据，可以用各个光强的叠加粗略地近似实像（实际上，必须考虑峰－峰间的干涉。但是，如果峰值之间的间隔相当大，则影响不大）。衍射栅的远场图形如图4.8所示。从图4.8可以看出来自这样光栅的归一化光强度与晶片上位置的函数关系。光强度不能再达到1，最小强度也不为0。定义 I_{max} 为辐照图形的最大强度，I_{min} 为最小强度。在图4.8上，它们分别为5.0和1.0左右。

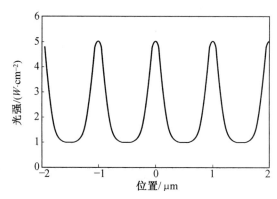

图4.8 衍射栅的远场图形

图形的调制传输函数（MTF）可定义为

$$MTF = \left(\frac{I_{max} - I_{min}}{I_{max} + I_{min}} \right) \tag{4.11}$$

MTF强烈依赖于衍射光栅的周期。当光栅周期减小，MTF也减小。从物理概念看，可以认为MTF是实像上光学反差的度量。MTF越高，光学反差越好。对于图4.8中的光栅，MTF为0.67左右。

（3）光学曝光。

光学曝光以及干涉的结果影响对光刻胶的要求。好的调制传输函数使曝光曲线具备陡峭的边沿，可以得到更加陡直的光刻胶显影图形，即有高的分辨率。图4.9所示为曝光效果示意图。

(a) 理想　　　　　　　　　　　　(b) 实际

图 4.9　曝光效果示意图

图 4.10 所示为曝光量随晶片位置变化曲线。

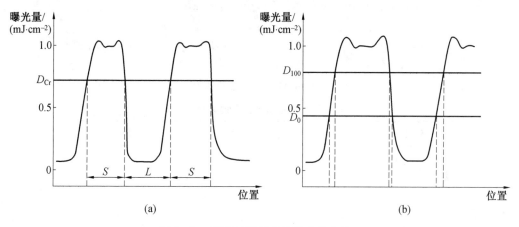

(a)　　　　　　　　　　　　　　(b)

图 4.10　曝光量随晶片位置变化曲线

其中,曝光量为实像光强度乘以曝光时间(mJ/cm^2)。叠加于强度曲线上的是两个简化的光刻胶响应指示。图 4.10(a) 中,光刻胶有理想响应:曝光能量强度 D_{Cr} 处一条线。所有接受能量大于 D_{Cr} 的光刻胶区域,在显影处理时会全部溶解。接受曝光能量低于 D_{Cr} 区域则在显影时不会被侵蚀。当线条和间距宽度减小时,衍射只造成线条和间距的宽度的少量变化,直至 I_{min} 乘以曝光时间大于 D_{Cr} 或 I_{max} 乘以曝光时间小于 D_{Cr}。图 4.10(b) 所示为更实际的光刻胶响应模型。光刻胶现在有两个临界曝光能量密度。当 $D < D_0$,胶不会在显影时溶解;$D > D_{100}$ 时,光刻胶在显影时完全溶解;在中间阴影区($D_0 < D < D_{100}$),图形将部分显影。随 W 减少,MTF 下降,实像光强度很快进入衍射光栅不能完美地复制于晶片上的区域。发生这种情况的点取决于 D_0 和 D_{100} 值,因而取决于所用的光刻胶。在通常的光刻胶系统中,当 MTF 小于 0.5 左右,图形不再能被复制。

4.1.2　光刻工艺

1. 光源系统

光源系统包括光源本身以及用于收集、准直、滤波和聚焦的反射／折射光学系统。曝光辐照的波长是光刻工艺的关键参数。其他条件相同时,波长越短,可曝光的特征尺寸越小。光源波长范围如图 4.11 所示。

光刻曝光主要的紫外光波长见表 4.1。

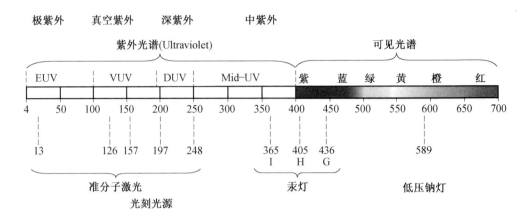

图 4.11 光源波长范围

表 4.1 光刻曝光主要的紫外光波长

UV 波长 /nm	波长名	UV 发射源
436	G 线	汞灯
405	H 线	汞灯
365	I 线	汞灯
248	深紫外(DUV)	汞灯或 KrF 准分子激光
193	深紫外(DUV)	ArF 准分子激光
157	真空紫外(VUV)	F2 准分子激光
10 ~ 14	极紫外(EUV)	通电紫外线管的 K 极

在光刻胶曝光过程中,光刻胶材料里发生光化学转变来转印投影掩膜版的图形。这是光刻中关键的一步。它必须发生在最短的时间内,并在大量硅片生产中是可重复的。

紫外(UV) 光用于光刻胶的曝光是因为光刻胶材料与这个特定波长的光反应。波长也很重要,因为较短的波长可以获得光刻胶上较小尺寸的分辨率。现今最常用于光学光刻的两种紫外光源是:高压汞灯和准分子激光。

(1) 高压汞灯。

多数光刻系统采用弧光灯作为主要光源,常见高压汞灯如图4.12 所示。

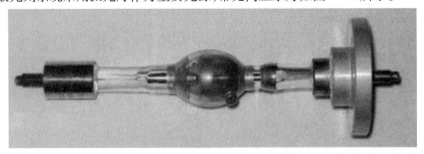

图 4.12 常见高压汞灯

灯包括两个密封在石英外壳内的导电电极——1个针尖电极和1个圆弧电极,间距为5 mm 左右。大多数弧光灯内部填充汞蒸气,灯处于冷却状态时压力接近 1 atm(1 atm = 101.325 kPa)。为了点燃弧光灯,通过在两个电极间加一个高压电脉冲,使管内气体电离,产生等离子体,可得到最亮的非相干光源。在灯中离化的气体非常热,灯内的压力可达到 40 atm。典型的光刻弧光灯的电力消耗为 500 ~ 1 000 W,发射光功率略小于它的一半。

工作时,灯有两个发光源。第一个光源是在电弧中的高温电子作为高热灰体辐射源,其辐射功率如式(4.12)所示

$$M_\lambda(T) = \frac{\varepsilon(\lambda,T)C_1}{\lambda^5(e^{C_2/\lambda T} - 1)} \tag{4.12}$$

式中,M_λ 为能量密度分布;C_1 和 C_2 分别为第一和第二光学常数。电子在弧光灯等离子区中的典型温度是 40 000 K 量级。这相当于波长 75 mm 的峰值发射,是非常深的紫外光。由于这个能量超过了石英玻璃外壳的禁带宽度,大多数发射光在离开灯外壳前将被吸收。因为这种高能发射会在灯装置中产生臭氧,灯的制造商有时会添加一些杂质到石英玻璃中,以增强吸收。

灯的第二个光源是汞原子本身,与高能电子的碰撞推动汞原子的电子进入能带的高能态。当它们回到低能态时,发射出光的波长相应于其能量跃迁。这些发射线谱非常尖锐,可用于确定等离子体中的主要产生物。典型高压汞灯的发射光谱如图 4.13 所示。对一些旧的光学曝光设备,最常用的波长为 436 nm(G 线)和 365 nm(I 线)。为将弧光灯的使用扩展到更深的紫外区,可用氙气作为填充气体。氙(Xe)在 290 nm 有强线,在 380 nm、265 nm 和 248 nm 有很弱的线。无论如何,准分子激光器(Excimer Laser)在波长小于 365 nm 时,已成为更通用的光源。

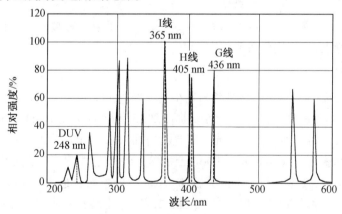

图 4.13　典型高压汞灯的发射光谱

(2) 准分子激光。

"准分子"这个词是"激发"和"二聚物"两个词的结合,因此,实际的准分子相当于激发的二聚物(有两个同样元素原子的分子,如 F_2)。一个分子有一个或几个电子处于激发能级,可用星号(*)表示,如 F_2^*。大多数准分子激光中有两种元素(一般是一种惰性气体和一种卤素气体),正常情况下它们处于非激发态时不会发生反应,不过当这些元素(如 Kr 和 NF_3)受激时,会发生化学反应生成 KrF。换句话说,受到电子束激发的惰性气

体和卤素气体结合的混合气体形成的分子向其基态跃迁时发射所产生的激光,称为准分子激光。一个通常的例子是 XeCl,导致产生激光的反应为

$$Xe^* + Cl_2 \rightarrow XeCl^* + Cl \tag{4.13}$$

氙与氯混合气体在受到外界能量激发时,形成转瞬即逝的分子 – 准分子,其寿命很短,只有几十毫微秒,同时发出激光。准分子激光的特点:① 冷激光、无热效应、方向性强、波长纯度高、输出功率大;② 脉冲激光;③ 紫外激光;④ 常见的波长有 157 nm、193 nm、248 nm、308 nm、351 ~ 353 nm。

准分子激光的应用:① 临床医学;② 工业应用,包括钻孔、打标、激光化学气相淀积、物理气相淀积,晶圆表面清洗,微机电系统相关的微电子制造技术。

表4.2 是光刻中常用的准分子激光光源。

表4.2   光刻中常用的准分子激光光源

材料	波长 /nm	最大输出(MJ/ 脉冲)	频率 /Hz
F_2	157	40	500
ArF	193	10	2 000
KrF	248	10	2 000

缩短光源波长是光学光刻的必然趋势。曝光光源与其分辨率大致有如下的关系:365 nm 的光线能刻出0.25 ~ 0.35 μm 的线宽;248 nm 的 KrF 线能刻出0.13 ~ 0.18 μm 的线宽。若想得到更小的几何尺寸,则需选用深紫外范围的激光光源,目前 193 nm 波长为主的深紫外浸没曝光技术与双曝光技术的发展,已经能够胜任 32 nm 甚至更小尺寸集成电路的大规模生产。对于非光学光刻,同步辐射 X 光实验室条件下得到的最小线宽为30 nm 左右,电子束能刻出的最小线宽为 10 nm,而离子束投影曝光技术具有焦深大和曝光深度可控的特点,能刻出的最小线宽为 10 nm 左右。

2. 曝光系统

实现高度集成的关键是能够将越来越小的电路图形成像到晶片表面。光学曝光最小图形分辨率从20 世纪70 年代的4 ~ 6 μm 提高到20 世纪80 年代初的1 μm,当时人们预测光学曝光的极限分辨率为0.5 μm,光学曝光的寿命最长只能延续到1985 年,之后就需要用其他曝光技术来替代光学曝光,例如电子束曝光或 X 射线曝光。但光学曝光技术本身不断地改进与革命,使这一技术不但突破0.5 μm 的极限而且进入了 100 nm 以下的纳米加工领域。这一技术直到今天仍然在大规模集成电路生产技术中占主导地位。目前的光学曝光技术已经能够制作出7 nm 的最小电路图形。10 nm 的工艺已开始进入大批量生产阶段。光学曝光不但是大规模集成电路生产的主要技术,而且也是微系统技术的主要加工手段,三种光学曝光技术原理示意图如图4.14 所示。

现今,曝光装置(光刻机)的种类已发展到包括光学和非光学两大系列,如图4.15所示。

光学对准和曝光系统采用紫外光作为光源,而非光学光刻机的光源则来自电磁光谱的其他部分。为满足减小特征图形尺寸,增加电路密度,以及超大规模集成电路时代对产

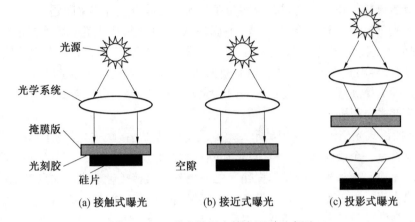

图 4.14　三种光学曝光技术原理示意图

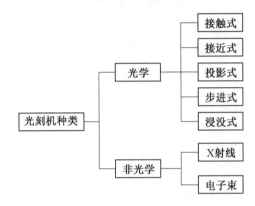

图 4.15　光刻机的种类

品缺陷的要求,光刻设备不断得以发展。因为微器件是一层一层建立起来的,与前一层相关的连续层上的套准是评判光刻技术的一个重要标准。套准是指图形位置对准,而对准仅涉及晶片表面的个别点。在对准过程中使用的对准标记(Alignment Keys or Targets),由于对准局限于特定结构(通常是晶片或者芯片的边缘部分),它不能在任何地方都成为套准的保证。套准会受到镜头失常、晶片夹紧不正常(与设备相关的问题)、掩膜版图案的错位(掩膜版制造问题)以及晶片自身扭曲(如翘曲或者局部不平整)的影响。由于对准是一个很简单的概念,可以将 Alignment 扩展为表达层与层之间的一般称呼。单次光刻机(Mask Aligner)很好地表达了对准的重要性。而根据经验,1 倍光学系统的对准是最小线宽的三分之一。一个 3 μm 线宽的接触／接近式对准装置可以在各层之间对准到1 μm。由于曝光系统价格昂贵,对于线宽要求更小的系统,价格要增加几倍。因此为了充分利用已有的 I 线(波长 365 nm)光刻技术,使其分辨率能达到最小,近年来发展了变形照明和相衬掩膜两种技术。

(1)接触式光刻机。

带光刻胶的晶片与掩膜版直接接触,由于接触紧密,分辨率可以比较高,晶片与掩膜的间隙为 0,衍射效应最小,MTF = 1,但正因如此也容易造成掩膜版和光刻胶膜的损伤,一旦晶片弯曲或变形,光刻对准就会有很大的困难。掩膜版曝光 15 ~ 25 次就会被移开,丢弃或清洁。掩膜版和晶片之间的尘埃会在其附近区域产生分辨率问题。

接触式光刻机用于分立器件产品、小规模或中规模集成电路,以及特征尺寸大于 5 μm 的图形。它还可用于平板显示、红外传感器和多模块芯片。如果光刻胶选择适当,工艺调整良好,接触式光刻机可加工出亚微米图形。该技术已经逐渐被其他系统所取代,很大程度是因为掩膜版与晶片接触容易引入大量的工艺缺陷,成品率太低。

(2)接近式光刻机。

接触/接近式光刻机如图4.16所示。接近式光刻机是接触式光刻机的自然演变。该系统本质上就是一个接触式光刻机,只是在晶片和掩膜版之间保留一个很小的间隙,此间隙可大大减小掩膜版和光刻胶膜的损伤。之前提到的直接接触曝光的缺点可以通过接近式曝光得以克服。由于掩膜与晶片没有直接接触,掩膜的寿命大大延长。但是由于掩膜与胶表面的间隙使成像分辨率降低。尽管可以把这一间隙尽量减小,然而这又带来另一个问题,晶片本身的平整度偏差会使晶片整体曝光均匀性产生偏差。通常晶片都有几微米到十几微米的不平整度。如果晶片已经经过前面的多道工序加工,晶片内会积累内应力,这种内应力会加剧晶片的翘曲。这就会使晶片各点与掩膜的间隙不均匀,因而使照射到胶表面的光强分布不均匀。直接接触曝光不存在这个分辨率的问题,这是由于直接接触本身能使晶片保持均匀平整。因此接近式曝光虽然延长了掩膜寿命,但影响了曝光的分辨率与均匀性。接近式光刻机的性能表现是分辨率与缺陷密度的权衡。当晶片与掩膜版软接触时,总会有一些光发散,这样会使光刻胶上的图形模糊。而软接触可以使由掩膜版和光刻胶的损坏所导致的缺陷数量大大减少。但即使缺陷密度得以改善,接近式光刻机在 VLSI 的光掩膜工艺中也少有用武之地。掩膜接近式曝光虽然有这些缺点,但这一技术到今天仍有广泛应用。因为在小批量、科研性质的以及分辨率要求不高的微细加工中,例如微系统元器件的制作,这种曝光方式具有设备便宜、技术简单等优点。

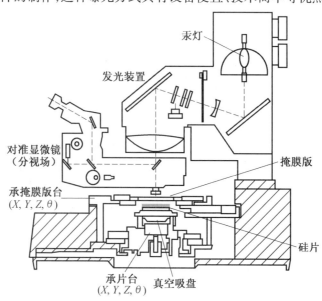

图 4.16　接触/接近式光刻机

接近式曝光的问题是分辨率下降。考虑一块暗场中有一个宽度为 W 单孔的掩膜。假定以单色非发散光源曝光,如宽束激光。图4.17 所示为光刻胶上光强分布与间隙之间的关系。

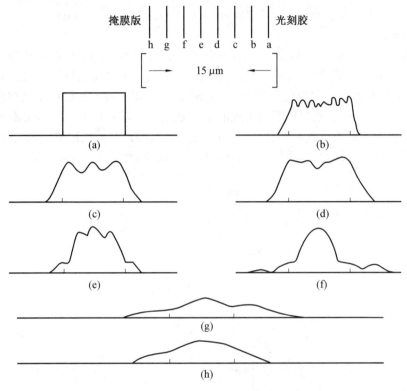

图 4.17 光刻胶上光强分布与间隙之间的关系

由前述衍射的原理,掩膜与圆片的间隙 g 很小,满足

$$\lambda < g < \frac{W^2}{\lambda} \tag{4.14}$$

此时系统处于菲涅尔衍射的近场范围,产生的实像图形很接近理想图形。

当间隙 g 增加,最后达到

$$g \geq \frac{W^2}{\lambda} \tag{4.15}$$

此时图形达到夫琅和费衍射的远场范围,如图 4.17 所示。

当间隙很大时,图形严重退化。掩膜间隙与曝光图形保真度之间的关系可以由式 (4.16) 表示

$$W_{\min} \approx \sqrt{k\lambda g} \tag{4.16}$$

式中,$W_{\min}$ 为模糊区宽度,或者说是胶平面实际成像尺寸与掩膜图形设计尺寸之差;k 为一个与工艺条件有关的参数,k 的典型值接近于 1;λ 为照明光波长;g 为掩膜与圆片的间隙。由此可见,当特征尺寸小于 $W_{\min}$,就不能用这种光刻方法分辨了。

例 4.1 如果光的波长为 436 nm,掩膜与圆片的间隙 20 μm,光刻可分辨的最小尺寸是多少? 如果光的波长为 240 nm,掩膜与圆片的间隙 2 μm,光刻可分辨的最小尺寸是多少?

解　光刻可分辨的最小尺寸

$$W_{\min} = \sqrt{436 \text{ nm} \times 20\ 000 \text{ nm}} = 2\ 953\ (\text{nm}) \approx 3\ (\mu\text{m})$$

$$W_{\min} = \sqrt{240 \text{ nm} \times 2\ 000 \text{ nm}} = 693\ (\text{nm}) \approx 0.693\ (\mu\text{m})$$

（3）投影式光刻机。

接触式光刻机使用的末期阶段,探索和开发下一代光刻机的工作也在进行中。探索工作的中心思想是将掩膜版上的图形投影到晶片表面上,很像是幻灯片被投影到屏幕上一样,但做法并不简单。20 世纪 70 年代中期,珀金·埃尔默(Perkin Elmer)使扫描投影光刻机成为现实,扫描反射镜投影光刻系统的工作原理图如图 4.18 所示。他是利用透镜或反射镜将掩膜版上的图形投影到晶片上,由于掩膜版与晶片之间的距离较大,完全避免了掩膜版的损伤;反射式的光学系统连续扫描,因此产率高;可用于 2 μm 的特征尺寸。

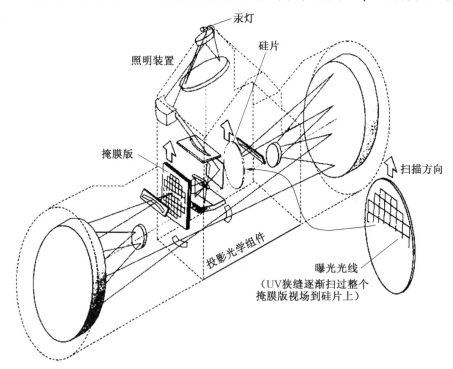

图 4.18　扫描反射镜投影光刻系统的工作原理图

投影光刻机的光路示意图如图 4.19 所示。掩膜被放在聚光透镜和称为投影器的第二组透镜之间的位置。投影器的目的就是重新将光线聚焦在晶片上。在一些情况下,从聚光透镜出来的光线不是平行的而是汇聚在投影器平面上。

对于投射式曝光设备,数值孔径是一个重要的指标。光线透过掩膜后已经被衍射成比较大的角度,需要物镜尽可能多地收集这些图形光线。物镜的这种能力定义为数值孔径(Numerical Aperture,NA)

$$NA = n\sin\alpha \tag{4.17}$$

式中,n 为投影透镜和晶片之间成像介质的折射率;α 为光线在晶片处汇聚成点像时的锥体顶角的一半。在光学对准情况,通常在空气中完成曝光的 $n = 1.0$。而 NA 的典型范围为 $0.16 \sim 0.8$。

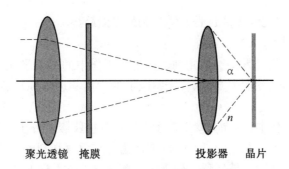

聚光透镜　掩膜　　　　　　投影器　晶片

图 4.19　投影光刻机的光路示意图

投影系统的分辨率受光路问题所限,这些问题可以是镜头无规则,如失常、夹杂、变形,或者是掩膜版和投影器间的间隔不准。但是,IC 制造所使用的大多数光刻机,其镜片制作都能够合格,因此分辨率 W 主要受光路的收集光线和重新成像光线能力的限制。这个限制称为 Rayleigh 判据

$$W_{\min} \approx k_1 \frac{\lambda}{NA} \tag{4.18}$$

式中,k_1 为系数,取决于光刻胶分辨微小光强改变的能力($k_1 = 0.75$);λ 为曝光波长。式(4.18)意味着当光刻机的 NA 为 0.6,使用 365 nm 的光源,则可获得小到 0.4 μm 的线。由于掩膜版在曝光过程中并不接触晶片,投影光刻机并不会产生图形缺陷。

要获得较细的线就需要开发更大的 NA 值的透镜。在这个领域已经有了很大进展,但是有技术价格。聚焦深度 σ 可以定义为在保证成像清晰的情况下,晶片能够沿光路移动的距离。对于投影系统聚焦深度的公式可以写成

$$\sigma = k_2 \frac{\lambda}{NA^2} \tag{4.19}$$

式中,k_2 为另一个系数。参数 k_1 和 k_2 长期被认为是常数。但是近些年,它们的数值成比例迅速减小。这要求对光刻系统的每个方面的控制程度更高:光刻胶的均匀性以及掩膜版的质量必须有所提高;为了 k_1 的比例进一步比例缩小,必须使用光学近似修正和移相掩膜技术。设 $k_1 = 1$,NA = 0.6 的曝光设备以及 248 nm 的波长,其分辨率可达 400 nm。但是它已经制造了 300 nm 分辨率的产品,其对应的 $k_1 = 0.7$。在实验室中能够达到 200 nm 的分辨率,这意味着 $k_1 = 0.5$。

从式(4.18)和式(4.19)可以看出,数值孔径 NA 增加使分辨率呈线性增加,而聚焦深度以二次方降低。如果 $\lambda = 365$ nm,NA = 0.4,则 $\sigma = 2.3$ μm。若 $\lambda = 365$ nm,NA = 0.6,则 $\sigma = 1.0$ μm。将数值孔径增加到 0.6 会使聚焦深度降低到 1.0 μm。保证聚焦深度跨过一个 200 mm 厚度的晶片是非常困难的,除非硅表面被平整过,否则表面上不同位置高度差可能相差达到 2 μm。20 世纪 90 年代初的集成电路生产要求曝光系统的聚焦深度范围最少要 1.5 μm。随着晶片生产工艺的进步,晶片平整度大大提高。到 1997 年这一要求减至小于 1 μm。随着化学机械抛光(Chemical Mechanical Polishing,CMP)技术的引进,每一道曝光工序可以在研磨打平的晶片上进行,对曝光系统焦深的要求进一步降低。现代光学曝光系统可以允许焦深小于 0.5 μm。可见增大 NA 需要在分辨率和聚焦深

度之间有一些折中,因此缩短波长是光学光刻的必然趋势。

(4)步进式光刻机。

虽然扫描投影光刻机是接触式光刻机在生产工作中的重大飞跃,但它们仍有一些局限性,如与全局掩膜版、图形失真,以及掩膜版上的尘埃和玻璃损坏造成的缺陷相关的对准和覆盖问题。

在20世纪70年代中期以前,就出现了把图像从掩膜版上分步曝光到晶片上的想法,它与制造掩膜版的技术是相同的,图4.20所示为分步重复光刻机。带有一个或几个芯片图形的掩膜版被对准、曝光,然后移动到下一个曝光场,并且不断重复这样的过程。这种掩膜版比全局掩膜版的质量高,因此产生缺陷的数量就更小。由于每个芯片分别对准,使得覆盖和对准变得更好。分步的过程使更大直径的晶片能够准确匹配。其他优点还有:由于每次曝光区域变小,以及对尘埃敏感性的减小,分辨率得以提高。有些步进式光刻机是1∶1型,即掩膜版上的图形尺寸与晶片上需要的图形尺寸相同。其他则采用最终尺寸5～10倍的掩膜版,它们被称为缩小步进光刻机。缩小投影曝光可以在不重新设计透镜的情况下曝光更大的晶片。制造加大的掩膜版更加容易,而且尘埃和玻璃的细小变形会在曝光过程中减小乃至消失。一般来说,缩小倍数为5倍较佳。现在已经开发出具有50 mm ×25 mm 区域尺寸能力的9英寸掩膜版。

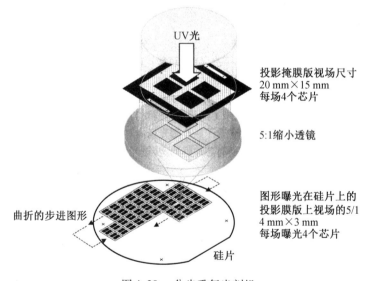

图4.20 分步重复光刻机

步进式光刻机用于生产的关键在于自动对准系统,因为操作员不可能将晶片上的几百个芯片逐个对准。自动对准是靠低能激光束穿过掩膜版上的对准标记,然后将它们反射到晶片表面相应的对准标记上,经过信号分析及反馈系统载片器可在 x、y、z 方向移动直至晶片与掩膜版对准,最后图形被逐个、再逐行地在光刻胶上曝光。步进式光刻机可通过使用高数值孔径透镜得到高分辨率,I线步进机可以重复形成小于 $0.5~\mu m$ 的特征尺寸,KrF步进机有 $0.18～0.13~\mu m$ 的生产能力。

步进式光刻机的主要缺点是产量小。虽然扫描投影光刻机可以达到接近100片/h,但步进式光刻机的典型产量为20～50片/h。

（5）浸没式光刻机。

数值孔径 NA 是另一个影响光学曝光分辨率的重要因素，在像距不变的条件下，光学透镜的数值孔径可以直观地理解为透镜的孔径。它对光学成像的作用可以从另一个角度理解。由于衍射作用，光波透过掩膜版图形总是发散的。对于有限的成像透镜孔径，并不是所有衍射光波都能通过透镜被成像到晶片上。越是高次谐波分量，其衍射发散角越大，越有可能被阻挡在透镜孔径之外。如果只有基波($m = 1$)分量通过透镜，则理想的方波形式蜕变为正弦波形式。通过的高次谐波分量越多，实际成像越接近理想的像。当 $m = 200$ 时，实际成像几乎与理想成像是一致的。而只有大数值孔径的透镜才能允许高频分量通过透镜成像。因此，大数值孔径是高分辨率成像的必要条件。目前光学曝光系统的数值孔径已达到 0.8 以上。数值孔径的增加使透镜的设计和制造更加困难。例如，早期 I 线光学透镜在 NA = 0.35 时只有 14 kg，NA = 0.63 时透镜已达 500 kg。

提高光学曝光数值孔径最成功的方法是采用了浸没式曝光技术。目前所有的光学曝光都是直接将光学像通过透镜透射到光刻胶上。在透镜与光刻胶之间的介质是空气。根据数值孔径的定义，因为光线在空气中的折射率 $n = 1$，而且 $\sin\theta$ 总是小于 1，所以传统光学曝光系统的数值孔径永远不会大于 1。但如果曝光系统透镜与光刻胶之间不是空气而是水，193 nm 波长的光线在水中的折射率 $n = 1.44$，这时的数值孔径就可以大于 1，就会得到比以空气为介质时更高的分辨率。浸没式曝光又简称为湿式曝光（Wet Lithography），以区别于传统以空气为介质的干式曝光（Dry Lithography）。光线在不同介质中传播有不同的折射角，这一性质早已在 100 多年前由斯涅尔定律做了精确的描述。在光学显微学中也早已应用浸没透镜来增强成像分辨率。应用浸没透镜于光学曝光的想法也有人早在 1984 年申请了专利。这种基本的光学原理没有及早地推广应用于光学曝光是因为实现浸没式曝光有许多实际的技术难题。这些难题在过去并不值得花气力去解决，因为传统光学系统足以满足当时集成电路曝光的分辨率需要。现在光学曝光技术已到了即将走到尽头的时期，半导体工业界不会放过任何能够延长光学曝光技术生命的机会。

浸没式曝光的最大难题是，当曝光镜头在晶片表面高速移动进行扫描步进曝光时，会在镜头与晶片之间的水溶液层形成大量微气泡，这些微气泡会大大改变光波在水液层中的传输性质。目前已提出三种技术方案来解决微气泡问题。第一种方案是将整个镜头连同携带晶片的工作台都浸没在一个水池中。这样一来，工作台电动机和激光对准装置都必须工作在水环境中，使得工作台的设计和操纵都更加困难。第二种方案是把水隔离在工作台表面，这样可以使工作台电动机和激光对准装置都工作在干燥的环境中。但表面水池使工作台的整体质量增加，不利于工作台在曝光过程中的快速移动。第三种方案是在每次曝光前只在镜头与晶片表面的局部间隙用喷嘴注水。当镜头移动时，这一局部水团会在表面张力作用下随着镜头在晶片表面移动。湿式曝光的另一个不容忽视的问题是水渍在光刻胶表面造成的缺陷。长时间残留在光刻胶表面的水滴会导致光刻胶中的分子向水滴中溶解扩散。水滴蒸发后，这些水滴中的聚合物分子就变成斑渍，影响光刻胶图像质量。

上述问题都已经被解决或正在解决之中。浸没式曝光技术的确为半导体工业带来了新的希望，使 193 nm 投影光学曝光技术将集成电路加工能力延伸到 32nm 的水平。未来继续提高分辨率需要用具有更高折射率的液体来取代水作为介质。除了取代水介质外，透镜材料也需要更换。需要一种高折射率的光学材料来与高折射率的液体介质相匹配。这些新材料都必须保证对 193 nm 的深紫外波长光波吸收低,光学折射率随温度起伏小,液体介质的黏度低,不与光刻胶相互作用,以及制造成本低。2006 年 IBM 公司的研究人员演示了由 193 nm 波长浸没式曝光制作的 29.9 nm 的曝光图形。该曝光系统采用一种新型液体介质($n = 1.64$),并结合石英晶体棱镜($n = 1.67$)作为投影透镜端面与高折射率液体介质相匹配。这无疑展示了深紫外浸没式曝光技术在未来 32 nm 以下集成电路加工中的潜力和光明的前景。

(6)X 射线光刻机。

X 射线系统与 UV 和 DUV 系统在功能上相似,但它的曝光光源是 X 射线。这种高能光束的波长小,能够形成很小的图形。X 射线曝光很有希望取代光学曝光而进行 100 nm 集成电路的制造。大批量制造时,可以选择同步加速器存储环作为 X 射线源,它可以提供大量的平行束流,足够 10 ~ 20 台曝光机使用。

与其他使用掩膜版的系统相似,X 射线系统也是将掩膜版放在光源和晶片之间,并使用机械装置来观看和对准。X 射线系统的一个缺点是,为挡住高能光线,掩膜版必须用黄金或其他材料制造。掩膜版的制作是 X 射线曝光系统中最困难和最关键的部分。其制作要比光学掩膜版复杂得多。为了避免光源和掩膜版之间的 X 射线吸收,曝光一般在氦气环境中进行。X 射线在真空中产生,由一很薄的真空窗口(通常为铍)与氦气环境隔离。掩膜版会吸收 25% ~ 35% 的入射光,因此必须要进行冷却。1 μm 厚的 X 射线光刻胶要吸收 10% 左右的入射光。因为衬底没有反射,不会形成驻波,所以不需要抗反射镀层。

IBM 公司自 1980 年组织了一个庞大的开发项目,力争在光学曝光技术走到尽头时以 X 射线曝光技术来取代。20 世纪 90 年代中期,当光学曝光还在艰难地为实现 0.25 μm 集成电路工艺而努力时,X 射线曝光已经能够小批量制作出 0.12 μm 的动态随机存取存储器(Dynamic Random Access Memory,DRAM)芯片和 0.1 μm 的逻辑芯片。但 X 射线最终没有能够成为大规模集成电路生产的主导曝光技术,原因之一是制作 X 射线曝光掩膜版的难度太大。由于 X 射线曝光是 1∶1,掩膜版图形尺寸必须与成像图形尺寸相同。对于 100 nm 以下的曝光图形,X 射线掩膜版上的重金属图形必须也小于 100 nm。而掩膜版材料是仅为几微米的大面积薄膜材料。金属淀积层的应力以及掩膜版支撑结构的应力都会造成掩膜版图形畸变。此外,任何掩膜版缺陷都会造成成像面上的缺陷。修补 X 射线掩膜版要比修补光学掩膜版困难得多。另一个技术困难是精确控制掩膜版与晶片的间隙。高分辨率 X 射线曝光要求 X 射线曝光掩膜版与晶片表面的间隙不超过 10 μm,间隙的变化会造成曝光成像分辨率的变化。为了控制整个间隙距离的一致,要求晶片的平整度在 ±0.25 μm 以内,掩膜版的平整度在 ±0.5 μm 以内。对于大面积晶片和掩膜版尺寸,这是难以实现的要求。

可见目前主要的挑战在于平衡 X 射线高灵敏度的同时保持很好的刻蚀阻挡,因此开发适合 X 射线的高性能光刻的过程相当缓慢。

(7)电子束光刻机。

电子束光刻是一项成熟的技术,多用于制造高精度掩膜版,很少用于对晶片直接曝光。电子束光刻机系统包括一个电子发射源,它能产生小半径光斑和一个能够开关电子束的快门。为防止空气分子对电子束的影响,曝光必须在真空环境中进行。发射的束流将通过偏转系统,使聚焦电子束在衬底上对准扫描场内的任何位置。

电子束曝光是利用某些高分子聚合物对电子敏感而形成曝光图形的,称其为曝光,完全是将电子束辐照与光照类比而来的。聚焦电子束的应用实际上从 20 世纪初就开始了。最早是阴极射线管在显示器件方面的应用,然后是 20 世纪 60 年代扫描电子显微镜(简称扫描电镜)的出现。扫描电镜的结构已经与电子束曝光机无本质性的差别。但真正用扫描电子束来制作微细图形是由于电子束抗蚀剂的发现,这里使用抗蚀剂这一名称是为了避免与光刻胶混淆,实际上两者是同一类的高分子聚合物。电子束对抗蚀剂的曝光与光学曝光本质上是一样的,但电子束可以获得非常高的分辨率。电子本身是一种带电粒子,根据波粒二象性也可以得到电子的波长。

电子波长的计算公式

$$\lambda_e = \frac{1.226}{\sqrt{V}} \tag{4.20}$$

式中,V 为电子的能量(eV)。

由式(4.20)可知,100 eV 电子的波长只有 0.12 nm。电子能量越高,波长越短,它比光波长百倍或千倍。高电压透射电镜可以用来观察原子,就是因为高能量电子具有极短的波长,因而具有极高的分辨率。在电子束曝光中,限制分辨率的不是电子波长,而是各种电子像差和电子在抗蚀剂中的散射。

电子束曝光技术至今已经有五十多年的历史。人们早已发现在电子显微镜中经常会出现由高能电子辐照引起的碳污染。1958 年美国麻省理工学院的研究人员首次利用这种电子引起的碳污染形成刻蚀掩膜,制作出高分辨率的二维图形结构。到 1965 年已经能利用电子诱导产生的碳掩膜制作出 100 nm 的微细结构。1968 年聚甲基丙烯酸甲酯(PMMA)被首次用来作为电子束抗蚀剂。1970 年利用电子束曝光与 PMMA 抗蚀剂已经制作出 0.15 μm 的声表面波器件。1972 年已能在硅材料表面制作出横截面为 360 nm × 60 nm 的金属铝线条。上述这些工作都是在扫描电镜上完成的。1977 年第一台商用电子束(高斯束)曝光机问世,1978 年第一台商用电子束(变形束)曝光机问世。20 世纪 80 年代初,当有人预言光学曝光技术已到末路时,电子束曝光就被作为取代光学曝光的新一代技术。但直到今天,电子束曝光仍没有进入大规模生产领域。这主要是因为电子束曝光的效率远远低于光学曝光的效率。虽然电子束曝光技术没有直接运用于大规模集成电路的生产,但这一技术却广泛用于其他微纳米加工领域。光学曝光必须通过掩膜版实现。电子束曝光可以直接在抗蚀剂层写出图形。电子束曝光也是制作光学掩膜版的主要工具之一。在今天纳米技术的时代,电子束曝光更是不可或缺的加工手段。利用现代电子束曝光设备和特殊的抗蚀剂工艺已经能够制作小于 10 nm 的精细结构。电子束曝光设备的灵活性和高分辨率使它成为当今微纳米科学研究与技术开发的重要工具。

电子束曝光的优点在于能生成亚微米线宽的光刻胶图形,自动化程度高、控制操作精确,比光学曝光法的聚焦好,而且能直接在半导体晶片上形成图形而不需要掩膜版。由于所需图形从计算机中生成,因此没有掩膜版。束流通过偏转子系统对准表面特定位置,然后在将要曝光的光刻胶上开启电子束。衬底在电子束下移动,从而得到整个曝光表面。

这种对准和曝光的技术称为直写(Direct Writing)。

电子束曝光系统包括三个基本部分:电子枪、电子透镜和电子偏转器。除此之外还有许多辅助部件。图 4.21 所示为电子束曝光系统的电子光柱(Electron Column)的组成。

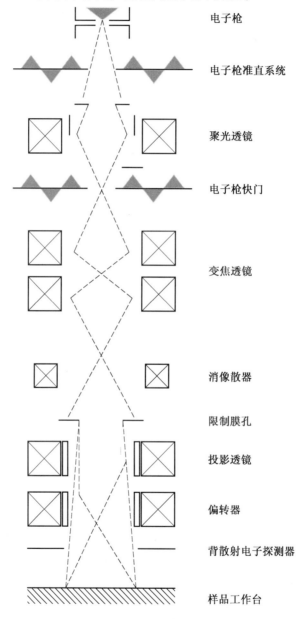

电子枪

电子枪准直系统

聚光透镜

电子枪快门

变焦透镜

消像散器

限制膜孔

投影透镜

偏转器

背散射电子探测器

样品工作台

图 4.21 电子束曝光系统的电子光柱的组成

它包括以下各个部分:

(1) 电子枪。电子束曝光系统的电子能量通常在 10 ~ 100 keV。对电子加速的高压总是加在电子枪部分,即电子枪保持在一个负高压,与曝光工作台的零电位形成高电压差,对阴极发射的电子进行加速达到预期的能量。如果电子发射阴极是场发射阴极,则电子枪部分要求有最高的真空度,需要单独的抽真空系统。

(2)电子枪准直系统(Gun Alignment)。整个电子光柱是由各部分电子光学元件一节一节地组装起来的。装配起来的光柱高度可达1 m左右,任何一点微小的加工或装配误差都可能导致电子枪的阴极尖端与最后一级的透镜膜孔不在同一轴线上。因此需要配备一个偏转系统,在必要时对电子枪发出的电子束进行准直。

(3)聚光透镜(Condenser Lens)。聚光透镜与光学曝光的聚光透镜的原理相同,即让阴极发射的电子最大限度地到达曝光表面。

(4)电子束快门(Beam Blanking)。电子束快门的作用是对电子束起开关作用,使电子束只在需要曝光时才能通过光柱到达曝光表面。实际上它是一个偏转器,工作时使电子束偏离光轴,使其无法通过中心膜孔。

(5)变焦透镜(Zoom Lens)。变焦透镜用来调整电子束聚焦平面的位置,包括动态聚焦。

(6)消像散器(Stigmator)。像散(Astigmatism)是由于x、y方向的聚焦不一致,造成电子束斑椭圆化。这种聚焦不一致性大多是由透镜机械加工误差造成的。消像散器一般由多极透镜组成,这样可以对电子束从不同方向校正。

(7)限制膜孔(Aperture)。限制膜孔用来对束张角加以限制。电子透镜的像差主要是球差,而球差与束张角的三次方成正比。因此,限制束张角可以提高系统的分辨率。但限制膜孔会降低系统的束流,因此,限制膜孔的大小一般可以调整。当需要高分辨率时,就用小的限制膜孔;当需要大电子束流时,就用大的限制膜孔。限制膜孔的位置可以在x、y方向调整,以保证孔的中心正好在光柱轴线上。

(8)投影透镜。将通过限制膜孔的电子束进一步聚焦缩小,形成最后到达曝光表面的电子束斑。

(9)偏转器。偏转器可实现对电子束的偏转扫描。偏转器可以在投影透镜之前、之后,或在投影透镜之中。偏转器可以是静电的或磁的。磁偏转的像差和畸变小,但速度慢。静电偏转的速度快,但像差大。电子束曝光系统一般都有两套偏转器,即主场偏转和子场偏转。一个主场划分为若干个子场,主场的偏转角度大,偏转的速度低;子场的偏转角度小,偏转的速度高。

商用电子束曝光系统可以按其曝光方式分为光栅扫描(Raster Scan)曝光与矢量扫描(Vector Scan)曝光。光栅扫描就是电子束由一边移动到另一边,再向下逐行扫描,如图4.22(a)所示。计算机控制扫描的运动过程,并在将要被曝光区域的光刻胶上开启快门。光栅扫描的一个缺点是由于电子束必须经过整个表面,因此扫描所需的时间较长。对于矢量扫描,电子束直接移动到需要曝光的区域,在每一位置上,对小正方形或矩形面积的曝光构成了想要得到的整个曝光区域的形状,如图4.22(b)所示。对许多芯片来说,因为曝光面积一般只占芯片面积的20%,所以矢量扫描方式可以节省时间。电子束按形状分为高斯束(或圆形束)和变形束(或矩形束);按工作方式分为直接曝光(不需要掩膜版)和投影曝光(需要掩膜版);按用途分为电子束直写和掩膜版制作。矢量扫描与光栅扫描的区别在于,矢量扫描曝光的电子束只在曝光图形部分扫描,而光栅扫描对整个曝光场扫描,但电子束曝光快门只有在曝光图形部分打开。

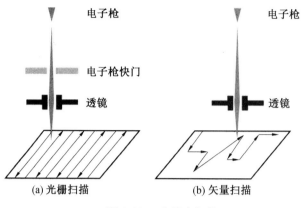

图 4.22　电子束扫描

3. 光刻胶

（1）光刻胶的种类及应用。

光刻胶是一种对辐照敏感的化合物，IC 制造中用的光刻胶通常有三种成分：树脂或基体材料、感光化合物（Photoactive Compound，PAC）以及可控制光刻胶力学性能并使其保持液体状态的溶剂。光刻胶的英文名称是 Resist，又可翻译为"抗蚀剂"，因为它的作用就是作为抗刻蚀层保护晶片表面。光刻胶中的树脂是一种对光敏感的高分子化合物，当它受适当波长的光照射后，就能吸收光能并发生交联、聚合或分解等光化学反应，使光刻胶改变性质；感光剂则在光化学反应时起催化或引发作用。按光化学反应不同，光刻胶分为两大类：正光刻胶（正胶）和负光刻胶（负胶）。

正光刻胶的感光机理是受到光的照射后，光刻胶发生光分解反应，进而变为可溶性的物质，因未受光照的光刻胶不能被溶解，显影后感光部分能被适当的溶剂溶除，而未感光部分保留下来，所得的图形与掩膜的图形相同。目前最常用的正光刻胶称为重氮萘醌（DQN），由感光化合物重氮醌脂（DQ）和基体材料酚醛树脂（PF）两部分组成。

负光刻胶的感光机理是受到光的照射后，光刻胶发生聚合反应并硬化成不可溶的物质，因未受光照的光刻胶能被溶解，显影后未感光部分被适当的溶剂溶除，而感光部分留下，所得的图形与掩膜的图形相反。两种常用的负胶分别为：两种组成部分的芳基氮化物橡胶光刻胶和敏感氮化聚异戊二烯橡胶（Kodak KTFR）。负胶对光线和 X 射线的照射不敏感，但对电子射线很敏感。处理负胶最常用的溶剂是二甲苯。

光刻胶在印刷工业已有近百年的应用历史。20 世纪 20 年代，光刻胶开始用于印制电路板工业，20 世纪 50 年代开始应用于半导体工业。每一种光刻胶都经过特殊设计合成以适应于某一特殊应用的需要。在光刻胶的发展过程中，在 20 世纪 70 年代中期之前，负胶一直在光刻工艺中占主导地位。随着 VLSI 集成电路和 2 ~ 5 μm 图形尺寸范围的出现使负胶的分辨力变得较难满足要求。正胶在当时也已经存在了 20 多年，但是它们的缺点是黏结能力差，而且在那时也并不需要它们的良好分辨率和防止针孔能力。

到了 20 世纪 80 年代，正胶逐渐被接受。这个转化过程十分艰难。转换成使用正胶需要改变掩膜版的极性。遗憾的是，它不是简单的图形翻转。用掩膜版和两种不同光刻胶结合在晶片表面光刻得到的尺寸是不一样的。由于光在图形周围会有衍射，用负胶和亮场掩膜版组合在光刻胶层上得到的图形尺寸小。而正胶和暗场掩膜版组合会使光刻胶层上的图形尺寸变大。这些变化必须在掩膜版的制作和光刻工艺的设计过程中考虑到。换句话说,光刻胶类型的转变需要一个全新的光刻工艺。

大多数掩膜版的大部分图形都十分细小。用正胶和暗场掩膜版组合还可以在晶片表面得到附加的针孔保护。亮场掩膜版会在玻璃表面产生裂纹,这些裂纹称为玻璃损伤(Glass Damage),它会挡住曝光光源而在光刻胶表面产生不希望的小孔,结果就会在晶片表面刻蚀出小孔,那些在光刻胶透明区域上的污垢也会造成同样的结果。在暗场掩膜版中,大部分污垢都被铬覆盖住了,不容易有针孔出现,因此晶片表面的缺陷比较少。

负胶的另一个问题是氧化。这是光刻胶和空气中的氧气反应,它能使光刻胶胶膜变薄20%,而正胶没有这种属性。成本一直是一个主要的考虑因素。正胶比负胶的成本要高,但这种高成本可以通过高良品率来抵消。

这两种类型的光刻胶的显影属性也是不同的,正胶的处理远比负胶复杂。负胶所用的显影剂非常容易得到,聚合和非聚合区域的可溶性区别很大。在显影过程中,图形尺寸相对保持稳定。对于正胶来讲,聚合区域和非聚合区域的可溶性区别较小,它需要用特制的显影剂来显影,并且在显影过程中进行温度控制。在显影过程中,需要通过使用溶解阻止系统来控制图形尺寸。

光刻胶显影后,在衬底上就形成预期的图案。接下来的步骤是清除浮渣:使用氧等离子体处理显影后的晶片,这一步可以去除大部分光刻胶残渣;然后需要在温度120 ℃下对晶片烘干约20 min,以去除显影中使用的残留溶剂;最后在晶片的刻蚀工艺过程中,将去除所有剩余的光刻胶残渣。

（2）光刻胶的主要性能。

光刻胶的选择是一个复杂的程序。光刻胶首先要满足图形尺寸精度要求,其次作为刻蚀工艺的掩蔽层,要保持特定厚度的光刻胶层中不能有针孔存在,最后光刻胶与晶片的黏附性要好,以避免刻蚀后图形发生扭曲。光刻胶的主要性能包括以下几点:

① 灵敏度(Sensitivity)。灵敏度是衡量曝光速度的指标,即光刻胶材料对一定曝光能量的应答程度。随着曝光强度的减弱,光刻胶材料所需的灵敏度越来越高。而若光刻胶材料所需达到一定化学反应程度的能量越低,则代表此材料的灵敏度越高。通常以曝光剂量(mJ/cm^2)作为衡量光刻胶灵敏度的指标,曝光剂量值越小,代表光刻胶的灵敏度越高。正光刻胶的灵敏度定义为光刻胶通过显影完全被清除所需要的曝光剂量,负光刻胶的灵敏度定义为光刻胶在显影后有50%以上的胶厚得以保留时所需要的曝光剂量。目前所使用的在365 nm(I线)曝光系统需要的光刻胶材料,其曝光剂量在数百毫焦每平方厘米左右,而KrF及ArF(G线)的光刻胶材料,其曝光剂量需降低至50 mJ/cm^2以下,即需提升所用光刻胶的灵敏度。一种光刻胶通常只工作在某一特定波长范围内,因此G线胶与I线胶一般不能通用,而G线胶或I线胶完全不能用于深紫外曝光。

② 对比度(Contrast)。对比度是光刻胶材料曝光前后化学性质(如溶解度)改变的速率。由对比度高的光刻胶所得到的曝光图形具有陡直的边壁(Side Wall)和较高的图形深宽比(Aspect Ratio)。对比度与光刻胶材料的分辨能力有相当密切的关系。通常它是由如下方法测定的:将一已知厚度的光刻胶薄膜旋转涂布于硅晶片上,再经烘烤去除多

余的溶剂。然后,将此薄膜在一定能量的光源下曝光一定的时间,再按一般程序显影。改变曝光时间(或曝光剂量),重复以上步骤。测量不同曝光剂量的光刻胶薄膜厚度,将其除以原始厚度归一化后与曝光剂量的对数值作图,可以得到如图4.23所示的理想光刻胶的对比度曲线,并且可以由曲线的线性部分的斜率测得对比度。

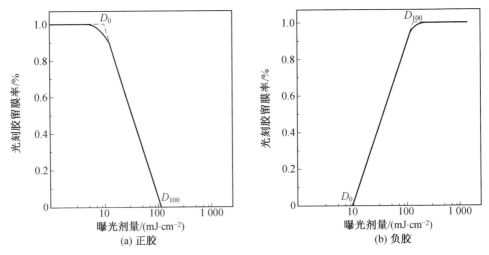

图4.23 理想光刻胶的对比度曲线(正胶和负胶)

对比度曲线有三个区域:低曝光区,在这个区域里面几乎所有的光刻胶都保留了下来;高曝光区,在这个区域里面,几乎所有的光刻胶都被去掉;过渡区,在低曝光区和高曝光区之间。

为了推导出光刻胶对比度的数值,将开始进行光化学反应的所需的曝光剂量定义为 D_0,将光刻胶完全反应所需的曝光剂量定义为 D_{100},则对比度 γ 可以定义为

$$\gamma = \frac{1}{\lg(D_{100}/D_0)} \tag{4.21}$$

式中,γ 可以表示直线斜率的绝对值大小。对比度是光刻胶区分掩膜上亮区和暗区能力的衡量标准。在衍射光栅曝光过程中,辐照强度在线条和间距的边缘附近平滑的变化,光刻胶的对比度越大,线条边缘越陡。

典型的光刻胶的对比度一般为 2 ~ 4,即 D_{100} 是 D_0 的 $10^{1/4}$ ~ $10^{1/2}$ 倍。而在实际使用过程中光刻胶的对比度受光刻过程各个参数的影响明显,其对比度曲线也并不固定。几种光刻胶在不同曝光波长下的对比度见表4.3。

表4.3 几种光刻胶在不同曝光波长下的对比度

λ/nm	AZ－1350	AZ－1450	Hunt204(负胶)
248	0.7	0.7	0.85
313	3.4	3.4	1.9
365	3.6	3.6	2
436	3.6	3.6	2.1

对于一般常用的光刻胶而言,曝光剂量较低时,光刻胶的剖面分布主要取决于对比度曲线的低曝光区和过渡区,产生小角度光刻胶剖面。而当曝光剂量较大时,曝光区通常大于 D_{100},这时光刻胶剖面取决于光学图像以及光在胶内的散射和吸收,通常剖面分布十分陡,但是需要的曝光时间往往更长,而产率也会更低。

之所以在 D_{100} 和 D_0 之间出现变化的斜线,是因为光进入光刻胶后,光强会随着深度不断衰减,待底部发生反应时表面已经受到超过反应所需的剂量。光进入光刻胶后光强按下式衰减

$$I = I_0 e^{-\alpha z} \tag{4.22}$$

式中,α 为光刻胶中光学吸收系数,单位是长度的倒数。

同样还可以证明

$$\gamma = \frac{1}{\beta + \alpha T_R} \tag{4.23}$$

式中,β 是一个无量纲常数;T_R 为胶厚。γ 随着胶厚的降低而增加,但是胶厚不能太薄,否则在覆盖凹凸形貌的表面时,无法保证台阶覆盖性,进而无法实现在刻蚀过程中对下层膜的保护作用。

(3)临界调制传输函数(Critical Modulation Transfer Function,CMTF)。

从光刻胶的对比度中可以得到另一个光刻胶的性能指标是临界调制传输函数,CMTF 近似是获得一个图形所必需的最小光调制传输函数,CMTF 定义为

$$CMTF = \frac{D_{100} - D_0}{D_{100} + D_0} \tag{4.24}$$

利用对比度公式可以得到

$$CMTF_{胶} = \frac{10^{1/\gamma} - 1}{10^{1/\gamma} + 1} \tag{4.25}$$

CMTF 的典型值大约是0.4。CMTF 的作用是提供一个简单的光刻胶分辨率的估算方法。如果一个实像的 MTF 小于 CMTF,那么其图像将不能被分辨;如果实像的 MTF 大于 CMTF,就有可能被分辨。像对比度一样,它给出一个分辨率的数值。

例4.2 0.6 μm 厚的某种光刻胶层的 $D_0 = 40$ mJ/cm^2,$D_{100} = 85$ mJ/cm^2。计算胶的对比度及 CMTF。

解 计算胶的对比度

$$\gamma = \frac{1}{\lg(D_{100}/D_0)} = \frac{1}{\lg(85/40)} = 3.05$$

计算 CMTF

$$CMTF = \frac{D_{100} - D_0}{D_{100} + D_0} = \frac{85 - 40}{85 + 40} = 0.36$$

(4)分辨能力(Resolution)。

分辨能力,即光刻工艺中所能形成最小尺寸的有用图像。产生的线条越小,说明分辨能力越强。影响分辨能力的因素有三个方面:一是曝光系统的分辨率;二是光刻胶的相对分子质量、分子平均分布、对比度与胶厚;三是显影条件与前后烘烤温度。一般薄胶层容易获得高分辨图形,但胶层厚度必须与胶的抗刻蚀性能综合加以考虑。可见分辨能力深

受光刻胶材料本身物理化学性质的影响,必须避免光刻胶材料在显影过程中收缩或在烘烤过程中流动。因此,若要使光刻胶材料拥有良好的分辨能力,则须谨慎选择高分子基材及所使用的显影剂。总体来说,越细的线宽需要越薄的光刻胶膜来产生。然而,光刻胶膜必须保证足够的厚度来实现阻隔刻蚀的功能,并且不能有针孔。光刻胶的选择是这两个目标的权衡。

纵横比的概念是用来衡量光刻胶的分辨能力和光刻胶厚度之间的关系,是光刻胶厚度与图形最小尺寸的比值。正胶比负胶有更高的纵横比,也就是说对于一个给定的图形尺寸开口,正胶的光刻胶层可以更厚。因为正胶的聚合物分子尺寸更小,所以它可以分解出更小的图形,就像用更小的画笔画一条更细的线。

(5) 光吸收度(Optical Density)。

光吸收度(或者称光密度)没有量纲单位,是一个对数值,光密度是入射光与透射光比值的常用对数或者说是光线透过率倒数的常用对数。对于光刻胶,光吸收度则是指每 1 μm 厚度的光刻胶材料在曝光过程中入射光与透射光比值的对数,其单位为 μm^{-1}。若光刻胶材料的光吸收度太低,则光子太少而无法引发所需的光化学反应;若其光吸收度太高,则由于光刻胶材料所吸收的光子数目可能不均匀而破坏所形成的图形。通常光刻胶材料所需的光吸收度在 $0.4~\mu m^{-1}$ 以下,可以通过调整光刻胶材料的化学结构得到适当光吸收度。

(6) 曝光宽容度(Exposure Latitude)。

如果光刻胶在偏离最佳曝光剂量的情况下,曝光图形的线宽变化较小,说明此光刻胶有较大的曝光宽容度。在理想情况下,曝光剂量是一个固定参数,整个晶片都受到均匀一致的光辐照。但实际生产中,曝光机光源的能量可能会受外界因素的影响而变化。曝光宽容度大的胶受曝光能量浮动或不均匀的影响较小。

(7) 耐刻蚀度(Etching Resistance)。

耐刻蚀度是指光刻胶材料在刻蚀过程的抵抗力。在图形从光刻胶转移到晶片的过程中,光刻胶材料必须能抵抗高能及高温(>150 ℃)而不改变其原有特性。

对于光刻胶材料的耐刻蚀度而言,抗刻蚀比是最为重要的指标之一。如果光刻胶图形将作为等离子体刻蚀的掩膜层,就需要有较高的抗刻蚀性。这一性能通常以刻蚀光刻胶的速率与刻蚀衬底材料的速率之比表示,称为抗刻蚀比或选择比(Etch Selectivity)。如果某一光刻胶与硅的抗刻蚀比为 0.1,这说明当刻蚀硅的速率为 1 μm/min 时,胶的损失只有 100 nm/min。抗刻蚀比的高低决定了要涂多厚的胶才能实现对衬底材料某一深度的刻蚀。

(8) 纯度(Purity)。

IC 工艺对光刻胶纯度的要求是十分严格的,尤其是对光刻胶中金属离子的含量。如使用 436 nm 光源曝光的光刻胶材料的金属离子(Na、Fe 和 K 等)含量为 10^{-7} g/L(质量浓度),而 365 nm 光源则需要金属离子含量降为 10^{-8} g/L(质量浓度),由此可见纯度的重要性。

(9) 工艺宽容度(Process Latitude)。

前后烘烤的温度、显影时间、显影液的浓度与温度都会对最后的光刻胶图形产生影响。每一套工艺都有相应的最佳工艺条件。但当这些条件偏离最佳值时,要求光刻胶的性能变化尽量小,即有较大的工艺宽容度。这样的胶对工艺条件的控制有一定的宽容性,因而可获得较高的成品率。

（10）热流动性。

每一种胶都有一个玻璃化转变温度（Glass Transition Temperature，T_g）。超过这一温度,胶就会呈熔融状态。已成型的胶热流动（Thermal Flow）会使显影形成的图形变形,影响图形质量和分辨率。

（11）膨胀效应。

有些负型光刻胶在显影过程中会发生膨胀现象（Swelling）,这主要是显影液分子进入胶的分子链,使胶的体积增加,从而使胶的图形变形。

（12）黏度和黏附性。

黏度（Viscosity）可衡量光刻胶液体的可流动性。黏度通常可以用胶中的聚合物固体含量来控制。同一种胶根据浓度的不同,可以有不同的黏度,而不同的黏度决定了该种胶的不同涂覆厚度,这在厚胶工艺中非常明显。光刻胶一旦开瓶使用后,溶剂会逐渐挥发。所以时间久了,聚合物固体的浓度会越来越高,使胶的黏度增加。因此在同样的用胶条件下,新胶和旧胶可能会有不同的涂覆厚度。

黏附性指光刻胶薄膜与衬底的黏附能力,主要衡量光刻胶抗湿法刻蚀的能力。它不仅与光刻胶本身的性质有关,而且与衬底的性质和其表面情况等有密切关系。作为刻蚀阻隔层,光刻胶必须和晶片表面层黏结得很好,才能够把光刻胶层的图形转移到晶片表面层。在光刻胶工艺中,有很多步骤是特意为了增加光刻胶对晶片表面的自然黏结能力而设计的。

4. 光刻工艺流程

图 4.24 所示为光刻（正胶和负胶光刻）工艺流程,图 4.24 中包含主要的工艺步骤和刻蚀步骤。

对于光刻工艺来说,可分为以下几个步骤:① 晶片表面处理;② 晶片涂底胶;③ 涂光刻胶;④ 前烘烤／软烘烤;⑤ 对准与曝光;⑥ 后烘烤;⑦ 显影;⑧ 清除残胶;⑨ 坚膜等。

各个步骤的具体内容如下:

① 晶片表面处理。衬底材料对光刻工艺的影响有三个方面:表面清洁度、表面性质（亲水或疏水）和平面度。

晶片在氧化、掺杂、化学气相淀积的工作区域都是清洁的,然而,晶片从其他区域到光刻区域的存储、装载和卸载过程中,可能会吸附到一些颗粒状污染物,而这些污染物是必须要清除掉的。根据污染的等级和工艺的需要,有高压氮气吹除法、化学湿法清洗、旋转刷洗和高压水流清洗。最极端的情况是对晶片进行化学湿法清洗,这种方法和氧化前清洗比较相似,它包括酸清洗、水冲洗和烘干。所使用的酸必须要和晶片表面层兼容。

干燥的表面称为憎水性（Hydrophobic）表面,它是一种化学条件。在憎水性表面上液体会形成小滴。憎水性表面有益于光刻胶的粘贴。晶片进行光刻加工之前表面通常是憎水性的。但晶片暴露于空气中或者清洗结束后的湿气会使表面形成亲水性（Hydrophilic）。液体会在晶片表面形成水注,就像是水在没有打蜡的汽车表面一样。亲水性表面同时也称为含水的表面,在含水的表面上光刻胶不能很好地黏附。

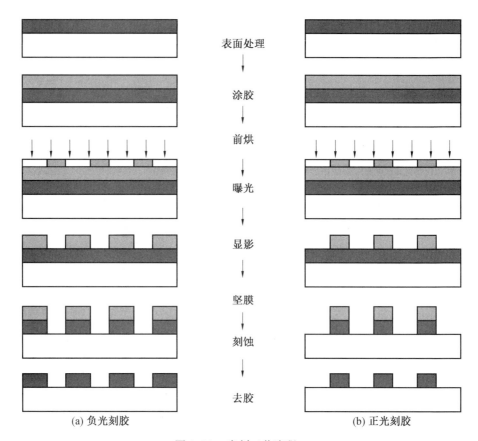

图 4.24 光刻工艺流程

下方左侧标注 (a) 负光刻胶，右侧标注 (b) 正光刻胶。中间流程依次为：表面处理、涂胶、前烘、曝光、显影、坚膜、刻蚀、去胶。

加热操作可以使晶片表面回复到憎水性条件。针对三种不同脱水机制脱水烘干有三种温度范围。在 150 ~ 200 ℃（低温）的范围内，水会被蒸发；到了 400 ℃（中温）时，与晶片表面结合比较松的水分子会脱开；当温度超过 750 ℃（高温）时，晶片表面从化学性质上将恢复到憎水性条件。

在大多数光刻工艺中，只用低温烘焙，因为此温度范围内很容易通过热板、箱式对流传导或者真空烤箱得到。低温烘焙的另一个好处就是在进行旋转工艺之前不用花费长时间等待冷却。高温烘焙很少用到。一个原因是 750 ℃ 高温通常只能通过炉管反应炉才能达到，而炉管反应炉都比较大，而且不能和旋转烘焙工艺结合；第二个原因就是温度过高导致了晶片内部的掺杂结合处产生移动，并且晶片表面的可移动离子污染物会移入晶片内部，从而造成器件可靠性和功能的问题。高温还会使晶片变形，平面度下降。

总体来说，晶片表面处理需要考虑：晶片表面的颗粒污染会损坏光刻的图形，造成成品率下降；清洁、干燥的晶片表面能和光刻胶保持良好的黏附；要防止高温过程产生的热应力造成晶片变形，使平面度下降，进而影响光刻的分辨率。

② 晶片涂底胶。通常为了增加粘贴性，晶片除了先在高温 N_2 气氛中烘焙，还可以涂上一层增黏剂，以增加光刻胶与晶片的黏附性。一些化学品可以提供底胶功能，其中广泛使用的是六甲基二硅亚胺（HMDS）。它是一种增黏剂，由 IBM 公司发明，作用机理就是将

SiO$_2$ 表面亲水的硅烷醇结构转变为疏水的硅氧烷结构。通常有三种涂底胶方法,分别为沉浸式涂底胶、旋转式涂底胶和蒸气式涂底胶。

③ 涂光刻胶。涂胶工艺的目的就是在晶片表面建立薄的、均匀的、没有缺陷的光刻胶膜,要达到这一目的需要精良设备和严格的工艺控制。将衬底放在真空的吸盘上,在衬底的中央滴 2 ~ 3 mL 的光刻胶。接着在 10 ~ 60 s 中将衬底旋转并迅速加速到恒定的转速。在离心力的作用下,胶四散于衬底表面。通常的厚度在 0.5 ~ 2 μm 之间,误差为 ±5 nm。 当达到预期的厚度时,均胶机停止运转。

涂胶的质量要求有:膜厚符合设计的要求,同时膜厚要均匀,胶面上看不到干涉花纹;胶层内无点缺陷(如针孔等);涂层表面无尘埃和碎屑等颗粒。

胶膜的厚度可由式(4.26) 决定

$$T = KP^2/S^{1/2} \tag{4.26}$$

式中,K 为常数;T 为膜厚;P 为光刻胶中固体的质量百分比;S 为涂布机的转速。

涂胶工艺中,可能会产生晶片边缘部分光刻胶的堆起,从而导致在曝光和刻蚀过程中图形变形,这种堆起称为边缘水珠(Edge Bead)。要防止和控制边缘水珠,通常可以控制电动机,使其先慢后快地旋转以保证胶厚度均匀。

④ 前烘烤/软烘烤。前烘烤/软烘烤是一种以蒸发掉光刻胶中一部分溶剂为目的的加热过程。软烘烤完成之后,光刻胶还保持较为柔软的状态。其中溶剂的主要作用是能够让光刻胶在晶片表面形成一薄层,在这个作用完成以后,溶剂的存在则会干扰余下的工艺过程。蒸发溶剂有两个原因:第一个原因是溶剂对曝光精度有干扰,在曝光的过程中,光刻胶中的溶剂会吸收光,进而干扰光敏感聚合物中正常的化学变化;第二个原因是与光刻胶黏结性有联系,蒸发溶剂有助于保持光刻胶和晶片表面更好地黏结。

前烘烤的工艺条件对光刻胶的溶剂挥发量和光刻胶的黏附特性、曝光特性、显影特性以及线宽的精确控制都有较大的影响。时间和温度是软烘烤的参数,不完全烘烤会在曝光过程中造成图像成形不完整和刻蚀过程中造成多余的光刻胶漂移。而过度烘烤则会造成光刻胶中的聚合物产生聚合反应进而不与曝光射线反应。光刻胶供应商会提供软烘温度和时间的范围,生产过程中光刻工艺师会根据不同的加工要求对参数进行优化。需要注意的是:负胶必须要在氮气中进行烘烤,而正胶可以在空气中烘焙。

⑤ 对准与曝光。对准与曝光是光刻工艺中最关键的工序,它直接关系到光刻的分辨率、留膜率、线宽控制和套准精度。由于集成电路工艺中有多层图形,每层图形与其他层的图形都要有精确的位置关系,因此在曝光之前,需要进行精确地定位,然后才能曝光,将掩膜版上的图形转移到光刻胶上。曝光过程首先要找到晶片表面的对准标记(如果不是第一次曝光),与掩膜版上的标记对准,然后选定合适的曝光剂量。曝光的重复步进过程都是由曝光机自动完成的。对于掩膜版对准式曝光,则在曝光前要选定适当的接触压力或掩膜版间隙。

⑥ 后烘烤。驻波效应是使用光学曝光和正光刻胶时出现的问题,是光刻胶在显影后形成波纹侧墙,而非所需要的竖直侧墙的现象。在曝光时由于驻波效应的存在,光刻胶侧壁会有不平整的现象,曝光后进行后烘烤,可使感光与未感光边界处的高分子化合物重新

分布,最后达到平衡,基本可消除驻波效应。近年来各种抗反射涂层(Anti - Reflection Coating,ARC)被引入晶片工艺。在涂胶前晶片表面先施加一层抗反射剂或涂胶后在胶表面施加抗反射剂,可以有效地防止驻波效应。

⑦ 显影。显影就是用溶剂去除未曝光部分(负胶)或曝光部分(正胶)的光刻胶,在晶片上形成所需要的光刻胶图形。

对于大多数的负光刻胶显影,二甲苯是有效的化学品,它也为负光刻胶配方中的溶剂所使用。显影完成前还要进行冲洗。对于负光刻胶,通常使用 n - 丁基醋酸盐作为冲洗化学品,因为它既不会使光刻胶膨胀也不会使其收缩,从而不会导致图案尺寸的改变。冲洗的作用是双重的,第一快速稀释显影液,第二冲洗可去除在开孔区少量部分聚合的光刻胶。

正光刻胶有不同的显影条件。两个区域(聚合的和未聚合的区域)有不同的溶解率,约为1∶4。这意味着在显影过程中总会从聚合的区域溶解一些光刻胶。使用过度的显影液或显影时间过长可以导致光刻胶太薄而不能使用。结果有可能导致光刻胶在刻蚀中翘起或断裂。有两种类型的化学显影液用于正光刻胶,碱 - 水溶液和非离子溶液。碱 - 水溶液可以是氢氧化钠或氢氧化钾。因为这两种溶液都含有离子污染物,所以在制造敏感电路时不能使用。

正光刻胶的显影工艺比负光刻胶更为敏感。影响结果的因素是软烘烤时间、软烘烤温度、曝光度、显影液浓度、显影时间、显影温度以及显影方法。显影工艺参数由所有变量的测试来决定。

通常有三种显影方法:浸没法(Immersion)、喷淋法(Spray)和搅拌法(Puddle)。浸没法最简单,不需要特殊设备,把晶片浸入显影液池内一定时间,然后取出清洗掉残留的显影液。喷淋法是将显影液喷淋到高速旋转的晶片表面,清洗和干燥也是在晶片旋转过程中完成的。搅拌法是综合了浸没法与喷淋法的特点,先将晶片表面覆盖一层显影液并维持一段时间,然后高速旋转晶片并同时喷淋显影液,最后清洗和干燥也是在旋转中进行的。喷淋法与搅拌法都需要专门的显影设备。

⑧ 清除残胶。显影过后通常会在晶片表面残留一层非常薄的胶质层。这种遗留残胶现象在曝光图形的深宽比(Aspect Ratio)较高时的影响尤其明显。因为图形很深,显影液不易对图形底部进行充分显影。这层残胶虽然只有几纳米的厚度,但会妨碍下一步的图形转移,因此需要去除残胶。去残胶的过程是在显影后把晶片放在等离子体刻蚀机中进行短时间的刻蚀,通常在氧气等离子体中刻蚀 30 s。需要注意的是,并非所有情况下都要去除残胶,而去除残胶过程会使胶层的厚度减少并造成曝光图形精度的变化。

⑨ 坚膜。由于显影时胶膜会发生软化、膨胀,坚膜的目的是去除显影后胶层内残留的溶剂,使胶膜坚固。坚膜可以提高光刻胶的黏附力和抗蚀性。坚膜并不是一道必需的工艺。需要注意的是,坚膜通常会增加将来去胶的难度。

图 4.25 所示为全自动光刻胶加工系统,该系统由片盒式供片、卸片、涂胶、烘烤、显影台及机械手等组成。

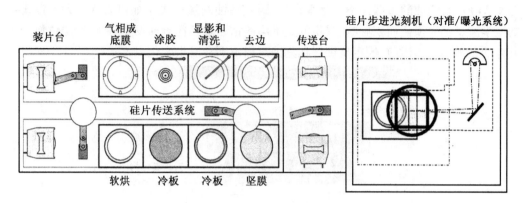

图 4.25 全自动光刻胶加工系统

4.2 刻 蚀

光刻是将掩膜版上图形转移到覆盖在半导体晶片表面的光刻胶上的过程。为了集成电路的生产,这些图形必须再转移到光刻胶下面组成器件的薄层上。这种图形的转移是采用刻蚀工艺来完成的,即刻蚀是利用化学或物理方法将未受光刻胶图形保护部分的材料从表面逐层清除。刻蚀法图形转移技术是除了光刻之外的另一个最重要的微纳米加工技术。整个半导体集成电路加工过程可以简单地归结为光刻与刻蚀的不断重复。其他各种微纳米结构的加工,只要是在平面衬底上构筑图形,都离不开某种形式的光刻和刻蚀。

广义而言,刻蚀技术包含了所有将材质表面均匀移除或是有选择性的移除。刻蚀的方法包括化学湿法刻蚀、等离子体干法刻蚀和其他物理与化学刻蚀技术。无论何种刻蚀方法,都可以用两个基本参数考查其性能:一是刻蚀选择比(Etch Selectivity),二是刻蚀的方向性(Directionality)或各向异性度(Anisotropy)。刻蚀选择比表示被刻蚀材料与掩膜材料(如光刻胶)的刻蚀速率比。高刻蚀选择比说明掩膜本身的损失很少,能够经受住长时间的刻蚀,更有利于进行深刻蚀。刻蚀的各向异性度代表在衬底不同方向刻蚀速率的比。如果刻蚀在各个方向的速率相同,则刻蚀是各向同性的。如果刻蚀在各个方向的速率不同,则刻蚀是各向异性的。若只是垂直刻蚀,没有横向刻蚀,则为理想的各向异性刻蚀。事实上,现实中既不可能做到完美的选择性,也不可能有完美的各向异性。

早期刻蚀技术是采用湿法刻蚀的方法,也就是利用合适的化学溶液,先使未被光刻胶覆盖部分的被刻蚀材料分解,转变为可溶于此溶液的化合物而达到去除的目的。湿法刻蚀的进行主要是利用溶液与被刻蚀材料之间的化学反应,因此,可以通过化学溶液的选取与调整,得到适当的刻蚀速率以及被刻蚀材料与光刻胶下层材料之间的良好刻蚀选择性。

然而由于化学反应没有方向性,湿法刻蚀会有侧向刻蚀而产生钻蚀(Undercut)现象。钻蚀是在掩膜以下刻蚀剂向横向区域刻蚀的现象。可以有两种表征形式:第一种是每条边的钻蚀长度。例如,一个精细刻蚀过程图形化的掩膜线宽为 $1.0~\mu m$,而制造出的线宽为 $0.8~\mu m$。那么每个边的过程偏差就为 $0.1~\mu m$。各向同性刻蚀过程的刻蚀偏差如

图 4.26 所示,刻蚀的边墙并不总是垂直的,因此钻蚀的量取决于如何测量。大多数线条的电学测量都受横截面积影响,提供的是平均的钻蚀量。在刻蚀发生时,抗蚀层也将产生同样的刻蚀偏差。当前,假定抗蚀层在刻蚀过程中不会发生变化。

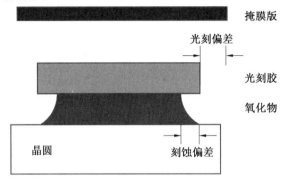

图 4.26 各向同性刻蚀过程的刻蚀偏差

第二个钻蚀的表征是刻蚀速率的各向异性度。各向异性度 A 可表示成

$$A = 1 - \frac{R_\text{L}}{R_\text{V}} \tag{4.27}$$

式中,R_L 和 R_V 分别为横向和纵向刻蚀速率。当横向刻蚀速率为 0,过程完全是各向异性($A = 1$)刻蚀。另一个极端,当 $A = 0$ 说明横向和纵向刻蚀速率相等,为各向同性刻蚀。

当集成电路中的器件尺寸越来越小时,钻蚀现象也越来越严重并导致图形线宽失真。因此,现在湿法刻蚀逐渐被干法刻蚀所取代。所谓干法刻蚀技术是一个非常广泛的概念,是与湿法刻蚀相对应的一种叫法,所有不涉及化学刻蚀液体的刻蚀技术或材料加工技术都是干法。刻蚀则代表材料的加工是从表面通过逐层剥离的方法形成事先设计的图形或结构。狭义上的干法刻蚀主要是指利用等离子体放电产生的物理与化学过程对材料表面进行加工,而广义上的干法刻蚀则还包括除等离子体刻蚀外的其他物理和化学加工方法,例如激光加工、火花放电加工、化学蒸气加工以及喷粉加工等。

干法刻蚀可以通过物理损伤、化学反应刻蚀或者两者的组合来完成。可以通过定义刻蚀机理的范围来分类刻蚀过程,如图 4.27 所示,离子铣或者称为离子束刻蚀,使用的是在非常低的压力反应器中的惰性原子的能量束,离子的平均自由路径比反应器直径长很多。它处在纯粹物理刻蚀的一端,以高度各向异性为特征,刻蚀速率几乎不受基体材料的限制,因此,离子铣的选择比接近 1。湿法刻蚀是在另一端,不包含任何物理刻蚀,过程通常以低的各向异性为特征,但具有高选择比。

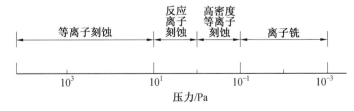

图 4.27 反应器压力范围对应的刻蚀类型

4.2.1 湿法刻蚀

湿法刻蚀(Wet Etch) 技术是最早应用于半导体工业的图形转移技术。所谓湿法泛指所有应用化学刻蚀液体刻蚀的方法。湿法刻蚀的最显著的特点是各向同性刻蚀,即图形横向与纵向的刻蚀速率相同。当然也有例外,某些刻蚀液对硅的不同晶面有不同的刻蚀速率,会形成各向异性刻蚀。但在大多数情况下,化学湿法刻蚀是各向同性。湿法刻蚀具有高度选择性,通常不会损坏基板。因此尽管该刻蚀过程已经没有从前使用得那么普遍,但仍旧用在大量要求不太苛刻的任务中。目前,化学湿法刻蚀应用热点主要在微机电系统与微流体器件制造领域。微机电系统与微流体器件的结构尺寸要比集成电路结构尺寸大得多,化学湿法刻蚀完全能够满足要求。而化学湿法刻蚀的设备成本要大大低于干法刻蚀技术。

由于反应物主要存在于刻蚀溶液中,湿法刻蚀大概可分为三个步骤,如图4.28所示:① 刻蚀剂扩散到薄膜表面,在其表面吸附;② 刻蚀剂与被刻蚀薄膜反应;③ 反应后的生成物从反应表面脱附,进一步扩散到溶液中,并随溶液排出。在这三个步骤中,进行最慢的就是刻蚀反应速度的控制步骤,也就是说,该步骤的进行速率即作为刻蚀速率。

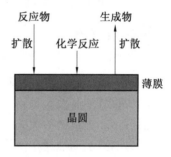

图4.28 湿法刻蚀基本机理

对于大多数湿法刻蚀,被刻蚀薄膜并不是直接溶解于刻蚀剂中。通常需要把被刻蚀材料从固态转换成液体或者气态。如果刻蚀过程产生气体,这些气泡能够阻止表面的进一步刻蚀。这是一个很严重的问题,因为产生气泡与否并不能够被预测。这个问题在图形边缘附近更加显著。在反应池中的搅动除了能帮助新生反应物从表面扩散离开,还能够降低气泡在晶片表面的吸附能力。即使没有气泡生成,由于很难移除刻蚀产物,会使小几何形貌的刻蚀变得非常缓慢。该现象被认为与捕获气体产生微气泡有关。另一个湿法刻蚀的问题是无法察觉的抗蚀剂残渣,通常来源于显影过程中部分未能被清除干净的曝光的光刻胶。通常由不正确或不完全的曝光或者图形显影不足导致。由于刻蚀的高选择性,即使抗蚀剂残渣只有非常薄的一层,也足够阻挡湿法刻蚀过程。

通常先利用氧化剂(如 Si 和 Al 刻蚀时的 HNO_3) 将被刻蚀材料氧化成氧化物(例如 SiO_2、Al_2O_3),再利用另一种溶剂(如 Si 刻蚀中的 HF 和 Al 刻蚀中的 H_3PO_4)将形成的氧化层溶解并随溶液排出。如此便可达到刻蚀的效果。

要控制湿法刻蚀的速率,通常可通过改变溶液浓度和反应温度的方法实现。溶液浓度增加会加快湿法刻蚀时反应物到达及离开被刻蚀薄膜表面的速率;反应温度可以控制化学反应速率的大小,根据范特霍夫定律,温度每上升 10 K,反应速率增加 2 ~ 3 倍。对刻蚀法图形转移技术的最基本要求是能够将光刻胶掩膜图形转移到衬底材料上,并具有一定的深度与剖面形状。至于选择何种刻蚀方法则取决于该刻蚀方法的各向异性、抗刻蚀比以及刻蚀速率。选择一个湿法刻蚀的工艺,除了刻蚀溶液的选择以外,也应注意掩膜是否实用。一个实用的掩膜需包含下列条件:① 与被刻蚀薄膜有良好的附着性;② 在刻蚀溶液中稳定而不变质;③ 能承受刻蚀溶液的刻蚀。光刻胶便是一种很好的掩膜材料,它不需额外的步骤便可实现图形转移,但光刻胶有时也会发生边缘剥离或龟裂。边缘剥离的出现是由于光刻胶受到刻蚀溶液的破坏造成边缘与薄膜的附着性变差,解决方法为在涂光刻胶前先涂一层附着促进剂,如六甲基二硅烷(HMDS)。出现龟裂则是因为光刻胶与薄膜之间的应力太大,减缓龟裂的方法就是利用较具弹性的光刻胶材质,来吸收两者之间的应力。

在刻蚀工艺中,刻蚀速率均匀性是很重要的系数。在整个晶片、晶片与晶片之间、不同批次的晶片之间,刻蚀速率对特征尺寸和图形密度的变化都必须保持均匀性。刻蚀速率均匀性由式(4.28)给出

$$刻蚀速率均匀性(\%) = \frac{最大刻蚀率 - 最小刻蚀率}{最大刻蚀率 + 最小刻蚀率} \times 100\% \qquad (4.28)$$

1. 二氧化硅的刻蚀

二氧化硅(SiO_2)是半导体工业中除了硅之外应用最广泛的材料。在集成电路制造中,二氧化硅普遍来作为绝缘膜和钝化膜。在近年来蓬勃兴起的微系统技术中,二氧化硅除了做绝缘膜之外还被大量用来作为牺牲层材料。在硅的微加工技术中,牺牲层工艺是形成表面可移动微结构的关键工艺。

二氧化硅的湿法刻蚀通常使用添加或不添加氟化铵(NH_4F)的 HF 稀释溶液。加入 NH_4F 作为缓释剂,也称为氧化层缓释刻蚀。在 HF 中加入 NH_4F 控制了溶液的 pH 并且补充了氟离子的损耗,因此能保持稳定的刻蚀性能。SiO_2 的刻蚀速率取决于刻蚀液、刻蚀液浓度、温度和搅拌情况。此外,密度、孔隙度、微结构和氧化物中杂质的存在都影响刻蚀速率。例如,氧化层中高浓度的磷会极大增加刻蚀速率,由化学气相沉淀或溅射法形成的疏松的氧化层比热生长形成的氧化层表现出更快的刻蚀速率。

最常见的湿法刻蚀工艺是在稀释的 HF 溶剂中的 SiO_2 湿法刻蚀。常用刻蚀液配比是 $6:1$、$10:1$ 或 $20:1$,意味着6份、10份或20份(体积)的水与一份HF混合。$6:1$ 的 HF 刻蚀液刻蚀热氧化 SiO_2 的刻蚀速率大约是 120 nm/min,而对淀积的氧化层刻蚀速率则更快。需要指出的是,在 HF 中淀积氧化层的刻蚀速率与热氧化膜层的刻蚀速率比通常被用来测量膜的密度。被掺杂的氧化层(如磷硅玻璃、硼硅玻璃)刻蚀速率还要快,刻蚀速率随着杂质掺杂含量的增加而加快。HF 刻蚀液对 SiO_2 与 Si 有着极高的选择性。SiO_2 的刻蚀过程中,也会伴随着一些硅的刻蚀发生,由于水将缓慢氧化硅的表面,然后 HF 将该氧化层刻蚀。HF 对 SiO_2 与 Si 的选择能力通常好于$100:1$。必须要注意的是,SiO_2 在溶剂中的湿法刻蚀,完全是各向同性的。

精确地确定 SiO_2 刻蚀反应轨迹是复杂的,取决于离子的强度、溶液的 pH 和刻蚀液溶剂。SiO_2 的整个刻蚀反应过程为

$$SiO_2 + 6HF \longrightarrow H_2SiF_6 + 2H_2O \qquad (4.29)$$

由于反应消耗 HF,故反应速率将随着时间增加而降低。为避免该现象,通常兑入一定的氟化氨作为缓冲 HF(BHF),通过可逆分解反应,维持刻蚀液中 HF 的相对稳定浓度。

$$NH_4F \Longrightarrow NH_3(g) + HF \qquad (4.30)$$

其中,NH_3 是气体。缓冲过程也控制刻蚀液的 pH,减少对光刻胶的损伤。

室温下氮化硅在 HF 溶液中被刻蚀速率很慢。例如,在室温下 20∶1 的 BHF 溶液刻蚀热氧化层的速率大概是 30 nm/min,但是对氮化硅的刻蚀速率却不到 1 nm/min。在 140 ℃ 或 200 ℃ 下,使用 H_3PO_4 可获得较实用的 Si_3N_4 的刻蚀速率。70 ℃ 时,$c(HF) = 49\%$ 的 HF(水溶液)和 $c(HNO_3) = 70\%$ 的 HNO_3 按 3∶10 的混合溶液也可作为 Si_3N_4 的刻蚀液,但是并不常用。在磷酸中 SiO_2 之上的 Si_3N_4 与 SiO_2 典型的选择比是 10∶1,硅上 Si_3N_4 的选择比是 30∶1。如果 Si_3N_4 层被暴露于高温的氧化环境中,在湿法刻蚀 Si_3N_4 前需做 BHF 的漂洗,其目的在于去除 Si_3N_4 表面生长的氧化层。

图 4.29 所示为典型的二氧化硅牺牲层工艺。

在衬底材料表面首先淀积具有一定厚度的二氧化硅层,然后在二氧化硅上淀积一层多晶硅。将多晶硅层制作成功能结构后,用化学刻蚀的方法去除二氧化硅,从而使多晶硅结构局部悬空,形成可移动部件。各向同性刻蚀是去除牺牲层的关键,因为只有各向同性刻蚀才能使多晶硅结构与衬底材料之间夹层的二氧化硅被清除。二氧化硅也可由气相 HF 刻蚀。气相 HF 氧化层刻蚀技术在亚微米特征尺寸刻蚀上很有潜力,因为它的工艺较易控制。

2. 硅的刻蚀

对于半导体材料硅,湿法刻蚀通常先进行氧化反应,再通过化学反应溶解氧化物。对硅来说,最常用的刻蚀剂是硝酸(HNO_3)和氢氟酸(HF)在水或醋酸(CH_3COOH,HAc)中的混合液。硝酸将硅氧化形成 SiO_2 层,氧化过程为

$$Si + 4HNO_3 \longrightarrow SiO_2 + 2H_2O + 4NO_2$$
$$(4.31)$$

氢氟酸用来溶解 SiO_2 层。反应式为

$$SiO_2 + 6HF \longrightarrow H_2SiF_6 + 2H_2O \quad (4.32)$$

水可以用作刻蚀剂的稀释液。但醋酸更好,因为它能减少硝酸的分解。

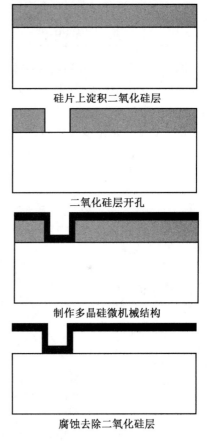

硅片上淀积二氧化硅层

二氧化硅层开孔

制作多晶硅微机械结构

腐蚀去除二氧化硅层

图 4.29 典型的二氧化硅牺牲层工艺

HNO_3、HF 和 CH_3COOH 的混合液,通常称为 HNA,是最常用的酸性刻蚀液。其中,两份氢氟酸与一份硝酸加少量醋酸具有最大的刻蚀速率。HNA 从 20 世纪 60 年代至今一直都被半导体工业用来作为晶片的清洗刻蚀液。大多数情况下都不需要很高的刻蚀速率。表 4.4 为不同 HNA 刻蚀液组成刻蚀速率及应用,其中浓度分别为 $c(HF) = 49\%$、$c(HNO_3) = 70\%$、$c(HAc) = 100\%$ 的 HF、HNO_3 和 HAc 为标准商品酸。

表 4.4 不同 HNA 刻蚀液组成、刻蚀速率及应用

HNA 配方	体积分数比 $\varphi(HF):\varphi(HNO_3):\varphi(HAc)$	刻蚀速率	主要应用
CP4A	27:46:27	16 μm/min	表面化学抛光
CDE	8:25:67	2 μm/min（对于 $R < 0.001\ \Omega\cdot cm$） 0.001 μm/min（对于 $R > 0.1\ \Omega\cdot cm$）	与掺杂浓度相关的刻蚀
SSE	1:99:0	0.5 ~ 2 μm/min	可以用二氧化硅作掩膜
SHF	100:0:0	0.03 nm/min	纯 HF 对硅的刻蚀极低

图 4.30 所示为在氢氟酸和硝酸的混合溶液中 Si 的刻蚀速率,值得注意的是 3 条轴线并非独立,为了从图 4.30 中查出刻蚀速率,在确定的硝酸和氢氟酸的百分比画一条直线,两条线相交的点就是对应稀释剂的百分比。在硝酸浓度较低时,刻蚀速率由氧化剂的浓度决定。在氢氟酸浓度较低时,刻蚀速率由氢氟酸的浓度控制。HNA 的最大刻蚀速率是 470 μm/min 左右,晶片在这种刻蚀速率下要完全刻蚀出一个洞大约需要 2 min。

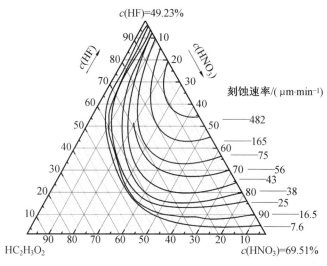

图 4.30 在氢氟酸和硝酸中 Si 的刻蚀速率

由于氢氟酸对二氧化硅有很强的刻蚀作用,在 HNA 中二氧化硅的刻蚀速率在 30 nm/min 以上。因此在硅体加工深度较高时,二氧化硅不适于作掩膜。光刻胶也无法耐受 HNA 中硝酸的强氧化作用。研究发现氮化硅膜在 HNA 中的刻蚀速率在 10 nm/min 以下,可以作为 HNA 加工过程中的掩膜。

例 4.3 一组溶液的组成是 4 份浓度为浓度为 $c(HNO_3) = 70\%$ 的 HNO_3,4 份浓度为 $c(HF) = 49\%$ 的 HF 和 2 份 $HC_2H_3O_2$,现用它来刻蚀硅。如果溶液保持在室温,预期刻蚀速率是多少?如果溶液保持有 2 份 $HC_2H_3O_3$,并要达到对硅 10 μm/min 的刻蚀速率,这些

同样的化学物品应怎样配比?

解　在 HF 浓度较低时,刻蚀速率由 HF 浓度控制。

如图 4.30 所示,在 $c(HF) = 40\%$ 的 HF 和 $c(HC_2H_3O_2) = 20\%$ 的 $HC_2H_3O_2$ 处画两条线,交点处即为刻蚀速率 75 $\mu m/min$。

如果溶液保持有两份 $HC_2H_3O_2$,并要达到对 Si 10 $\mu m/min$ 的刻蚀速率,这些化学物质如何配比? 需要 7 份 $c(HNO_3) = 70\%$,1 份 $c(HF) = 49\%$,2 份 $HC_2H_3O_2$。

一些刻蚀剂对单晶硅某一晶面的刻蚀速度比其他晶面快得多,这就是各向异性刻蚀(Orientation – Dependent Etching)。对硅晶格,(111) 晶面比(110) 晶面和(100) 晶面的每个单元上有更多的原子,因此化学键更多,导致(111) 晶面的刻蚀速率较小。

通常用于硅的各向异性刻蚀剂是由 KOH、异丙醇和水混合而成的。 例如,一个 23.4∶13.5∶63 的前述混合液,刻蚀(100) 晶面的速率比刻蚀(110) 晶面和(111) 晶面的速率要高出 100 倍,有研究者报道过其刻蚀率比达到 200∶1。KOH 的刻蚀速率与 KOH 的浓度以及温度有关。式(4.33) 是计算(100) 晶面刻蚀速率的一个经验公式:

$$R_{(100)} = 2.6 \times 10^6 W^{2.5} \exp\left[- \frac{W/300 + 0.48}{k(T + 273)} \right] \qquad (4.33)$$

由于该刻蚀剂不含有 HF,可使用简单的热氧化物作为掩膜层。

用刻有图形的二氧化硅做掩膜对 < 100 > 晶向硅做各向异性刻蚀,可以产生精确的 V 型槽。槽的侧壁(111) 晶面和(100) 晶面的夹角是 54.7°,如图 4.31(a) 所示。如果掩膜窗口足够大或刻蚀时间较短,则形成 U 型槽,如图 4.31(a) 所示。底边的宽度为

$$W_b = W_0 - 2l\cot 54.7° \qquad (4.34)$$

或

$$W_b = W_0 - \sqrt{2} l \qquad (4.35)$$

式中,W_0 为晶片表面的窗口宽度;l 为刻蚀深度。如果用 < $\overline{1}10$ > 晶向的硅,则产生基本上为直壁且侧壁为(111) 晶面的槽,如图 4.31(b) 所示。可以利用刻蚀速率对晶向的这种显著依赖关系来制造特征尺寸为亚微米的器件结构。这种湿法刻蚀大多用在微机械器件的制造上,在传统 IC 的工艺上并不多见。

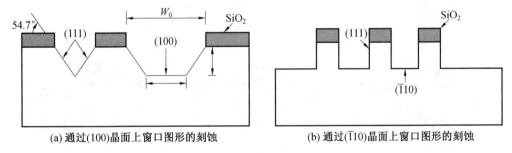

(a) 通过(100)晶面上窗口图形的刻蚀　　　(b) 通过($\overline{1}$10)晶面上窗口图形的刻蚀

图 4.31　各向异性刻蚀

刻蚀硅还可以使用溴和氯元素。氟工艺操作起来比较安全,但是很少会完全各向异性刻蚀,氯工艺和溴工艺虽然会形成垂直侧壁,但是这两种气体毒性较大。多晶硅的刻蚀和单晶硅类似。但是由于晶粒边界,刻蚀速率明显快得多。常需要调整刻蚀溶液以避免

其刻蚀下面的栅氧化层。掺杂浓度和温度也对多晶硅的刻蚀速率产生影响。

化学湿法刻蚀硅通常需要刻蚀较深的深度,所以湿法刻蚀硅技术通常又称为硅的体微加工(Bulk Micromachining)技术,以区别于另一种常用的面微加工(Surface Micromachining)技术。硅体微加工工艺如图 4.32 所示。

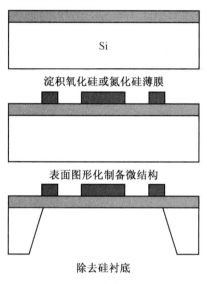

图 4.32 硅体微加工工艺

这是一个以硅为衬底制作薄膜支撑框架的工艺流程。在硅衬底表面先淀积一层支撑薄膜,例如氧化硅或氮化硅层。通过光刻和金属溶脱剥离或刻蚀工艺制作出所需要的微结构,然后将微结构下面的硅衬底全部刻蚀清除,最后形成仅由薄膜支撑的微结构。由此可见,体微加工需要移除大量体积的材料。图 4.33 所示为体硅微机械的基本结构。

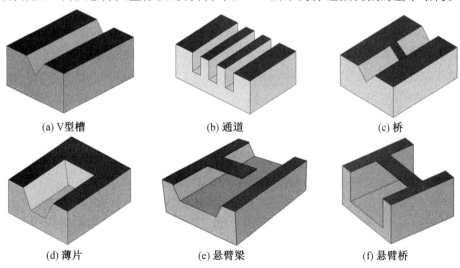

图 4.33 体硅微机械的基本结构

金属辅助化学刻蚀(Metal Assisted Chemical Etching, MACE)是用化学湿法实现硅的各向异性刻蚀的另一种简单方法。试验发现,在(100)面的硅表面如果淀积了某些贵金属颗粒,如金(Au)、银(Ag)、铂(Pt)、钯(Pd),放在 HF 与过氧化氢(H_2O_2)的混合液中,与金属颗粒接触的硅表面被快速刻蚀,而未与金属颗粒接触的硅基本不受影响。这些金属颗粒随着底下的硅被刻蚀移除而沉入自身造成的坑洞中,随着时间的增加,刻蚀的坑洞越来越深。

由贵金属颗粒造成的这种高度取向性刻蚀的机理尚未完全搞清楚,但一般认为,这些金属颗粒能够在氢氟酸刻蚀液中助推氧化还原反应,在与硅接触的界面向硅注入孔穴(正电荷),使硅表面局部氧化,氧化后的硅可以较容易地被氢氟酸刻蚀移除,暴露出的新鲜硅表面再次在金属接触界面处被氧化。这一氧化与刻蚀过程不断重复,使硅在金属颗粒位置不断向深度方向刻蚀,形成深孔,担任催化功能的金属颗粒落在深孔的底部。如果硅表面不是孤立的金属颗粒,而是带孔洞的金属薄膜,则未被金属覆盖的硅将不被刻蚀,遗留下硅柱结构。

3. 氮化硅和多晶硅的刻蚀

氮化硅在半导体工艺中主要是作为抗氧化层在进行氧化生长时的屏蔽膜及半导体器件完成主要制备流程后的保护层。

室温下浓 HF 溶液、HF 缓释溶液或煮沸的磷酸溶液,可以对硅的氮化硅薄膜进行刻蚀,刻蚀速率跟氮化硅的生长方式有关,例如,用等离子体 CVD(PECVD)方式比用低压(LPCVD)方法得到的氮化硅的刻蚀速率快得多。

虽然氢氟酸和缓冲氢氟酸刻蚀液能够刻蚀氮化硅,但是即使在高温条件下,其刻蚀速率还是非常慢,而且氮化硅通常作为二氧化硅的覆盖层,在此情况下不能选用氢氟酸类刻蚀液,氢氟酸会迅速溶解二氧化硅,造成严重的钻蚀。在温度为 180 ℃ 时,$c(H_3PO_4) = 85\%$ 的磷酸溶液可以对氮化硅(相对于二氧化硅)进行选择性刻蚀,因为这种溶液对二氧化硅刻蚀十分缓慢。

$$Si_3N_4 + 4H_3PO_4 + 10H_2O \Longrightarrow Si_3O_2(OH)_8 + 4NH_4H_2PO_4 \qquad (4.36)$$

它对氮化硅典型的刻蚀速率是 10 nm/min,热磷酸对氮化硅及二氧化硅的刻蚀选择比大于 20:1。在煮沸的磷酸溶液中刻蚀氮化硅时,会遇到光刻胶的黏附力问题,造成光刻胶的剥落。为了得到较好的光刻胶图形,可以在形成光刻胶涂层前,在氮化硅薄膜上淀积一薄氧化层。光刻胶的图形先被转移到氧化层上,在接下来的氮化硅刻蚀中可以把氧化层当掩膜使用。

一般来说,氮化硅的湿法刻蚀大多应用于无图形的剥除。对于有图形的氮化硅刻蚀,则应采用干法刻蚀的方式。

4. 铝的刻蚀

铝和铝合金薄膜往往在加热的磷酸、硝酸、醋酸和去离子水混合溶液中刻蚀。典型的刻蚀液是 $c(H_3PO_4) = 73\%$ 的磷酸、$c(HNO_3) = 4\%$ 的硝酸、$c(HC_2H_3O_2) = 3.5\%$ 的醋酸和 $c(H_2O) = 9.5\%$ 的去离子水的混合溶液,温度在 35 ~ 60 ℃。温度越高,刻蚀速率越快。铝的湿法刻蚀过程如式(4.37)、式(4.38)所示:硝酸先使铝氧化,而磷酸又分解氧化铝。

刻蚀速率取决于刻蚀液浓度、温度、搅拌情况、铝薄膜中的杂质和合金类型等。例如,当铝中掺入铜时,刻蚀速率就会降低。

$$2Al + 6HNO_3 \xrightarrow{\hspace{1cm}} Al_2O_3 + 3H_2O + 6NO_2 \qquad (4.37)$$

$$Al_2O_3 + 2H_3PO_4 \xrightarrow{\hspace{1cm}} 2AlPO_4 + 3H_2O \qquad (4.38)$$

对绝缘膜和金属膜的湿法刻蚀通常使用相似的化学溶液,这些化学溶液先将整块材料溶解,然后转变成可溶的盐类或合成物。一般来说,刻蚀薄膜物质将比刻蚀块状物质快得多。此外,对于微结构差、内应力、偏离化学配比和受过辐射的薄膜,刻蚀速率更高。

5. 砷化镓的刻蚀

砷化镓的刻蚀方法有多种,但是只有极少数是各向同性的,这是因为(111)镓面与(111)砷面的表面活性差异太大。大部分刻蚀剂都能使砷面形成抛光面,但是对镓面容易显示出晶体缺陷,且刻蚀速率很慢。最常用的刻蚀剂是 $H_2SO_4 - H_2O_2 - H_2O$ 和 $H_3PO_4 - H_2O_2 - H_2O$ 系统。例如 $H_2SO_4 : H_2O_2 : H_2O$ 体积比为 8:1:1 的刻蚀剂,对(111)镓面刻蚀速率是 $0.8\ \mu m/min$,对其他各面是 $1.5\ \mu m/min$。$H_3PO_4 : H_2O_2 : H_2O$ 体积比为 3:1:50 的刻蚀剂,对(111)镓面刻蚀速率是 $0.4\ \mu m/min$,对其他各面则是 $0.8\ \mu m/min$。

4.2.2 干法刻蚀

干法刻蚀可分为物理性刻蚀与化学性刻蚀。物理性刻蚀是利用辉光放电将气体(如氩气)电离成带正电的离子,再利用偏压将离子加速,溅击在被刻蚀物的表面而将被刻蚀物的原子击出,该过程完全是物理上的能量转移,故称为物理性刻蚀。其特点在于具有非常好的方向性,可获得接近垂直的刻蚀轮廓。但是由于离子是全面均匀地溅射在芯片上,光刻胶和被刻蚀材料同时被刻蚀,造成刻蚀选择比偏低。同时,被击出的物质并非挥发性物质,这些物质容易二次淀积在被刻蚀薄膜的表面及侧壁。因此,在超大集成电路制作工艺中,很少使用完全物理的干法刻蚀方式。

化学性刻蚀,或称等离子体刻蚀(Plasma Etching),是利用等离子体将刻蚀气体电离并形成带电离子、分子及反应性很强的原子团,它们扩散到被刻蚀薄膜表面后与被刻蚀薄膜的表面原子反应生成具有挥发性的反应产物,并被真空设备抽离反应器。因这种刻蚀完全利用化学反应,故称为化学性刻蚀。这种刻蚀方式与前面所讲的湿法刻蚀类似,只是反应物与产物的状态由液态改为气态,并以等离子体来加速反应速率。因此化学性干法刻蚀具有与湿法刻蚀类似的优点与缺点,即具有较高的刻蚀选择比及各向同性。鉴于化学性刻蚀各向同性的缺点,在微电子制造工艺中,只在刻蚀不需图形转移的步骤(如光刻胶的去除)中应用纯化学性刻蚀。

最为广泛使用的方法是结合物理性的离子轰击与化学反应的刻蚀。这种方式兼具各向异性与高刻蚀选择比的双重优点。刻蚀的进行主要靠化学反应来实现,加入离子轰击的作用体现在两个方面:① 破坏被刻蚀材质表面的化学键以提高反应速率;② 将二次淀积在被刻蚀薄膜表面的产物或聚合物打掉,以使被刻蚀表面能充分与刻蚀气体接触。由于在表面的二次淀积物可被离子打掉,而在侧壁上的二次淀积物未受到离子的轰击,可以保留下来阻隔刻蚀表面与反应气体的接触,使得侧壁不受刻蚀,因此采用这种方式可以获得各向异性的刻蚀。

应用干法刻蚀时,主要应注意刻蚀速率、均匀度、选择比及刻蚀轮廓等。刻蚀速率越快,则设备的产能越大,有助于降低成本及提升竞争力。刻蚀速率通常可利用气体的种类、通量、等离子体源及偏压功率控制,在其他因素尚可接受的条件下越快越好。均匀度是表征晶片上不同位置刻蚀速率差异的一个指标,较好的均匀度意味着晶片有较好的刻蚀速率和优良的成品率。因为晶片面积越来越大,所以均匀度的控制就显得越来越重要。选择比是指被刻蚀材料的刻蚀速率与掩膜或底层材料刻蚀速率的比值。例如,如果硅与掩膜材料的选择比为100∶1,则说明硅的刻蚀速率是掩膜材料刻蚀速率的100倍。也可以说选择比越高的材料,越容易被刻蚀。选择比的控制通常与气体种类、比例,等离子体的偏压功率等有关系。至于刻蚀轮廓,一般而言越接近90°越好,只有在少数特例中,如在接触孔或走线孔的制作中,为了使后续金属溅镀工艺能有较好的阶梯覆盖能力而使其刻蚀轮廓小于90°。通常,刻蚀轮廓可利用气体的种类、比例和偏压功率等方面的调节进行控制。

1. 等离子体刻蚀

等离子体刻蚀与湿法刻蚀相比,具有几项非常重要的优点。等离子体比湿法刻蚀浸入刻蚀液中更容易控制开始和终止。另外,等离子体刻蚀过程对晶片温度的微小变化不如湿法刻蚀敏感。等离子体刻蚀比液体媒质污染粒子更少。与湿法刻蚀相比,等离子体刻蚀过程产生的化学垃圾更少。

对于等离子体刻蚀过程,可以简单分为8个步骤,其流程示意图如图4.34所示。

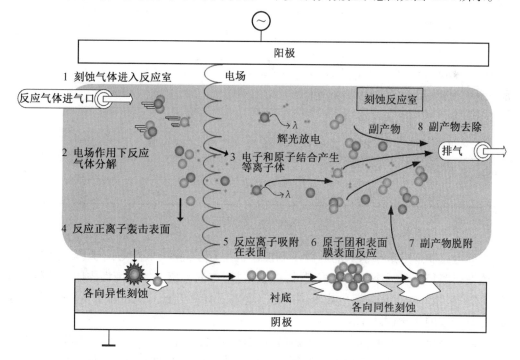

图4.34 等离子体刻蚀的流程示意图

引入到反应器中的进给气体被等离子体激发成化学活性基团。这些活性基团必须扩散到晶片表面并被吸附。当到达表面,它们开始移动(表面扩散)直到与暴露的膜层发生反应。然后挥发性反应产物必须从晶片表面得到释放,再通过扩散离开晶片,最后被气体流带出反应器。与湿法刻蚀类似,刻蚀速率取决于这些步骤中最缓慢的步骤。

在典型的等离子体刻蚀过程中,被刻蚀表面膜含有离子、电子和中子的气流轰击。尽管中子在轰击气体中含量是最高的,但是物理损伤是与电子有关的。而化学侵蚀不仅依赖电子通量的多少,也受到活性基团的影响。通常轰击会产生几个原子厚的改性表面层。

等离子体刻蚀在大规模集成电路制造中主要是作为表面干法清洗工艺,进行大面积非图形类刻蚀,例如清除光刻胶层,以氧气为主要反应气体。等离子体刻蚀的各向同性刻蚀性质使这一技术还被广泛用于清除牺牲层。无论是高速电子器件中的空气桥(Air Bridge)结构,还是 MEMS 器件中的可动结构,都需要牺牲层来形成悬空的微结构。

表 4.5 列出了等离子体刻蚀主要半导体材料选用的刻蚀化学品。

表 4.5 等离子体刻蚀主要半导体材料选用的刻蚀化学品

刻蚀材料	化学品
Si	CF_4/O_2、CF_2Cl_2、CF_3Cl、$SF_6/O_2/Cl_2$、$Cl_2/H_2/C_2F_6/CCl_4$、C_2ClF_5/O_2、Br_2、SiF_4/O_2、NF_3、ClF_3、CCl_4、CCl_3F_5、$CClF_5/SF_6$、C_2F_6/CF_3Cl、CF_3Cl/Br_2
SiO_2	CF_4/H_2、C_2F_6、C_3F_8、CHF_3/O_2
Si_3N_4	$CF_4/O_2/H_2$、C_2F_6、C_3F_8、CHF_3
有机物	O_2、CF_4/O_2、SF_6/O_2
Al	BCl_3、BCl_3/Cl_2、$CCl_4/Cl_2/BCl_3$、$SiCl_4/Cl_2$
硅化物	CF_4/O_2、NF_3、SF_6/Cl_2、CF_4/Cl_2
难熔物	CF_4/O_2、NF_3/H_2、SF_6/O_2
GaAs	BCl_3/Ar、$Cl_2/O_2/H_2$、$CCl_2F_2/O_2/Ar/He$、H_2、CH_4/H_2、$CClH_3/H_2$
InP	CF_4/H_2、C_2H_6/H_2、Cl_2/Ar
Au	$C_2Cl_2F_4$、Cl_2、$CClF_3$

2. 高压等离子体刻蚀

集成电路制造中最早引入的等离子刻蚀设备是基于高压、低能等离子体。就是说等离子体发射路径宽度远小于反应器尺寸。这种过程中的等离子体由惰性先驱体产生活性基团,用来起始并结束化学反应或刻蚀。由于等离子体中电子的能量非常低,刻蚀过程主要靠等离子体的化学性。

等离子体化学性非常复杂。在了解辉光放电的化学性之前,首先要了解模型系统。等离子体化学中研究的最广泛的刻蚀剂是由四氟化碳(CF_4)产生的。假设在反应器中充有四氟化碳气体,反应器压力保持在 66.6 Pa(高压等离子)。带有光刻胶的硅晶片与等离子体接触,其目的是要刻蚀基体硅。选择 CF_4 并不意味只有氟化物等离子体能在高压下使用。氯和其他元素也可以被用在高压等离子体上,但氟化物使用得更加普遍。同样,氟化物有时也被用于低压活性离子刻蚀。

按照罗伯特·摩根(R. Morgan)所述,可以从简单的能量守恒来讨论,模型认为生成气体或高蒸气压液体或固体的刻蚀反应更倾向于发生。以 Si 刻蚀为例,基本观点是硅与卤素反应需要将 Si—Si 键替换成 Si—卤素键。CF$_4$ 中 C—F 键能等于 439.5 kJ/mol。而断开 Si—Si 键需要 176.6 kJ/mol 的能量。用 CF$_4$ 刻蚀 Si,这两个能量和(616.1 kJ/mol)必须小于 Si—F 键的键能(544.1 kJ/mol)。可以看出,能量差为正值(71.1 kJ/mol),说明 CF$_4$ 不能与 Si 直接反应。但是在等离子中,与高能电子的碰撞将要使一些 CF$_4$ 的键产生断裂,获得自由氟原子和中性的分子自由基(有未成对电子)。从能量平衡观点来看,不再需要使 CF$_4$ 断裂的能量消耗,有利于硅氟化合物的形成。另外,通过选择进给气体、反应器压力以及等离子体强度,可以使元素密度增加,更有利于薄膜刻蚀反应的进行。

$$C—F + Si—Si = Si—F + 71.1 \ kJ/mol \tag{4.39}$$

在等离子体中最多的是未反应的气体分子。这些分子的密度在模型定义的反应器压力下约为 $3 \times 10^{16} \ cm^{-3}$。除了未反应的给进气体,等离子体中含量第二位的是先躯体生成的中性自由基(占 5% ~ 10%)。在 CF$_4$ 等离子体中会发现 CF$_3$、CF$_2$、C 和 F。这些原子团有极强的反应性。根据动力学理论,可用式(4.40)大约估算轰击表面的原子团流。

$$J_n = \sqrt{\frac{n^2 kT}{2\pi m}} \tag{4.40}$$

式中,J_n 为单位时间轰击单位面积表面的分子数;n 为每单位体积的气体分子数;k 为玻耳兹曼常数;T 为开尔文温度;m 为分子质量。

假设原子团温度是 500 K,则可计算出扩散原子团轰击率数量级在 $10^{23} \ m^{-2}/s$。如果轰击表面的每一个原子团都能刻掉一个硅原子,并且原子团气流的速度是有限的,那么整体刻蚀速率大约是 100 nm/min。在这种假设下,可以得到由化学工艺控制较高的刻蚀速率。然而,事实上并不是所有原子团都会刻蚀衬底材料,首先不是所有到达晶片的反应粒子都会黏在表面;而一些反应生成物(例如碳),不能与硅发生反应或不能形成可挥发性物质。这些生成物如果附着在晶片表面,反而降低刻蚀速率。

通常等离子体功率密度产生离子浓度是 $10^{10} \ cm^{-3}$ 量级,以 CF$_4$ 等离子体为例,其中含量最丰富的离子是 CF$_3^+$。由于整体等离子体中离子浓度不高,导致了大部分的刻蚀不会直接取决于等离子体中的离子浓度。在等离子刻蚀过程中,离子不断地轰击 Si 表面,使其形成了表面不饱和键,这些不饱和键直接暴露给反应原子团。同时,由于等离子中存在中性原子团的浓度梯度,导致这些中性原子团也会扩散轰击待刻蚀基体表面,快速发生反应生成挥发性物质。从式(4.39)分析,可以发现,由表面的离子和中性原子团的轰击带来的能量,抵消了 Si—Si 断裂需要的能量,使得整个反应沿正反应方向进行。

CF$_4$ 等离子体可用来选择性刻蚀二氧化硅上的硅,或是硅上二氧化硅。CF$_4$ 等离子体刻蚀硅的过程如图 4.35 所示。在一个氟等离子体里,表面的硅原子和两个 F 原子成键在一起,形成一个几原子厚的含氟表面。SiF$_2$ 和 SiF$_4$ 都是挥发性的化合物,但是由于 SiF$_2$ 与基体晶片成键,因此不会被释放。当更多的 F 原子到达晶片基体时,会减少表面硅原子和晶片基体的成键数目,并与表面的硅原子继续成键,直到表面生成的硅氟化物分子能以最小能量释放为止。能够刻蚀晶片表面的基本等离子源包括氟原子、氟气以及 CF_x 原子团，这里 $x \le 3$。

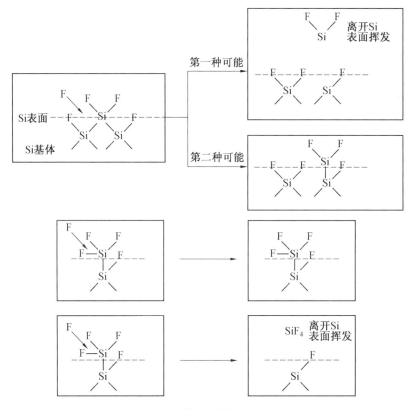

图 4.35 CF_4 等离子体刻蚀硅的过程

再来看一下 CF_4 等离子体刻蚀二氧化硅的过程。如果不考虑离子轰击,仅从 F_2 原子团的化学反应角度考虑,整个反应的断键成键情况如式(4.41)所示,由于整个反应过程为吸热过程,因此 F_2 原子团将很慢地刻蚀二氧化硅。

$$F—F + Si—O = Si—F - 20.9 \text{ kJ/mol} \tag{4.41}$$

与 F_2 原子团相比,CF_3 原子团刻蚀二氧化硅的作用更加明显。一个低能量的纯氟流束可以实现有效的硅与二氧化硅选择性刻蚀,在室温条件下硅与二氧化硅的选择比是 $50:1$。温度降至 $-30\ ℃$ 时,硅与二氧化硅的选择比是 $100:1$。由此可见,在等离子体工艺中选择性刻蚀硅与二氧化硅,需要产生较高的氟原子浓度。F_2 的特殊毒性使其难以直接作为进气进行刻蚀加工。因此在实际等离子体刻蚀过程中多使用 CF_4、C_2F_6、SF_6 等含氟化合物,它们会产生高浓度自由 F 原子。研究发现,在 CF_4 进气中加入少量的 O_2 会同时提高 Si 和 SiO_2 的刻蚀速率。通常认为加入的 O_2 会与 C 反应生成 CO_2,这样从等离子体中去掉一些碳,进而增加了 F 的浓度;这类等离子体通常称为富氟等离子体(Fluorine Rich Plasma)。如图 4.36 所示,不同 O_2 的进气量比会导致 CF_4 等离子体中不同物质的浓度发生明显变化;当 CF_4 等离子体中增加 $\varphi(O_2) = 12\%$ 的 O_2 时,F 浓度会增加一个数量级,对应等离子体对硅的刻蚀速率增加一个数量级,而对应二氧化硅的刻蚀速率却增加得很少。当氧气在进气量中所占的比例过高,则会使得刻蚀硅与二氧化硅选择比急剧下降,这是由于大量氧气的加入使得晶片表面被氧化成二氧化硅所导致的。

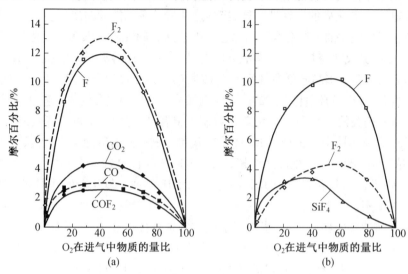

图 4.36　CF_4 中粒子浓度与进气中氧气含量的关系

　　选择性刻蚀硅与二氧化硅的一个典型案例是在薄栅氧化层上形成 MOS 晶体管的多晶硅栅。在这个案例中除了实现选择性刻蚀之外,还有典型的等离子体的各向异性刻蚀。加工过程中硅刻蚀在一个高压的氟等离子体中进行,并在硅表面淀积形成不挥发的碳氟化合物。淀积物可由离子通过物理碰撞去除。高压各向异性刻蚀示意图如图 4.37 所示。刻蚀过程中形成不挥发的碳氟化合物会淀积在所有表面,沿电场方向运动离子几乎都是垂直刻蚀表面,随着刻蚀的进行,刻蚀形成的侧壁由于没有受到离子轰击会逐渐累积

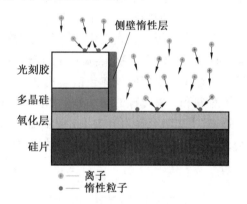

图 4.37　高压各向异性刻蚀示意图,显示侧壁保护膜的形成

碳氟化合物(由于与离子碰撞,中性粒子也会撞击晶片表面)。在等离子体氛围中,硅处于相对敏感的状态。如果硅不发生反应离子刻蚀,则硅水平表面的轰击将使得下层的硅发生反应。在稳定状态时碳氟化合物下面会形成大约 1.5 nm 的氟化硅薄膜。这种通过产生非挥发性的物质来降低刻蚀速率的方法称为"聚合作用"。这层碳氟化合物膜对侧壁有保护作用,阻止了侧壁的刻蚀,实现各向异性刻蚀。

　　实现各向异性刻蚀,促进表面不挥发膜层形成的一个方法是向等离子中加入氢。加入的氢会降低等离子体内氟的浓度,也就相对形成了富碳的等离子。过剩的碳会形成非挥发性的产物形成表面保护膜。为了增强聚合作用,实现各向异性刻蚀,可以使用 C_2F_6 代替 CF_4 作为供给的气体形成富碳的离子。在许多情况下,光刻胶通常是碳氢化合物,刻蚀光刻胶的产物也参与了聚合体形成过程。需要指出的是,在等离子体中消除氟形成富

碳等离子,往等离子中加入氧形成富氟等离子体,这两种作用是相反的。使用富碳等离子进行刻蚀的结果是刻蚀对硅与二氧化硅的选择比下降。可见,在富碳等离子中可实现各向异性或硅对二氧化硅的选择性刻蚀,当然这两者几乎不能同时实现。

等离子反应室中的气体在实际刻蚀过程中是随着刻蚀的要求实时变化的。以 MOS 工艺为例,为了得到尺寸控制良好的多晶硅门电极,先向 CF_4 等离子体中加入 H_2 来进行刻蚀制成。当完成大多数多晶硅刻蚀时关闭 H_2 改通 O_2。这个过程中可能会产生一些钻刻,但是在钻刻产生前,等离子必须将聚集的聚合体刻蚀掉。这样的混合刻蚀工艺,只需要使用非常简单的设备和相关的无毒反应气体,就可以制造出有尺寸在 1 μm 的良好刻蚀图形。

在 CF_4 等离子体中少量加入 H_2 将导致硅和二氧化硅的刻蚀速率减慢,而当等离子体中的 H_2 浓度适中时,SiO_2 刻蚀速率超过 Si,实现选择性刻蚀 —— 硅上选择刻蚀二氧化硅。在这种情况下,氢和氟原子团反应生成 HF,HF 刻蚀二氧化硅但并不刻蚀硅。这种等离子体称为氟不足等离子体。在适中的 H_2 浓度下,不具挥发性的碳氟化合物薄膜淀积过程提高了刻蚀的各向异性,进一步提高了刻蚀的选择性。在 SiO_2 表面离子轰击过程中产生的氧离子将和碳反应生成 CO 和 CO_2,而这两种气态产物都可以从系统中抽离出去。而在硅上没有以上这些反应发生,因此在等离子体中加入 H_2,刻蚀 Si 上 SiO_2 的选择性将急剧上升。随着刻蚀的进行,最终碳的淀积速率将超过等离子体刻蚀将其去除的速率,最终的结果为纯粹的淀积代替了刻蚀。

有研究分析认为氟碳化合物系统中聚合的开始依赖氟和碳的比率。考虑了 HF、CO、CO_2 和吹扫气体混合物,若反应混合气体中剩余的碳浓度比氟的一半还多时聚合作用将进行。在聚合反应时气体包括 C_2F_4、CHF_3 及 1∶1 比率的 CF_4 和 H_2 混合气体,不同比例等离子对硅和二氧化硅的刻蚀速率如图 4.38 所示。高选择比等离子体刻蚀过程与这个很相近,硅上二氧化硅对硅的刻蚀选择比可以达到 20∶1。氢离子可以以氢气形式直接供给,当然氢气也可以加入到氟化物如 CHF_3 或 CH_2F_2 中。除了以氢气的形式以外,也可以

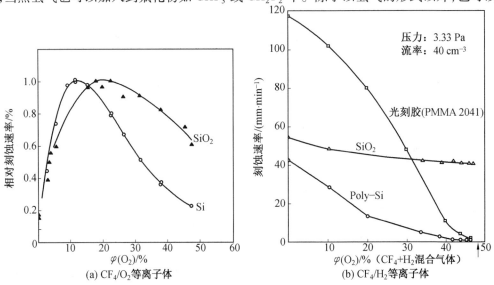

图 4.38　不同比例等离子对硅和二氧化硅的刻蚀速率

选择 CH_4、C_2H_6 或其他简单的碳氢化合物形式供给。在后一种情况下,除了考虑加入的氢对刻蚀的影响外,还应考虑碳氢化合物中碳的加入对整体刻蚀的影响。

由于离子含量少,大多数刻蚀都不是由等离子体里面的电子产生。而是由于持续的入射离子轰击 Si 表面,使表面产生电子对未满的键,这些键暴露在等离子体中的活性自由基之下。由于在等离子体中的浓度差异,这些中性的基团向表面扩散。到达表面后,它们很快发生反应,形成了挥发性产物,生成的挥发物被抽出并排掉。高压等离子反应器结构如图 4.39

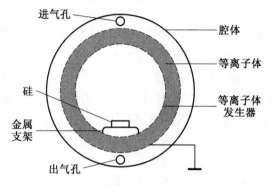

图 4.39　高压等离子体反应器结构

所示。由于离子对 Si 表面的轰击提供了 Si—Si 键断裂的能量,从键能角度来讲,刻蚀反应更易驱动。

3. 离子铣

离子铣(Ion Milling)技术是利用离子束对固体表面进行铣加工的技术。当晶片表面与等离子体接触,在高压时离子发生碰撞就称为溅射刻蚀。离子铣在刻蚀谱图压力相对低的一端,纯粹的离子铣不涉及与刻蚀剂的化学反应,它使用的是惰性气体如 Ar,是一个严格的物理过程,刻蚀过程跟溅射类似。Ar^+ 与表面的物理作用因离子能量的不同而不同。如果离子能量小于 10 eV,则离子与表面的相互作用主要是物理吸附或几个原子层内的表面损伤;如果离子能量大于 10 keV,则离子穿过表面样品深层变成离子注入;只有离子能量在 10 ~ 5 000 eV 的能量范围内才有溅射发生。

离子铣刻蚀的原理如图 4.40 所示。

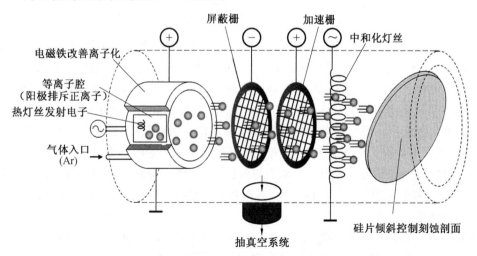

图 4.40　离子铣刻蚀的原理

等离子体通常是由电感耦合RF源或微波源产生的。热灯丝发射快速运动的电子,氩原子通过扩散筛进入等离子体腔内。电磁场环绕等离子体腔,磁场使电子在圆形轨道上运动,这种循环运动使得电子与氩原子产生多次碰撞,从而产生大量的正氩离子,正氩离子被从带格栅电极的等离子体源中引出并用一套校准的电极来形成高密度的束流。一个高压加速格栅把离子能量加至 2.5 keV。灯丝发射电子与氩原子复合来防止晶片带上正离子电荷。离子束刻蚀机在 0.013 3 Pa 的低压氩气环境中工作,它的工作压力低于通常的高密度等离子体刻蚀的工作压力。离子束刻蚀用于刻蚀金、铂和铜等难刻蚀的材料。晶片可以倾斜以获得不同的侧壁形状。

与高压等离子体相比,离子铣有两个非常重要的优点:方向性和适应性。刻蚀的方向性是由于离子束中的离子通过一个非常强的垂直电场加速,反应器压力又非常低,以至于原子间的碰撞完全不可能。结果就是,当它们撞击到晶片表面时,离子的速度几乎是完全垂直的。对任何材料都可进行各向异性刻蚀,这是因为刻蚀过程不需要化学反应。适应性是离子铣图形化材料的范围很宽,包括化合物和合金,甚至是没有适当挥发性产物的材料。目标材料的刻蚀速率的变化不大,不同材料的刻蚀速率相差不会超过 3 倍。因此离子铣在图形化 YBaCuO、InAlGaAs 和其他三元和四元材料上的应用非常广泛。一些材料的离子溅射刻蚀速率见表 4.6。

表 4.6 一些材料的离子溅射刻蚀速率

材料	刻蚀速率/$(nm \cdot min^{-1})$
金(Au)	100
铜(Cu)	70
光刻胶 Az – 1350	20
镍铬合金(NiCr)	17
三氧化二铝(Al_2O_3)	9

离子束溅射技术中有三点需要注意:① 由于离子束溅射对材料没有选择性,掩膜消耗速率很快,因此刻蚀深度有限。在刻蚀中随着掩膜的逐渐减薄消失,最后形成的刻蚀结构可能会与原设计有差别。光刻胶有较高的离子溅射速率,并不是最合适的掩膜材料。PMMA 也不是最合适的掩膜材料,以氢倍半硅氧烷(Hydrogen Silsesquioxane,HSQ)作为溅射掩膜要稍微好些。但如果在刻蚀室中引入某些化学活性气体,则不仅可以改善刻蚀的选择比,而且可以改善刻蚀速率。② 离子溅射产额与离子轰击角度有关。在离子束溅射刻蚀中,样品总是倾斜放置;为了得到均匀溅射,样品架本身除了倾斜之外还绕中心轴旋转。③ 物理溅射不能形成挥发性产物,溅射产物会再淀积到溅射系统的各个部位,包括样品的其他位置。样品在刻蚀中倾斜和旋转能够有效地清除边壁上的二次淀积层。尽管短暂的酸刻蚀能够部分或全部清除二次淀积层,但酸液有时会连带损伤刻蚀的衬底结构。一种方法是引入某种化学活性气体。例如在离子束溅射刻蚀氧化铪(HfO_2)中引入 CHF_3 气体。CHF_3 气体并不能导致溅射刻蚀产物成为挥发性产物,但因引入 CHF_3 气体而产生的溅射刻蚀产物却可以被盐酸(HCl)刻蚀溶解,而盐酸对氧化铪结构无任何伤害。

此外,离子铣还有一个缺点是生产率低,大多数离子源直径不大于 200 mm。因此对于大的硅晶片,离子铣一次只能处理一个,再加上低刻蚀速率以及需要高的真空度,使离子铣在硅基工艺上进行大批量生产非常不现实。但是对于 ⅢA ~ ⅤA 族的工艺,晶片尺寸较小,每批晶片数量减少,使用离子铣方法就比较可行。

4.反应离子刻蚀

由于离子铣无法满足对高选择性及各向异性刻蚀的强烈需求,从而开发了反应离子刻蚀(RIE)技术。实际上由于其主要刻蚀剂并不是离子,RIE 的名称略有不当。更恰当的名称应该是离子辅助刻蚀,但反应离子刻蚀仍旧被普遍使用。

反应离子刻蚀是在等离子体中发生的。等离子体是部分电离化的气体,等离子体是在电场作用下产生的。图 4.41(a) 所示为二极式反应器等离子体放电系统的示意图。射频电源由阴极端经电容耦合输入,阳极接地。在阴极和阳极间射频电场的作用下,空间初始的少量自由电子被加速获得能量与气体原子碰撞,导致气体原子被电离。电离的气体原子释放出更多自由电子,使得更多的气体原子被电离,由此产生一种“雪崩效应”。随着气体分子的大量电离,气体由最初的绝缘状态变为导电状态。其间有电流通过,并在阴极与阳极间形成电场。同时,空间的自由电子也会不断与气体离子碰撞复合,恢复为气体原子。最终电离与复合达到平衡态,在空间形成等离子体。在阴极和阳极表面附近,由于电子质量轻,运动速度快,先期到达电极表面后形成负电荷积累,在阴极和阳极表面分别建立起一个负电场。由于阴极未接地,电子电荷形成的负电场较高。这个电极表面的负电场能够对离子加速,使其轰击电极表面。如果将欲刻蚀样品放在阴极表面,样品将受到较强的离子轰击作用。

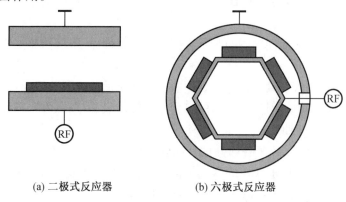

(a) 二极式反应器　　(b) 六极式反应器

图 4.41　两种 RIE 系统(RF 指射频) 示意图

图 4.41 所示为两种 RIE 系统示意图。如图 4.41(a) 所示,二极式反应器(或称平行板反应器)一个电极与反应器的腔壁一起接地,另一个电极与晶片夹具接在 RF 源上,等离子体由 RF 源产生,这与高压等离子体刻蚀正好相反。在接通 RF 电源时,等离子体电位通常高于接地端。在平行板反应器中,接地电极与反应器壁相连接,目的是增大电极的作用面积。在六极式反应器中,如图 4.41(b) 所示,反应器的钟形罩式的外壁接地,内壁做成六边形直立棱柱形,晶片排布其上。这样排布不仅使镜片的容量增加了,还可以增加等离子体到接地电极的电势差,也就增加了离子轰击的能量。为了使形成的平行板反应器

有效,晶片必须与 RF 发生器相连接。当压力增加(> 133.3 Pa),等离子体会产生收缩而失去与壁的接触。而在 RIE 中使用低压等离子体,等离子体内的平均自由路径至少在毫米量级。在这个范围内,等离子体能够保持与壁的良好接触,就会在等离子体和充电电极之间产生较大电动势。

反应离子刻蚀可以简单地归纳为离子轰击辅助的化学反应过程,整个过程可以定性地描述为 4 种同时发生的过程,如图 4.42 所示。

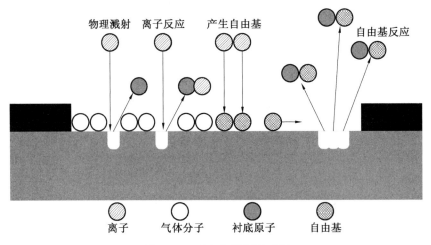

图 4.42　反应离子刻蚀过程

① 物理溅射。阴极表面的负电场有利于对离子加速。离子轰击样品表面,一方面清除了表面碳氢化合物污染和天然氧化层,有利于反应气体分子的吸附;另一方面也对表面进行物理溅射刻蚀。

② 离子反应。化学活性气体的离子直接与样品表面原子反应,生成挥发性产物被真空系统抽走。

③ 产生自由基。入射离子将样品表面吸附的化学活性分子分解成自由基。

④ 自由基反应。由入射离子产生的自由基在样品表面迁移,并与表面原子反应生成挥发性产物被真空系统抽走。

通常使用含氯等离子体来各向异性刻蚀硅、GaAs 和铝基金属镀层。尽管本身具有刻蚀性,氯先躯体如 CCl_4、BCl_3、Cl_2 的蒸气压很高,先躯体和刻蚀产物比溴化物或碘化物都易处理。氟化物等离子体也可以在 RIE 情况下使用。

用氯反应离子刻蚀方法进行 Si 的各向异性刻蚀较容易理解。在没有离子轰击的辅助下,未掺杂的硅在 Cl^- 或 Cl_2 气氛下刻蚀非常缓慢。n 型重掺杂硅或者多晶硅,在 Cl^- 存在下没有轰击也会有高的刻蚀速率,而在 Cl_2 下却仍旧缓慢。掺杂的增加(最多到 25 倍)取决于载流子浓度而不是刻蚀剂的化学特性。

这个非常显著的掺杂效应意味氯刻蚀过程涉及了基体上的电子转移。设立模型并假定在氯等离子体中,原子氯化学吸附在硅上,但不能断裂已存在的Si—Si键。更多氯原子的吸收被位阻效应(Stearic Hindrance)所阻止,此效应可以理解为一旦单层氯原子在表面形成,就会阻止对 Cl^- 的继续吸收。但当表面氯变成负电性,就可以与基体形成离子键合,这样会释放额外的化学吸附点,并极大地增加氯原子渗透入表面并产生挥发性氯化硅的可能性。

离子轰击可以极大地增加氯对表面的渗透。因此,那些受到离子轰击的表面与未受轰击的表面相比会被更快刻蚀。特别是在垂直侧壁上,基本受不到离子轰击。因为有这样的效应,在用 Cl_2 反应等离子刻蚀中,非掺杂多晶硅或单晶硅的刻蚀轮廓显示几乎完全是各向异性刻蚀。然而,在多晶硅和铝金属镀层中可能产生各向同性刻蚀轮廓。在这些结构中,有必要通过侧壁聚合方案获得各向异性刻蚀轮廓。这一般是通过调整 Cl_2 和一种抑制气体(如 BCl_3、CCl_4 或 $SiCl_4$)的相对浓度获得。还可以通过将氟化先躯体与 Cl_2 联合使用。一种常用混合是 $\varphi(C_2F_6) = 90\%$ 的 C_2F_6 和 $\varphi(Cl_2) = 10\%$ 的 Cl_2。通过控制 Cl 与 F 的比率,可以控制钻蚀程度,并获得一系列的刻蚀轮廓。这点尤其对在多层薄膜上刻蚀出可接受的轮廓非常有用,如在多晶硅上的硅化物。至于许多其他的钝化方案,刻蚀速率必须与选择比进行权衡。

(1) 反应离子刻蚀损伤。

反应离子刻蚀的局限性之一是在刻蚀后基体上会遗留有残余损伤。一般在 RIE 中是以 300 ~ 700 eV 的能量传送 $10^{15}\ cm^{-2}$ 的离子通量。衬底损伤和化学污染都是非常严重的问题。后者在聚合刻蚀里尤其需要考虑,因为聚合刻蚀会留下残余薄膜是众所周知的。气相粒子淀积也是一个严重问题。另外,由于对电极、反应器以及与等离子体接触的固定设备也都会产生溅射作用,因此会在刻蚀后的晶片表面发现 Fe、Ni、Na、Cr、K 和 Zn 金属杂质。去除这些杂质的技术包括氧等离子体处理,随后再依次用酸溶液清洗和氢等离子体处理。这些后续处理的缺点是增加了过程的复杂性。

物理损伤和杂质的注入属于 RIE 的次要问题。在对硅用含 C 的 RIE 进行刻蚀后,最上层的 3 nm 受到严重损伤,含有高浓度的 Si—C 键,而损伤的最大深度可达到 30 nm。在含氢环境下进行的 RIE 过程,可观测到产生的 Si—H 缺陷深度为 40 nm,并且很难去除。氢实际上可以渗透进入表面下几微米,会使晶片内的掺杂剂失效。这些损伤的去除需要先清洗再在超过 800 ℃ 温度以上进行退火。也可以设计不含氢的 RIE 过程。

(2) 等离子化学剂。

因为高刻蚀率,氢化物和卤化物元素等离子体常被用来进行硅的反应离子刻蚀,刻蚀产物是易挥发的 SiH_4、SiF_4、$SiCl_4$ 和 $SiBr_4$。氟等离子被用作各向同性刻蚀;Cl 和 Br 等离子,例如 Cl_2,主要被用来完成各向异性刻蚀。除了氟元素的混合物,其他气体是非常危险的。

混合的分子(例如 CCl_2F_2)和混合气体(例如 SF_6/Cl_2)含有卤素,经常被用作各向异性刻蚀。如果等离子体化学剂被选定了,那么在沟槽的内壁就能形成刻蚀抑制层薄膜,定向刻蚀是可能的。通过改变相关的原子密度,例如原料气中氟和氯的比率,能够改变沟槽的剖面。

大多数情况下,具体的气体混合或"配方"是依靠经验数据来实现的,这些经验数据来自于特殊的应用而不是相关的等离子体化学的基础知识。但是这些观点对于混合气体的形成是有帮助的。

下面以 CF_4 等离子体刻蚀 SiO_2 为例说明等离子体中 H 杂质、O 杂质对刻蚀速率的影响。SiO_2 与 CF_4 的反应产物有 SiF_4 和 CO 或 CO_2。在 RIE 系统中的刻蚀过程大致如下所示

$$CF_4 \longrightarrow 2F + CF_2 \tag{4.42}$$

$$SiO_2 + 4F \longrightarrow SiF_4 + 2O \tag{4.43}$$

$$Si + 4F \longrightarrow SiF_4 \tag{4.44}$$

$$SiO_2 + 2CF_2 \longrightarrow SiF_4 + 2CO \tag{4.45}$$

$$Si + 2CF_2 \longrightarrow SiF_4 + 2C \tag{4.46}$$

F 原子与 Si 的反应速率相当快,是与 SiO_2 反应的 10 ~ 1 000 倍。在传统 RIE 系统中,CF_4 大多被分解成 CF_2,这样可获得不错的 SiO_2/Si 的刻蚀选择比。然而,在一些先进的设备中,如螺旋波等离子体刻蚀机中,因为等离子体的解离程度太高,CF_4 大多被解离成 F,因此 SiO_2/Si 的选择比反而不好。

在 CF_4 气体的等离子体中加入 O 离子,O 离子会和 CF_4 反应而释放出 F 原子,进而增加 F 原子的量并提高 Si 及 SiO_2 的刻蚀速率。同时,消耗掉部分的 C,使等离子体中 F/C 比下降,其反应方程式如下:

$$CF_4 + O \longrightarrow COF_2 + 2F \tag{4.47}$$

添加 O 对 Si 的刻蚀速率的提升要比对 SiO_2 快。当 O 含量超过一定值后,由于气态的 F 原子再结合形成 F_2,使自由 F 原子减少,因此二者的刻蚀速率都开始下降。

在 CF_4 气体的等离子体中加入 H_2,H_2 将被解离成 H 原子并与 F 原子反应生成 HF 气体。虽然氟化氢也可对 SiO_2 进行刻蚀,但是刻蚀速率比 F 慢一些,因此在加入 H_2 后,对 SiO_2 的刻蚀速率略微有些下降。特别是对 Si 的刻蚀速率下降更为明显,这是因为用来刻蚀 Si 的 F 原子被氢原子消耗掉了。因此加入 H_2 可提升 SiO_2/Si 的刻蚀选择比。但如果 H_2 加入量过多,由于反应生成了聚合物 $(CF_2)_n$,阻碍了 Si 或 SiO_2 与 F 或 CF_2 的接触,而使刻蚀停止。

改善刻蚀的方向性,即各向异性,一直是反应离子刻蚀技术发展过程中不懈追求的目标。随着大规模集成电路技术和微机械技术的发展,越来越多的器件要求高深宽比的微细结构,即在横向尺寸不变的条件下,要求刻蚀深度越来越深。在 20 世纪 90 年代末出现的电感耦合等离子体刻蚀系统和 Bosch 工艺使这种高深宽比的硅刻蚀成为可能,但其带来的负面效应,如负载效应、微沟槽效应等也必须引起研究和使用者的注意。

5. 高密度等离子体刻蚀

与其他等离子体处理相比,使用高密度等离子体(HDP)系统的优势非常明显。高密度源使用交替的电磁场和电场使自由电子在等离子体中的行进距离有很大的提升,目前开发的用于产生高浓度等离子体的技术包括电感耦合等离子体、磁控等离子体和电子回旋共振等离子体。与同样压力下简单二极管等离子体刻蚀相比,HDP 刻蚀系统提高了离解和电离率。离子和自由基的高密度可以使刻蚀率增加,或者用它们获得其他的有利条件。例如,可以在非常低的压力下得到可用的离子和自由基密度。这可以通过离子密度减弱在晶片电极上的偏置电压。通常在 HDP 刻蚀系统上将充电电极与第二个 RF 源相连。由于在低压下系统中的平均路径较长,10 ~ 30V 的基体偏置电压就足够产生各向异性刻蚀。这种低能量意味着选择性高,并几乎没有残留损伤。这对一些刻蚀过程非常有

用,例如,刻蚀到超薄层位置(如 CMOS 门的刻蚀),或者对超薄接合处的触点的刻蚀,又或者向激活层的刻蚀(如为获得双聚合耦合处理器的聚合刻蚀过程)。另外,在低压下的刻蚀能确保离子的垂直入射,也就是说在刻蚀高长宽比图形时,不用把刻蚀速率降得过低。这个效应有时称为微负载。HDP 源提供大量的这种低能离子,确保了适用的刻蚀速率。HDP 刻蚀的一个缺点是高密度离子流量能够使浮空结构(MOS 门)过分充电。过分充电会使残余刻蚀损伤引起门绝缘体的过度泄漏。

当使用侧壁钝化剂进行各向异性刻蚀时,在大多数 HDP 刻蚀器中使用的低压严重的限制了非挥发性产物的生成。这可用增加流动比改善,例如将 BCl_3 换成 Cl_2 或将 CH_2F_2 换成 CF_4。但是在聚合物形成率较高的情况下,非挥发性产物将会堵塞到腔壁上。最后,这个堵塞呈薄片掉落,淀积到晶片上。在 HDP 系统中为了控制聚合物堵塞,通常使用氧等离子体清洁加热腔壁。腔壁温度也可以被用来对刻蚀选择性和/或刻蚀速率一致性进行微调。另一种选择是利用一些形貌来阻止等离子体到达反应腔的侧壁以便减少污染物。

第一个应用在刻蚀上的 HDP 源是电子回旋共振(Electron Cyclotron Resonance,ECR)源。在反应器腔壁上放置磁力线圈和永久磁场来获得共振条件。需要考虑的是在大范围保持充分的一致性以便获得一致的刻蚀速度。线圈系统允许磁场的实时变化,而永久磁场通常提供更局部化的场。典型的 ECR 刻蚀系统使用 2.45 GHz 的源,需要 875 高斯(G)的磁场来获得共振。等离子体产物被发散磁场运输到晶片表面。典型 ECR 的刻蚀压力是 0.013 3 ~ 1.33 Pa,典型离子功率是 10 ~ 100 W。

下面以门刻蚀作为例子解释 ECR 等离子体应用。需要刻蚀 300 nm 多晶硅,多晶硅位于 3 nm 厚的 SiO_2 上。很明显,在氧化物上刻蚀 Si 需要非常高的选择性。掩体也需要高选择性来改善线宽的控制。从以前的讨论可以知道,Cl 能对 SiO_2 上的 Si 进行选择性刻蚀,但是要实现各向异性刻蚀,只有在非掺杂薄层或者有边墙钝化技术时才可以。由于氧化硅与 Cl 自由基不发生化学反应,如果没有膜的溅射产生,则可以忽略刻蚀率。对 Si 来说 Cl^+ 的溅射临界点约为 20 eV,大于这个值,Si 会被撞击出来,而对于 SiO_2 大约为 50 eV。因此 ECR 系统用 20 ~ 50 eV 的 Cl 离子能量可以很好地刻蚀 Si 而保留 SiO_2。有研究报道在这样的低功率系统中,选择比能达到 200∶1。

除了 ECR 系统外,还有另外几种高密度等离子体源,如感应耦合反应器(Inductively Coupled Reactor,ICP)源,变压器耦合等离子体(Transformer Coupled Plasma,TCP)源和表面波耦合等离子体(Surface Wave Coupled Plasma,SWP)源均得到发展。这些刻蚀设备具有较高的等离子体密度(10^{11} ~ 10^{12} cm^{-3})和在工艺中采用较低的压强(<2.66 Pa)。此外,它们还允许晶片所在电极板独立于等离子体源单独供电,这样就使离子能量(晶片偏压)和离子通量(等离子体浓度,最初由等离子体源供电驱动)间的耦合明显降低。

其中,ICP 系统在低功率下能够获得高的硅 – 氧化硅选择比,因此被广泛用于门刻蚀。门刻蚀的典型 ICP 功率约为 50 W。由于 DRAM 技术需要沟槽深度达到 10 μm 级别,因此需要高的硅沟槽刻蚀速率。当功率在 200 ~ 800 W,硅 – 氧化硅的选择比大幅下降,这是因为在高能量密度下反应自由基浓度很高,使各向异性刻蚀程度降低。这种选择比降低可以通过增加衬底偏差和使用边墙钝化剂来得到补偿。目前最好的 ICP 源可以实现 20 $\mu m/min$ 以上的刻蚀速率,并有可能在未来几年中达到 50 $\mu m/min$ 甚至 100 $\mu m/min$ 以上。对硅与光刻胶掩膜的抗刻蚀比可达 100∶1 以上,对硅与二氧化硅掩膜的抗刻蚀比可达 200∶1 以上。

6. 图形转移技术前景展望

当器件尺寸越来越小(<10 nm),而晶片尺寸越来越大(>300 mm),刻蚀选择比与均匀度就变得更重要。传统 RIE 因为工作压力高、无法实现垂直侧壁的刻蚀及存在大尺寸晶片上均匀度差等缺点,将不再使用,取而代之的是高等离子体密度的等离子体系统。这类等离子系统不但能在低压下产生高密度的等离子体,并且能分别控制等离子体的密度和能量,可减少等离子轰击损坏,在大尺寸晶片上亦能保持良好的均匀性,提高生成成品率。

另外,因为尺寸缩小,刻蚀图形的深宽比增加,再加上光刻胶的厚度将使刻蚀变得更加困难,例如 0.25 μm 宽的铝线,厚度大约为 0.5 μm,而光刻胶厚为 0.5 ~ 1 μm,整个深宽比将高达 4 ~ 6,因此可使用光刻胶以外的材料来作为掩膜,或称为硬屏蔽来改善。

由于图形距离的减少和氧化层中接触孔面积的减小,刻蚀系统中的反应物或带能量的离子可能无法到达接触孔的底部,或者反应的产物无法顺利排出接触孔外面,使得刻蚀速率降低。接触孔的面积越小,这种现象越严重,即前面提到的微负载效应。除此之外,为了减少等离子体电荷导致的损伤,未来刻蚀机的发展趋势是使用多腔的系统或静电吸附夹具。多腔的设计可以避免互相污染,并增加生产效率。使用静电吸附夹具可以降低微粒污染,增加镜片的冷却效率,减少等离子体导致的损伤。

软刻蚀是微图形转移和微制造领域中的新方法,其总体思路就是把用昂贵设备生成的微图形通过中间介质进行简便而又精确的复制,提高微制造的效率。以哈佛大学乔治·怀特塞兹(George Whitesides)教授研究组为代表的多个研究集体发展了相关技术,包括微接触印刷、毛细微模塑、溶剂辅助的微模塑、微模塑、近场光刻蚀等多项内容,并正式提出了"软刻蚀"这样的名称。

软刻蚀一般是通过表面复制有细微结构的弹性印模来转移图形的。其方法有用烷基硫醇"墨水"在金表面印刷,将印模作为模具直接进行模塑,或将印模作为光掩膜进行光刻蚀等。软刻蚀不但可在平面上制造图形,也可转移图形到曲面表面上,它还可以对图形表面的化学性质加以控制,方便产生出具有特定功能团的图形表面;软刻蚀还能制备三维的立体图形,其精细程度达到 100 nm 以下,弥补了光刻蚀方法的不足。

软刻蚀技术的核心是图形转移元件 —— 弹性印模。制作印模的最佳聚合物是聚二甲基硅氧烷(PDMS)。先用光刻蚀法在衬底上刻出精细图形,在其上浇铸 PDMS,固化剥离得到表面复制微图形。甚至在凸透镜的表面模塑出了类似蜻蜓复眼式的众多微凸透镜,也源于 PDMS 优良的弹性。

软刻蚀工艺简单、方法灵活、效率高,在微制造方面有很好的应用前景。在图形的精确定位、印刷质量方面,目前软刻蚀还比不上光刻蚀,然而它有许多优点是光刻蚀技术所不具有的,例如,它能在曲面上刻蚀图形,制作三维微结构,方便地控制微接触印刷表面的化学物理性质,制作陶瓷、高分子、微颗粒等微制造材料的微图形,尤其是它不需复杂的设备,可以在普通实验室条件下进行制作。

思考与练习题

4.1 计算 7 块掩膜版工艺的最终成品率。掩膜版中有 3 块平均致命缺陷密度为 $0.14 \cdot cm^{-2}$,3 块为 $0.23 \cdot cm^{-2}$,还有 1 块为 $1.0 \cdot cm^{-2}$,芯片面积为 60 mm²。

4.2 (1)对于波长 193 nm 的 ArF 准分子激光曝光系统,其中 NA = 0.65,k = 0.75,求光刻机理论的分辨率和聚焦深度。(2)实际生产中怎么调整 NA 和 k 来提高分辨率?

4.3 列举曝光装置类型和光刻机的种类。

4.4 曝光光源包括什么?常用的是哪几种?曝光光源与分辨率的关系如何?

4.5 区分光栅扫描和矢量扫描。

4.6 掩膜版基板上用什么材料制作的?

4.7 光刻工艺流程是什么?

4.8 列出光刻胶的主要成分,并分别解释它们的作用。

4.9 描述正负光刻胶在曝光过程中的变化。

4.10 为什么要控制软烘焙的温度?

4.11 湿法刻蚀原理是什么?

4.12 举例比较各向同性刻蚀和各向异性刻蚀的区别。

4.13 湿法刻蚀 Si、SiO₂、Si₃N₄、多晶硅、Al 和 GaAs 常用的刻蚀剂都是什么?

4.14 与湿法刻蚀相比,等离子体刻蚀的优点是什么?

4.15 列举干法刻蚀时需要注意的参数及原因。

4.16 解释高压等离子体刻蚀原理。

4.17 什么是离子铣、RIE、HDP 刻蚀?

4.18 HDP 源都有哪几种?举例介绍 ECR 的应用。

4.19 物理性刻蚀和化学性刻蚀的结合有什么优势?

4.20 钻蚀的两种表征方式是什么?在湿法和干法刻蚀中都如何控制钻蚀?

4.21 离子铣的优点有什么?

4.22 举例说明干法刻蚀用的刻蚀气体都有什么样的特点。

4.23 什么是选择比?该参数在刻蚀中有什么作用?

4.24 一种溶液的组成是 4 份 $c(HNO_3)$ = 70% 的 HNO_3、4 份 $c(HF)$ = 49% 的 HF 和 2 份 $HC_2H_3O_2$,现用它来刻蚀硅。如果溶液保持在室温,预期的刻蚀速率是多少?如果溶液保持 2 份 $HC_2H_3O_2$,并要达到对硅 10 μm/min 的刻蚀速率,这些同样的化学物品应该如何配比?

4.25 现用湿法刻蚀在 700 μm 厚的晶片上刻孔,所使用的溶液组成是 2 份 $HC_2H_3O_2$,2 份 $c(HF)$ = 49.2% 的 HF 和 6 份 $c(HNO_3)$ = 69.5% 的 HNO_3。(1)刻蚀需要多长时间?(2)结果是刻蚀时间是预计的 2 倍长,假设使用这些正常的化学物品的初始浓度,列举出 3 种可能引起刻蚀速率明显减少的原因,每种情况又可以如何解决?

4.26 一名刻蚀工程师仅有一台可用的高压等离子刻蚀设备和离子铣设备,在下面的应用中现用哪种设备?并说明选择的原因。(1)刻蚀 500 nm 的多晶层,这层多晶层的用途是充当一大面积电容上的电极,电容介质是 5 nm 厚的二氧化硅。(2)用开凹形槽法形成 GaAsFET 的沟道区,并要使刻蚀产生的损伤减少到最小。(3)在一厚的绝缘层上各向异性刻蚀一层薄的 $YBa_2Cu_3O_7$ 层。

参 考 文 献

[1] FRANSSILA S. 微加工导论[M]. 陈迪,刘景全,朱军,等译. 北京:电子工业出版社,2005.

[2] 张亚非.半导体集成电路制造技术[M]. 北京:高等教育出版社,2006.

[3] 徐泰然. MEMS 和微系统:设计与制造[M]. 王晓浩,译. 北京:机械工业出版社,2004.

[4] 施敏,梅凯瑞.半导体制造工艺基础[M].陈军宁,柯导明,孟坚,等译. 合肥:安徽大学出版社,2007.

[5] 张兴,黄如,刘晓彦. 微电子学概论[M].北京:北京大学出版社,2003.

[6] ZANT P V. 芯片制造:半导体工艺制成实用教程[M]. 赵树武,朱践知,于世恩,等译. 北京:电子工业出版社,2008.

[7] QUIRK M, SERDA J. 半导体制造技术[M]. 韩郑生,译. 北京:电子工业出版社,2009.

[8] CAMPBELL S A. 微电子制造科学原理与工程技术[M]. 曾莹,严利人,王纪民,等译. 北京:电子工业出版社,2003.

[9] ELWENSPOEK M,JANSEN H. 硅微机械加工技术[M]. 姜岩峰,译. 北京:化学工业出版社,2007.

第5章　薄膜制备

在微电子制造领域中,薄膜指采用半导体工艺(蒸发、溅射、化学气相淀积和外延生长等)制备的膜层,而厚膜指采用印刷、烧结工艺制备的膜层;从材料形态上讲,薄膜大多为均质结构,而厚膜为玻璃/金属的混合结构;从尺寸上讲,为与厚膜区别,薄膜通常是厚度小于 1 μm 的膜层。微电子元器件中的有源和无源层绝大多数都是由各种金属、电介质和半导体的薄膜构成。为了保证微电子元器件的正常工作,必须要求这些薄膜具有较高的质量:膜厚均匀、连续、完整;纯度高,化学成分符合化学计量配比的要求;致密度高,应力低,与衬底或下层膜之间有较好黏附性;良好的电学性质;特别地,当衬底表面已经具有某些图形,尤其是有局部深宽比较大的缝或孔洞结构时,还必须保证薄膜能按要求覆盖这些结构的各个壁面。

膜的制备方法很多,根据其形成过程中膜层内成膜物质的质量变化情况,可以把制膜方法分为淀积、减薄和延展等几大类。而微电子器件和系统中用到的薄膜绝大部分是通过淀积方法生长获得的。导体、半导体和绝缘体等各种材料都可以在一定的衬底上淀积生长成薄膜。薄膜的质量与其制备方法密切相关。采用不同的制备方法制备同一种材料的薄膜,所得薄膜的性质也可能有较大差异。因此,根据实际需要,选择合适的制膜方法至关重要。

利用液相中的物理和化学过程使各种成膜的离子、原子或分子传输到达衬底表面从而生长成薄膜的方法称为液相淀积;相应地,利用气相中的物理和化学过程使各种成膜的离子、原子或分子传输到达衬底表面从而生长成薄膜的方法就称为气相淀积。为了防止氧化和污染,气相淀积过程常常在一定的真空条件下进行。因此,气相淀积过程易于控制,生长得到的薄膜厚度均匀且比较容易图形化,是微电子制造领域中最重要的薄膜制备方法。

薄膜制备技术大多需要一定的真空条件。溅射和某些化学气相淀积过程还需要形成等离子体。因此,本章首先介绍真空和等离子体的相关知识,然后重点介绍传统微电子制造技术中常用的气相淀积薄膜制备技术,包括物理气相淀积、化学气相淀积及外延生长。

5.1　物理气相淀积

物理气相淀积(Physical Vapor Deposition,PVD)技术是在真空条件下,采用物理方法,将固态或气态的材料源表面气化成气态的原子、分子或部分电离成离子,并通过低压气体(或等离子体)过程,在基体表面淀积具有某种特殊功能的薄膜的技术。整个镀膜过程中,气相及衬底表面上都不发生化学反应。物理气相淀积的主要方法有:蒸发镀膜、溅射镀膜、电弧等离子体镀膜、离子镀膜等,其中蒸发和溅射在微电子制造中的应用最为广泛。发展到目前,物理气相淀积技术不仅可淀积金属膜、合金膜,还可以淀积化合物、陶瓷、半导体、聚合物膜等。为了能更好地理解物理气相淀积过程,本节将首先介绍蒸气压、气体动力学、真空技术及等离子体等基础理论知识,然后系统介绍蒸发和溅射的工艺原理、方法和设备。

5.1.1 相关基础理论

1. 蒸气压

物质通常都存在固态、液态和气态等不同状态。大多数时候,固态物质需要首先熔化,然后再由液态变成气态,这一过程称为蒸发;而物质在熔点以下从固态不经过液态直接变成气态的相变过程称为升华。在密闭容器中,固体或液体中的原子、分子会不断通过升华或蒸发进入气相,同时气相中的原子或分子也会不断撞击固体或液体表面,使其中一部分气相原子或分子回到固相或液相中。温度一定的条件下,经过足够长的时间,固相或液相与气相间的物质交换达到平衡,此时气态原子或分子的量达到最大值。这些气态原子或分子撞击固体或液体表面所产生的压强,称为平衡蒸气压或饱和蒸气压。通常,物质的平衡蒸气压随温度的升高而增大。在一定的温度下,各种物质的平衡蒸气压各不相同,但都具有确定的数值。平衡蒸气压 p 与绝对温度 T 的关系可由克拉伯龙 – 克劳修斯(Clapeyron – Clausius)关系式(5.1)推导出来。

$$\frac{\mathrm{d}p}{\mathrm{d}T} = \frac{L}{T\Delta V} \tag{5.1}$$

式中,L 为该物质的气化热或蒸发热;ΔV 为由固相或液相变成气相时发生的体积变化。

若蒸气分子符合理想气体状态方程

$$V_{\mathrm{g}} = \frac{nRT}{p} \tag{5.2}$$

式中,V_{g} 为气相的体积;R 为气体常数($8.314\ \mathrm{J \cdot mol^{-1} \cdot K^{-1}}$)。当气液两相达到平衡时,假设气体为 1 mol 理想气体,忽略液体体积,式(5.1)可改写为

$$\frac{\mathrm{d}p}{p} = \frac{L\mathrm{d}T}{RT^2} \tag{5.3}$$

气化热或蒸发热 L 随温度的变化通常很小,可将 L 近似看作常数。对式(5.3)求积分得

$$\ln p = C - \frac{L}{RT} \tag{5.4}$$

式中,C 为积分常数。对式(5.4)进行改写得

$$\ln p = C - \frac{B}{T} \tag{5.5}$$

其中,C 和 B 为常数。当温度较低、蒸气压较小时,式(5.5)可以作为平衡蒸气压与温度间的近似表达式。表 5.1 给出了一些常用金属材料平衡蒸气压表达式中常数 C 和 B 的值。

表 5.1 常用金属材料平衡蒸气压表达式中常数 C 和 B 的值

金属种类	状态	C	B/ × 10⁻³	金属种类	状态	C	B/ × 10⁻³
Cu	固体	12.81	18.06	Sn	液体	9.97	13.11
	液体	11.72	16.58	Cd	固体	14.37	40.40
Ag	固体	12.28	14.85	Cr	固体	12.88	17.56
	液体	11.66	14.09	Mo	固体	11.80	30.31
Ni	固体	13.28	21.84	W	固体	12.24	40.26
	液体	12.55	20.60	Si	固体	13.20	19.79
Ti	固体	11.25	18.64	Zn	固体	11.94	6.744
	液体	11.98	20.11	Al	液体	11.99	15.63

温度较高时,平衡蒸气压需由试验测量确定。微电子制造中一些常用材料的平衡蒸气压随温度变化的曲线如图 5.1 所示。

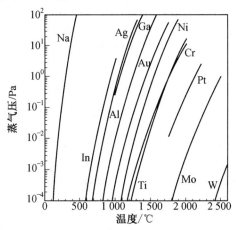

图 5.1 常用材料的平衡蒸气压随温度变化的曲线

2. 气体动力学基础

气相中的原子或分子不断地进行热运动,各时刻分子运动速度的大小和方向完全是随机、无规律的。根据气体动力学理论,若将气体分子视作硬球体,气体分子运动速率的概率分布可由麦克斯韦(Maxwell)速度分布得到

$$P(v) = 4\pi \left[\frac{m}{2\pi kT} \right]^{3/2} v^2 e^{-mv^2/2kT} \tag{5.6}$$

式中,m 为气体分子的质量;k 为波耳兹曼常数(1.38×10^{-23} J · K^{-1});T 为绝对温度;v 为气体分子的运动速率。气体分子速率的平均值为

$$\bar{v} = \int_0^\infty vP(v)\,\mathrm{d}v = \sqrt{\frac{8kT}{\pi m}} \tag{5.7}$$

气体分子的速度在任一方向上的分量的平均值为

$$\bar{v}_x = \bar{v}_y = \bar{v}_z = \sqrt{\frac{2kT}{\pi m}} \tag{5.8}$$

均方根速度由式(5.9)给出

$$v_{rms} = \sqrt{\frac{3kT}{\pi m}} \tag{5.9}$$

气体分子的平均运动速率很高,室温下常用气体分子的平均速率在 $400 \sim 1\,700$ m/s 之间,超过音速。

气体分子热运动的一个重要特征是分子间存在频繁的碰撞。发生碰撞后,气体分子的运动速度将发生改变。在一定的条件下,气体原子或分子从一次碰撞到下一次碰撞期间所运动的距离的平均值称为平均自由程 ζ。对一个直径为 d 的气体分子,ζ 可以近似地表示为

$$\zeta = \frac{1}{\sqrt{2}\pi d^2 n} \tag{5.10}$$

其中,n 为单位体积的气体分子数。对理想气体

$$n = \frac{N}{V} = \frac{p}{kT} \tag{5.11}$$

其中,N 是总的气体分子数目。表 5.2 是常见气体的性质。

表 5.2　常见气体的性质

气体种类	化学式	相对分子质量	分子质量/($\times 10^{-26}$ kg)	平均速率/($\times 10^2$ m/s, 0 ℃)	分子直径/($\times 10^{-10}$ m, 0 ℃)	平均自由程/($\times 10^{-5}$ m, 25 ℃,100 Pa)
氢	H_2	2.016	0.3347	16.93	2.75	12.41
氧	O_2	32.00	5.313	4.252	3.64	7.20
氩	Ar	39.94	6.631	3.805	3.67	7.08
氮	N_2	28.02	4.652	4.542	3.78	6.68
空气		28.98	4.811	4.468	3.74	6.78
水蒸气	H_2O	18.02	2.992	5.665	4.68	4.49
一氧化碳	CO	28.01	4.651	4.543	3.80	6.67
二氧化碳	CO_2	44.01	7.308	3.624	4.65	4.45

3. 真空技术基础

(1) 真空。

根据以上基础知识可知,在一定的温度和压力条件下,单位时间内到达或撞击某个单位面积表面的气体分子数目为

$$J_n = \frac{n\bar{v}_x}{2} = \sqrt{\frac{n^2 kT}{2\pi m}} = \sqrt{\frac{p^2}{2\pi kTm}} \approx 1.07 \times 10^{11} \frac{p}{\sqrt{Tm}} \tag{5.12}$$

密闭空间中,大量气体分子对某个表面做持续的、无规则的撞击,从而产生压强。在国际单位制(千克·米·秒,SI 制)中,压强的单位是帕斯卡(Pascal),简写为帕(Pa)。

1 Pa = 1 N/m². 在实际的工程应用中,通常还会采用托(Torr)、毫米汞柱(mmHg)、巴(bar)、标准大气压(atm) 以及英制单位中的磅力每平方英寸(psi) 作为压强的单位。表5.3 是各种压强单位间的换算关系。

表5.3　各种压强单位间的换算关系

非国际单位制	Pa
1 Torr	133.3
1 mmHg	133.3
1 bar	1×10^5
1 atm	1.013×10^5
1 psi	$6.894\,8 \times 10^3$

当某个空间中气体的压强低于 1 个标准大气压的时候,则称此空间处于真空状态。根据国标《真空技术术语》(GB/T 3163—2007),可按照压强的大小把真空划分为低(粗)真空($10^5 \sim 10^2$ Pa)、中真空($10^2 \sim 10^{-1}$ Pa) 高真空($10^{-1} \sim 10^{-5}$ Pa)、和超高真空($< 10^{-5}$ Pa)4 个等级。

(2) 产生真空的装置。

微电子制造中的许多工艺都需在真空中进行,其中大多数只需低真空或中真空。但一些需要很高纯度且精密控制的工艺过程则需要高真空甚至超高真空。真空需要利用真空系统来实现,典型的真空系统至少应该包括真空室(即维持一定真空的特定空间)、真空泵(即抽出多余气体、降低压强的装置)及连接真空容器和真空泵的管道三部分构成。

如图 5.2 所示的简单真空系统,假设真空室中的气体压力始终维持在 p_1,泵的入口压力为 p_2,气流以均匀流量 Q 流过真空室。流量是指气体流动过程中,单位时间内通过腔体任意截面的气体量。流量有两种表示方式,即质量流量和体积流量。前者指单位时间内通过腔体任一截面的气体质量,后者则指通过的气体体积。由于气体具有可压缩性,其压力不同时体积会有很大的变化,因此当以体积流量来衡量气体流动时,为便于比

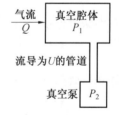

图5.2　简单真空系统

较,通常所说的体积流量是指标准状态(1954 年第十届国际计量大会协议规定的标准状态是温度为 0 ℃,压力为 1.013×10^5 Pa) 下的气体体积,此时的流量以 N·m³/s 为国际单位,读作"标准立方米每秒",常简写成 m³s⁻¹,"N" 即表示标准状态。工程应用中也常用标准毫升每分钟(Standard Cubic Centimeter per Minute,SCCM 或 mL/min)、标准升每分钟(Standard Liter per Minute,SLM 或 L/min)、标准升每小时(Standard Liter per Hour,SLH 或 L/h) 等作为气体体积流量的单位。

真空室或管道中存在气体的流动。若腔体或管道的尺寸远大于气体分子的平均自由程,气体分子在运动过程中不断与其他气体分子发生碰撞,气体的这种流动状态称为黏滞流(Viscous Flow);若腔体或管道的尺寸能与气体分子的平均自由程相比拟,甚至小于气体分子的平均自由程,气体分子运动过程中与其他气体分子碰撞的概率很小,而会与真空

室或管道的壁面碰撞,气体的这种流动状态称为分子流(Molecular Flow)。图5.3 所示为气体分子流动状态示意图。

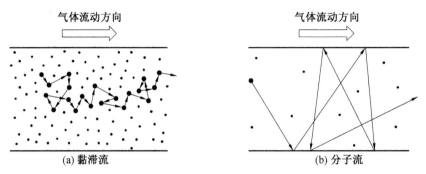

图5.3 气体分子流动状态示意图

真空管道通过气体的能力以流导 U 表示。流导、流量和压强遵循与电学中欧姆定律。类似的关系式

$$Q = U(p_1 - p_2) \tag{5.13}$$

因此,流导的单位在国际单位制中为 $m^3/(s \cdot Pa)$。流导与气体流动的状态及真空管道的形状和尺寸有关。在黏滞流条件下,圆管的流导可表示为

$$U = 1.35 \times 10^3 s^{-1} \frac{d_{tube}^4}{l} \frac{(p_1 + p_2)}{2} \tag{5.14}$$

式中,d_{tube} 和 l 分别为管道的直径和长度。多根管道并联时,总的流导是各部分流导的简单相加

$$U_{total} = U_1 + U_2 + \cdots + U_n \tag{5.15}$$

而对串联管道系统,总流导的倒数则应是各部分流导倒数的和

$$\frac{1}{U_{total}} = \frac{1}{U_1} + \frac{1}{U_2} + \cdots + \frac{1}{U_n} \tag{5.16}$$

并联和串联的真空管道如图5.4 所示。

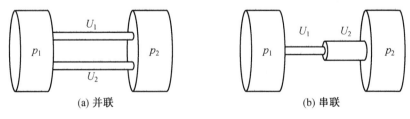

图5.4 并联和串联的真空管道

真空泵是利用机械、物理、化学或物理化学的方法对某个需要真空的腔体进行抽气而获得真空的器件或设备,是真空系统的关键组成部分。根据获得真空的原理,可将真空泵分为气体传输泵和气体捕集泵。

气体传输泵先从需要形成真空的腔体获得一定体积的气体,对气体进行压缩,再将压缩后的气体排出到真空系统以外的空间。气体传输泵主要有两类工作机制,一类是用变容的方式对气体进行压缩,即利用泵腔容积的周期变化来完成吸气和排气的过程,达到抽

气的目的;另一类是采用动量传输的方式,依靠高速旋转的叶片或高速射流,把动量传输给气体或气体分子,使气体连续不断地从泵的入口传输到出口。

机械泵是最常用的变容真空泵,依靠活塞、叶片、柱塞或隔膜的机械运动对气体进行移位输运。图5.5所示为两种简单机械泵的工作原理示意图。在图5.5(a)中,单级双阀活塞泵的进气阀与真空室相连接;凸轮和曲柄带动活塞进行左右运动;当活塞向左运动时,出气阀关闭,真空室中的气体通过进气阀被吸入气缸;活塞向右运动时,进气阀关闭,气缸中的气体被压缩;当气体被压缩到一定程度的时候,出气阀被打开,气体被排出到外部空间。进气阀和出气阀可以根据出气口和进气口的压力自动响应。对理想气体而言,出气口和进气口的最大压力比即为活塞在最左端和活塞在最右端时气缸内的容积比,这个比值称为泵的压缩比。若出气口的压力为1.013×10^5 Pa(1个大气压),压缩比为100:1,这样一个简单的泵可以实现的最低压力为1.013×10^3 Pa。如果将两个泵相互连接,也就是将前一个泵的出气口与外部空间连接,进气口则接到后一个泵的出气口,而后一个泵的进气口再接到真空室,就可以构成双级真空泵机组。前一个泵称为前级泵,而后一个泵称为二级泵或后级泵。这样,在前级泵的出气口和后级泵的进气口之间可以形成很高的压缩比。

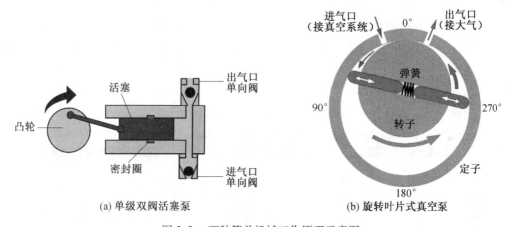

(a) 单级双阀活塞泵　　　　(b) 旋转叶片式真空泵

图5.5　两种简单机械工作原理示意图

图5.5(b)所示为旋转叶片式真空泵(简称旋片式真空泵)的示意图,这种泵在微电子制造领域较为通用。泵内偏心安装的转子与定子固定面相切,两个(或以上)旋片在转子槽内滑动(通常为径向)并与定子内壁相接触。旋片将整个泵腔分为几个可变容积的次级腔体,因此它也是一种变容真空泵。通常,旋片与泵腔之间的间隙用油来密封和润滑。旋片式真空泵用叶片的旋转运动取代曲轴的左右运动,噪声小、运行速度高。当叶片扫过出气口时,气体可以被压缩到非常小的体积。

除了压缩比以外,衡量真空泵性能的另外两个重要参数是极限真空(极限压强)和抽气速率。任何一个真空泵或真空系统都不可能获得绝对真空(即$p = 0$ Pa的情况),而是具有一定的压强。如果把真空泵的进气口封闭起来,并充分抽气后,真空泵内的压力会稳定在某一真空度。这就是该真空泵所能达到的最低压强,称为极限真空或极限压强。抽气速率则是指在一定压强下单位时间所抽出的气体的体积,它决定了真空系统抽到预定

真空所需的时间。抽气速率 S 定义为

$$S = \frac{Q}{p_2} \tag{5.17}$$

变容真空泵在使用中存在一些潜在的问题,其中之一是水蒸气的凝聚。气体被压缩时,若气相中水蒸气的分压超过了水在该温度下的蒸气压,水就会凝聚成小水滴。水滴与泵油混合,会导致腐蚀。如果被抽的气体中还有腐蚀性气体,如氯气等,腐蚀会更加严重。此时,可以在气流中加入一个小流量的惰性气体,限制极限压强。另一个问题是返油。当泵高速运转时,泵油温度大大升高,油的蒸气压也会变得很高。进气阀打开时,油蒸气就会从泵进入到真空室内,造成污染。变容真空泵的压缩比非常有限,只能实现低真空或中真空。

动量传输泵则可以获得高真空,其中常用的有扩散泵和分子泵。典型的扩散泵如图5.6(a) 所示,结构简单、使用方便,是目前获得高真空的最广泛、最主要的工具之一。扩散泵中的油在真空中加热到沸点(约为 200 ℃),产生大量油蒸气。油蒸气经导流管由各级喷嘴定向高速喷出,冲击到泵壁上。在进气口附近,被抽气体的分子与油蒸气分子发生碰撞,产生动量交换,而使被抽气体分子沿着蒸气方向高速运动,流向泵壁;若到达泵壁的被抽气体分子反射回来,将再次受到油蒸气分子的碰撞而重新流向泵壁。经过几次碰撞后,气体分子被压缩到低真空端。同时,部分被抽气体分子溶解在冷凝出的小油滴中,被传输到低真空端。在低真空端接有前级泵,将被抽气体分子抽走。而油蒸气在冷却的泵壁上冷凝后返回到泵的底部重新被加热,如此循环工作达到抽气的目的。扩散泵的压缩比可以达到 10^8,抽速也很高。但使用过程中必须注意防止高温下泵油的氧化以及返油的问题。当被抽的腔体中气相需要很高的纯度时,不能采用扩散泵。

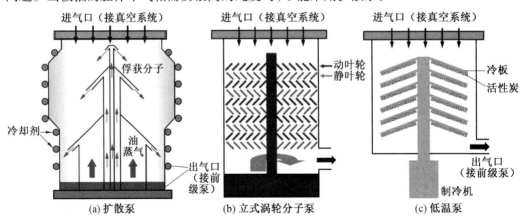

图 5.6 几种高真空泵的内部结构

涡轮分子泵主要由泵体、带叶片的转子(即动叶轮)、静叶轮和驱动系统组成。图 5.6(b) 所示为立式涡轮分子泵的结构示意图。动、静叶轮交替排列,组成十几甚至几十级叶轮组。每组动、静叶轮几何尺寸基本相同,但叶片倾斜方向相反。由进气口到出气口,各级叶轮组中叶片的倾斜角渐次变化。动、静叶轮间保持 1 mm 左右的间隙,保证动叶轮可在静叶轮间自由旋转。动叶轮外缘的线速度高达 150 ~ 400 m/s,与气体分子热运动的速度相当。高速旋转的动叶轮将动量传给气体分子,使气体分子由上一级叶轮组向下

一级叶轮组定向运动,最终到达出气口。每一级叶轮组的压缩比都不大,但是由于级数多,整个泵的压缩比可以达到 10^9。涡轮分子泵必须在分子流状态下工作才能显示出它的优越性,因此其出气口必须连接到低真空泵,以维持出气口在一个低压状态下。涡轮分子泵的优点是启动快,能抗各种射线的照射,耐大气冲击,无气体存储和解吸效应,无油蒸气污染或污染很少,能获得清洁的超高真空。

因为动量传输与气体分子的质量有关,所以泵的压缩比强烈地依赖于被抽气体的种类。同一泵抽分子质量大的气体分子时压缩比高。抽氮气(或空气)时压缩比为 $10^8 \sim 10^9$ 的涡轮分子泵,抽氢气的压缩比就只有 $10^2 \sim 10^4$,而抽分子质量大的气体如油蒸气时压缩比则大于 10^{10}。

需要超高真空度时,就要使用气体捕集泵。常用的气体捕集泵是低温泵,如图 5.6(c)。在低温泵内设有由液氦或制冷机冷却到极低温度的冷板,冷板温度维持在 20 K 左右。冷板表面可以覆盖一层活性炭以吸收更多的气体。低温下,平衡蒸气压小于或等于泵内分压的气体分子将不断冷凝、吸附在冷板表面上;即使在抽气温度下不能冷凝的气体分子,也可被不断增长的可冷凝气体层俘获和吸附。当冷板上冷凝和吸附的气体分子饱和时,将低温泵与真空室隔离,对冷板加热并用前级泵抽气,释放出被抽的气体分子;冷板恢复工作状态后再次制冷,并按此循环工作。低温泵的极限压力就是冷板温度下被抽气体的平衡蒸气压。温度为 120 K 时,水的平衡蒸气压已低于 10^{-8} Pa。温度为 20 K 时,除氦、氖和氢之外,其他气体的蒸气压都低于 10^{-8} Pa。

除此以外,还有很多其他种类的真空泵。但是不论哪种泵都不能从大气压一直工作到高真空和超高真空。因此在需要高真空和超高真空时,通常是将几种真空泵组合起来构成多级真空泵组使用。

4. 等离子体

本书所述的许多低压工艺,包括溅射、化学气相淀积、刻蚀等,都涉及等离子体的应用。等离子体又称为"电浆",是由原子或原子团被电离后产生的带有正负电荷的微观粒子与中性粒子构成的整体上呈电中性的混合物。等离子体广泛存在于宇宙中,常被视为是除固态、液态、气态外,物质存在的第四态。极光、闪电等都是等离子体造就的自然奇观,而生活中最常见到的等离子体包括电弧、霓虹灯和日光灯中的发光气态物质等。

等离子体可由等离子发生器产生。图 5.7(a) 所示为简单直流等离子发生器的结构示意图。在真空室中有两个平行的平板电极。真空室中通入一定的工作气体,工作气体可以是氮气、氩气、氧气或氢气,甚至其他气体。阴极相对于阳极加有数千伏的电压,阳极可以接地,也可以处于浮动电位或一定的正、负电位。只要两电极间的电位差足够高,平行板电极间的电场强度将高于真空室内工作气体的击穿场强。此时电极间的气体电离,形成高压电弧,产生大量离子和自由电子。在电场作用下,电子向阳极运动并不断加速,而离子则向阴极运动。离子最终到达阴极表面与阴极碰撞,使阴极材料的核外电子获得能量,从阴极表面逸出,形成二次电子。二次电子在电场作用下同样会向阳极运动并不断加速。电子在不断加速运动的过程中能量会越来越高,并不断与真空室中的中性气体原子或分子产生碰撞。只要电子的能量足够高,它们与中性气体原子或分子间的碰撞将以非弹性碰撞为主,使气体原子或分子电离,产生出更多的离子和电子。这种电离、加速、碰撞并再次电离、加速、碰撞的过程不断进行下去,形成级联碰撞,将产生大量离子和电子,与剩余的中性气体原子或分子混合在一起,形成等离子体。

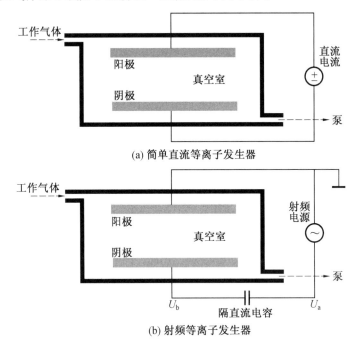

(a) 简单直流等离子发生器

(b) 射频等离子发生器

图 5.7 等离子发生器的结构

假设真空室中的工作气体是由原子 X 和原子 Y 组成的分子 XY,等离子发生器中发生的变化包括:

① 高能电子与中性分子碰撞使分子裂解 $e^* + XY \longleftrightarrow X + Y + e$

② 高能电子与中性分子碰撞使分子电离 $e^* + XY \longleftrightarrow XY^+ + e + e$

③ 高能电子与裂解产生的原子碰撞使原子电离 $e^* + X \longleftrightarrow X^+ + e + e$

④ 能量稍低的电子与裂解产生的原子碰撞使原子激发 $e^* + X \longleftrightarrow X^* + e$

⑤ 能量稍低的电子与中性分子碰撞使分子激发 $e^* + XY \longleftrightarrow XY^* + e$

上标"$*$"表示能量远高于基态的粒子,称为激发态粒子。激发态粒子仍为中性粒子,但其内部原子中的内层电子被激发到高能级,处于较高的能量状态,活性很高。粒子处于激发态时,基态下难以发生的化学反应会变得容易发生。

可见,产生等离子体的过程十分复杂,形成的等离子体成分也非常复杂,包括电中性的分子、原子、电离出的离子、电子以及具有高能量的激发态分子、原子和电子。产生等离子体的过程可以用来使分子裂解成原子,产生并加速离子,甚至产生激发态粒子从而驱动难以发生的化学反应。

等离子体中的激发态粒子能量较高,处于不稳定状态。经过一定时间后,被激发到高能级的内层电子将回到基态。多余的能量常以可见光辐射的形式释放出来,产生瑰丽的发光现象,也就是低压气体的辉光放电。产生辉光放电之前,真空室内尚未形成等离子体,其中的气体作为绝缘体不导电,也就不会有电流产生。产生辉光放电之后,由于等离子体中存在大量带电粒子,有很高的导电性,阴阳极之间会出现电流(通常在毫安量级)。

在等离子体内部,正离子和电子的密度相等。但在阴极和阳极附近,正离子和电子的密度则是不同的。在电极间电场的作用下,电子被加速向阳极方向运动,而正离子被加速向阴极方向运动,分别堆积在两极附近形成空间电荷区。由于正离子的漂移速度远小于电子,故阴极附近的正离子空间电荷区的电荷密度比阳极附近的电子空间电荷区大得多,使得整个极间电压几乎全部集中在阴极附近的狭窄区域内。这些堆积的正电荷会屏蔽阴极附近的部分等离子体,削弱了电场,减小了离化的速度,导致正负电荷密度及电场强度都会随着两极板间的位置变化而改变。这是辉光放电的显著特征。

能量大于 15 eV 的电子会首先离化气体中的分子而不是激发它们;而能量过低的电子只能以弹性碰撞的方式与气体分子发生相互作用。只有能量适中的电子才能有效激发出辉光。在等离子体中,阴极和阳极之间不同位置处的电场强度不同,电子的加速情况不同,其能量的大小就不同。因此,阴极和阳极之间不同位置处的辉光强度也不同,如图 5.8 所示。在阴极附近,二次电子发射产生的电子在较短距离内尚未被加速而得到足够的使气体分子电离或激发的动能,因此这一区域不发光,称为 Crooke 暗区。而在阴极辉区和正柱区,电子已获得足够的能量碰撞气体分子,使之电离或激发发光。在阳极附近,电子被吸附而导致密度很低,也不会产生可观的激发发光,产生阳极(Anode)暗区。在阳极和阴极之间,有一个区域电子被加速到很高的能量,导致粒子被电离,而只有很少的电子具有使原子激发发光的条件,这个区域称为法拉第(Faraday)暗区。

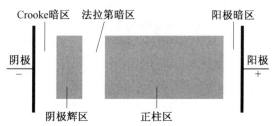

图 5.8　直流等离子体中的辉光分布

在微纳加工中常用的等离子设备中,主要利用的是 Crooke 暗区的大电场。漂移和扩散到这个区域边缘的离子被加速而快速移向阴极,这样可以利用离子轰击放置在阴极上的硅片或其他样品,实现不同的处理工艺。Crooke 暗区的宽度取决于真空室内的压力。在低压状态下,电子的平均自由程增加,暗区宽度也增大。通过控制腔内的压力,就可以控制离子轰击阴极表面的能量。直流等离子发生器中,要保证一定的轰击能力,气压不能太低,至少应大于 0.1 Pa。另外,直流等离子发生器中使用的电极材料必须是导体,否则碰撞电极的离子或电子所带的电荷积累将使电极电位发生改变,电极间的离子加速与电离过程被削弱,直至无法电离而导致放电过程停止。直流等离子发生器的这些问题导致微电子制造过程中的很多工艺无法完成。

为了解决这些问题,可以采用射频等离子发生器。图5.7(b)所示为射频等离子发生器的结构示意图。与直流等离子发生器不同的是,电极两端所加的不再是直流电压,而是处于射频波段(一般为 13.56 MHz)的交流电压,并加配一个隔离直流的电容器。在交变电场的作用下,真空室中的电子不断在两电极间迅速加速,来回运动。即使真空室中的压强很低,仍可保证电子与气体原子或分子有足够高的碰撞概率,保证等离子体有足够高的密度。因此,交流等离子发生器中可以采用高真空。同时,交流条件下,离子与电子交替与电极发生碰撞,防止了电荷在电极表面的持续积累,电极不再仅限于导体材料,使其能够满足多种微电子制造工艺的要求。

为了进一步提高低气压条件下的碰撞概率,增加等离子体的密度,还可以在交流等离子发生器中加入与电场平行或垂直的磁场。没有磁场时,电子在电极间做直线运动,随电场的交替变化来回振荡。加磁场后,电极间高速运动的电子在洛仑兹力的作用下,将做螺旋线运动,并通过循环不断获得能量,而使其与气体原子或分子的碰撞概率大大增加。

5.1.2 蒸发

真空蒸发(Vacuum Evaporation)又称为真空蒸镀,简称为蒸发,是在真空条件下,加热蒸发源,使原子或分子从蒸发源表面逸出,形成蒸气流并入射到衬底表面,聚集形成固态薄膜的一种工艺技术。

1. 工艺原理

以真空蒸发方法制备薄膜,主要包括三个基本过程:蒸发过程、气相输运过程、成膜过程。通过分析这三个基本过程得出蒸发的工艺原理。

(1)蒸发过程。

蒸发过程是蒸发源原子(或分子)从固体或液体表面逸出成为蒸气原子的过程。随着温度的升高,材料经历从固相、液相到气相的变化。如前所述,在任何温度条件下,固态(或液态)物质周围环境中都存在着该物质的蒸气,平衡时的蒸气压被称为该物质的平衡蒸气压,又称饱和蒸气压。任何物质的平衡蒸气压都是温度的函数,随着温度升高而迅速增大。当蒸发源为液相时,其平衡蒸气压可表示为

$$p_e = 3 \times 10^{12} \sigma^{3/2} T^{-1/2} \mathrm{e}^{-\Delta H_v \sqrt{}/N_A kT} \tag{5.18}$$

式中,σ 为表面张力;ΔH_v 为蒸发焓,是物质从液态到气态的变化过程中(温度不变化)所吸收的热量,又称为气化潜热;N_A 为阿佛伽德罗常数;k 为波耳兹曼常数;T 为热力学温度。

在蒸发真空室中,源被加热,只有当处于加热温度的源的平衡蒸气压值高于室内源蒸气的分压时才会有净蒸发。图 5.9 所示为蒸发装置结构示意图,真空室内源的加热温度越高,其平衡蒸气压就高于室内源蒸气分压越多,蒸发速率也就越快。为了获得合理的源蒸发速率,工程上规定在平衡蒸气压为 1.333 Pa 时的温度为该物质的蒸发温度。例如,铝的蒸发温度是 1 250 ℃;而难熔金属钨的蒸发温度超过 3 000 ℃,因而蒸发钨这类难熔金属必须提供更多能量将其加热到很高的温度。

源的蒸发速率可以通过气体动力学原理推导得出。对于真空蒸发,若 p 为真空室内源物质的平衡蒸气压,m 为源物质的原子或分子质量,T 为蒸发源物质的温度,考虑源物质蒸发表面上某个单位面积的区域,根据式(5.12),单位时间内到达或撞击这个单位面积表面的气体原子或分子数目为 $J_n = \sqrt{\dfrac{p^2}{2\pi kTm}}$。假设撞击到源物质蒸发表面的原子或

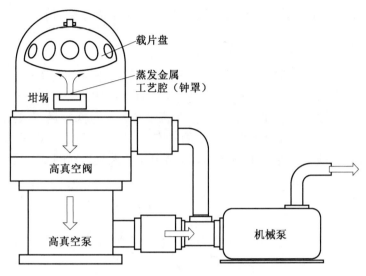

图5.9 蒸发装置结构示意图

分子将留在源物质中,即产生凝结,J_n 就是凝结的速率。蒸发和凝结的过程同时存在,二者达到动态平衡时,蒸发速率与凝结速率相等。因此,J_n 也可以描述单位时间内离开蒸发源表面单位面积的原子或分子的数目。将它乘以源物质的原子或分子质量,就可以得到源物质表面任一单位面积的质量蒸发速率

$$R_{me} = mJ_n = p\sqrt{\frac{m}{2\pi kT}} \tag{5.19}$$

对于整个坩埚而言,源物质的总的质量蒸发速率为

$$R_{ml} = \int_0^A R_{me} \mathrm{d}A = \int_0^A p\sqrt{\frac{m}{2\pi kT}} \mathrm{d}A = \sqrt{\frac{m}{2\pi k}} \int_0^A \frac{p}{\sqrt{T}} \mathrm{d}A \tag{5.20}$$

式中,A 为坩埚内源物质表面的面积。假设坩埚内源物质表面的温度处处相等,则有

$$R_{ml} = \sqrt{\frac{m}{2\pi k}} \frac{p}{\sqrt{T}} \int_0^A \mathrm{d}A = A\sqrt{\frac{m}{2\pi k}} \frac{p}{\sqrt{T}} \tag{5.21}$$

式(5.20)和式(5.21)确定了源物质的蒸发速率、蒸气压和温度之间的关系。若将 A 和 m 视为定值,则蒸发速率将由温度和平衡蒸气压确定。而蒸发源物质的平衡蒸气压与温度密切相关。例如,根据图5.1中给出的蒸气压,蒸发铝时,若温度变化10%,由 1 000 ℃ 升高到1 100 ℃,平衡蒸气压将变化约一个数量级,由 10^{-1} Pa 增加到 1 Pa。由此可见,温度的变化将引起蒸发速率的明显变化。要控制蒸发速率,必须精确控制蒸发温度。

(2)气相输运过程。

气相输运过程是源蒸气从源到衬底表面之间的质量输运过程。假设由源物质蒸发进入气相的原子或分子的初始运动方向指向衬底。但是它们在向衬底表面运动的过程中,有可能与真空室中的残余气体或其他蒸发原子或分子发生碰撞,而改变其运动方向,即受到散射。这些受到散射的蒸发原子或分子将难以到达衬底表面。可见,若要使蒸发原子或分子能顺利到达衬底表面,就必须尽量减少气体原子或分子间发生碰撞的概率。这就意味着蒸发时必须保证气体原子或分子的平均自由程 ζ 要大于坩埚到衬底的距离 l。根

据式(5.10) 和式(5.11) 可知,对理想气体而言,气体原子或分子的平均自由程可表示为

$$\zeta = \frac{1}{\sqrt{2}\,\pi d^2 n} = \frac{kT}{\sqrt{2}\,\pi d^2 p} \tag{5.22}$$

可见,ζ 与真空室内的温度和压强有关。压强越低,气体原子或分子的平均自由程就越大,产生的散射也越少,蒸发过程易于控制。从保证成膜质量、避免污染的角度考虑,真空室内的压强也应尽可能低。但是在高真空下若要进一步降低压强,需要花费很长的时间,大大降低生产率。正确选择蒸发室所需的真空度,对于提高生产效率、保证成膜质量都十分重要。通常可取 $\zeta \geq 10l$,此时气体原子或分子间发生碰撞的概率只有9% ,能够较好地保证成膜过程的可控性。此时有

$$\frac{kT}{\sqrt{2}\,\pi d^2 p} \geq 10l \tag{5.23}$$

假设真空室中的气体以氧气分子为主,其分子直径为 3.5×10^{-10} m,25 ℃ 条件下

$$p \leq \frac{kT}{10\sqrt{2}\,\pi d^2 l} \approx \frac{7.6 \times 10^{-4}}{l} \tag{5.24}$$

式中,p 的单位为 Pa;l 的单位为 m。这个近似结果在实际生产中可以用来确定蒸发时的起始压强。若要求有较高的薄膜质量,最好在比这一近似压强值低1 ~ 2个数量级的真空中进行蒸发。

真空除了保证成膜过程的可控性之外,还有两个作用:一方面可以减少蒸发分子与残余气体分子的碰撞,防止它们产生反应;另一方面也可防止高温源物质和淀积薄膜的氧化。为了确定衬底表面的淀积速率,需要首先确定离开坩埚的源物质原子或分子数与到达并淀积在衬底表面的原子或分子数之间的比值。压强足够低时,从坩埚逸出的原子或分子基本不受散射,可经直线运动到达衬底表面。假设所有到达衬底表面的原子或分子都能附着并保留下来,则淀积速率将由衬底表面对坩埚所张的视角因子 Ω 决定

$$\Omega = \frac{\cos\theta\cos\varphi}{\pi r_{\mathrm{R}}^2} \tag{5.25}$$

式中,r_{R} 为坩埚表面与衬底表面间的直线距离;θ 和 φ 分别为 r_{R} 与坩埚表面法线和衬底表面法线间的夹角,如图5.10(a) 所示。式(5.25) 表明处于载片盘不同位置的衬底相对于坩埚的位置与方向不同,其上薄膜的淀积速率也将不同。即使是同一衬底,其表面各处相对于坩埚的位置与方向也不同,将导致其上淀积的薄膜厚度不均匀。

为了得到良好的均匀性,可以将坩埚和衬底放置在同一球面上,如图5.10(b) 所示。此时

$$\cos\theta = \cos\varphi = \frac{r_{\mathrm{R}}}{2r} \tag{5.26}$$

式中,r 为球面半径,则有

$$\Omega = \frac{1}{4\pi r^2} \tag{5.27}$$

根据式(5.21),此时衬底表面薄膜的生长速率即为

$$R_{\mathrm{d}} = \frac{\Omega R_{\mathrm{ml}}}{\rho} = \sqrt{\frac{m}{2\pi k\rho^2}}\,\frac{p}{\sqrt{T}}\,\frac{A}{4\pi r^2} \tag{5.28}$$

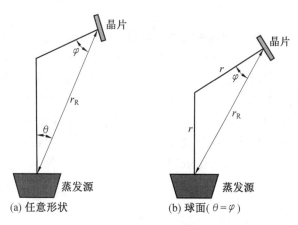

图 5.10   蒸发淀积中衬底和蒸发源的相对位置

式(5.28)等号右端的第一项由源物质的性质决定(材料因子),第二项由温度和压强决定(工艺因子),第三项由蒸发源的几何形状和位置决定(结构因子)。

根据以上推导,若要采用蒸发镀膜同时淀积多个衬底并保证各个衬底表面的淀积速率基本相同,只需将载片盘制成如图 5.11 所示的半球形夹具。它能在镀膜过程中绕其顶部的轴作圆周旋转,因此又称为行星载片盘。

图 5.11   行星载片盘

例 5.1   某蒸发台中样品与坩埚中心位置之间的距离为 76 cm,试问此时蒸发室内的压力最高是多少? 若样品与坩埚处于同一个半径为 45 cm 的球面上,试确定样品相对于坩埚的放置方向?

解   根据式(5.24),蒸发腔内的压力应满足

$$p \leqslant \frac{7.6 \times 10^{-4}}{l} = \frac{7.6 \times 10^{-4}}{76 \times 10^{-2}} = 10^{-3} (\text{Pa})$$

由式(5.26)

$$\cos \theta = \cos \varphi = \frac{r_R}{2r} = \frac{76}{2 \times 45} = 0.844\ 4$$

有

$$\theta = \varphi = \arccos 0.844\ 4 = 32.4(°)$$

（3）成膜过程。

气相原子或分子运动到达并碰撞衬底表面后,一部分直接被反射回气相中,另一部分则会在衬底表面吸附停留。这些被吸附的原子或分子会沿衬底表面扩散迁移,有的移动到衬底表面某些位置最终凝聚成为薄膜的一部分,有的则会经过一段时间的扩散后脱离衬底再次蒸发回到气相中去。整个过程如图5.12所示,气相和衬底表面都不发生化学反应,是典型的物理气相淀积过程。能够被衬底表面吸附并凝聚的原子或分子数目与入射到衬底表面的气体原子或分子的数目之比,称为凝聚系数。它与源物质的性质、入射原子或分子的密度、衬底温度、衬底上已生成的薄膜厚度等因素有关。

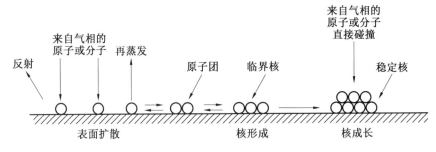

图5.12 物理气相淀积的形核和成膜过程

来自气相的原子或分子在衬底表面凝聚的过程即为薄膜的生长过程。这一过程可以有三种典型的机制(图5.13)。

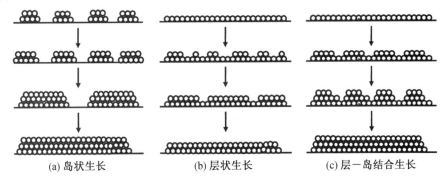

图5.13 薄膜生长机制

① 岛状生长机制。通过岛状生长机制形成薄膜的过程是:最先到达衬底的原子或分子相互碰撞、聚集形成三维岛状的晶核;后续到达的原子或分子不断在晶核的不同位置附着、集聚,使晶核在三维方向不断长大;衬底表面不同位置处的晶核逐渐长大而相互连接,最终形成连续的薄膜。在硅片上蒸发铝膜时,通常都是以岛状生长机制生长。

② 层状生长机制。通过层状生长机制形成薄膜的过程是:最先到达衬底的原子或分子沿衬底表面扩散并相互碰撞、聚集,形成仅有单层原子或分子的二维晶核;后续到达的原子或分子沿着衬底表面扩散,在晶核与原有衬底表面之间形成的阶梯或扭折位置处被吸附并凝聚;新来的原子或分子不断地在台阶位置凝聚,使晶核沿衬底表面长大,在二维平面上逐渐扩展形成均匀的单原子层或单分子层,覆盖整个衬底表面;在已形成的单原子层或单分子层上再次形成二维晶核并生长成新的单原子层或单分子层;如此反复,生长第

三层、第四层……,使薄膜逐层生长增厚。

层状生长机制多发生在衬底原子或分子与气相原子或分子间的结合能与气相原子或分子之间的结合能相当的情况下,也就是被淀积的物质与衬底有很好的润湿性时。最典型的层状生长是同质外延生长和分子束外延(见5.3节)。

③ 层 – 岛结合生长机制。层 – 岛结合生长机制是指衬底表面最先淀积的薄膜呈现为1 ~ 2个原子层厚度的层状生长,随后转化为岛状生长模式。当衬底和被淀积的物质之间有较强的相互作用时,薄膜比较容易按照这种生长机制生长。在 Si 表面蒸发 Bi 或在 Ge 表面蒸发 Gd 时,多属于这种生长方式。

通常,真空镀膜过程以岛状生长机制或层 – 岛结合生长机制进行,获得多晶薄膜,某些条件下还会获得非晶薄膜。

式(5.28)是假设到达衬底的蒸发原子或分子全部形成薄膜的基础上得到的。实际的成膜过程中,部分到达衬底的蒸发原子或分子在衬底表面经过一段时间的吸附和扩散之后,会从衬底表面解吸附,而回到气相中去,这种现象称为再蒸发。由于再蒸发过程的存在,必须对式(5.28)进行修正

$$R_{d} = \beta \frac{\Omega R_{ml}}{\rho} = \beta \sqrt{\frac{m}{2\pi k \rho^{2}}} \frac{p}{\sqrt{T}} \frac{A}{4\pi r^{2}} \tag{5.29}$$

其中,β 为蒸发系数,其值在 0 ~ 1 之间。

2. 蒸发设备及方法

1857 年迈克尔·法拉第(Michael Faraday)最早采用真空蒸发技术制膜。此后经过一百多年的发展,真空蒸发已形成较为成熟的工艺,并发展出热蒸发、感应蒸发、电子束蒸发和激光蒸发等不同的蒸发方法。

热蒸发法采用电阻加热系统,用通强电的电阻线圈加热坩埚中的源物质,如图5.14所示。坩埚材料必须采用熔点高(高于蒸发源的熔点)、蒸气压低、物理和化学性质稳定(蒸发过程中不软化、不与蒸发源发生反应或形成合金)且易加工成型的材料。常用的坩埚材料有石墨和陶瓷材料(如氧化铝、氧化铍、氧化锆或氮化硼等),也可以采用高熔

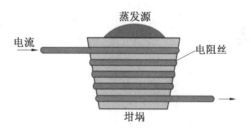

图5.14 电阻加热系统

点的难熔金属,如钨、钽或钼等直接做成有凹坑的舟来盛放源物质。这些金属的电阻率较高,在舟的两端加上电压,即可加热蒸发源物质。对于某些蒸气压高的源材料(如铬),最简单的方法是在加热丝外预先电镀一层源材料,然后通电流加热使其升华。

热蒸发需要将源物质加热到很高的温度,获得较高的平衡蒸气压,以保证有足够的源物质能进入气相。通常为了得到合适的淀积速率,源物质的平衡蒸气压至少应为1.333 Pa。表5.4为几种常见高熔点金属和坩埚材料的熔点及平衡蒸气压为1.333 Pa时的温度。

表 5.4　几种常见高熔点金属和坩埚材料的熔点及平衡蒸气压为 **1.333** Pa 时的温度

材料	熔点 /℃	平衡蒸气压为 1.333 Pa 时的温度 /℃
钨(W)	3 380	3 230
钽(Ta)	3 000	3 060
钼(Mo)	2 620	2 530
石墨(C)	3 799	2 600
氮化硼(BN)	2 500	1 600
氧化铝(Al_2O_3)	2 030	1 900

　　源物质被加热的同时,坩埚也被加热。坩埚中的原子或分子同样会蒸发进入气相,甚至到达衬底表面,淀积进入所制备的薄膜中,造成污染。熔融的源物质与坩埚相接触,也会导致一定量的坩埚物质扩散或溶解进入源物质。另一个问题是,使用热蒸发制备难熔金属(如钨)薄膜时,源物质需要加热到几千度的高温,将找不到合适的电阻加热元件。

　　在 1 000 ~ 2 000 ℃ 的中等温度范围,可以采用高频感应加热系统,如图 5.15 所示。此时常采用石墨或氮化硼等陶瓷材料的坩埚。在坩埚外的金属线圈中通入 RF射频电信号,在源物质中感应出涡流电流,使其加热熔化并产生蒸发。线圈本身采用水冷降温,防止损耗。感应加热可在一定程度上提高温度,但坩埚仍然需要被加热,它带来的污染难以避免。

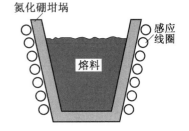

图 5.15　高频感应加热系统

　　为了防止坩埚对蒸发物质的污染,必须采用只加热源物质而冷却坩埚的方法,如电子束蒸发。在 5 ~ 10 kV/cm 的电场下使电子束加速,并通过电子透镜使电子束聚焦,然后入射到坩埚中的源物质表面。经过聚焦的电子束束斑直径很小,只能直接加热入射位置附近少量的源物质,使其温度升高而蒸发,而其他部分的源物质和坩埚可以保持较低温度。为了进一步保证坩埚处于低温,可以在坩埚外添加冷却装置,电子束蒸发系统如图 5.16 所示。

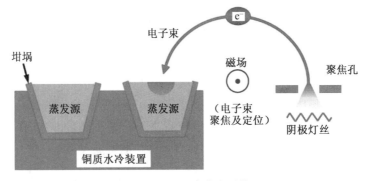

图 5.16　电子束蒸发系统

图 5.16 中电子束源采用简单的阴极灯丝(通常采用钨),在加速栅极与灯丝之间加高压电场,使阴极灯丝发射出的电子在加速栅极的作用下聚焦并加速形成电子束。电子束通过磁场后会产生偏转,较强的磁场可以将电子束弯曲 >180°。因此在实际的电子束蒸发台中,电子束源通常可以安装在坩埚下方。这样能很好地防止由阴极灯丝材料蒸发造成的污染。采用磁场控制电子束在源物质表面的入射位置,还可以对源物质进行扫描,从而熔化大部分源物质,对其充分利用。电子束蒸发可以实现约 3 000 ℃ 的高温,因此它适用的源物质范围很广。值得注意的是,源物质受到电子束轰击时,其中的电子会吸收能量成为激发态电子。它们跃迁回到基态的同时会辐射出 X 射线,可能对衬底及其上的某些材料造成损伤。因此,在硅基工艺中,电子束蒸发通常不能用于对这些损伤较为敏感的 MOS 器件。

激光蒸发(图 5.17)是近年发展出来的新型蒸发方法,采用激光束作为热源加热源材料。通过聚焦,激光束的功率密度可达 10^6 W/cm^2 或更高,能够将源物质迅速汽化。激光蒸发装置简单,可以控制激光器处于脉冲输出或连续输出模式而实现瞬间蒸发或缓慢蒸发。在激光束入射的位置可以达到很高的温度,能蒸发任何高熔点的物质,而且激光蒸发是非接触式蒸发,没有污染和辐射损伤,是淀积电介质、半导体、金属等各种薄膜的好方法。以上介绍的各种蒸发方法在生产过程中应根据实际情况进行选用。

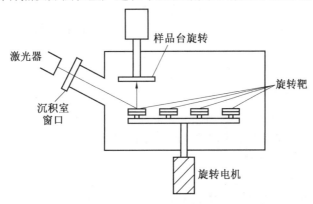

图 5.17　激光蒸发系统

3. 蒸发薄膜质量及控制

采用真空蒸发工艺淀积薄膜,应从薄膜特性、衬底情况、设备条件三个方面入手来确定具体工艺参数和工艺方法。

(1) 台阶覆盖。

微电子制造过程中,用于淀积薄膜的衬底表面往往在薄膜生长前就已经制备有多种集成电路元件或器件,如二极管、三极管等。这使得衬底表面凹凸不平,甚至存在一些深宽比较大的孔状或缝状结构。孔或缝的深宽比定义为

$$深宽比 = \frac{孔或缝的深度}{孔的直径或缝的宽度} \tag{5.30}$$

制备获得的薄膜覆盖衬底表面形貌的能力,称为台阶覆盖(Step Coverage)。不同的薄膜生长方法其台阶覆盖能力也各不相同。蒸发镀膜过程中,在高真空下,气相原子或分

子多数沿直线运动到衬底表面,是典型的具有方向性的淀积方法,台阶覆盖性能较差。图 5.18(a) 和图 5.18(b) 显示了蒸发过程中气相原子或分子以不同方向入射到衬底表面时,台阶的覆盖情况。薄膜在垂直的壁面或台阶相对于入射方向的背面位置处容易断开。

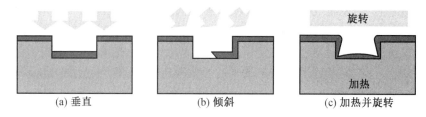

图 5.18　蒸发过程中不同淀积方向形成的台阶覆盖

(a) 垂直　　　(b) 倾斜　　　(c) 加热并旋转

　　台阶覆盖问题在制备金属化层时尤为突出。制备金属化层通常是器件制备的最后几个步骤,此时衬底表面的高度差已十分显著,若生长金属薄膜的方法台阶覆盖性能不佳,就极有可能造成金属薄膜的不连续,导致器件的失效。一种改善真空蒸发台阶覆盖性能的方法是在蒸发过程中旋转衬底:可以使前文所述的半球形载片盘绕其中心轴旋转,载片盘上的所有衬底便随之绕载片盘的中心轴作公转,这种载片盘被称为行星载片盘;同时还可使载片盘上固定单个衬底的夹具也绕其自身的中心做自转。自转加上公转,可以使气体原子或分子入射到衬底表面的方向不断变化,使台阶底部和壁面各处都获得一定的淀积速率,有效改善蒸发镀膜的台阶覆盖性能。另一种改善台阶覆盖的方法是加热衬底。为此,可以在行星载片盘后方加装红外或难熔金属线圈制成的加热装置。较高的衬底温度,可以加快原子或分子在衬底表面的扩散。当台阶底部或壁面被淀积物质较少,而表面其他部位被淀积物质较多时,原子或分子可在浓度梯度的作用下发生整体迁移,进入淀积速率较低的区域,使衬底表面淀积更加均匀。图 5.18(c) 所示为在加热和旋转条件下,蒸发镀膜过程台阶覆盖情况获得改善的示意图。

　　即便如此,标准的蒸发工艺台阶覆盖性能仍然不够理想。当衬底表面存在深宽比大于 1 的结构时,采用真空蒸发的方法无法形成连续的薄膜;当深宽比在 0.5 ~ 1 之间时,薄膜的厚度也会很不均匀。此时,必须先对衬底进行平坦化处理然后再蒸发淀积,或者选用其他台阶覆盖性能更好的薄膜淀积方法。

　　某些 ⅢA ~ ⅤA 族器件技术可以对蒸发薄膜台阶覆盖性差的特点加以利用,以得到特殊的工艺结果,如图 5.19 所示的剥离工艺。此时不是通过先淀积后刻蚀来形成金属图形,而是将金属薄膜淀积在已形成图形的光刻胶层顶面,由于金属薄膜在光刻胶边缘处断裂,当光刻胶溶解后,光刻胶顶面上的金属层被剥离掉,衬底表面只留下金属图形。剥离工艺可以防止刻蚀工艺对衬底及其上已有的结构造成损伤;另外,在某些工艺中,金属层由若干种不同种类的金属薄层相堆叠而成,这种堆叠结构很难刻蚀,但是用剥离方法就解决了这个问题。

　　(2) 合金的蒸发。

　　制备由两种或两种以上元素组成的合金薄膜时,需要多组分材料的蒸发源。源物质在气化过程中,各组分在相同的温度下平衡蒸气压各不相同。假设 p_{10} 和 p_{20} 分别为组分

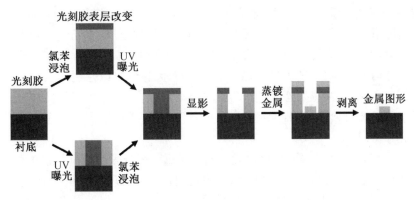

图 5.19 剥离工艺

1 和组分 2 在温度 T 时的平衡蒸气压,M_1 和 M_2 分别为这两种组分的原子质量,ω_0 为组分 1 和组分 2 在蒸发源中的比例,则这两种组分在合金薄膜中的比例 ω_{12} 为

$$\omega_{12} = \frac{p_{10}}{p_{20}} \sqrt{\frac{M_2}{M_1}} \omega_0 \tag{5.31}$$

要使合金薄膜中的组分与蒸发源中的组分相同,应满足

$$\frac{p_{10}}{p_{20}} = \sqrt{\frac{M_1}{M_2}} \tag{5.32}$$

但实际上在同一温度下,一般难以恰好满足式(5.32)。例如,Cr 和 Ti 的相对原子质量分别为51.996 和 47.867。根据图 5.1,它们的蒸气压在图 5.1 所示的温度范围内都非常接近。若将它们按照一定比例制成混合物作为源,蒸发获得的合金薄膜成分虽与源的成分有些许差别,但仍在可接受的范围。但是若要蒸发 Al(相对原子质量为 26.982)和 W(相对原子质量为 183.840)的合金,当坩埚温度为 1 200 ℃ 时,Al 的平衡蒸气压约为 1 Pa,而 W 的平衡蒸气压则小于 10^{-8} Pa,与式(5.32)的要求相差极大,蒸发获得的薄膜将是纯铝膜。另外,由于各组分在同一温度下的蒸气压不同,从源中蒸发出来的比例将不同于源的比例,这就使源的组分随蒸发过程的进行而改变,进而使薄膜的组分也不断变化。以上因素都会导致薄膜成分与源物质的原始成分发生偏离,产生分馏。这是传统蒸发技术的主要缺点之一。可用 3 种方法解决这一问题,如图 5.20 所示。

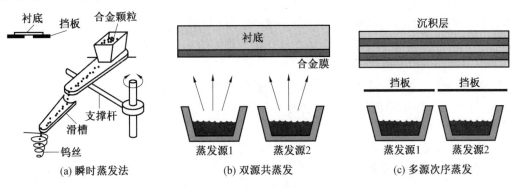

图 5.20 合金薄膜的蒸发

① 瞬时蒸发法。瞬时蒸发法又称闪烁蒸发法或"闪蒸"。将合金源做成微小的颗粒，逐一送到高温坩埚中，使源物质颗粒逐个瞬间蒸发。若颗粒尺寸足够小，就能使其中的各种成分同时蒸发，瞬时蒸发法可用于合金中各组分蒸发速率相差很大的情况。这种方法可以获得成分均匀的薄膜，还可进行掺杂蒸发，但蒸发速率难以控制。

② 双源（或多源）共蒸发法。这种方法是将要形成合金的成分独立做成源，分别放在不同的坩埚中。然后独立控制各源的温度，即蒸发速率，以保证到达衬底的各组分比例与所需薄膜成分相同。

③ 多源次序蒸发法。多源次序蒸发法同样对每种组分采用独立控制的源，同时需在蒸发台中为每个坩埚配置可以开关的挡板。依次打开挡板，顺次淀积各个组分，使它们顺次分层在衬底表面形成很薄的膜；还可以反复交替淀积，只要保证最终膜层中各组分的比符合合金的成分要求即可。淀积完成后，升高衬底的温度，让各组分间相互产生扩散，形成合金。这种工艺要求衬底能承受扩散所需的高温。

（3）真空蒸发的特点。

真空蒸发的特点是设备结构简单、操作简单，所制薄膜纯度高、质量好，厚度可较为准确地控制；成膜速率快、效率高，还可结合掩膜获得具有清晰图形的薄膜。这种方法的缺点是薄膜的结晶质量不够好，薄膜在衬底上的附着力较差，台阶覆盖性能差，工艺重复性不够好。因此，尽管蒸发在ⅢA～ⅤA族器件工艺方面有广泛应用，但在大多数硅器件制备工艺中已被溅射取代。

5.1.3 溅射

高能粒子（比如被电场加速的带正电荷的离子）撞击固体表面，与固体表面的原子或分子发生碰撞并进行能量和动量交换后，使原来固体中的原子或分子从其表面逸出的现象称为溅射（Sputtering）。撞击固体表面的高能粒子称为入射粒子，被撞击的固体称为靶，溅射出来的粒子称为溅射粒子。溅射现象是1852年在气体辉光放电中第一次观察到的。20世纪20年代，Langmuir将其发展成为一种薄膜淀积技术，称为溅射镀膜，其本质是利用辉光放电时气体等离子化产生的高能离子（即入射粒子）对阴极靶轰击，使靶原子等颗粒物飞溅出来落到衬底表面，进而形成薄膜的一种PVD薄膜制备工艺。

1. 溅射工艺原理

溅射主要包括四个基本过程：等离子体产生过程、离子轰击靶过程、靶原子气相输运过程、成膜过程。通过分析这4个基本过程得出溅射的工艺原理。

（1）等离子产生过程。

等离子体产生过程是指在一定真空度的气体中通过电极加载电场，气体被击穿形成等离子体，出现辉光放电现象，即气体原子（或分子）被离子化的过程。在5.1.1节中已经详细介绍了等离子体的产生过程。

传统的直流平行板式溅射装置中都是将靶安装在阴极板上，而衬底放置在阳极板上。溅射工艺就是使等离子体中的离子轰击靶，溅射出的靶原子飞落到衬底上，从而淀积形成薄膜。因此，等离子体中离子浓度的高低直接关系到薄膜淀积速率的快慢。

等离子体中的离子浓度主要和工作气体的气压有关。在原子电离概率相同时，升高工作气体压力,离子浓度也相应升高。升高两个极板之间的电压,电子在电场中获得的能量增加,在轰击原子时可转移的能量增加,原子电离概率就随之增大。射向靶的离子流密度用 J_{ion} 表示,则有

$$J_{ion} \propto \sqrt{\frac{1}{m_{ion}} \frac{V_{field}^{3/2}}{d_{dark}^2}} \qquad (5.33)$$

式中,m_{ion} 为入射离子的质量;V_{field} 为阴极与阳极间的电压差;d_{dark} 为 Crooke 暗区厚度。Crooke 暗区的厚度取决于真空室内的压力。在低压状态下,电子的平均自由程增加,暗区厚度也增大。通过控制腔内的压力,就可以控制离子轰击表面的能力。要保证一定的轰击能力,直流等离子发生器中的气压不能太低,至少应大于 0.1 Pa。为此,大多数溅射工艺中真空室内气体压力都较高,通常控制在 1 ~ 100 Pa 之间。而离子是自由电子碰撞气体原子(或分子)时,转移能量高于电离能从而离化形成的。提高淀积速率的有效方法是提高离子流密度 J_{ion},也就是需要提高工作气体的压强。

在相同气压下,原子电离的概率主要是由激发等离子体的电(磁)场特性决定的。对于直流电场,电子向阳极迁移并在阳极板上消失。实际应用的溅射装置通常是在两极板上加载交变电场。交变电场中的电子会在两个极板之间振荡,因此与气体原子碰撞使电离的概率远高于加载直流电场的情况。射频溅射就是用 13.56 MHz 的交流电场击穿气体使其等离子体化的溅射方法。

如果在等离子体内加上磁场,磁场方向与电场方向不平行时,自由电子在电场 E 与磁场 B 的共同作用下朝向 $E \times B$ 所指的方向漂移(简称 $E \times B$ 漂移),其运动轨迹由直线变成曲线,延长了到达阳极消失之前的运动距离,增加了与原子的碰撞并使其电离的概率。因此磁控溅射就是一种用特定磁场束缚并延长电子的运动路径,改变电子的运动方向,从而提高气体电离概率和有效利用电子能量的溅射方法。

(2)离子轰击靶过程。

入射离子轰击靶材后所发生的微观过程和变化与入射粒子本身的能量有很大关系,各种微观过程如图 5.21 所示。若入射粒子能量很低,它们将直接在固体表面被反射回来;能量稍高但仍低于 10 eV 的入射粒子,会吸附在固体表面,以声子(热)的形式释放能量;能量很高,大于 10 keV 的入射粒子,将穿透固体表面若干原子层,深入到固体内部,形成注入粒子,同时改变固体的微观结构,并在与固体内部原子或分子碰撞的过程中释放出能量;当入射粒子能量处于 10 eV ~ 10 keV 之间时,入射粒子的能量一部分以热的形式释放,另一部分与固体表面原子或分子发生交换,使固体表面发生结构重排,同时产生溅射。因此,要产生有效的溅射,入射粒子必须具有合适的能量,不能太高也不能太低。溅射粒子可以是单个原子也可以是原子团,能量通常在 10 ~ 50 eV 之间。

利用等离子发生装置进行溅射,入射粒子主要是带正电的离子。使靶材原子发生溅射时入射离子必须具有的最小能量称为溅射阈值 E_{th}。入射离子不同时,溅射阈值的变化很小。但不同的靶材溅射阈值相差较大,由靶材的蒸发热 L 和能量传递参数 γ 所决定。

$$E_{th} = \frac{L}{\gamma(1-\gamma)} \qquad (5.34)$$

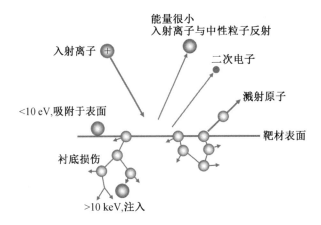

图 5.21　入射粒子轰击靶材所发生的各种微观过程

$$\gamma = \frac{4m_{ion}m_{tar}}{(m_{ion} + m_{tar})^2} \tag{5.35}$$

其中,m_{ion} 和 m_{tar} 分别是入射离子和靶材原子的质量。对处于元素周期表同一周期的靶材元素,溅射阈值随原子序数的增加而减小。典型的阈值能量在 10 ~ 30 eV 范围内,表 5.5列出了部分靶材金属元素的溅射阈值能量。

表 5.5　部分靶材金属元素的溅射阈值能量　　　　　　　　　　　　　　eV

原子序数	元素	入射粒子			原子序数	元素	入射粒子		
		Ne^+	Ar^+	Kr^+			Ne^+	Ar^+	Kr^+
13	Al	13	13	15	32	Ge	23	25	22
22	Ti	22	20	17	40	Zr	23	22	18
24	Cr	22	15	18	42	Mo	24	24	28
27	Co	20	22	22	47	Ag	12	15	15
28	Ni	23	21	25	74	W	35	25	30
29	Cu	17	17	16	78	Pt	27	25	22
30	Zn	—	3	—	79	Au	20	20	20

　　离子轰击靶的过程中,从阴极靶逸出的粒子主要是原子,占总量的 95% ,其余是双原子(或分子)。衡量溅射效率的参数是溅射率,即溅射出的原子数与入射离子数的比值,又称为溅射产额,常用 S 表示。溅射产额越高可淀积到衬底的原子就越多,薄膜淀积速率就越快。溅射产额由入射离子能量、入射离子种类和质量、入射角度、靶原子质量、靶的温度及靶的结晶性能决定。

　　图 5.22 所示为氩等离子体中不同种类靶材的溅射产额与垂直入射氩离子能量的关系曲线。对于每一种靶材,入射离子能量低于溅射阈值时,不会发生溅射。能量大于阈值时,溅射产额随入射离子能量的平方增加,直到 1 keV 左右;此后,溅射产额的增加减缓。最大溅射产额一般在 10 keV 左右。继续增大离子能量将发生离子注入。

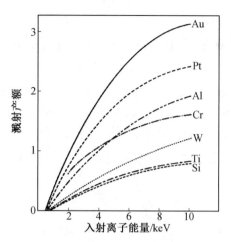

图 5.22 氩等离子体中不同种类靶材的溅射产额与垂直入射氩离子能量的关系曲线

溅射产额受入射离子种类的影响较弱,总体来说随入射离子质量的增加而增加,如图 5.23 所示。价电子壳层被填满或近填满的轰击离子,溅射产额大。故此,稀有气体离子 如 Ar^+、Kr^+ 和 Xe^+ 有较大的产额。

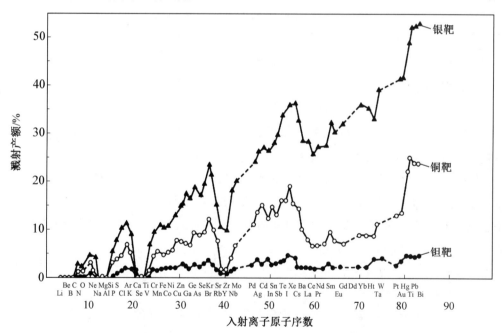

图 5.23 溅射产额与入射离子原子序数的关系曲线(能量为 45 keV)

入射角 θ 是指粒子入射方向与靶表面法线之间的夹角。一般而言,随入射角的增加, 溅射产额以 $1/\cos\theta$ 规律增加。倾斜入射有利于提高溅射产额,但是当入射角接近 80° 时,溅射产额迅速下降。但实际上,不同的靶材对入射角的敏感程度不同。金、铂、铜等高 溅射产额的靶材与入射角关系不大;而 Ta 和 Mo 等低溅射产额的靶材与入射角有明显的 关系。

（3）靶原子气相输运过程。

靶原子气相输运过程是指从靶面逸出的原子（或其他粒子）通过气相质量输运到达衬底的过程。常规溅射工艺，由于平板式溅射装置真空室内气压较高，尽管两极板之间的距离较近（一般在 10 cm 左右），靶原子在到达衬底表面前仍会发生多次与气体（等离子体）粒子的碰撞，导致衬底表面某点所到达的靶原子数与该点的到达角有关。实际应用中，常会有 20% ~ 60% 的溅射粒子损失在靶和真空室壁之间，而无法到达衬底表面。对于一定的溅射装置，溅射粒子向衬底的输运可用一个与溅射装置有关的特征常数 c 来表示。

溅射的淀积速率 R_d 定义为从靶材溅射出来的物质在单位时间内淀积到衬底上的厚度。它由射向靶的离子流密度 J_{ion}、溅射产额 S 及溅射粒子向衬底的输运过程特征常数 c 等因素决定。由此可以得到

$$R_d = cJ_{ion}S \tag{5.36}$$

（4）成膜过程。

溅射成膜过程是指到达衬底的靶原子在衬底表面先成核再成膜的过程。和蒸发的成膜过程一样，当靶原子碰撞衬底表面时，或是一直附着在衬底上，或是吸附后再蒸发而离开。附着在衬底表面的溅射原子沿衬底表面扩散，到达适当的位置后，形成晶核或加入已有的膜层使其长大。

2. 溅射设备及方法

根据 5.1.1 节所介绍的内容，产生等离子体的过程可以用来产生和加速离子。因此，简单的溅射镀膜装置就可以用等离子发生器为基础进行设计。以直流等离子发生器为基础设计的直流溅射镀膜装置及溅射镀膜过程如图 5.24 所示。首先在真空室中形成高真空，并通入工作气体，如氩气等。其次，将靶材置于阴极的位置，衬底则置于阳极的位置。最后，电极上加高压后，两电极之间的空间中形成等离子体。以氩气为例，氩原子受到碰撞电离形成氩离子，向阴极运动并被电场加速，获得较高能量。高能氩离子到达阴极靶材表面，并与之发生碰撞，将靶材原子溅射出来，进入气相。溅射原子具有一定动能，向衬底表面运动迁移，最终附着淀积在衬底表面形成薄膜。气相中多余的粒子将被真空系统抽走，以保证薄膜具有较高的纯度。基于直流等离子发生器的溅射过程称为直流溅射。

常用直流溅射的设备相对简单，但要求阴极位置的靶材必须为导体，常用于淀积金属膜，不能用于电介质膜的淀积；同时，相应于直流等离子发生过程的要求，真空室内的压强不能太低（1 ~ 10 Pa），由于杂质气体较多，溅射粒子在运动到达衬底表面的过程中受到的散射概率较高，容易导致薄膜的污染及附着性差等问题。

射频溅射（RF 溅射，又称高频溅射）基于射频等离子发生过程，将靶和衬底分别置于两电极位置。此时，电极材料既可以是导体，也可以是半导体甚至绝缘体。但是在交流作用下，若两个电极的面积相同，则在一个电压周期中两个电极都有一半时间受到相同能量的离子流的轰击，即被交替溅射和淀积，难以淀积形成薄膜。实际应用时，常采用两个面

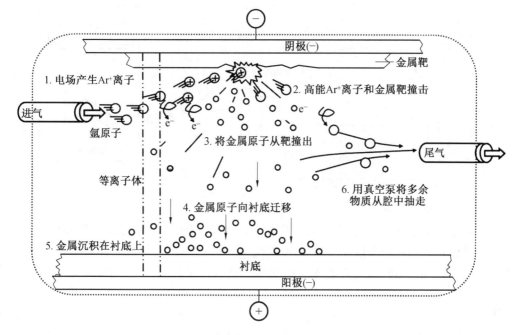

图 5.24　直流溅射镀膜装置及溅射镀膜过程

积大小不等的电极,构成非对称平板电极结构。把高频电源接在小电极上,大电极和屏蔽罩相连并接地。若大电极面积足够大,其上的溅射产额将非常小,在大电极上就不会产生溅射。因此,可以将靶置于小电极位置,而将衬底放在大电极上。射频溅射能用于淀积包括电介质膜在内的任何固体材料的薄膜;溅射时压强低,所得薄膜致密、有较高的纯度且附着好。

　　不论是采用直流溅射还是射频溅射,衬底都放置在电极位置。部分高能电子有可能直接入射到衬底表面,导致衬底的损伤。磁控溅射装置在真空室中引入与电场相互垂直的磁场,其典型装置如图 5.25 所示。该装置采用倒圆锥状靶,靶面与水平面呈一定的角度,能够避免阳极上的淀积物脱落后沾污靶,同时大大提高溅射产率,使靶材利用率达到60% 以上。衬底(硅片)放置在真空室顶部的硅片架(行星载片盘)上,与阳极完全分离,可有效避免损伤。行星载片盘在溅射过程中绕其顶部的轴做公转,从而保证各衬底表面淀积的薄膜厚度均匀。

　　以上介绍的各种溅射方法都无法完全控制入射到衬底表面的粒子数目、入射角及入射粒子能量。离子束溅射采用固定离子束流的方法来淀积镀膜,其装置主要包括离子源、离子束引出极和淀积室三部分(图 5.26)。离子源与淀积室完全分开,两者可以具有不同的压强。离子束由惰性气体(如 Ar) 产生,能量较高(几百到几千电子伏特),离子源的压强在 10^{-2} ~ 10^2 Pa。离子束经加速聚焦后由离子引出极引出,进入淀积室并轰击靶材产生溅射淀积,能获得很高的溅射产额。淀积速率可以通过调节离子流密度、离子能量及衬底的放置位置实现控制。淀积室为高真空或超高真空,淀积膜的纯度高且质量好。

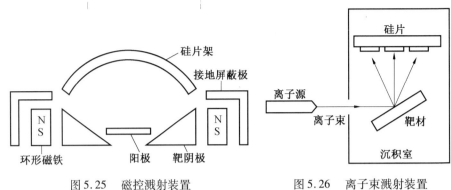

图 5.25　磁控溅射装置　　　　　图 5.26　离子束溅射装置

3. 溅射薄膜质量及控制

大多数情况下,溅射淀积的薄膜以岛状机制生长。图 5.27 所示为溅射薄膜的形貌,显示出薄膜形貌与衬底温度 T、入射粒子能量 E 之间的关系。衬底温度根据薄膜的熔点 T_M 进行了归一化。低真空、低温条件下,薄膜微观组织是非晶型的,密度很低,呈多孔状,孔隙率达到30% ,对应于图 5.27 中的"1"区。这主要是由于到达衬底的淀积原子在衬底表面扩散迁移困难造成的。若真空室内压强降低(即淀积原子能量增高)或衬底温度升高,淀积薄膜组织进入"T"区。该区淀积的薄膜晶粒很小,无明显孔洞,是许多微电子制造工艺应用的最佳工作区。进一步提高温度或淀积原子能量,淀积进入"2"区。此时,薄膜内的晶粒尺寸变大,生长成与衬底表面相垂直的高而窄的柱状晶。柱状晶的端部使薄膜表面呈现小面结构。在很高的衬底温度和淀积原子能量条件下,薄膜由大的三维晶粒构成,即为图 5.27 中的"3"区。在"2"区和"3"区的条件下淀积,薄膜表面非常粗糙,呈乳白色或雾状。

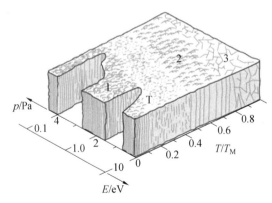

图 5.27　溅射薄膜的形貌

与蒸发镀膜相比,溅射镀膜的台阶覆盖性能较好。这主要有 3 个原因:① 通常,溅射镀膜过程中真空室内的压强较高(10^{-2} ~ 10^2 Pa),淀积原子在到达衬底前受到的散射较多,它们入射到衬底表面的方向和角度并不一致,淀积过程的方向性不强,因此台阶的不同部位都会有一定的淀积;② 可在衬底上加一定的偏压,使得一部分高能入射粒子入射到衬底表面,使已经淀积到衬底表面的材料被再次溅射淀积,重新分布,从而在一定程度上改善台阶覆盖;③ 溅射粒子到达衬底表面后仍具有较高的能量,能沿衬底表面进行较快的扩散迁移。

即便如此,溅射镀膜用于高密度互连工艺时,台阶覆盖仍然是较为严重的问题。图 5.28 所示为溅射薄膜的台阶覆盖示意图。台阶不同部位的淀积速率各不相同,台阶顶面和侧壁相交的拐角处淀积速率最高,侧壁淀积速率由上到下逐渐减小。在深宽比较大的结构中,台阶底部的拐角处,可能产生明显的凹陷或裂纹。如果淀积时对衬底加热,可以增强淀积原子沿衬底表面的扩散,显著改善台阶覆盖和膜厚的均匀性。

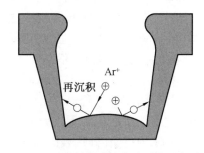

图 5.28　溅射薄膜的台阶覆盖示意图

综上所述,与真空镀膜相比,溅射镀膜有以下几个显著的特点:

① 可以对任何固体靶材实施溅射。不论靶材是导体、半导体或绝缘体,不论它是单质、化合物或混合物,也不论它是块状、粒状或片状,只要入射粒子的能量合适都可以产生有效的溅射,而且不会发生分馏或分解,制备出来的薄膜组分均匀且与靶材组分基本一致。

② 可对衬底进行原位溅射清洗。溅射原子的平均能量达到 10 ~ 50 eV,比蒸发原子的平均能量高 1 ~ 2 个数量级(蒸发过程中源原子所获得的平均动能仅为 0.1 ~ 1 eV)。高能溅射原子与衬底表面碰撞,产生能量的交换,也会形成一定的溅射,使衬底表面的部分原子或分子被除去,对衬底起到清洗的作用,并使衬底升温。溅射清洗可形成清洁、无氧化和吸附物的衬底表面。

③ 溅射薄膜的台阶覆盖特性和与衬底的附着性能都好于蒸发薄膜。由于能量增加可以提高淀积原子在衬底表面上的迁移能力,改善薄膜的台阶覆盖能力,部分能量足够高的溅射原子还有可能形成不同程度的注入,与衬底的附着力也得到提高。

④ 溅射薄膜密度高,质量好,可在较大面积上淀积厚度均匀的薄膜,且可控性和重复性好。

5.2　化学气相淀积

本节将介绍另一类成膜方法 —— 化学气相淀积(Chemical Vapor Deposition, CVD)。它是利用气态的反应先驱物,通过气体传输过程到达衬底表面,在衬底表面吸附并发生化学反应,生成固态薄膜的技术。化学气相淀积技术能有效控制薄膜的化学组分,不仅可用于制备固体电子器件中所需的各种薄膜,还广泛用于制造各种机械部件的耐磨层以及发动机的高温防护层等。按照反应室内压力的不同,可将化学气相淀积分为常压 CVD(Atmospheric Pressure CVD,APCVD) 和低压 CVD(Low Pressure CVD,LPCVD);按淀积温度,可分为低温 CVD(200 ~ 500 ℃)、中温 CVD(500 ~ 1 000 ℃) 和高温 CVD(1 000 ~ 1 300 ℃);按反应容器壁面的温度可分为热壁式 CVD(Hot - wall CVD) 和冷壁式 CVD(Cold - wall CVD);按反应激活方式可分为热激活 CVD(即一般情况下的 CVD)、等离子体 CVD(Plasma Enhanced CVD,PECVD) 和光 CVD(Photo CVD) 等。

第 3 章中介绍了热氧化制备 SiO$_2$ 的方法,其中也涉及利用化学反应生成薄膜的过程,但一般认为热氧化过程不是 CVD 过程,原因是:(1)CVD 一般通过由外界输入的化学物质之间发生合成或分解反应在基片表面生成薄膜但是基片本身不参与反应。而热氧化是外界的 O$_2$ 与基片反应的过程,不符合"淀积"这一概念。(2)热氧化,特别是用于制作 CMOS 栅极的热氧化工艺,是制造 CMOS 器件结构的核心技术,属于"体硅"工艺,有极严格的工艺要求。虽然采用 CVD 过程也可以在硅片的表面实现 SiO$_2$ 薄膜的生长和制备,但这些氧化膜主要用作绝缘层和介质层,是"表面"工艺,厚度、精度的要求远远小于栅氧化层。

采用 CVD 法在硅片表面制备 SiO$_2$ 薄膜,可以通过多种不同的化学反应来实现,比如
① 在 450 ℃ 下,使气态的 SiH$_4$ 与 O$_2$ 传输到达硅片表面并发生反应

$$SiH_4(g) + O_2(g) \longrightarrow SiO_2(s) + 2H_2(g) \tag{5.37}$$

② 在 200 ～ 400 ℃、等离子激励的条件下,使气态的 SiH$_4$ 与 N$_2$O 传输到达硅片表面并发生反应

$$SiH_4(g) + 2N_2O(g) \longrightarrow SiO_2(s) + 2N_2(g) + 2H_2(g) \tag{5.38}$$

CVD 方法在微电子制造领域的应用远不止 SiO$_2$ 薄膜的制备。理论上,化学气相淀积可以制备的材料涵盖各类无机物及有机物,几乎可以制备所有固态物质,包括金属和非金属元素及它们的化合物(碳化物、氮化物、氧化物、金属间化合物等)。自 20 世纪 60 年代至 70 年代以来该项技术就已在集成电路的生产中得到了广泛的应用和快速的发展。20 世纪,CVD 几乎是半导体超纯硅原料 —— 超纯多晶硅的唯一生产方法。而且,集成电路中所需要的各种半导体(如 Si、Ge、GaAs、GaP、AlN、InAs)、绝缘体(如 SiO$_2$、Si$_3$N$_4$、PSG、BSG、Al$_2$O$_3$、TiO$_2$、Fe$_2$O$_3$)和导体(如 Al、Ni、Au、Pt、Ti、W、Mo、WSi$_2$)薄膜都可以用 CVD 法来制备。将 CVD 法用于外延生长(见 5.3 节),已成为硅单晶外延和 ⅢA ～ ⅤA 族发光器件的基本生产方法。同时它在 ⅡB ～ ⅥA 族发光和光探测器件以及碳化硅外延层的生产制备中也占有很重要的地位。近年来,等离子体、激光、电子束等辅助激励手段的加入,可以大大降低化学反应的温度或者在局部提供更高的反应温度,使其应用的范围更加广阔。

5.2.1　CVD 原理

1.CVD 的成膜过程

化学气相淀积是把含有构成薄膜元素的气态反应剂及反应所需其他气体引入反应室,在衬底表面发生化学反应,生成固体薄膜的过程。在微观上,CVD 法形成薄膜的过程包括 8 个步骤,如图 5.29 所示。

(1)反应物的质量传输:将反应气体通入反应室内,反应气体分子通过对流和扩散到达衬底表面附近。

(2)薄膜先驱物反应:气相反应导致膜先驱物(将组成膜最初的原子和分子)和副产物的形成。

(3)气体分子扩散:膜先驱物穿越边界层到达衬底表面。

(4)先驱物的吸附:膜先驱物吸附在衬底表面。

(5)先驱物扩散到衬底中:膜先驱物在衬底表面扩散。

(6)表面反应:膜先驱物在衬底表面进行化学反应导致膜淀积。

（7）副产物的解吸附作用：副产物从衬底表面解吸附，扩散穿越边界层。

（8）副产物去除：副产物进入主气流区从反应室中去除。

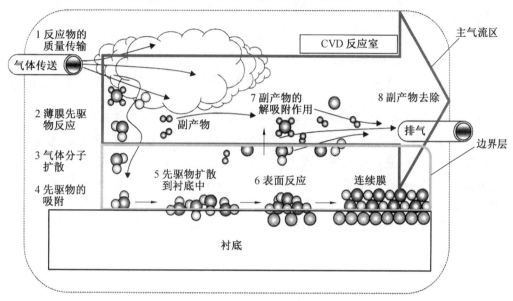

图 5.29　CVD 传输和反应步骤图

以衬底表面 α – Si 薄膜的淀积为例，淀积温度在 580 ~ 650 ℃，由外界通入的反应剂为硅烷。总的化学反应为

$$SiH_4(g) \longrightarrow Si(s) + 2H_2(g) \qquad (5.39)$$

实际的化学反应过程非常复杂，化学反应进行的方向、化学平衡常数、可逆反应等都是需要考虑的因素。高温下，硅烷会首先在气相中产生一系列分解和变化

$$SiH_4(g) \Longleftrightarrow SiH_2(g) + H_2(g) \qquad (5.40)$$

$$SiH_4(g) + SiH_2(g) \Longleftrightarrow Si_2H_6(g) \qquad (5.41)$$

$$Si_2H_6(g) \Longleftrightarrow Si_2H_4(g) + H_2(g) \qquad (5.42)$$

以上反应中生成的 SiH_2 即是反应先驱物，它先由气相吸附到衬底表面

$$SiH_2(g) \Longleftrightarrow SiH_2(a) \qquad (5.43)$$

然后沿衬底表面扩散到合适的位置，最后反应生成 α – Si

$$SiH_2(a) \Longleftrightarrow Si(s) + H_2(g) \qquad (5.44)$$

2. CVD 过程的热动力学原理及薄膜淀积速率

膜先驱物分子或原子穿越边界层由气相到达衬底表面的传输过程和衬底表面的化学反应是影响薄膜生成过程的两个关键步骤。类似于分析热氧化过程所用的 D – G 模型，通常的 CVD 过程中气相分子由气相到达衬底表面的传输过程同样可以表示为

$$J_1 = h_g(C_g - C_s) \qquad (5.45)$$

而衬底表面的化学反应也可以由化学反应动力学来确定

$$J_2 = k_s C_s \qquad (5.46)$$

式中，J_1 为由气相传输到达衬底表面的气体物质流量；J_2 为衬底表面化学反应消耗的气相物

质的量;h_g 为气体边界层中的质量传输系数;C_g 为反应所需气相分子在气相中的浓度;k_s 为衬底表面所发生的化学反应的平衡常数;C_s 为反应所需气相分子吸附在衬底表面的浓度。

根据质量守恒定律有

$$J_1 = J_2 \tag{5.47}$$

可以得到化学气相淀积的速率 R 为

$$R = \frac{J}{N} = \frac{k_s h_g}{k_s + h_g} \frac{C_g}{N} \tag{5.48}$$

其中,N 为气相分子中所含薄膜元素在薄膜中的原子数密度。淀积速率与气相中反应剂的浓度 C_g 成正比。当 C_g 为常数时,薄膜淀积速率由 h_g 和 k_s 中较小的一个决定,也就是由质量传输和化学反应这两个过程中较慢的一个决定。若 $k_s \gg h_g$,化学气相淀积的速率将由气相边界层中的质量传输过程决定,称为质量传输控制的 CVD 过程;而若 $h_g \gg k_s$,衬底表面的化学反应是决定化学气相淀积速率的控制因素,称为反应速率控制的 CVD 过程。

对于确定的化学反应,当压力一定时,化学平衡常数 k_s 与温度之间满足阿伦尼乌斯关系:

$$k_s = k_0 e^{-E_a/kT} \tag{5.49}$$

式中,k_0 为指前因子;E_a 为化学反应的激活能。

反应室的形状及衬底在反应室中放置的位置都会影响到衬底表面局部气流的状态。假设如图 5.30 所示放置衬底,反应室中的气体为黏滞流(气体分子的平均自由程 ζ 远小于反应室的几何尺寸)且不可压缩(气体流速 v_0 远小于声速),反应室中的气流为层流,则气流流经各个衬底表面时形成的边界层厚度 δ 将随衬底放置的位置不同而大不相同,即

$$\delta(x) = a_1 \sqrt{\frac{\eta x}{\rho v_0}} \tag{5.50}$$

式中,a_1 为常数(通常为5);η 为气体的动力学黏度;x 为衬底在基座上沿气流方向放置位置的坐标;ρ 为气相的质量密度;v_0 为远离衬底表面处的气体流速。若只考虑边界层中的扩散,可将边界层中的质量传输系数 h_g 近似地表示为

$$h_g = \frac{D_g}{\delta(x)} \tag{5.51}$$

其中,D_g 为反应先驱物在边界层中的扩散系数。随着 x 的增加,$\delta(x)$ 不断增加而 h_g 不断下降。如果淀积受质量输运控制,则淀积速度会下降。同时,沿气体流动方向反应气体浓度逐渐减少(即气缺),同样会导致淀积速度下降。

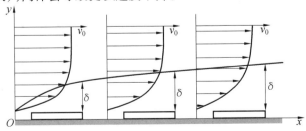

图 5.30　不同位置衬底表面的边界层厚度

k_s 和 h_g 都有可能受到温度 T 的影响,但 T 对 k_s 的影响较 h_g 大许多,甚至可以假设 h_g 不随温度的变化而明显改变。如果测量淀积速率与温度和气体流速之间的关系,可得到如图5.31所示的关系曲线。温度较低时,$k_s \ll h_g$,CVD过程受反应速率控制。此时,淀积速率对温度的变化非常敏感,随温度的升高呈指数变化。如果可以保证反应室内的温度均匀,即可同时淀积较大批量的衬底且保证各衬底表面淀积的薄膜均匀性较好。而高温下,$k_s \gg h_g$,CVD过程受质量输运控制,此时淀积速率基本不随温度而变化,但会受到气流的明显影响。因此受质量输运控制的CVD过程一次只淀积单片或较小批量的衬底,以保证不同衬底上淀积膜的均匀性。如果将支座向迎流方向倾斜 $3° \sim 10°$(如图5.32),则气流流过不同衬底时容器的截面积下降,会导致气流速度增加,进而导致沿 x 方向 $\delta(x)$ 减小同时 h_g 增加。h_g 增加可以补偿沿支座长度方向上由于气源的耗尽而产生的淀积速率的下降。这对于质量输运控制的淀积至关重要。

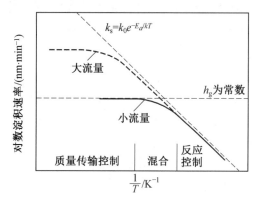

图5.31 淀积速率与温度和气体流速之间的关系曲线

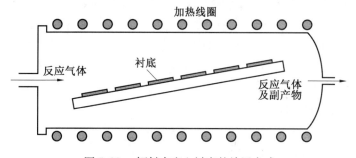

图5.32 倾斜支座上衬底的放置方式

例5.4 已知某淀积工艺在 700 ℃ 下受反应速率限制,反应激活能 E_a 为 2 eV,在此温度下淀积速率为 100 nm/min,则在 800 ℃ 下预期的淀积速率 R 为多少? 如果 800 ℃ 下的淀积速率远低于预期值,则可以得到什么样的结论?

解 在反应速率限制条件下,R 与 k_s 成正比,则有

$$R = A_0 \exp\left(\frac{-E_a}{kT}\right)$$

A_0 为常数,故有

$$\ln R = \ln A_0 - \frac{E_a}{kT}$$

700 ℃ 时

$$\ln 100 = \ln A_0 - \frac{2 \times 1.6 \times 10^{-19}}{1.38 \times 10^{-23} \times (272 + 700)} = \ln A_0 - 23.8$$

可得

$$\ln A_0 = 28.4$$

则 800 ℃ 时有

$$\ln R = \ln A_0 - \frac{E_a}{kT} = 28.4 - \frac{2 \times 1.6 \times 10^{-19}}{1.38 \times 10^{-23} \times (273 + 800)} = 28.4 - 21.6 = 6.8$$

可得 $R \approx 898 \ nm/min$。

若 800 ℃ 下的淀积速率远低于预期值,则可知此时淀积过程已不再受反应速率控制,而是受质量传输控制。

3. CVD 中的基本化学反应

CVD 是建立在化学反应基础上的,要制备特定成分和性能的薄膜材料首先要选定一个合理的淀积反应。根据化学气相淀积过程的需要,所选择的化学反应通常应该满足以下几个条件:反应物在室温或不太高的温度下是气态或有较高蒸气压、易于挥发成蒸气的液态或固态物质,且有很高的纯度;通过该化学反应能够生成所需的固态薄膜材料,其他产物均易挥发、容易被排出或分离;化学反应过程易于控制。

用于化学气相淀积的化学反应通常有 5 类:

(1) 热分解反应。

热分解反应是最简单的一类淀积反应。利用热分解反应淀积材料一般在简单的单温区炉中进行,其过程通常是首先在真空或惰性气氛下将衬底加热到一定温度,然后导入气态源物质;当气态源物质与高温衬底表面接触时,将在衬底表面发生热分解,最后在衬底上淀积出所需的固态材料。热分解反应可用于制备金属、半导体以及绝缘体等多种材料。常用的热分解反应有 3 种:

① 氢化物的热分解,如

$$SiH_4 \xrightarrow{580 \sim 650 \ ℃} Si + 2H_2 \tag{5.52}$$

② 有机化合物的热分解,如

$$Si(OC_2H_5)_4 \xrightarrow{750 \sim 850 \ ℃} SiO_2 + 4C_2H_4 + 2H_2O \tag{5.53}$$

$$2Al(OC_3H_7)_3 \xrightarrow{420 \ ℃} Al_2O_3 + 6C_3H_6 + 3H_2O \tag{5.54}$$

③ 其他气态络合物及复合物的热分解

$$Ni(CO)_4 \xrightarrow{140 \sim 240 \ ℃} Ni + 4CO \tag{5.55}$$

$$Pt(CO)_2Cl_2 \xrightarrow{600 \ ℃} Pt + 2CO + Cl_2 \tag{5.56}$$

(2) 简单的氧化还原反应。

一些元素的氢化物或有机烷基化合物常常是气态的或者是易于挥发的液体或固体,

便于使用在 CVD 技术中。如果同时通入氧气,在反应室中发生氧化反应时就能淀积出相应于该元素的氧化物薄膜。例如:

$$SiH_4 + 2O_2 \xrightarrow{325 \sim 475\ ℃} SiO_2 + 2H_2O \tag{5.57}$$

$$B_2H_6 + 3O_2 \xrightarrow{300 \sim 500\ ℃} B_2O_3 + 3H_2O \tag{5.58}$$

$$Al_2(CH_3)_6 + 12O_2 \xrightarrow{450\ ℃} Al_2O_3 + 9H_2O + 6CO_2 \tag{5.59}$$

一些元素的卤化物是气体化合物或具有较高的蒸气压,也很适合作为化学气相淀积的原料。要得到相应元素的薄膜可采用氢气还原。氢还原法通常是制取高纯度金属膜的好方法,工艺温度相对较低,操作简单,实用价值高。例如:

$$WF_6 + 3H_2 \xrightarrow{300\ ℃} W + 6HF \tag{5.60}$$

$$SiCl_4 + 2H_2 \xrightarrow{1\ 150 \sim 1\ 200\ ℃} Si + 4HCl \tag{5.61}$$

(3)歧化反应。

反应中若氧化作用和还原作用发生在同一分子内部处于同一氧化态的元素上,使得该元素的化合价既有上升又有下降,这种自身的氧化还原反应称为歧化反应。如 GeI_2 变价为 GeI_4 并生成 Ge 的反应

$$2GeI_2(g) \xrightarrow{300 \sim 600\ ℃} Ge(s) + GeI_4(g) \tag{5.62}$$

(4)化学合成反应。

化学合成反应是由两种或两种以上的反应原料气相互作用合成得到所需要的薄膜的方法,是化学气相淀积中使用最普遍的一种化学反应形式。

与热分解法比,化学合成反应淀积的应用更为广泛。因为可用于热分解淀积的化合物并不很多,而无机材料原则上都可以通过合适的反应合成得到,如

$$3SiCl_4 + 2N_2 + 6H_2 \xrightarrow{850 \sim 900\ ℃} Si_3N_4 + 12HCl \tag{5.63}$$

$$3SiCl_4 + 4NH_3 \xrightarrow{850 \sim 900\ ℃} Si_3N_4 + 12HCl \tag{5.64}$$

$$3SiH_4 + 4NH_3 \xrightarrow{750\ ℃} Si_3N_4 + 12H_2 \tag{5.65}$$

$$2TiCl_4 + N_2 + 4H_2 \xrightarrow{1\ 200 \sim 1\ 250\ ℃} 2TiN + 8HCl \tag{5.66}$$

(5)化学转移反应。

把所需要淀积的物质作为源,使之与适当的气体介质发生反应并形成一种气态化合物。这种气态化合物经化学迁移或物理传输而输运到与源区温度不同的淀积区,再发生逆向反应生成源物质而淀积出来,这样的淀积过程称为化学转移反应。其中的气体介质称为转移剂,所形成的气态化合物称为转移形式。例如:

$$2ZnS(s) + 2I_2(g) \underset{T_1}{\overset{T_2}{\rightleftharpoons}} 2ZnI_2(g) + S_2(g) \tag{5.67}$$

高温下 ZnS 与碘蒸气反应,生成气态的 ZnI_2,而当温度降低时生成的 ZnI_2 又可重新变成 ZnS。在这个反应中,I_2 就是转移剂。一般的转移反应中通常是 $T_2 > T_1$,即生成气态化合物的反应温度 T_2 往往比重新生成淀积物时所需的温度 T_1 要高一些。而某些特殊化学输运过程则是由低温向高温方向进行的,$T_1 > T_2$,如

$$W(s) + 2I_2(g) \underset{3\,000\ ℃(T_1)}{\overset{1\,400\ ℃(T_2)}{\rightleftharpoons}} WI_4(g) \tag{5.68}$$

有一些物质本身在高温下会汽化分解然后在温度较低的地方重新合成并淀积生成薄膜产物,也可用化学转移反应淀积生成该物质的薄膜。HgS 就属于这一类,具体反应可以写成

$$2HgS(s) \underset{T_1}{\overset{T_2}{\rightleftharpoons}} 2Hg(g) + S_2(g) \tag{5.69}$$

5.2.2 CVD 工艺

1. CVD 方法及设备

(1) 常压化学气相淀积。

顾名思义,常压化学气相淀积(APCVD)是在常压下进行的化学气相淀积过程。这种方法不需要复杂的气压控制系统,设备相对简单。但常压化学气相淀积通常需要依靠衬底表面的高温激活化学反应,是典型的热化学气相淀积过程(Thermal CVD,TCVD),所需的淀积温度相对较高。例如,在硅片表面用正硅酸乙酯淀积二氧化硅薄膜时,反应式(5.53)温度一般在 750 ~ 850 ℃。这样的高温使衬底受到很大限制,但它仍是化学气相淀积的经典方法。

常压化学气相淀积装置包括 3 个主要部分:气相供应系统(气体源)、反应室以及排气系统。

① 气相供应系统。热化学气相淀积所用的气体由气相中的反应物和载气组成。反应物既可以以气态供给,也可以以液态或者固态供给。当反应物本身即为气态时,可由高压钢瓶经减压阀直接取出,再经流量计控制流量。当反应物为液态时,可采用两种方法使之汽化,一是把液体通入蒸发容器中,同时使载气从温度恒定的液面上通过,这样液体在相应温度下产生的蒸气由载气携带进入反应室;二是让载气通过液体,利用产生的气泡使液体汽化,继而将反应气体携带出去。当反应物以固态形式供给时,需把固体放入蒸发器内,加热使其蒸发或升华,继而送入反应室中。由于淀积薄膜的速度和成分与气体源中各种气体的混合比例有关,气体的混合比例可由相应的质量流量计和控制阀来调节确定。

② 反应室。根据反应系统的开放程度,可分为开放型、封闭型、近间距型。开放型的特点是能连续地供气和排气,物料的输运一般靠载气来实现。由于至少有一种反应产物可以连续地从反应区域排出,这就使反应总是处于非平衡状态而有利于淀积物的形成。这种结构的反应室的优点是衬底容易装卸,工艺条件易于控制,工艺重复性好。封闭型的特点是把一定量的反应原料和适宜的衬底分别放在管状的反应室两端,管内放入一定量的输送剂然后熔封。再将管置于双温区的加热炉内,使反应室中产生温度梯度。由于温度梯度的存在,物料从封管的一端输送到另一端并淀积出来。该方法的优点是可以降低来自空气或环境气氛的偶然污染,淀积转化率高;其缺点是反应速度慢,不适宜进行大批量生产。近间距型则在开放的系统中,使衬底覆盖在装有反应原料的石英舟上,两者间隔在 0.2 ~ 0.3 mm 之间,这样一来,近间距型兼有封闭型和开放型的某些特点。气态组分被局限在一个很小的空间内,原料转化率高达 80% ~ 90%,这与封闭型相类似;输送剂的

浓度可以任意控制,这又与开放型相同。其优点是生长速度较快,材料性能稳定,缺点主要是不利于大批量生产。

另外,根据反应室的壁面是否加热,可分为热壁反应室和冷壁反应室。热壁反应室的室壁、衬底和反应气体处在同一温度下,通常用电阻元件加热,用于间歇式生产。其优点是可以非常精确地控制反应温度,缺点是淀积不仅在衬底表面,也在室壁上和其他元件上发生。因此,应对反应室进行定期清理,否则室壁上的淀积物脱落,容易造成淀积薄膜的污染。而冷壁反应室通常只对衬底加热,室壁温度较低。多数 CVD 反应是吸热反应,所以反应在较热的衬底上发生,较冷的室壁上不会发生淀积。同时反应室与加热基座之间的温度梯度足以影响气体流动,有时甚至形成自然对流,从而增强反应气体的输运速度。

③ 排气系统。排气系统是 CVD 装置在安全和环保方面最为重要的部分。该系统具有两个主要的功能:一是除去反应室内未反应的气体和副产物,二是驱动气体的流动,形成气态反应物通过反应区的路径。其中,未反应的气体可能在排气系统中继续反应而形成固体粒子。这些固体粒子的聚集可能阻塞排气系统而导致反应室压力的突变,进而形成固体粒子的反扩散,影响薄膜的生长质量和均匀性。这一点在排气系统的设计中应充分予以注意。另外,排气系统一般设有洗气装置,废气通过洗气装置冷却并溶解或中和其中有毒有害的成分,然后才能排放到环境中。

APCVD 温度高,受质量输运控制,淀积速率快。但它的台阶覆盖能力差,气体消耗量大,且容易形成落尘。故此,APCVD 常用来淀积较厚且对质量要求不高的 SiO_2 等介质膜。

(2) 低压化学气相淀积。

所谓“低压化学气相淀积”(LPCVD)是相对于常压化学气相淀积而言的,淀积过程中气相压力通常低于一个大气压。反应室工作压力的降低可以大大增强反应气体的质量传输。当工作压力从 1.0×10^5 Pa 降至 70 ~ 130 Pa 时,气相反应物穿过边界层的扩散系数增加约 1 000 倍。因此,在低压化学气相淀积中,化学反应是淀积速率的主要控制因素。一般情况下 LPCVD 可以提供更好的薄膜厚度均匀性、台阶覆盖性和结构完整性,使低压化学气相淀积在半导体工艺中得到了广泛的应用。当然,反应速率与反应气体的分压成正比。因此,为了不影响化学反应的速率,系统工作压力的降低应主要依靠减少载气用量来实现。

半导体工业中在硅片表面生长二氧化硅薄膜钝化层或保护层通常采用的就是低压化学气相淀积。该反应系统采用卧式反应室,放置衬底的基座水平放置在热壁炉内,可以通过控制温度非常精确地控制反应速度,减少设备的复杂程度;另外,衬底在基座中以垂直密集装片方式装载,提高了系统的生产效率。采用正硅酸乙酯作为反应物淀积二氧化硅薄膜时,与常压 CVD 相比,LPCVD 的生产成本仅为原来的 1/5,甚至更小,而产量可提高 10 ~ 20 倍,淀积薄膜的均匀性也从常压法的 ±8% ~ ±11% 改善到 ±1% ~ ±2%。

(3) 等离子体增强化学气相淀积。

等离子体增强化学气相淀积(Plasma Enhanced CVD,PECVD)又称为等离子体辅助 CVD,是在传统 CVD 基础上发展起来的一种新的制膜技术。它是借助于外部电场的作用引起放电,使气态反应物成为等离子体状态,激活衬底表面的化学反应,而在衬底上生长薄膜的方法。等离子体增强化学气相淀积的特点是：

① 等离子体可以增强反应物的活性,同时由于等离子体中各种粒子之间频繁发生相互碰撞,能大大降低化学反应的温度,实现低温薄膜淀积。例如在通常条件下,硅烷和氨气反应淀积氮化硅的过程需要在 750 ℃ 左右的温度进行,但在等离子体增强的条件下,反应只需在 350 ℃ 左右就可以制备氮化硅。

② 一些按热平衡理论无法在通常条件下自发进行的化学反应和不能获得的物质结构,在 PECVD 系统中将成为可能。例如,体积分数为1% 的 CH_4 在其与 H_2 的混合物中热解时,传统 CVD 过程得到的是石墨薄膜,而在远离平衡的等离子体化学气相淀积中可以得到金刚石薄膜。

③ 可用于生长界面陡峭的多层结构。如上所述,某些反应淀积过程在低温淀积条件下,如果没有等离子体辅助根本不会发生。而一旦有等离子体存在,淀积反应就能以适当的速度进行。这样一来,可以把等离子体作为淀积反应的开关,用于开始和停止淀积反应。由于等离子体开关化学反应所需的时间仅相当于气体分子的碰撞时间,因此利用 PECVD 技术可生长界面陡峭的多层结构。

④ 可以提高淀积速率以及膜厚均匀性。这是因为在多数 PECVD 的情况下,体系压力较低,增强了前驱气体和气态副产物在气相和衬底表面之间的质量输运。

⑤ 可以填充细小、狭窄的结构。等离子体中产生的反应先驱物分子或原子通常具有较高的能量。它们到达衬底表面可以沿表面快速扩散,大大提高台阶的覆盖率。

PECVD 特别适用于功能薄膜和化合物薄膜的合成,并显示出以上许多优点。因此,相对于普通的 CVD、真空蒸发和溅射而言,PECVD 被视为第二代薄膜技术。

在低真空条件下,可以利用直流电压(DC)、交流电压(AC)、射频(RF)、微波(MW)或电子回旋共振(ECR) 等方法实现气体辉光放电而在淀积反应室中产生等离子体。一些常用的 PECVD 反应有：

$$SiH_4 + xN_2O \xrightarrow{350\ ℃} SiO_x(或SiO_xH_y) + \cdots\cdots \tag{5.70}$$

$$SiH_4 + x\,NH_3 \xrightarrow{350\ ℃} SiN_x(或SiN_xH_y) + \cdots\cdots \tag{5.71}$$

$$SiH_4 \xrightarrow{350\ ℃} \alpha - Si + 2H_2 \tag{5.72}$$

值得注意的是,在 PECVD 过程中,相对于等离子体电位而言,衬底电位通常为负,这将导致等离子体中的正离子被电场加速后轰击衬底,导致衬底损伤和薄膜缺陷。另外,PECVD 反应是非选择性的。气相中粒子的碰撞也会导致化学反应的发生,而导致落尘或掺杂。为避免以上问题,PECVD 装置一般来讲都经过特殊设计,比较复杂,价格也较高。

(4) 其他方法增强的化学反应淀积。

随着高新技术的发展,采用激光、火焰燃烧法、热丝法等其他方式也可以实现增强化学反应淀积过程的目的。采用激光增强化学气相淀积是常用的一种方法。例如：

$$W(CO)_6 \xrightarrow{激光束} W + 6CO \tag{5.73}$$

通常这一反应发生在 300 ℃ 左右的衬底表面。若采用激光束平行入射衬底表面附近的位置,处于室温的衬底表面上就可淀积出一层光亮的钨膜。

在碳膜的制备过程中采用不同的增强方式还可获得不同状态的碳膜。

$$CH_4 \xrightarrow{800 \sim 1\,000\ ℃\ 火焰} C(炭黑) + 2H_2 \tag{5.74}$$

$$CH_4 \xrightarrow{800 \sim 1\,000\ ℃\ 热丝} C(金刚石) + 2H_2 \tag{5.75}$$

2. CVD 法的特点

相对于蒸发和溅射等 PVD 方法,CVD 法有着非常明显的特点。

(1) CVD 法可广泛用于各种导体、半导体和绝缘体材料的淀积。

(2) 传统 CVD 法淀积过程中没有带电粒子对衬底的轰击,因此对衬底的损伤小。

(3) CVD 法有很好的台阶覆盖性能,能用于填充细小和大深宽比的结构。

(4) CVD 法可以制备各种金属膜,且台阶覆盖性好,因此特别适合制备金属互连结构。例如,用 CVD 法淀积铜,可以 Cu(hfac)(TMVS) 为反应物,通过以下反应式获得

$$2Cu^{+1}(hfac)(TMVS) \longrightarrow Cu^0 + Cu^{+2}(hfac)_2 + 2TMVS \tag{5.76}$$

$$2Cu^{+2}(hfac)_2 + 2H_2 \longrightarrow 2Cu^0 + 4H(hfac) \tag{5.77}$$

(5) 只要选用合适的化学反应,就可以在较低的温度下淀积高熔点的金属或化合物。例如,钼和钨的熔点均在 3\,000 ℃ 以上,但如果采用以下化学反应淀积钼,淀积温度仅为 800 ℃

$$2MoCl_5 + 5H_2 \longrightarrow 2Mo + 10HCl \tag{5.78}$$

而用以下反应淀积钨,则淀积所需温度低于 300 ℃

$$WF_6 + 3H_2 \longrightarrow W + 6HF \tag{5.79}$$

(6) 某些化学反应对生长区域具有选择性,因此可以进行选择性 CVD 生长。例如,需要以如图 5.33 所示的结构中表面为 Si 的部分作为生长表面,而 SiO_2 作为非生长表面,淀积金属 W 时,可以选用的化学反应有

$$2WF_6(g) + 3Si(s) \longrightarrow 2W(s) + 3SiF_4(g) \tag{5.80}$$

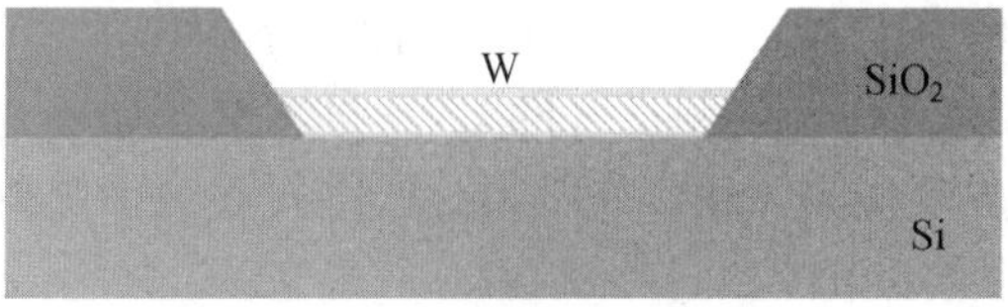

图 5.33 金属钨的选择性 CVD 生长

此时,生长表面(即 Si) 作为一种还原剂而被反应牺牲性地消耗,而非生长表面没有还原剂存在,因而没有淀积。但生长表面的生长由于还原剂的消耗,在生长 10 ~ 15 nm 的钨膜后,反应将自动停止。

(7) CVD 法所能淀积的物质其化学成分可以随气相组成的改变而改变,从而可以获得梯度淀积物或得到混合镀层(如 AlSi、AlCuSi)。

(8) CVD 法可以选用各种化学反应来制备所需物质,特别适合于各种化合物薄膜的制备,尤其是硅化物和氮化物。例如,可以用

$$6TiCl_4 + 8NH_3 \longrightarrow 6TiN + 24HCl + N_2 \tag{5.81}$$

在 700 ~ 800 ℃ 下淀积 TiN。

(9) CVD 过程中可以同时进行掺杂。例如,可以利用以下反应式在淀积 SiO_2 的同时

进行掺杂

$$SiH_4(g) + O_2(g) + 2PH_3(g) \longrightarrow SiO_2(s) + 2P(s) + 5H_2(g) \qquad (5.82)$$

或者直接在气氛中加入掺杂用的反应先驱物,利用其热分解生成需要掺杂的元素,如利用 PH_3 分解进行 P 掺杂,或者利用 B_2H_6 的分解进行 B 掺杂

$$2PH_3(g) \longrightarrow 2P(s) + 3H_2(g) \qquad (5.83)$$

$$B_2H_6(g) \longrightarrow 2B(s) + 3H_2(g) \qquad (5.84)$$

(10) 用不同的化学反应制备同一种薄膜时,可以获得不同的台阶覆盖性能。如化学反应

$$SiH_4(g) + O_2(g) \longrightarrow SiO_2(s) + 2H_2(g) \qquad (5.85)$$

的台阶覆盖性和间隙填充能力较差。而化学反应

$$Si(OC_2H_5)_4(g) + 8O_3(g) \longrightarrow SiO_2(s) + 8CO_2(g) + 10H_2O(l) \qquad (5.86)$$

则有良好的台阶覆盖性和间隙填充能力。

3. CVD 薄膜质量及控制

薄膜质量,主要是指薄膜的保形覆盖性、薄膜的致密性、薄膜厚度均匀性、薄膜与界面之间的附着性以及界面应力类型与大小。

与 PVD 相比,CVD 过程的气压和温度相对较高。较高的气压有助于提高薄膜的淀积速率。此时,气相多处于黏滞流状态,气体分子的运动路径不再是直线,淀积过程没有方向性。高温可提供化学反应所需要的激活能,并有利于先驱物分子沿衬底表面快速扩散,从而可以到达衬底表面任何地方,然后发生化学反应并生成薄膜。这些都决定了 CVD 薄膜能均匀地覆盖在形状复杂的衬底表面,获得较好的台阶覆盖性能。

化学反应可以发生在反应室内所有温度条件合适的地方。也就是说,若生成薄膜所需的所有反应物都来自气相,且气相的温度足够高,总的化学反应也可以在气相中(而不是衬底表面)发生,这会导致固体产物在气相中形核。一旦这些晶核长大到一定尺寸将在重力作用下直接落到衬底表面,形成局部或大面积不致密的粉末堆积(又称落尘),严重影响薄膜淀积的质量。因此,控制良好的 CVD 过程必须防止总的化学反应在气相发生,而保证气相中只生成反应先驱物。先驱物分子在衬底表面吸附、扩散并发生最终的反应才是获得均匀薄膜的必要条件。

总体而言,CVD 薄膜的质量将受到化学反应、温度、气压、气体组成、气体激发状态、薄膜表面状态等多个因素的影响。

(1) 化学反应。

对于同一种薄膜材料,采用不同的化学反应,所获薄膜的质量是不一样的。这种影响主要来自两个方面:一是化学反应不同导致淀积速度不同,淀积速度的变化又直接影响薄膜的生长过程,从而改变薄膜的结构;二是化学反应往往伴随着一系列的副反应,副反应的产物容易掺杂进入薄膜中。因此,反应不同会导致薄膜组分不同,从而影响淀积质量。

(2) 淀积温度。

淀积温度是化学气相过程最重要的工艺条件之一,它影响淀积过程的多个方面。首先,它影响物质的质量传输过程。温度不同,反应气体和气态产物的扩散系数不同,导致衬底表面气相的过饱和度和气相反应物吸附到衬底表面后的相对活度不同,从而影响薄

膜的形核率,改变薄膜的组成和性能。其次,它影响化学反应。一般来说,淀积温度的升高可以显著增加衬底表面的反应速率,能导致淀积过程反应速率控制向质量输运控制的转化,倾向于得到柱状晶组织。第三,温度同样影响新生固态原子的重排过程。温度越高,新生的固态原子能量越高,相应地能够跃过重排能垒而达到稳定状态的原子越多,从而获得更加稳定的结构。

(3) 气体压力。

一般来说,气相淀积的必要条件是反应气体具有一定的过饱和度。这种过饱和状态是薄膜形核生长的驱动力。当气态反应物分压较小时,较低的过饱和度导致难以形成新的晶核,薄膜便以衬底表面原子为晶核种子进行生长,由此可以得到外延单晶薄膜材料(见5.3节)。而当反应气体分压较大时,较高的饱和度导致晶核大量形成,并在生长过程中不断形成新的晶核,最后生长成为多晶组织。在淀积多元组分的材料时,各气态反应物分压的比例将直接决定淀积材料的化学计量比,从而影响材料的性能。

除气态反应物的分压外,系统中总的气体压力也会影响淀积材料的质量。压力的大小控制着边界层的厚度,相应地影响边界层中扩散过程的难易。在常压下,气态反应物和生成物的输运速度较低,反应受质量传输控制;在低压下,质量输运过程加快,化学反应成为淀积过程的控制因素。从实践的观点来说,低压CVD在一般情况下能提供更好的膜厚均匀性、阶梯覆盖性以及更高的薄膜质量。

(4) 气体流动状态。

在化学气相淀积中,气体流动是质量传输最主要的表现形式。因此,气体流动状态将直接决定输运速率,进而影响整个淀积过程。边界层的厚度与流速的平方根成反比,因此,气体流速越大,气体越容易越过边界层达到衬底界面,化学反应的速率也越高。流速达到一定程度时,有可能使淀积过程由质量传输控制转向反应速率控制,从而改变淀积层的结构,影响淀积质量。

(5) 衬底。

薄膜淀积是在衬底表面进行的,因此衬底对淀积质量的影响也是一个关键的因素。这种影响主要表现在:一方面,衬底的自掺杂效应将严重影响淀积薄膜(特别是半导体薄膜)的质量;另一方面,衬底表面的附着物和机械损伤会在薄膜层中造成严重的宏观缺陷。

5.3 外 延

外延是一种生长单晶薄膜的工艺技术,它是指一定条件下,在制备好的单晶衬底(如硅晶圆片)上沿衬底原来的晶轴方向生长一层晶格结构完整的新单晶层的制膜方法。新生长的单晶层称为外延层,有外延层的衬底称为外延片。外延工艺要求衬底必须是晶体,而新生长得到的外延层沿着衬底晶向生长,与衬底成键。

外延工艺能够实现对薄膜层掺入的杂质类型和浓度的精确控制。半导体外延层可以是 n 型或 p 型,这方面并不依赖于原始衬底的导电类型和杂质浓度,甚至可以在重掺杂的低阻半导体衬底上生长轻掺杂的高阻半导体外延层。例如,在单晶硅衬底上外延硅,尽管外延层同衬底晶向相同,但是,外延生长时掺入杂质的类型、浓度都可以与衬底不同。在 n 型衬底上能外延 p 型外延层,还可以通过外延直接得到 pn 结。而且,生长的外延层厚度也是可以精确控制的。目前的外延技术在层厚控制方面可达到原子层量级水平。因此,可以通过多次外延得到多层不同掺杂类型、不同杂质含量、不同厚度、甚至不同杂质材料的复杂结构的外延层。

早在 20 世纪 60 年代初期,就出现了硅外延工艺。目前,外延硅片已成为重要的微电子芯片衬底材料。半导体工艺流程大多数是从在圆片上生长外延层开始,然后在这层薄膜的基础上制造器件。历经半个多世纪的发展,其内容及概念已扩展了许多:外延衬底除了硅以外,还有化合物半导体或绝缘体材料;外延层除了硅以外,还有半导体、合金、化合物等;外延方法除了气相外延以外,还有液相外延、固相外延及分子束外延等。外延工艺已成为微电子制造工艺的一个重要组成部分,它的进步一方面提高了分立器件与集成电路的性能,另一方面增加了它们制作工艺的灵活性,从而大大推动了微电子芯片产品的发展。

5.3.1 外延工艺概述

1. 外延工艺种类

外延工艺种类繁多,可以按照工艺方法、外延层／衬底材料、工艺温度、外延层／衬底电阻率、外延层结构等进行分类。

(1) 按工艺方法分类。

外延工艺主要有气相外延、液相外延、固相外延和分子束外延。其中,气相外延最为成熟,易于控制外延层厚度、杂质浓度和晶格完整性,在硅外延工艺中一直占据着主导地位。而分子束外延出现得较晚,技术先进,生长的外延层质量好,但是生产效率低、费用高,只有在生长的外延层薄、层数多或结构复杂时才被采用。

(2) 按外延层／衬底材料分类。

根据外延层与衬底的材料是否相同,可以将外延分为同质外延(Homoepitaxy)和异质外延(Heteroepitaxy)。同质外延又称均匀外延,外延层与衬底材料相同,例如在硅衬底上生长硅外延层。异质外延又称非均匀外延,外延层与衬底材料不相同,甚至物理结构也与衬底完全不同。例如,在蓝宝石衬底上生长硅单晶(Silicon On Sapphire,SOS),就是典型的异质外延,是应用最多的异质外延技术。

在异质外延中,若衬底材料与外延层材料的晶格常数相差很大,在外延层／衬底界面上就会出现应力,从而产生位错等缺陷。这些缺陷会从界面向上延伸,甚至延伸到外延层表面,影响到制作在外延层上器件的性能。对于 B/A(外延层／衬底)型的异质外延,在衬底 A 上能否外延生长外延层 B,外延层 B 晶格能否完好,都受衬底 A 与外延层 B 的兼容性影响。衬底与外延层的兼容性主要表现在以下 3 个方面:

① 衬底 A 与外延层 B 两种材料在外延温度下不发生化学反应,不发生大剂量的互溶现象,即 A 与 B 的化学特性兼容。

② 衬底 A 与外延层 B 的热力学参数相匹配,这是指两种材料的热膨胀系数接近,以避免生长的外延层由于生长温度冷却至室温时,因热膨胀产生残余应力,在 B/A 界面出现

大量位错。当 A、B 两种材料的热力学参数不匹配时,可能会发生外延层龟裂现象。

③ 衬底与外延层的晶格参数相匹配,这是指两种材料的晶体结构和晶格常数接近,以避免晶格结构及参数的不匹配引起 B/A 界面附近晶格缺陷多和应力大的现象。

如图 5.34 所示为外延生长的晶格匹配。对同质外延而言,由于外延层和衬底为同种材料,晶体结构和晶格常数均相同,因此外延层沿衬底表面的晶向进行生长时,两者之间晶格完全匹配,相界面为共格界面,如图 5.34(a) 所示。但是对异质外延来讲,由于外延层和衬底的化学成分不同,即使它们在两者之间的界面上具有相同的原子排布方式,晶格常数也会有所差异,称为晶格失配。

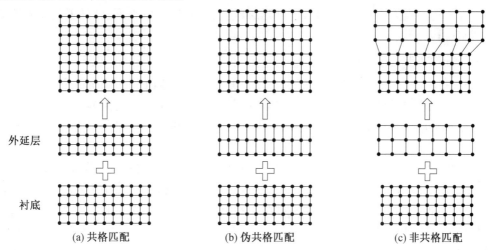

图 5.34   外延生长的晶格匹配

通常用外延生长层和衬底分别在界面上形成的二维晶格的晶格常数之差的百分率 f 来表示晶格失配的程度,称为失配度,表示为

$$f = \frac{a_e - a_s}{a_s} \times 100\% \tag{5.87}$$

式中,a_e 和 a_s 分别为外延层和衬底的对应参数,如为晶格常数或者是热膨胀系数。

在 Si 上生长 Ge 时,两者同属金刚石结构。若以 α – Si 为衬底,其室温晶格常数为 0.543 1 nm,而 α – Ge 的室温晶格常数为 0.564 6 nm,晶格失配约为 4%。在 Si 上外延生长 GaAs 时,GaAs 为闪锌矿结构,室温下两者(100) 面的晶格常数分别为 0.543 1 nm 和 0.565 3 nm,晶格失配与前者相似。对于 SOS,即在蓝宝石(Sapphire,Al_2O_3) 上生长 Si(Silicon),由于 Si 为金刚石结构,而蓝宝石属六方晶系,为减小晶格失配,需选用表面为 $(\overline{1}02)$(r – plane,r 平面)的蓝宝石衬底,其上氧原子排布的对称性和间距与硅(100) 面的结构及原子间距相近。

(3) 按工艺温度分类。

外延若按工艺温度来分类,可以划分为高温外延、低温外延和变温外延三类。高温外延是指外延工艺温度在 1 000 ℃ 以上的外延;低温外延是指外延工艺温度在 1 000 ℃ 以下的外延;变温外延则是指先在低温(1 000 ℃ 以下) 成核,然后再升至高温(1 000 ℃ 以上,多在 1 200 ℃) 进行外延生长的工艺。

（4）按外延层／衬底电阻率分类。

按外延层电阻率和衬底电阻率的对比关系，可以将外延工艺划分为正外延和反外延。正外延是指在低阻衬底上外延生长高阻层，器件做在高阻的外延层上；反外延是指在高阻衬底上外延生长低阻层，而器件做在高阻的衬底上。

（5）按外延层结构分类。

若按外延层结构来分类，可以划分为普通外延、选择外延和多层外延。普通外延是指在整个衬底表面生长外延层；选择外延是指在衬底表面的选择区域上生长外延层；多层外延是指外延层不止一层，如 p/n/n$^+$ – Si 外延片。

除上述分类方法外，还可以按照外延层厚度、外延层导电类型、外延工艺反应器的形状等来进行分类。

2. 外延工艺的用途和特点

外延生长技术出现于 20 世纪 50 年代末 60 年代初。当时，为了制造高频大功率器件，需要在低阻值单晶硅衬底上生长一层薄的能耐高压和大电流的高阻硅外延层，以解决击穿电压和集电区串联电阻之间的矛盾。外延技术的应用不仅满足了以上要求，还解决了半导体器件制造中面临的许多其他矛盾。

首先，外延可以获得高质量的硅材料。在单晶材料加工过程中，不可避免地会引入严重的表面机械损伤及表面吸附杂质。虽然经过切割、研磨和抛光，可以达到很好的光洁度和平整度，但仍然会存在较多的微观缺陷。在外延过程中，只要生长条件控制得当，可以很好地保证外延层晶格的完整性，获得理想的单晶层。外延已成为制备半导体材料的一种重要方法。

其次，外延生长的灵活性有利于提高 IC 集成度。例如，在制备 pn 结隔离墙时，隔离扩散工艺形成的横向扩散与纵向扩散的距离几乎相等，通过控制外延层的厚度，可以控制横向扩散的距离，提高集成电路的集成度（图 5.35）。

同时，集成电路有源区在高温的条件下常会诱生出大量的热缺陷和微缺陷，这些缺陷加速了金属杂质的扩散。杂质与微缺陷相互作用，导致漏电流

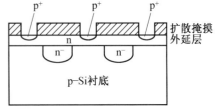

图 5.35　外延层厚度控制隔离扩散工艺中的横向扩散距离

增大，发生低压击穿现象，功耗增大，成品率降低。在高电阻率的外延层上制备 MOS 器件，既可以提高载流子的迁移率，增大 MOS 电路的充放电电流，也可以使器件的寄生电容、扩散电容均减小，从而缩短充放电时间，提高工作速度。

最后，外延层除了结晶方向及晶体结构要与衬底单晶匹配外，其他特性如导电类型、电阻率、厚度等都可以按照新的要求生长。实际上，外延生长可以制备不同厚度和不同要求的多层单晶薄膜，从而大大提高器件设计的灵活性和器件的性能。

与通常的薄膜淀积相比，外延生长的特点是：

① 可以制备非常薄的淀积层，甚至薄到只有 1 ～ 2 个原子层的厚度，并能制备各种突变结。

② 淀积过程中可以精确控制淀积层的成分、掺杂和厚度。

③ 淀积过程在超高真空中进行,淀积层纯度很高。

④ 淀积层中的缺陷密度极低,甚至近似为完整的无缺陷薄层。

因此,外延已成为开拓新材料和新器件的一个重要途径。

5.3.2 气相外延

外延生长方法很多,如气相外延、液相外延和固相外延。其中,气相外延(Vapour Phase Epitaxy,VPE)是指源物质或反应剂以气相形式流向衬底,生长出和衬底晶向相同的外延层的外延工艺,是目前应用最多的外延工艺。

1. 气相外延原理

气相外延既可以是基于蒸发或溅射等物理气相淀积方法的物理气相外延,如分子束外延(Molecular Beam Epitaxy,MBE)和离子束外延(Ion Beam Epitaxy,IBE);也可以是基于化学气相淀积方法的化学气相外延,如金属有机物化学气相淀积(Metal-Organic Chemical Vapor Deposition,MOCVD)和快速加热化学气相淀积(Rapid Thermal Chemical Vapor Deposition,RTCVD)等。

以基于 CVD 方法的化学气相外延为例,外延过程与 CVD 工艺相同,可分为几个连续的步骤:反应气体从反应室入口处向衬底附近输运;通过化学反应生成一系列先驱物分子或原子;先驱物分子或原子扩散穿过边界层到达衬底表面并被吸附;然后在衬底表面发生化学反应生成单晶薄膜;气体副产物解吸附并被排出系统。所不同的是,一般的 CVD 过程通常是通过岛状生长获得较厚的多晶薄膜,而外延生长则是通过典型的层状生长机制,制备获得结构完整的单晶薄膜。图 5.36 所示为普通 CVD 和 CVD 外延生长过程。

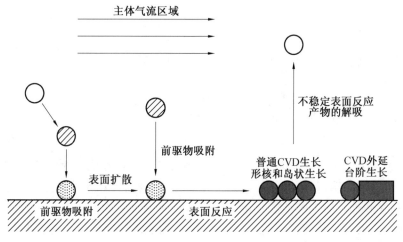

图 5.36 普通 CVD 和 CVD 外延生长过程

2. 硅的气相外延工艺

硅的外延通常采用气相外延工艺,在低阻硅衬底上外延生长高阻硅,得到 n^-/n^+-Si、p^-/p^+-Si、n^-/p^+-Si 等外延片。硅的气相外延属于化学气相淀积技术范畴,由于它借助加热方法提供化学反应过程所需的能量,因此是一种热 CVD 工艺。

典型的硅化学气相外延以 H_2 为载气,以 $SiCl_4$、$SiHCl_3$、SiH_2Cl_2 或 SiH_4 为硅源。当用 H_2 还原 $SiCl_4$ 生成硅时,总的化学反应方程式为

$$SiCl_4(g) + 2H_2(g) \rightleftharpoons Si(s) + 4HCl(g) \qquad (5.88)$$

采用化学气相外延方法生长硅单晶薄膜,往往还需要同时进行掺杂。常用的掺杂气体有硼烷(B_2H_6)、磷烷(PH_3)和砷烷(AsH_3),n 型掺杂采用 PH_3 或 AsH_3,p 型掺杂采用 B_2H_6。

早期的硅气相外延工艺反应室通常采用卧式石英反应室,放置衬底的基座由石墨制成,衬底加热采用射频感应加热。射频感应加热的升温和降温速度都较快,温度稳定性好,并能保证反应室壁的温度远低于石墨基座的温度,防止落尘。图 5.37 是以 SiH_2Cl_2 为源采用气相外延生长硅膜的典型温度 – 时间曲线。衬底先加热到预清洁温度,在此温度下保温一段时间,去除其表面的自然氧化层;然后将衬底的温度降低到生长温度,此时在反应室中通入反应物 SiH_2Cl_2,进行外延生长;当生长达到预定的时间后关掉反应物源,改用惰性气体冲洗腔室,使衬底降到室温。

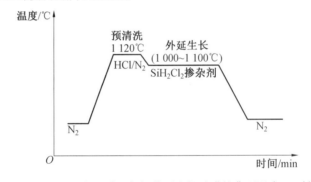

图 5.37 以 SiH_2Cl_2 为源采用气相外延生长硅膜的典型温度 – 时间曲线

图 5.37 中预清洗的目的是去除衬底表面的氧化层,获得干净清洁的硅晶圆衬底,以便外延出高质量的硅单晶层。在一定的气氛和温度下,氧化硅是热力学不稳定的,将形成挥发性亚氧化物(如 SiO)而被除去,实现衬底的预清洗。

要获得缺陷密度低、厚度和掺杂均匀性控制良好的高质量硅外延膜,就必须对掺杂浓度以及杂质在生长过程中的再分布进行严格控制。一定的温度下,杂质在外延片中的扩散长度正比于 $\sqrt{Dt}$,其中 D 为杂质扩散系数,t 为外延片在该温度下所经历的时间。由于必须使用预清洗和降温过程,即使外延生长过程的时间较短,外延片经历高温的总时间仍然较长,使衬底和外延层中的杂质分布难以控制。要减小杂质的扩散长度,有两种方法:一是采用快速热处理工艺使氯硅烷经过很短的、精确控制的生长时间完成外延生长过程;二是在超高真空系统中,以硅烷为原料在很低的温度下生长硅,以限制扩散系数。

以 SiH_2Cl_2 为源时,硅气相外延反应步骤如图 5.38 所示。

(1)气相反应剂 SiH_2Cl_2 和 H_2 进入主气流区,生成膜先驱物 $SiCl_2$。

(2)膜先驱物 $SiCl_2$ 通过质量输运穿越边界层到达衬底表面。

(3)膜先驱物 $SiCl_2$ 吸附在硅片表面。

(4)膜先驱物 $SiCl_2$ 沿硅片表面扩散。

（5）膜先驱物 $SiCl_2$ 在硅片表面合适的位置（如二维晶核边缘的阶梯或扭折处）发生化学反应生成硅原子，并与硅片表面已有的硅原子之间形成规则排列。

（6）副产物从硅片表面解吸附并扩散穿越边界层进入主气流区，从反应腔中移除。

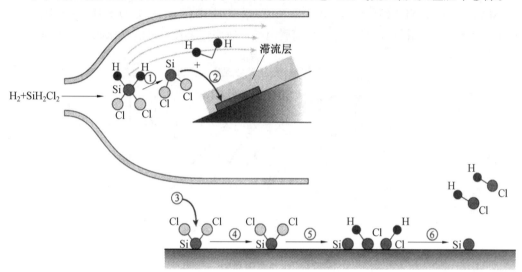

图 5.38　硅气相外延反应步骤

3. 影响硅外延生长速率的因素

硅的化学气相外延是典型的基于 CVD 的气相外延过程。根据 5.2.1 节的叙述可知，当温度较低时，$h_g \gg k_s$，生长速率由化学反应速率常数 k_s 决定；当温度较高时，$h_g \ll k_s$，生长速率由气相质量传输系数 h_g 决定。实际生产中外延温度在高温区。在高温区进行外延生长时，到达硅片表面的硅原子有足够的能量和迁移能力，可在硅片表面运动而到达晶格生长位置，从而外延出单晶薄膜。此时，生长速率由气相质量传输系数 h_g 决定。为保证基座上的所有衬底表面有相同的生长速度，需采用如图 5.38 所示的倾斜基座。这时温度的微小变动不会对生长速率造成显著的影响，因此外延对温度控制精度的要求不是太高。即使如此，外延温度也必须控制在适当的值，温度太低或太高都会形成多晶薄膜。温度太高还会导致杂质的扩散加重。 在一般的工艺条件下，外延生长速率约为 1 $\mu m/min$。

（1）生长速率与硅源及生长温度的关系。

外延过程利用硅的气态化合物经过化学反应在单晶硅衬底表面外延生长一层单晶硅薄膜。理论上，可以利用 SiH_4 热分解法反应式（式（5.52））来进行硅的气相外延。这种方法虽然温度较低，但因 Si 会在气相中成核而产生较多的颗粒，造成落尘。除非使用超高真空，否则外延层的质量很差。因此，硅的气相外延多利用氯硅烷 SiH_xCl_{4-x}（$x=0$、1、2、3）与 H_2 的反应来完成。反应气体分子中氯原子数越少，所需的化学反应激活能就越小，反应温度就越低。最早使用的是 $SiCl_4$，激活能为 1.6 ~ 1.7 eV，反应温度在 1 150 ℃ 以上。现在普遍使用的是 SiH_2Cl_2，激活能为 0.3 ~ 0.6 eV，反应温度降低到 1 150 ℃ 以下。

所有氯硅烷都有相似的反应途径：先通过反应生成 HCl 和气态先驱物 $SiCl_2$，然后再

发生以下可逆反应

$$SiCl_2(g) + H_2(g) \Longleftrightarrow Si(s) + 2HCl(g) \tag{5.89}$$

不同的硅源生长硅时所需的具体化学反应过程和温度是不同的,所能获得的生长速率也不同。氯硅烷 $SiH_xCl_{4-x}(x = 0、1、2、3)$ 按生长速率排序依次为 $SiH_4 > SiH_2Cl_2 > SiHCl_3 > SiCl_4$。不同硅源外延生长硅薄膜时生长速率随生长温度的变化如图5.39所示。

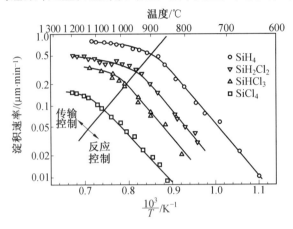

图5.39 不同硅源外延生长硅薄膜时生长速率随生长温度的变化

(2)生长速率与反应剂浓度的关系。

在源物质一定的情况下,硅外延膜的生长速率主要受反应剂浓度控制。以 $SiCl_4$ 为例,当反应剂浓度较低时,$SiCl_2$ 和 HCl 的浓度都较低,式(5.89)的正向反应占优势,进行外延生长,且生长速率随反应剂浓度的提高而加快。但是 HCl 浓度比 $SiCl_2$ 浓度提高得更快,因此当反应剂 $SiCl_2$ 的浓度达到一定程度时,生长速率达到最大。之后,生长速率随反应剂浓度的提高而变慢。反应剂浓度继续提高,逆向反应将逐渐占优势,硅的淀积

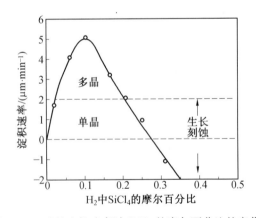

图5.40 硅的生长速率随 $SiCl_4$ 的摩尔百分比的变化

停止,开始发生对硅的刻蚀,且刻蚀速率随反应剂浓度的提高而加快。图5.40所示为硅的生长速率随 $SiCl_4$ 的摩尔百分比的变化。生长速率不是越快越好。生长速率太快,生长过程会由层状生长向岛状生长转变,形成多晶薄膜。

不同温度、101.325 kPa、$c(Cl)/c(H) = 0.06$ 时 Si – Cl – H 系统的平衡分压如图5.41(a)所示。图5.41(a)中没有包括分压最高的 H_2 的曲线和以固相存在的 Si。在生长温度下,混合气体的主要组成是 H_2、HCl 和 $SiCl_2$。根据化学反应动力学,在反应速率控制区域,生长速率可由式(5.90)表示

$$R = c_1 p_{SiCl_2} - c_2 p_{HCl}^2 \tag{5.90}$$

式中,c_1 和 c_2 为常数,满足阿仑尼乌斯公式;p_{SiCl_2} 和 p_{HCl} 分别是气相中 $SiCl_2$ 和 HCl 的分压;

等式右侧的减号对应于 Si 衬底的刻蚀。

可以定义 σ 为生长气氛的过饱和度

$$\sigma = \left[\frac{p_{Si}}{p_{Cl}}\right]_{Feed} - \left[\frac{p_{Si}}{p_{Cl}}\right]_{Eq} \tag{5.91}$$

式中，p_{Si} 和 p_{Cl} 分别为气相中硅和氯的分压；$\left[\dfrac{p_{Si}}{p_{Cl}}\right]_{Feed}$ 为反应进气中的分压比，$\left[\dfrac{p_{Si}}{p_{Cl}}\right]_{Eq}$ 为从图 5.41(b) 中得出的生长温度下的平衡分压比。

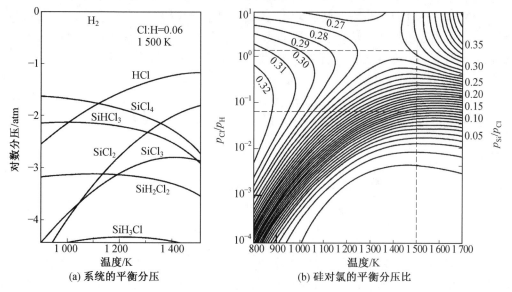

图 5.41　一个大气压下，$SiCl_4/H_2$ 生长体系的平衡分压比

为了得到平衡分压比，应首先确定反应室中 Cl 对 H 的分压比，然后在图 5.41(b) 中相应的温度位置读取 Si 对 Cl 的平衡分压比，代入式(5.91) 计算 σ。若 σ 为正，说明系统是过饱和的，发生外延生长；若 σ 为负，则说明系统不饱和，将发生刻蚀。发生外延生长时，σ 的值也必须控制在合理的范围，此时可以保证生长过程以二维层状生长机制进行，所获薄膜为单晶层；如果 σ 的值过大，单位时间到达衬底表面的气相反应物过多，吸附的反应物分子将在衬底表面结团，形成层 - 岛结合生长机制，使薄膜质量下降。表 5.6 是 $SiCl_4/H_2$ 生长体系的生长参数。

表 5.6　$SiCl_4/H_2$ 生长体系的生长参数

$SiCl_4/H_2$	$[Si/Cl]_{Feed}$	$[Cl/H]_{Feed}$	$[Si/Cl]_{Eq}$	σ	$R/(\mu m \cdot min^{-1})$
0.05	0.25	0.11	0.14	+ 0.11	+ 3.7
0.10	0.25	0.22	0.21	+ 0.04	+ 5.0
0.20	0.25	0.50	0.24	+ 0.01	+ 2.1
0.30	0.25	0.86	0.28	− 0.03	− 0.6

外延生长过程中同时进行掺杂时，气态的乙硼(B_2H_6) 常被用作 p 型掺杂剂，而磷烷(PH_3) 则是常用的 n 型掺杂剂。气态掺杂剂通常用 H_2 来稀释，以便合理控制流量而得到

所需的掺杂浓度。

（3）生长速率与表面反应的关系。

硅的化学气相外延过程中，衬底表面所发生的具体过程目前还不是很清楚。事实上人们发现，在所有 Si – H – Cl 系统中，处于反应速率控制区域时，外延生长都具有相同的反应激活能。这说明所有的反应受到同一速率限制因素的控制。通常认为这一限制因素主要是衬底表面 H 原子（也有人认为是 HCl 分子）的解吸附，只有这些原子（或分子）首先从衬底表面释放出来，反应前驱物才能吸附在硅表面上，然后反应生长形成膜。

衬底表面的反应先驱物主要是 $SiCl_2$，由此可以假设气相中的化学反应只生成 $SiCl_2$。衬底表面可供吸附的区域是有限的，假设某一原子或分子 X 在衬底表面占据的面积与总面积的比为 θ_x，且 θ_x 与相应原子或分子在气相中的分压成正比，即与气相质量流速成正比

$$\theta_x \propto p_x \propto \text{flow}_x \tag{5.92}$$

此时推导可得，对于 H_2 携带少量 $SiCl_2$ 的情况，生长速率可近似表示为

$$R = k_1 \frac{p_{H_2} p_{SiCl_2}}{1 + k_2 p_{H_2}} \theta - k_3 \frac{p_{HCl}}{p_{H_2}} \tag{5.93}$$

其中，第二项对应衬底被刻蚀；θ 为衬底硅片表面空闲位置的占比，即

$$\theta = \frac{1}{1 + k_4 p_{SiCl_2} + k_5 \dfrac{p_{HCl}}{p_{H_2}^2} + k_6 p_{H_2}^2} \tag{5.94}$$

式中，k_i 均为常数。多数情况下，H_2 为主要气体，H_2 的分压可近似为反应腔中的气压；$SiCl_2$ 的分压正比于 $SiCl_2$ 的进气流量；由于每个 $SiCl_2$ 分子可贡献 2 个氯原子，HCl 的分压则与 $SiCl_2$ 进气流量的平方成正比。

5.3.3 金属有机物化学气相淀积

金属有机物化学气相淀积（MOCVD），顾名思义也是一种基于化学气相淀积的外延方法，广泛应用在 III ~ V 族和 II ~ VI 族化合物的异质外延上。常用的衬底包括砷化镓（GaAs）、磷化镓（GaP）、磷化铟（InP）、硅（Si）、碳化硅（SiC）及蓝宝石（Sapphire，Al_2O_3）等。所生长的薄膜材料主要包括砷化镓（GaAs）、砷化镓铝（AlGaAs）、磷化铝铟镓（AlGaInP）、氮化铟镓（InGaN）等。这些半导体薄膜主要应用在光电元件（如发光二极管、激光二极管及太阳能电池）和微电子元件（如高电子迁移率晶体管）的制作。

1. MOCVD 原理

MOCVD 专门适用于那些不形成稳定的氢化物或卤化物但在合理的气压下会形成稳定金属有机物的金属元素，比如元素周期表中第 III 主族的元素和过渡族金属元素等。它以金属有机物作为主要的反应源之一。常用的金属有机物反应源包括：$Ga(CH_3)_3$（Trimethylgallium，TMG）、$Al(CH_3)_3$（Trimethylalu　Minum，TMAl）、$In(CH_3)_3$（Trimethylindium，TMIn）、$Mg(C_5H_5)_2$（Bis（Cyclopentadienyl）magnesium，Cp_2Mg）等。生长薄膜时，首先使载气通过装有金属有机物反应源的容器，将金属有机物的饱和蒸汽带至反应腔中与其他气态反应源（通常是一些氢化物或卤化物）混合，然后在被加热的衬底表面发生化学反应

生成薄膜。常用的氢化物气体源则有砷化氢(AsH_3)、磷化氢(PH_3)、氨气(NH_3)及硅乙烷(Si_2H_6)等。

以 GaAs 薄膜的 MOCVD 生长为例,源物质为 $Ga(CH_3)_3$ 和 AsH_3,以 H_2 为载气,通过以下反应获得 GaAs

$$AsH_3 + Ga(CH_3)_3 \longrightarrow GaAs + 3CH_4 \qquad (5.95)$$

生长过程中可以在气体中加入所需掺杂金属元素的有机物,如 $Zn(CH_3)_2$(Dimethylzinc,DMZ)完成掺杂。

2. MOCVD 工艺

MOCVD 设备系统的组件可大致分为 4 个部分:反应腔、气体控制及混合系统、反应源及废气处理系统。图 5.42 所示为 MOCVD 设备系统的结构示意图和设备。

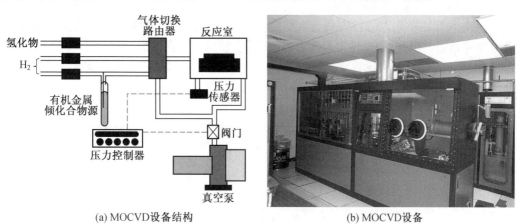

(a) MOCVD设备结构　　　　　　　　(b) MOCVD设备

图 5.42　MOCVD 设备系统的结构示意图和设备

(1) 反应腔。

反应腔是各种反应源混合并发生反应的地方,腔体通常由不锈钢或石英制成。衬底放置在腔体中的载片盘上被加热到一定的温度。载片盘通常由石墨制成,既具有良好的导热性能使保证加热时衬底均匀受热,同时石墨化学性质稳定,不与反应源发生反应。通常可采用红外线、电阻丝或微波辐射等多种方式对衬底直接进行加热。反应腔体壁面则采用水冷装置进行冷却,避免薄膜生长过程中壁面温度过高,出现落尘。

(2) 气体控制及混合系统。

载气及各种反应气体经由流量控制器调节流量。这些气体流入反应腔之前,还必须首先经过一组气体切换路由器,由此决定某个管路中的气体是流入反应腔还是直接排至反应腔尾端的废气管路中。流入反应腔体的气体参与反应生成薄膜,而直接排入废气管路的气体则不参与薄膜生长。为了很好地控制生长速率,应适当控制进入反应腔的气体的流动状态,保证整个反应腔内的气体流动为层流,不出现湍流或循环流动的部分。

(3) 反应源。

以生长 Ⅲ ~ Ⅴ 族薄膜材料为例,反应源可以分成两种,第一种是金属有机物反应源,第二种则通常是氢化物气体反应源。金属有机物反应源储藏在一个类似于洗气瓶的密封不锈钢罐内,并与 MOCVD 机台的管路相连。在使用此反应源时,载流气体从不锈钢罐的一端流入并从另外一端流出,将金属有机物的饱和蒸汽带出,进而流至反应腔。氢化物气体则是储存在气密钢瓶内,经由压力调节器及流量控制器来控制流入反应腔体的气体流量。

(4) 排气系统。

排气系统由真空系统和废气处理系统构成。真空系统负责排出系统中多余的反应物、反应产物和载气,并提供必要的真空度。在 MOCVD 系统的排气端气压通常为 1 000 ~ 10 000 Pa。不论是金属有机物反应源,还是氢化物气体,都属于有毒物质。金属有机物在接触空气之后会发生自然氧化,毒性相对较低;而氢化物气体则是毒性相当高的物质。这些物质都不能直接排放到环境中,而必须经过废气处理系统进行必要的处理。一般废气处理系统通过吸附、溶解或燃烧去除尾气中的有毒气体,减少对环境的污染。

MOCVD 工艺具有以下特点:

① 各种源物质均以气态方式通入反应室,可通过控制气态源的流量和通断时间来精确控制外延层的组分、掺杂浓度和厚度,可用于生长薄层和超薄层材料。

② 反应腔中气体流速较快,可迅速改变气相组分以获得不同组分的多元化合物或掺杂浓度。因此,MOCVD 制备多层薄膜时,层与层之间可形成突变的界面,适于进行异质结、超晶格或量子阱材料的生长。

③ 薄膜生长通过单温区热分解反应进行,受反应速率影响,只要控制好反应腔内温度分布的均匀性,就可以保证外延层生长的均匀性。因此,MOCVD 适用于多片、大片和批量的外延生长。

④ 化学反应速率与气相中反应源的含量直接相关,使得通常情况下薄膜生长速率与金属有机物反应源的流量成正比。薄膜生长速率可通过改变反应源流量进行调节,且调节范围较广。

⑤ 对真空度的要求较低,反应腔的结构较为简单。

⑥ 可采用实时检测技术对 MOCVD 的生长过程进行原位监测。

目前 MOCVD 工艺已获得了广泛的应用,但值得注意的是,该工艺所采用的金属有机物和氢化物气体源价格都较为昂贵,且多数属于易燃易爆或有毒气体,具有一定的危险性。整个工艺过程需要小心控制,防止出现意外。反应后排出的尾气也必须经过无害化处理,避免造成环境污染。另外,反应源中通常含有 C、H 等元素,必须通过对薄膜生长过程的精确控制防止这些元素进入到薄膜中,引入非特意掺杂,影响外延层的质量。

5.3.4 分子束外延

1. 分子束外延原理

分子束外延(Molecular Beam Epitaxy,MBE),是新发展起来的外延制膜方法,多用于外延层薄、杂质分布复杂的多层硅外延。它属于物理气相外延,本质上是一种特殊的真空镀膜工艺。MBE 是在超高真空($\leqslant 10^{-8}$ Pa)条件下,将含有各种所需组分的源物质加热蒸发,经小孔准直后形成分子束或原子束,直接传输到具有适当温度的单晶衬底表面,并可控制分子束对较大的衬底表面进行扫描,从而使分子或原子按晶格排列,并逐层生长在衬底表面上形成薄膜。

2. 分子束外延工艺

图 5.43(a) 所示为分子束外延设备的结构,图 5.43(b) 所示为分子束外延设备。

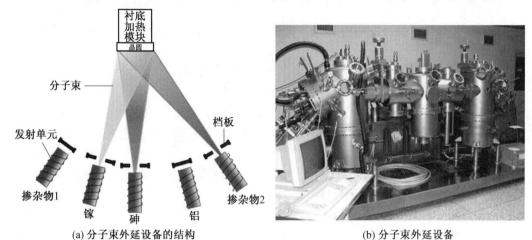

(a) 分子束外延设备的结构　　　　　　(b) 分子束外延设备

图 5.43　分子束外延设备

与其他外延方法相比,分子束外延有着非常明显的特点和优点:

①MBE 是一个超高真空的物理淀积过程,既不需要考虑中间化学反应,又不受质量传输的影响,束流强度易于精确控制,利用挡板还可以对生长和中断进行瞬时控制,能够非常精确地控制膜层的化学组成、掺杂浓度和结构,能形成陡峭的异质结以及交替生长不同组分、不同掺杂的薄膜,特别适于生长超晶格材料。

②MBE 的生长过程是典型的动力学生长过程,即将入射的中性粒子(原子或分子)一个一个地堆积在衬底上进行生长。它实际上是一种原子级的加工技术,可以生长按照普通热平衡生长方法难以获得的薄膜材料。

③膜层生长速率极慢,大约 1 μm/h,相当于每秒生长一个单原子层,因此有利于实现膜厚的精确控制,可制备薄到几个原子层的单晶薄膜,甚至单层原子。

④外延生长的温度低,因此降低了界面上热膨胀引入的晶格失配和衬底杂质对外延层的自掺杂扩散。

⑤由于生长是在超高真空中进行的,衬底表面经过处理后可变得十分清洁,在外延过程中避免沾污,因而能生长出质量极好的外延层。在分子束外延装置中,一般还附有用以检测表面结构、成分和真空残余气体的仪器(如反射高能电子衍射仪,Reflection High - Energy Electron Diffractometer,RHEED 等),可以随时监控外延层的成分和结构完整性,实现精确控制。

⑥ 整个生长过程可以实现高度自动化。

由于具备以上特点,分子束外延不仅可用来制备现有的大部分器件,而且也可以制备许多新的、包括其他方法难以实现的器件,如借助原子尺度膜厚控制而制备的超晶格结构,及以此为基础的高电子迁移率晶体管和多量子阱型激光二极管等。不过,为了实现超高真空和精确控制,MBE 的生长设备通常极为复杂,造价也很高。同时,由于生长速率极低,导致将 MBE 用于实际生产时,产率较低。

思考与练习题

5.1 对比不同蒸发方法的优缺点,并说明如何防止蒸发镀膜中,坩埚材料对薄膜的污染。

5.2 分析蒸发镀膜过程中,影响薄膜质量的因素有哪些。

5.3 简要说明如何提高蒸发镀膜的台阶覆盖率。

5.4 一台蒸发系统有一个表面积为 5 cm^2 的坩埚,蒸发行星盘半径为 30 cm。试求金的淀积速率为 1 Å/s(1 Å = 0.1 nm) 时,所需要的坩埚温度。金的密度和相对原子质量分别是 18 890 kg/m^3 和 197。

5.5 Ar 等离子体中都包括哪些类型的粒子? 提高等离子体密度都有哪些方法?

5.6 简述溅射镀膜的基本过程。

5.7 试比较蒸发和溅射的优缺点。

5.8 用 PVD 和 CVD 法淀积形成薄膜的过程包括哪几个步骤? 相比之下,外延薄膜的生长过程有什么不同? 要形成高质量的单晶外延膜,需要注意哪几个要点?

5.9 试分别写出至少一种可用于以下薄膜 CVD 制备过程的化学反应方程:

(1)SiO_2 薄膜的低温合成。

(2)Al_2O_3 薄膜的合成。

(3)硬质涂层(SiC、TiC、BN 及 Si_3N_4) 的化学气相淀积。

(4)$GaAs$ 的淀积。

(5)金属 W 和 Mo 薄膜的制备。

(6)多晶硅和非晶硅膜的淀积。

(7)金属 Ni 薄膜的淀积。

5.10 简要描述 APCVD 的优点和缺点。

5.11 在标准卧式 LPCVD 炉中进行薄膜淀积,一批硅晶圆被竖直安装在标准的载片台中。试验中观察到淀积速率从炉管前端到后端逐渐降低,为什么? 每片硅晶圆的边缘到中心淀积速率将怎样变化? 这种情况下,如何改善薄膜淀积的均匀性?

5.12 为以下各种应用选择适当的薄膜淀积工艺(如蒸发、溅射等),并简述原因:

(1)在集成电路上淀积 Al – Cu – Si 薄膜互连线。

(2)在硅晶圆表面淀积 3 nm 厚的栅氧介质层。

(3)在栅氧介质层上淀积 150 ~ 300 nm 厚的多晶硅层。

5.13 硅上二氧化硅薄膜的制备方法都有哪些?

5.14 溅射淀积薄膜时,衬底表面发生哪些过程? CVD 法淀积薄膜时,衬底表面又会发生哪些过程?

5.15 Si 外延生长工艺在腔体温度为 1 050 ℃ 下进行,腔体中气流是 200 cm^3/min 的 $SiCl_4$ 和 100 cm^3/min 的 Si_2H_6,假定混合物保持化学平衡,腔体中的过饱和度是多少? 这样的工艺条件会产生外延还是刻蚀?

5.16 试简述共格、伪共格和非共格外延生长的机制,并比较它们的优缺点。

5.17　MOCVD 和 MBE 各有哪些特点？它们分别适合用于制备什么样的薄膜？

参 考 文 献

［1］肖定全,朱建国,朱基亮,等. 薄膜物理与器件［M］. 北京:国防工业出版社,2011.
［2］CAMPBELL S A. 微纳尺度制造工程［M］. 严利人,张伟,译. 北京:电子工业出版社,2011.
［3］麻蒔立男. 薄膜制备技术基础［M］. 陈国荣,刘晓萌,莫晓亮,等译. 北京:化学工业出版社,2009.
［4］王力衡,黄运添,郑海涛. 薄膜技术［M］. 北京:清华大学出版社,1990.
［5］宁兆元,江美福,辛煜,等. 固体薄膜材料与制备技术［M］. 北京:科学出版社,2008.
［6］吴自勤,王兵,孙霞. 薄膜生长［M］. 北京:科学出版社,2013.
［7］戴达煌,代明江,侯惠君. 功能薄膜及其沉积制备技术［M］. 北京:冶金工业出版社,2013.

第6章 工艺集成

硅工艺集成技术,是根据电路系统的类型、性能特点、应用场合等要求,采用前面各章节所介绍的工艺方法(外延、氧化、扩散、离子注入、蒸发、溅射、光刻、刻蚀等单项工艺)和加工步骤,将电路系统结构中的晶体管、二极管、电阻、电容等元件制造在相互隔离的硅材料"小岛"上,并按电路的线路连接要求使用金属导电材料将这些元件相互连接起来,构成具有预先设计功能作用的电路芯片。再经过封装及测试,即得到一个合格的集成电路产品。通常把运用各类工艺技术形成器件和电路结构的制造过程称为工艺集成。

硅工艺集成技术中典型工艺主要有:① 互补金属氧化物半导体(CMOS),集成度高,功耗低,适合大规模数字集成电路;② 双极型(Bipolar),集成度低,驱动能力高,速度快,适合于模拟集成电路;③ 双极-互补金属氧化物半导体(BiCMOS),兼有以上两种工艺的优点;④ 绝缘衬底上的硅工艺技术(Silicon On Insulator,SOI)等。

本章首先简单介绍 MOS 集成电路,然后介绍 CMOS 集成电路工艺,包括器件技术(薄栅氧化技术、非均匀沟道掺杂技术、源漏技术与浅结形成技术等)、隔离技术及金属化技术,再以 200 mm 晶片 0.25 μm 典型 CMOS 电路为例介绍其主要的制造工艺流程。

6.1 MOS 器件简介

场效应晶体管(Field Effect Transistor,FET)是一种电压放大器件,在模拟电路中作为放大器以及在数字电路中作为开关元件使用。场效应晶体管有两种基本类型:金属-氧化物型(Metal-Oxide-Semiconductor Field Effect Transistor,MOSFET)和结型(J-type Field Effect Transistor,JFET)半导体。两种类型的主要区别是,MOSFET 作为场效应晶体管输入端的栅极由一层薄介质(二氧化硅,称为栅氧化物)与晶体管的其他两极绝缘。JFET 的栅极实际上同晶体管的其他电极形成物理的 pn 结,JFET 广泛应用于 GaAs 集成电路。当金属栅用于 GaAs JFET 时,称为 MESFET。由于 MOSFET 在硅超大规模集成电路中广泛应用,下面对场效应晶体管的讨论集中在 MOSFET。

6.1.1 MOS 器件的基本结构

按沟道导电载流子的极性,MOSFET 可划分为 n 沟与 p 沟两类。n 沟器件沟道中导电载流子是电子,通常简写成 nMOSFET;p 沟器件沟道中导电载流子是空穴,通常简写成 pMOSFET。

两种 MOS 器件结构如图 6.1 所示,由衬底、栅极、源极、漏极、沟道等组成。

n 沟 MOSFET 的衬底是 p 型单晶硅,上表面的两个 n 区靠扩散或注入掺杂形成,分别称为源区和漏区。在它们之间的半导体表面热生长一层高质量的二氧化硅层,称为栅氧化层。在其上面覆盖一层金属(早期阶段一般为铝),由此引出的电极称为栅极,以字母 G(Gate)表示。栅氧化层下面的硅表面称为沟道区。从覆盖在源区和漏区接触孔上面的金属(早期阶段一般为铝)引出的电极分别称为源极和漏极,通常用 S(Source)表示源极,用 D(Drain)表示漏极。第四电极从衬底引出,以 B(Base)表示,一般衬底与源连接。源区和衬底间的 pn 结称为源 pn 结,漏区与衬底间的 pn 结称为漏 pn 结。在硅表面,源区、漏区、沟道区一起称为有源区,有源区以外的表面称为场区。

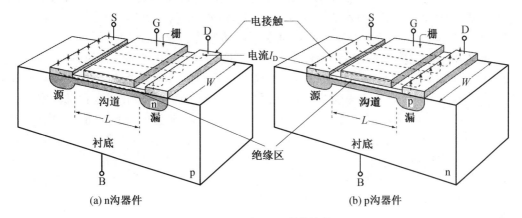

图 6.1　两种 MOS 器件结构

p 沟 MOSFET 与 n 沟 MOSFET 不同之处是 p 沟 MOSFET 的衬底采用 n 型单晶硅,源区、漏区靠扩散或注入掺杂形成 p 区。

随着器件技术的发展,栅电极材料也在不断更新。采用铝作栅电极的 MOSFET 称为铝栅 MOSFET,其特点是工艺步骤少,成本低,工作速度也低;采用多晶硅作栅电极的 MOSFET 称为多晶硅栅 MOSFET,其特点是工作速度高,适合制造小尺寸的高性能器件,但工艺过程长,成本高;采用难熔金属作栅电极的 MOSFET 称为难熔金属栅 MOSFET,它适合于高可靠、高性能的微波器件,但工艺复杂,成本高。

6.1.2　MOS 器件的工作原理

MOSFET 的工作原理以半导体表面电场效应为基础,以栅电压来控制漏极电流。从图 6.1 可以看出,位于 MOSFET 源区和漏区之间的中心部分是一个 MOS 结构,如在栅极和衬底间加电压就产生垂直于 Si/SiO$_2$ 界面的电场,并在界面的硅一侧感应出表面空间电荷。按栅压的极性及大小不同,表面空间电荷区的载流子可分为 5 种状态:负栅压形成的表面电场吸引空穴排斥电子,使界面附近呈现空穴积累状态;随着栅压向正方向增加,半导体表面将陆续经历平带、耗尽、弱反型、强反型状态。强反型是指表面电子密度等于或超过衬底内部空穴平衡态密度,这样在界面附近出现的与体内极性相反的电子导电层被称为反型层,MOSFET 中称为沟道。正常工作条件下源 pn 结和漏 pn 结为零偏或反偏,在源漏之间加电压,沟道未形成时,将只有近似于反偏 pn 结漏电流大小的极小电流在漏到源之间流动。但是若在栅电压控制下表面形成沟道,它将使漏区和源区连通,在 U_{DS} 作用下出现明显的漏极电流,而且漏极电流大小依赖于栅极电压。

栅极到半导体之间被电绝缘的 SiO$_2$ 层阻挡,源极、漏极到衬底之间被零偏或反偏 pn 结分开,因而源区、漏区、沟道区到栅和衬底可看作是不导电的,器件导通时只有从源极经过沟道到漏极这一条通路。MOSFET 是典型的电压控制器件。共源极工作时,栅极输入电压控制源漏电流输出。

1. nMOS 电路

图6.2所示为nMOS电路,描述了n沟道MOSFET工作的偏压设计。电路中的指示灯作为晶体管输出电流和正常工作的指示器。当开关 S_1 打开时,如图6.2(a)所示,n沟道MOSFET中没有电流,因为没有输入电压施加到栅极,此时沟道的状况为开路,源极和p型硅衬底为等电位,就像没有加正偏的pn结,pn结保持非导电模式。当开关 S_1 关闭时,如图6.2(b)所示,其中nMOS阈值电压 U_{GG} 为正值(0.7 V),大约是 U_{DD} 的1/4,此偏压直接接到栅极和源极,从而感应出由栅极带正电的空穴和从源极流向栅氧化层界面的电子构成的表面空间电荷区。该表面空间电荷区形成的电场排斥p型硅衬底顶部的空穴,迫使其离开栅氧化层界面。这样,从源极流向漏极的电子填充空穴留下的间隙。电场中栅极带正电的空穴不断地吸引并俘获沟道中的电子,因此源漏之间的间隙仅由电子填充,即沟道中的多数载流子为电子,这样使沟道形成持续的n型硅的晶体结构。电子从3 V电池由负极经过源极、n沟道进入漏极,然后经过指示灯回到电池的正极,这种状态将持续到输入或输出电路的任一部分发生变化。

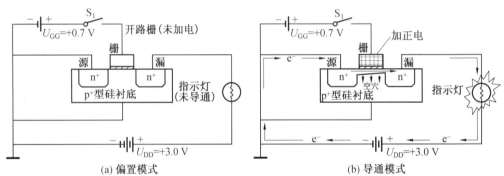

(a) 偏置模式 　　　　　　　　　　(b) 导通模式

图6.2　nMOS 电路

如上所述,提高栅极电压可以提高沟道导电的活性。提高电场强度增加了栅极的静电电荷,使得p型硅衬底中的空穴更加远离栅氧化层界面,从而导致n沟道深度的增加以及流过沟道电子数量的增加。这种净效应使更多漏电流流过,因而提高了路径的功率传递(增加了指示灯的亮度)。

2. pMOS 电路

图6.3所示为pMOS电路,描述了p沟道MOSFET工作的偏压设计。

其中,pMOS阈值电压 U_{GG} 为负值,也大约是 U_{DD} 的1/4。p沟道晶体管的工作原理与n沟道晶体管的工作原理相似,主要区别是p沟道MOSFET的多数载流子是空穴,并且偏压电源极性相反,如图6.3(a)所示。另外,从性能上比较,p沟道晶体管的开关速度比n沟道晶体管的慢,这主要是因为空穴的运动速度比电子的慢。当关闭开关 S_1 时,偏压 U_{GG} 使得晶体管栅极感应出负电荷,表面空间电荷区形成的电场排斥n型硅衬底顶部的电子远离栅氧化层界面,使得空穴从源极流向漏极,从而p沟道产生。电子从3 V电池由负极经过指示灯,然后经过漏极、p沟道进入源极,最后回到电池的正极,这种状态将持续到输入或输出电路的任一部分发生变化,如图6.3(b)所示。

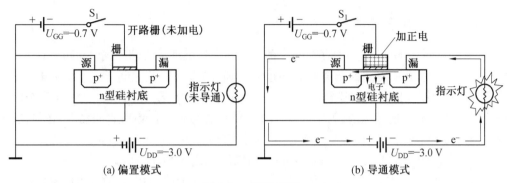

(a) 偏置模式　　　　　　　　　(b) 导通模式

图 6.3　pMOS 电路

3. CMOS 反相器电路

CMOS 是在同一集成电路上 nMOS 和 pMOS 的混合,如图 6.4 所示。pMOS 的栅极与 nMOS 的栅极相连,栅极作为偏置电压的输入。pMOS 的阈值电压小于 0,nMOS 的阈值电压大于 0。当输入电压为地电压时,pMOS 导通,nMOS 关闭;当输入电压为 U_{DD} 时,nMOS 导通,pMOS 关闭。因此,CMOS 反相器的特点是,在 U_{DD} 到 U_{SS} 的串联通道中总有一个器件是不导通的。

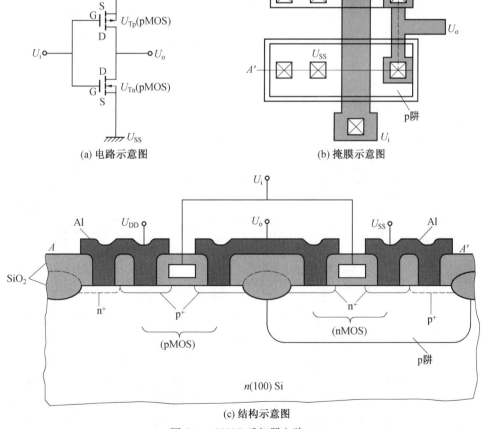

(a) 电路示意图　　　　　　　　　(b) 掩膜示意图

(c) 结构示意图

图 6.4　CMOS 反相器电路

6.1.3 CMOS 器件的闩锁效应

闩锁效应是 CMOS 电路中存在的一种特殊的失效机理。所谓闩锁(Latch - Up)是指 CMOS 电路中固有的寄生晶体管结构被触发导通,在电源和地之间形成低阻大电流通路的现象。CMOS 电路的基本逻辑单元是由一个 p 沟道 MOS 场效应管和一个 n 沟道 MOS 场效应管以互补形式连接构成,为了实现 n 沟道 MOS 管与 p 沟道 MOS 管的隔离,必须在 n 型衬底内加进一个 p 型区(p 阱)或者在 p 型衬底内加进一个 n 型区(n 阱),这样形成了 CMOS 电路内两个寄生的 npn 和 pnp 双极晶体管,如图 6.5(a) 所示。

在 CMOS 电路处于正常工作状态时,寄生晶体管处于截止状态,对 CMOS 电路的工作没有影响。如果 CMOS 电路的输入端、输出端、电源端或者地端受到外来的浪涌电压或电流,就有可能使两只寄生晶体管都正向导通,使得电源和地之间出现强电流,这个电流一旦开始流动,即使除去外来触发信号也不会中断,只有关断电源或将电源电压降到某个值以下才能解除这个电流,这就是 CMOS 电路的闩锁效应。

为了讨论图 6.5(a) 所示电路如何产生闩锁效应,考虑在某一时刻,有一个偶然的足够的大电流(电压尖峰或瞬变电流) 流入右面 pnp 的集电极,而通过阱电阻的电流给其基极施加偏压,这个电流就会流过衬底,通过衬底电阻给 npn 的基极施加电压,导致更大的电流流过阱电阻,其正反馈导致电路电流突增,可以高到烧毁金属互连线,造成永久性破坏,如图 6.5(b) 所示为 CMOS 的等效电路。随着微电子工艺的发展,封装密度和集成度越来越高,产生闩锁效应的可能性越来越大。

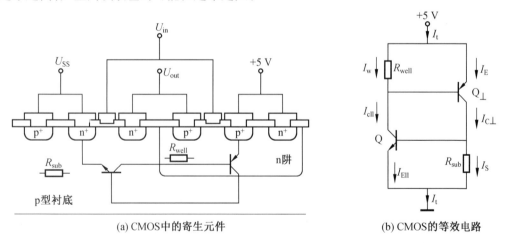

(a) CMOS中的寄生元件   (b) CMOS的等效电路

图 6.5 CMOS 的寄生元件及其等效电路

从制造工艺角度,阻止闩锁效应的主要方法有:第一是在衬底和 CMOS 结构间设置外延层,离子注入产生倒掺杂阱,或者在重掺杂衬底上生长的轻掺杂外延层中制造器件。因为低电阻衬底可以旁路外延层,降低基区电阻,同时重掺杂衬底可以促进外延层基区少数载流子的复合,所以可以使寄生晶体管失效;第二是增加器件之间的距离,采用隔离槽工艺,如图 6.6 所示,在此技术中,利用各向异性反应离子溅射刻蚀出一个比阱还要深的隔离沟槽,接着在沟槽的底部和侧壁上生长热氧化层,然后淀积多晶硅或 SiO_2 以将沟槽填满,因为 n 沟道与 p 沟道器件被深沟槽隔离开,消除了闩锁效应。以下将讨论相关的 CMOS 工艺以及关于沟槽隔离的详细步骤。

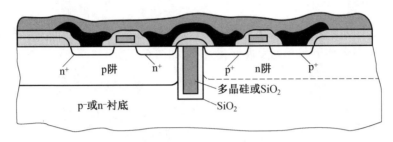

图 6.6 双阱 CMOS 反相器的深槽隔离工艺

6.2 CMOS 工艺技术

1963 年弗朗克·万拉斯(F. Wanlass) 首先发明了 CMOS 晶体管,即互补 MOSFET。在 CMOS 晶体管构成的电路中,一个反相器中同时包含源漏相连的 p 沟和 n 沟 MOSFET。这种电路的最大技术优点是反相器工作时几乎没有静态功耗,特别有利于大规模集成电路的应用。1966 年制成了第一块 CMOS 集成电路。早期的 MOS 工艺尚不成熟,存在工艺复杂、速度较慢、有自锁现象,以及集成度低等问题。

随着集成电路工艺技术的发展,电路的集成度逐渐提高,低功耗的 CMOS 技术的优越性日益显著,进入 20 世纪 80 年代以后各种能提高 CMOS 集成电路性能的工艺技术相继出现,CMOS 技术逐渐成为集成电路的主流技术。

本节按照器件和集成的制造顺序对 CMOS 工艺技术进行介绍。

首先是 CMOS 器件技术,器件由衬底、栅极、源极、漏极、沟道等组成。在前几章已经讲述掺杂、光刻等知识,源区、漏区的制造很容易理解了。栅氧化层是 MOS 器件的核心,随着器件尺寸的不断缩小,栅氧化层的厚度也要按比例减薄,以加强栅控能力,为此出现薄栅氧化工艺。随着沟道长度的减小,将带来一系列二级物理效应,统称为短沟道效应。为降低短沟道效应,出现非均匀沟道掺杂工艺、带侧墙的漏端轻掺杂结构(Lightly Doping Drain,LDD) 以及晕圈反型杂质掺杂结构等。

然后是隔离技术,元器件之间的隔离是集成电路的必需工艺,包括 pn 结自隔离工艺、局部氧化(Local Oxidation of Si,LOCOS) 工艺和浅槽隔离(Shallow Trench Isolation,STI) 工艺。

最后是金属化技术,元器件形成后,需要金属化系统实现各个元件之间的连接。金属化系统大致可分为接触和互连两大类型。接触(Contact) 是指硅芯片内的半导体器件或元件的引出端制作的金属化结构,用于与元器件外部即与第一金属层进行有效连接,通常也称为电极。金属 – 半导体系统的接触有两种类型:欧姆接触和肖特基接触;互连用于元器件之间或两层金属布线之间的连接、与外部的导热和导电通路,主要结构有互连线(Interconnect)、通孔(Via) 等。随着 VLSI 复杂程度的增加,金属互连线的布线越来越复杂,只采用单层布线很难实现电路要求的全部互连,因此出现了多层布线技术;为解决不同层间的互连及层间绝缘层的平坦化问题,出现了化学机械抛光技术。

6.2.1 器件技术

MOS 器件中的源、漏区不是单一的 pn 结。在实际的器件中,源、漏区结构是一个复杂的关联体,并经历了如下一系列发展变化过程,如图 6.7 所示。

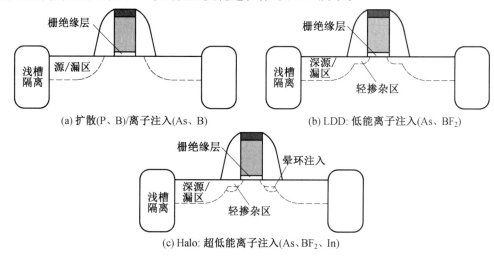

(a) 扩散(P、B)/离子注入(As、B)　　　(b) LDD: 低能离子注入(As、BF$_2$)

(c) Halo: 超低能离子注入(As、BF$_2$、In)

图 6.7　CMOS 的源漏结构

1. 薄栅氧化工艺

沟道长度减小到一定程度后出现的一系列二级物理效应统称为短沟道效应。这些二级物理效应包括:① 短沟道效应,即短沟道器件阈值电压对沟道长度的变化非常敏感,沟道长度减小到一定程度后,源、漏结的耗尽区在整个沟道中所占的比例增大,栅下面的硅表面形成反型层所需的电荷量减小,因而阈值电压减小。② 热载流子效应:器件内部的电场强度随器件尺寸的减小而增强,特别在漏结附近存在强电场,载流子在这一强电场中获得较高的能量,成为热载流子。热载流子在两个方面影响器件性能:越过 Si/SiO$_2$ 势垒,注入氧化层中,不断积累,改变阈值电压,影响器件寿命;在漏附近的耗尽区中与晶格碰撞产生电子空穴对,形成附加电流。

栅氧化层是 MOS 器件的核心。随着器件尺寸的不断缩小,栅氧化层的厚度也要按比例减薄,以加强栅控能力,抑制短沟道效应,提高器件的驱动能力和可靠性等。但随着栅氧化层厚度的不断减薄,至 2 nm 时会遇到一系列问题,如栅的漏电流会呈指数规律剧增,硼杂质穿透氧化层进入导电沟道等。为解决上述难题,通常采用超薄氮氧化硅栅代替纯氧化硅栅。氮的引入能改善 Si/SiO$_2$ 界面性能,因为 Si—N 键的强度比 Si—H 键和 Si—OH 键大得多,因此可抑制热载流子和电离辐射等所产生的缺陷。将氮引入到氧化硅中的另一个好处是可以抑制 pMOS 器件中硼的穿透效应,提高阈值电压的稳定性及器件的可靠性。

掺氮薄栅氧化工艺有很多种,早期是在干氧氧化膜形成后,立即用 NH$_3$ 退火;之后改进为在 N$_2$O 或 NO 中直接进行热氧化;再以后发展为先形成氧化膜,然后在 N$_2$O 或 NO 中退火氮化。目前,生产上一般用 NO 退火或等离子体氮化等方法。此外,为进一步提高栅介电特性,用氮氧化硅和 Si_3N_4 膜构成叠层栅介质 Si_3N_4/Oxynitride(N/O),这种叠层栅介质具有两方面优点:一是因各层中微孔不重合,从而减少了缺陷密度,防止了早期栅介质的失效;二是由于 Si_3N_4 薄膜的介电常数近似为 SiO_2 的 2 倍,因此在等效氧化层厚度下,可有 2 倍于 SiO_2 的介电性能,这大大改善了叠层栅介质的隧穿漏电流特性及抗硼穿透能力。

评价氮氧化硅栅介质的主要参数有膜厚、均匀性、经时绝缘击穿(TDDB)寿命、栅介质隧穿漏电流、表面态及缺陷密度、抗硼穿透能力等。

2. 非均匀沟道掺杂

随着 MOS 器件尺寸的缩小,当栅长小于 $0.1\ \mu m$ 时,为控制短沟道效应,最初的努力是提高衬底掺杂浓度(大于 $10^{18}\ cm^{-3}$),但这引发了一系列问题,如阈值电压升高、结电容增加、载流子有效迁移率下降,结果使电路速度下降,电流驱动能力降低;另外,器件尺寸的减小带来的电源电压的下降,要求降低阈值电压、降低衬底掺杂浓度,这也会引发短沟道效应。栅长缩短和短沟道效应这对矛盾可以通过非均匀沟道掺杂解决,即表面杂质浓度低,体内杂质浓度高。这种杂质结构的沟道具有栅阈值电压低、抗短沟道效应能力强的特点。这种非均匀沟道的形成主要有以下两种工艺技术。

(1)两步注入工艺。第一步注入,一般能量较低、注入峰值位于表面附近,即形成低掺杂浅注入表面区,用于调整阈值电压;第二步注入,通常能量较高、剂量较高,注入峰值延伸至源 – 漏耗尽区附近,即形成高掺杂深注入防穿通区。

例如,nMOS 采用 BF_2 注入(浅注入) + B 注入(深注入),pMOS 采用 As 注入(浅注入) +P 注入(深注入),沟道剖面如图 6.7(b)所示。

(2)在高浓度衬底上选择外延生长杂质浓度低的沟道层,即形成梯度沟道剖面。这种方法能获得低的阈值电压、高的迁移率和高的抗穿通电压,但寄生结电容和耗尽层电容大。

3. 轻掺杂漏结构(LDD)

随着器件尺寸的减小,需要更薄的栅介质和更高的沟道掺杂,这都导致漏极附近的电场强度迅速增加,该电场施加在流经漏极的载流子上,使其获得较高能量成为热载流子,它们越过 Si/SiO_2 间的势垒注入栅介质中,从而引起器件的不可靠,降低其工作寿命,该现象称为热载流子效应。为克服这一效应,早期对源漏结构进行的改革是采用轻掺杂漏结构(LDD),它的特点是在漏极靠近沟道区的位置上形成一低掺杂区,以降低漏极峰值电场强度,使漏极最大电场强度向漏端移动,远离沟道区,以削弱热载流子效应,增强器件的可靠性。同时 LDD 器件的击穿电压提高,覆盖电容减小,有利于速度的提高。但这种改善也是有代价的,除了与标准源漏结构相比要增加制造工序外,这种器件由于引入 LDD区产生串联电阻,使其电流驱动能力下降,下降幅度一般小于 8%。

4. 超浅源漏延伸区结构

源漏延伸区结构是从 LDD 结构发展而来的。随着器件尺寸的进一步减小,虽然漏极电场也增加,但该电场加速的路程也随之减小,因而热载流子效应退居次要位置,而短沟道效应成为首要问题。由于源漏延伸区与沟道直接相连,它的结深和横向扩展对短沟道效应具有极其重要的影响,同时它的等效串联电阻对器件驱动电流大小也产生重要影响。因此,源漏延伸区比 LDD 结构需要更浅的结深、更高的掺杂浓度和更陡的浓度分布。

在 0.1 μmCMOS 器件中必须采用超浅的高掺杂浓度的源/漏(S/D)延伸区结构,其目的是抑制短沟道效应,获得低的 S/D 串联电阻,同时与深的 S/D 结相结合以实现硅化物自对准工艺,而不增加结漏电。

高表面浓度、超浅延伸区结形成方法有多种,包括固相扩散、通过 SiO₂ 注入再快速热退火(RTA)、低能注入、预无定形注入加低能注入再 RTA、等离子浸润等方法。其中,低能注入是大多数生产中普遍采用的方法,但是需要专门的昂贵的注入设备。预无定形注入加低能注入也是人们青睐的制备超浅结的方法。因为预无定形注入有效地抑制了离子注入的沟道效应,便于实现浅结。同时无定形注入层在退火时产生的固相外延生长,对消除损伤、抑制瞬时增强扩散、获得浅结有利。无定形注入离子一般选择重离子为宜,常用的有 In、Sb、Ce、As、F 等,早期有用 Si 的,效果不好。同样能量下离子质量越大、越重,形成无定形层所需的剂量就越低,这样损伤小,对减小漏电有利。

5. 晕圈反型杂质掺杂结构和大角度注入反型杂质掺杂结构

S/D 延伸区的结深不但要求纵向结浅,也要求横向杂质扩散小,以更好地改善短沟道效应和抑制 S/D 穿通效应。为此,有了晕圈反型杂质掺杂结构(Halo 注入)和大角度注入反型杂质掺杂结构(Pocket 注入)。Halo 注入掺杂实为双注入 LDD 结构,n⁻ LDD 区周围环绕一个 p⁻ 区(Halo 区),p⁻ 区周围环绕一个 n⁻ 区(Halo 区),沟道剖面如图 6.7(c)所示。Pocket 注入掺杂实为大角度倾斜旋转注入,一般以多晶硅栅和 S/D 做自对准掩蔽。它比 Halo 注入更小的结电容,有利于速度的改善。因为它只环绕 LDD 区和 S/D 区邻接处,这样不增加 n⁺ 和 p⁺ S/D 区下的杂质浓度。

6.2.2 隔离技术

在 MOS 集成电路中,所有的器件都制作在同一个硅衬底上,它们之间的隔离非常重要,如果器件之间的隔离不完全,晶体管之间的泄漏电流会引起直流功耗增加和晶体管之间的相互干扰,甚至有可能导致器件逻辑功能的改变。用于器件隔离的主要技术有 pn 结自隔离工艺,局部氧化(Local Oxidation of Si,LOCOS)工艺和浅槽隔离(Shallow Trench Isolation,STI)工艺。LOCOS 可用于技术节点 0.35 ~ 0.5 μm;技术节点 < 0.35 μm 必须使用 STI 工艺。

1. pn 结自隔离(阱结构工艺)

CMOS 电路中包含 pMOS 和 nMOS 两种导电类型不同的器件结构。p 沟和 n 沟 MOSFET 的源漏,都是由同种导电类型的半导体材料构成的,并和衬底的导电类型不同,因此,MOSFET 本身就是被 pn 结所隔离的,即自隔离。pMOS 需要 n 型衬底,而 nMOS 需要 p 型衬底。在硅衬底上形成不同掺杂类型的区域称为阱,nMOS 和 pMOS 分别是在 p 阱和 n 阱中,CMOS 是一种双阱(Twin - well)结构。CMOS 电路除了有双阱类型之外,还有单阱类型的,即在 p 型衬底上的 n 阱和在 n 型衬底上的 p 阱两种类型,图6.8 所示的 CMOS 工艺,就是在 p 型硅衬底上制作 n 阱。

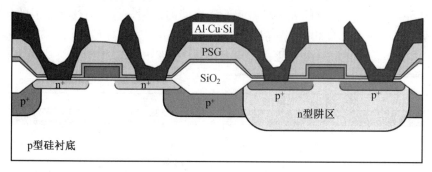

图6.8 带有 n 阱的 CMOS 工艺

阱一般通过离子注入掺杂,再进行热扩散形成所需的杂质分布区域。在同一晶片上形成 n 型阱和 p 型阱,称为双阱。利用高能离子注入,不经过高温热扩散,直接在晶片中的某一深度上形成所需的杂质分布,称为倒装阱。倒装阱的特点是不同阱之间横向扩散少,阱表面浓度较低,有利于器件特性的改善。

pn 结隔离工艺的优点是方法简单,易于制造,无须特殊技术和制造设备,成本低而同时能基本上满足电路的性能要求,因此,成为集成电路生产中应用较多的隔离技术,特别是在早期阶段和一般无特殊要求的民用中小电路中。然而,pn 结隔离也存在许多不足之处:① 隔离性能不够理想,一般漏电流为毫微安数量级,耐压在几十伏左右,很难做得更高,这是 pn 结本身决定的。② 隔离引起寄生效应。由于 pn 结具有电容效应,因此,pn 结隔离后使得晶体管的集电极和衬底之间,以及集电区周围与 p 型隔离墙之间有电容耦合,随着频率的升高,其耦合作用增强。因此,在高频放大器和高速数字电路中,这种隔离方法就不适用了。③ 考虑到隔离扩散时的横向扩散,隔离墙和元件之间要有一定的距离,在一个晶体管的隔离岛中,晶体管本身的面积只占30% ~ 40%,对提高集成度十分不利。④pn 结隔离的抗辐射能力差,受温度影响大。

为此,人们对标准 pn 结隔离进行了适当地改进,产生了一些新的隔离技术。介质隔离就是把包围隔离岛的反向 pn 结用绝缘性能良好的介电材料来代替。它主要用于对隔离性能有特殊要求的高频线性放大集成电路和超高速数字集成电路中。绝缘介质可以是二氧化硅、氮化硅等。二氧化硅是目前最常用的一种介质。

2. 局部氧化工艺

CMOS 工艺最常用的隔离技术就是 LOCOS 工艺,它以氮化硅为掩膜层实现硅的选择氧化,在这种工艺中,除了晶体管的有源区域以外,在其他所有重掺杂硅区上均生长一层厚的氧化层,称为隔离或场氧化层。局部氧化工艺是通过厚场氧化绝缘介质以及沟道阻止注入(提高场氧化层下硅表面区域的杂质浓度)来实现电隔离的。LOCOS 工艺步骤如图6.9 所示,① ~ ④首先通过热氧化形成一层薄(0.05 ~ 0.1 μm) 的 SiO_2 膜(称为缓冲氧化膜),然后用 LPCVD 方法淀积一层 Si_3N_4 薄膜(0.05 ~ 0.1 μm),然后在这双层膜上光刻出有源区图形(除去有源区以外的 SiO_2 膜和 Si_3N_4 膜);⑤以留下的 Si_3N_4 膜作为掩膜进行硼离子注入,提高场氧化层下面沟道 B 杂质浓度,形成沟道阻止层;⑥ 仍然以 Si_3N_4 膜作为掩膜,利用氧化速度很快的湿法氧化技术在有源区以外形成一层较厚(0.5 ~ 1 μm) 的 SiO_2 膜,这层较厚的氧化膜就起着隔离墙的作用。这种方法所形成的 SiO_2 膜是以半埋入方式存在的,出现的台阶高度比较小,且 SiO_2 膜和沟道阻止层(Si_3N_4 膜掩蔽进行硼离子注入) 都可用同一掩膜来进行自对准;⑦ 去除 Si_3N_4;⑧ 生长遮蔽氧化层。

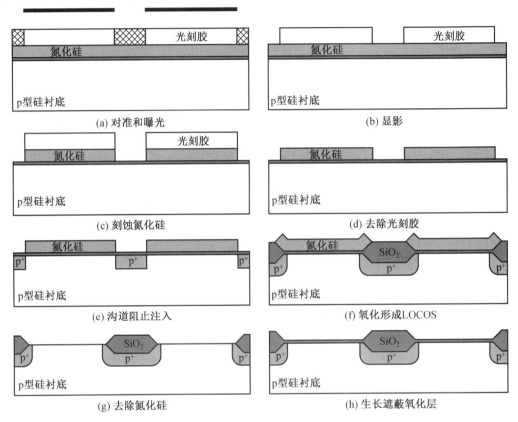

图 6.9 LOCOS 工艺步骤

常规的 LOCOS 工艺由于氧化剂能够通过衬底 SiO_2 层横向扩散,将会使氧化反应从 Si_3N_4 薄膜的边缘横向扩展,从而形成"鸟嘴"(Bird Beak),鸟嘴区既不能作为隔离区,也不能作为器件区,这对提高集成电路的集成度极其不利,同时场氧化层的高度不利于后序工艺中的平坦化,使 LOCOS 工艺受到很大的限制。因此先后出现了多种减小鸟嘴、提高表面平坦化的隔离方法,如回刻的 LOCOS 工艺,多晶硅缓冲层的 LOCOS 工艺(Polybuffered LOCOS,PBL)、侧墙掩蔽的隔离工艺、自对准平面氧化工艺等。

图 6.10 所示为 PBL 工艺下鸟嘴 SEM,在 LPCVD Si_3N_4 前先淀积一层多晶硅,让多晶硅消耗场氧化时横向扩散的氧。这样减小了场氧生长时 Si_3N_4 薄膜的应力,也可将鸟嘴减小至 0.1 ~ 0.2 μm。鸟嘴更小的代价是工艺的复杂性增加和刻蚀的难度增大。

3. 浅槽隔离工艺

STI 是一种全新的 MOS 电路隔离方法,它可以在全平坦化的条件下使鸟嘴区的宽度

图 6.10　PBL 工艺下鸟嘴 SEM

接近零,目前已成为 0.35 μm 以下集成电路的标准隔离工艺。STI 工艺步骤如图 6.11 所示,①热氧化在晶片上制备20 ~ 60 nm 的氧化层,称这层 SiO_2 为缓冲层,其作用是减缓 Si 与随后淀积的 Si_3N_4 之间的应力。通常缓冲层越厚,Si/Si_3N_4 之间应力越小,但是由于横向氧化作用,厚的缓冲层将削弱作为氧化阻挡层 Si_3N_4 的阻挡作用。②LPCVD 制备一层 10 ~ 200 nm 的 Si_3N_4。③光刻隔离区窗口。④刻蚀 Si_3N_4 和 SiO_2(沟道阻止注入,并在保留光刻胶的情况下离子注入浓硼,提高场氧化层下面沟道 B 杂质浓度),最后去除光刻胶。⑤刻蚀硅沟槽。⑥CVD 制备0.3 ~ 1.0 μm 的 SiO_2 场氧化层(同时激活硼,形成 p^+ 沟道阻挡层),实现器件之间的介质隔离。⑦ 利用 Si_3N_4 作为 CMP 抛光阻挡层,去除沟槽外多余的 SiO_2。⑧RIE 去除 Si_3N_4 层。

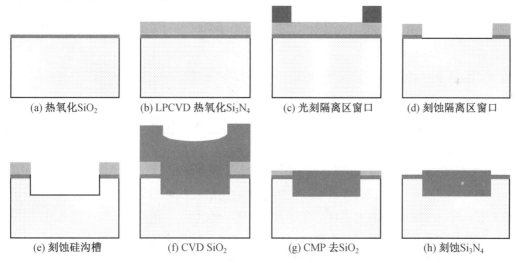

| (a) 热氧化SiO_2 | (b) LPCVD 热氧化Si_3N_4 | (c) 光刻隔离区窗口 | (d) 刻蚀隔离区窗口 |
| (e) 刻蚀硅沟槽 | (f) CVD SiO_2 | (g) CMP 去SiO_2 | (h) 刻蚀Si_3N_4 |

图 6.11　STI 工艺步骤

　　虽然 STI 工艺比 LOCOS 工艺拥有较佳的隔离特性,但由于等离子体破坏,可产生大量的蚀刻缺陷,且具有尖锐角落的陡峭沟渠也会导致角落寄生漏电流(Corner Parasitic Leakage),因此降低了 STI 的隔离特性。

6.2.3　金属化技术

　　金属化是指在晶片上淀积导电金属以及随后以它为基础形成独立的导体材料图形的工艺过程。目的是通过这些金属化系统实现芯片上各个元件之间的连接。金属化工艺技术属于复合工艺,其基本工艺包括薄膜淀积、光刻、刻蚀、剥离、退火等。光刻和刻蚀的目的是形成金属化图形,退火处理是为了获得金属化系统的理想导电性能。金属化系统大体上可以分为接触和互连两大类型,图6.12所示为复合金属化互连结构。

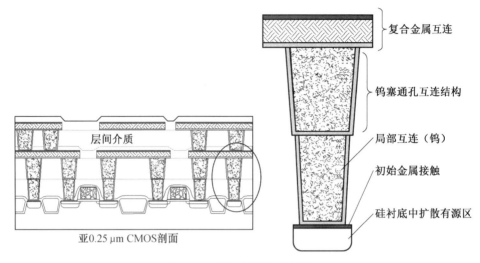

复合金属互连

钨塞通孔互连结构

局部互连(钨)

初始金属接触

硅衬底中扩散有源区

层间介质

亚0.25 μm CMOS剖面

图6.12 复合金属化互连结构

接触(Contact)是指硅芯片内的半导体器件或元件的引出端制作的金属化结构,用于与元器件外部即与第一金属层进行有效连接,通常也称为电极。金属–半导体系统的接触有两种类型:欧姆接触和肖特基接触;互连用于元器件之间或两层金属布线之间的连接和与外部的导热和导电通路,主要结构有互连线(Interconnect)、通孔(Via)等。

1. 金属化的要求

随着IC尺寸的减小,对金属化布线的要求也越来越高,总体来说要满足:

(1)导电性。半导体与金属表面连接时形成低阻欧姆接触。互连线必须具有高导电率,能够传导高电流密度。

(2)黏附性。能够黏附下层衬底,容易与外电路实现电连接。

(3)淀积。易于淀积并经低温处理后具有均匀的结构和组分(对于合金);能够为大马士革金属化工艺淀积具有高深宽比的间隙,台阶覆盖能力强。

(4)刻印图形/平坦化。为刻蚀过程中不刻蚀下层介质的传统铝金属化工艺提供具有高分辨率的光刻图形,大马士革金属化易于平坦化。

(5)可靠性。经受住温度循环变化,金属应相对柔软且有较好的延展性;经受住高电流密度,互连线应具有很强的抗电迁移能力。

(6)抗刻蚀性。有很好的抗刻蚀性,在层与层之间及下层器件区之间具有最小的化学反应。

(7)应力。很好的抗机械应力特性以便减少晶片的扭曲和材料失效,比如断裂、空洞的形成和应力诱导刻蚀。

根据在微电子器件中的功能划分,金属化材料可分为三大类:互连材料、接触材料及

MOSFET 栅电极材料。

对于互连金属材料,首先要求电阻率要小,其次要求易于淀积和刻蚀,还要有好的抗电迁移特性以适应集成电路技术进一步发展的需要。使用最为广泛的互连金属材料是铝。目前在 ULSI 中铜作为一种新的互连金属材料得到越来越广泛的应用。

对于与半导体接触的金属材料,因为直接接触,要有良好的金属／半导体接触特性,即要有好的接触界面性和稳定性,接触电阻要小,在半导体材料中扩散系数要小,在后续加工中与半导体材料有好的化学稳定性。另外,该材料的引入不会导致器件失效也是非常重要的。铝是一种常用的接触材料,但目前应用较广泛的接触材料是硅化物,如铂硅(PtSi)和钴硅(CoSi$_2$)等。

对于栅电极材料,要求与栅氧化层之间具有良好的界面特性和稳定性;具有合适的功函数,以满足 nMOS 与 pMOS 阈值电压对称的要求。在早期 nMOS 集成电路工艺中,使用较多的是铝栅。由于多晶硅可通过改变掺杂调节功函数,与栅氧化层具有很好的界面特性,多晶硅栅工艺还具有源漏自对准等特点,使其成为目前 CMOS 集成电路工艺技术中最常用的栅电极材料。

2. 单金属化结构

单金属化结构即金属化互连只包括一种金属(或其合金),在早期 IC 制造中通常采用铝作为电极,并且在小规模集成电路中多采用铝作为互连材料。从电路的金属化要求可知,铝能较好地满足金属化的要求,铝在室温下有较低的电阻率(约 2.7 μΩ·cm),其合金电阻率也只比铝电阻率大 30%,与二氧化硅等介质膜有良好的黏附性,并且铝是廉价金属,淀积方便。但对于高频大功率器件、微波器件,采用铝电极可能会导致器件失效。IC工艺中使用铝作为浅结上的电极,易造成电迁移(Electromigration)和尖楔(Spiking)问题。

当器件工作时,金属互连线内有一定电流通过,金属离子会沿导体产生质量的输运,其结果会使导体的某些部位产生空洞或晶须(小丘),这就是电迁移现象。产生电迁移失效的原因有两方面:内因是薄膜导体内结构的非均匀性(多晶);外因是电流密度变大。金属晶体由电子云和失去价电子的金属正离子构成。当不存在外电场时,金属离子可以在晶格内通过空位而变换位置,这种金属离子运动称为自扩散。因为任一靠近邻近空位的离子有相同的概率与空位交换位置,所以自扩散的结果并不产生质量输运。在有电流通过时,金属离子受到运动的导电电子作用,沿晶粒边界向高电位端迁移,结果金属化层高电位处出现金属离子堆积,形成小丘、晶须,导致相邻金属互连线间发生短路;低电位处出现金属离子的短缺而导致空洞形成,互连金属电阻逐渐增大甚至完全开路,电迁移伴随着质量的输运,如图 6.13 所示。

这种现象很早就开始研究,它是集成电路芯片内互连线故障的主要原因之一。在小规模电路中,电流密度较小,可忽略;在大规模集成电路中,电流密度大(超过 10^5 A/cm^2),电迁移的现象不能再被忽视。直流电流输送金属离子的流速 J_a 由下式决定

$$J_a = \mu F \tag{6.1}$$

式中,μ 为离子移动度;F 为作用于离子上的力。

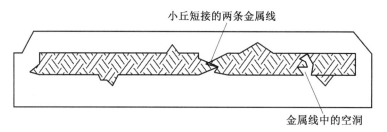

图 6.13 铝金属互连线电迁移问题

移动的金属离子受到两种力的作用,如图 6.14 所示,一是受电场力的作用,此时电场强度与原子价成正比,此力将金属离子拉向负极;二是定向运动的电子与晶格上的离子碰撞时,将动能传递给离子使其脱离了晶格节点,产生宏观的移动,即离子与电子碰撞产生的电子风力,将金属离子拉向正极,它反比于金属的电阻率。至于哪一种力起主要作用与金属的种类有关,如铂金是前者为主,而其他金属则以后者为主。

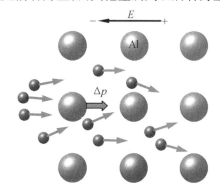

图 6.14 金属离子电迁移模型:电子风力

大部分电迁移与扩散有关,上式还可写成

$$J_a = \frac{D}{kT}Z^* \cdot q \cdot E \tag{6.2}$$

式中,D 为扩散系数,$D = D_0 e^{-E_a/kT}$;Z^* 为有效原子价;E 为电场强度。

E_a 为激活能,对于面心立方晶体的金属,如 Cu、Al、Ag,它们晶格扩散的激活能基本相等,其电迁移的机理可认为和晶格扩散一样,是空位扩散。因为热激励,使金属跨越势垒,空位的移动过程必然受上述两种力的作用,其有效原子价 Z^* 为

$$Z^* = \frac{1}{2}Z\left(\frac{\rho_d N}{\rho N_d} - 2\right) \tag{6.3}$$

式中,ρ_d 为激励 N_d 个离子后过剩的阻抗;ρ 为晶格离子的阻抗。对 Al 从电迁移试验中求得:$N_d/N = 0.01$ 时,$\rho_d = 3 \times 10^6 \ \Omega \cdot cm$,这和在 Al 中引入 1% 的空位阻抗相同。如果金属薄膜中大部分是由上述原因引起电迁移的话,那么电迁移是很容易出现的。

常用的金属铝膜存在两种状态:单晶膜和多晶膜。对于单晶铝膜,其电迁移机理为空位扩散(在 350 ℃ 下电迁移激活能为 1.4 eV);对于多晶铝膜,由于薄膜晶体尺寸很小且存在无数晶界,其电迁移机理为填隙扩散(在 350 ℃ 下电迁移激活能为 0.5 ~ 0.6 eV)。单晶铝膜,在 175 ℃ 下通过 $2 \times 10^6 \ A/cm^2$ 的电流其寿命为 26 000 h;而多晶铝膜,在同样

的条件下寿命只有 30 h。

铝离子传输,在几小时到几百小时后,顺电子流方向的末端(正极)会形成铝离子堆积产生小丘或晶须,而另一端(负极)空位聚集产生空洞。定向运动的电子与晶格上的离子碰撞时,将动能传递给离子使其脱离了晶格节点,产生宏观的移动。当进入节点的流量小于离开节点的流量时,将会产生孔穴;而当进入节点的流量大于流出节点的流量时,会产生小丘堆积并生长成晶须。

通过晶界的扩散所起的作用要大于晶粒内部扩散。如图 6.15 所示,在三个晶粒交汇处,在电流作用下由一个晶界流入的原子流通过两个晶界扩散出去,在晶界扩散速度相等的情况下流出的原子要大于流入的原子,因此将在节点处形成孔穴。若金属 M_1 和 M_2 的接合面处,电子流的方向是由 M_1 流向 M_2。若 $\mu_1 > \mu_2$,则在接合面有金属 M_1 的积累,若 $\mu_1 < \mu_2$,则在接合处金属 M_2 缺少形成空洞。以集成电路中铝 – 硅接触点为例,当铝线上流过的电流密度超过 $10^5 \, \text{A/cm}^2$ 时,电迁移会造成互连线的故障。因为蒸发的铝比单晶硅的 μ 大,当电子流向接触点时,有铝的积累;当电子流出接触点时,有硅的积累。若电路工作使芯片表面的温度不均匀,电子流由低温区向高温区流动,则引起金属的缺乏,结果出现空洞;若相反则出现金属的堆积或出现晶须,使相邻铝线短路。当蒸发金属结构不均匀时,电子流动引起电迁移也会造成空洞,使电路开路。

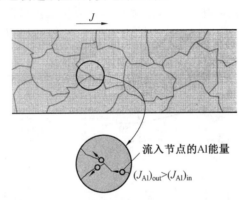

图 6.15　晶界扩散模型

表征金属化布线因电迁移现象而开路或短路的中值失效时间(MTF)是指 50% 互连线失效的时间,即

$$\text{MTF} = CAJ^{-n}\exp\left(\frac{E_a}{kT}\right) \tag{6.4}$$

式中,C 为与金属材料有关的常数;A 为金属互连线面积;J 为电流密度;n 为与试验条件和失效模式相关的常数,当 $J > 10^6 \, \text{A/cm}^2$ 时,$n > 2$,当 $J < 10^6 \, \text{A/cm}^2$,$n = 1 \sim 2$;$E_a$ 为激活能;k 为波耳兹曼常数;T 为导体的平均温度。

因此,除了电流密度较大之外,温度升高、金属线宽减小都会造成因电迁移现象引起的布线失效。

铝的抗电迁移能力差,作为应用最多的布线用金属,提高其抗电迁移能力的方法主要有以下三种。①在铝膜中加少量的硅和铜,因杂质在晶粒/晶界的分凝效应,所加硅和铜主要位于晶界,杂质的存在可降低铝离子在晶界的迁移,提高激活能,使 MTF 值提高一个量级。加入杂质的浓度一般为 $c(\text{Si}) = 1\% \sim 2\%$ 、$c(\text{Cu}) = 4\%$。杂质浓度增大,铝的电阻率也增大,如在质量分数为 $w(\text{Al}) = 94\%$ 、$w(\text{Si}) = 2\%$ 、$w(\text{Cu}) = 4\%$ 的合金中,Si 的质量分数每增加 1% ,电阻率增加约 $0.7\ \mu\Omega \cdot \text{cm}$。Cu 的质量分数每增加 1% ,电阻率则增加 $0.3\ \mu\Omega \cdot \text{cm}$。因此应尽量降低铝膜中杂质含量。通常铝膜采用磁控溅射工艺淀积。② 采用适当工艺方法淀积铝膜,如电子束蒸镀的铝膜,晶粒的优选晶向为 [111] ,由于线宽减小到 $2\ \mu\text{m}$ 以下时与晶粒大小相近,Al – Cu 结构接近于单晶,因此寿命迅速的上升,比溅射铝膜的 MTF 大 $2 \sim 3$ 倍。铝膜结构对电迁移也有影响,竹状结构的铝膜互连线由于晶界垂直于电流方向,因此比常规结构的 MTF 值提高 2 个数量级。③ 在铝膜表面覆盖 Si_3N_4 或其他介质薄膜,也能提高铝的抗电迁移能力。另外,以铜作为互连金属,铜的电阻率比铝低,抗电迁移能力强,约为 Al 的 10 倍,然而尚缺乏铜的刻蚀工艺。

尖楔现象是由 Al – Si 接触的物理现象引起的。金属膜经过图形加工以后,形成互连线。但是,还必须对金属互连线进行热处理,使金属牢固地附着于衬底晶片表面,并且在接触窗口与硅形成良好的欧姆接触,这一热处理过程称为合金工艺。合金工艺有两个作用:① 增强金属对氧化层的还原作用,从而提高附着力;② 利用半导体元素在金属中存在一定固溶度。热处理使金属与半导体界面形成一层合金层或化合物层,并通过这一层与表面重掺杂的半导体形成良好的欧姆接触。尽管合金工艺对形成欧姆接触是必不可少的,但它也有不良的副作用。图 6.16 所示为 Al – Si 系统的相图。

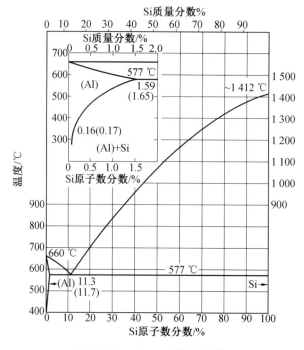

图 6.16 Al – Si 系统的相图

图 6.16 显示两种材料的组成比例与温度间的关系。Al – Si 体系有低共熔特性,即将两者互相掺杂时,合金的熔点较两者中任何一种材料都低,熔点的最低点称为共熔温度

（Eutectic Temperature），Al – Si 体系为 577 ℃，相当于硅占 11.3%、铝占 88.7% 的合金熔点，而纯铝与纯硅的熔点分别为 660 ℃ 及 1 412 ℃，基于此特性，淀积铝膜时硅衬底的温度必须低于 577 ℃。图 6.16 的插图为硅元素在铝中的固态溶解度。硅在铝中的固溶度较高（固溶度随温度呈指数增长）。如 400 ℃ 时硅在铝中的固态溶解度约为 0.25%（质量分数，下同）；450 ℃ 时为 0.5%；500 ℃ 时为 0.8%。因此，铝与硅接触时，硅将会溶解到铝中，其溶解量不仅与退火温度有关，也与铝的体积有关。如其中的插图所示，硅和铝不能发生化学反应形成硅化物，但在退火温度下，会有可观的硅原子溶解到 Al 中。并且，退火温度下，Si 在 Al 膜中的扩散系数非常大 —— 在薄膜晶粒间界的扩散系数是晶体内的 40 倍。一旦硅溶于 Al，它就会沿着 Al 的晶粒边界快速扩散，离开接触孔处。与此同时，Al 和 SiO_2 会发生反应：Al 与 Si 接触时，Al 可以"吃掉"Si 表面的天然 SiO_2 层（约 1 nm），使接触电阻下降；Al 移动到接触孔内，以填充硅离开后留下的空洞，可以增加 Al 与 SiO_2 的黏附性；SiO_2 厚度不均匀，这样形成的 Al 尖楔可以透进晶片深达 1 μm。如果 Al 尖楔穿透了 pn 结，其结果就会造成短路。

事实上，硅并不会均匀地溶解，而是发生在某些点上。如图 6.17 所示，在 pn 结中，铝穿透到硅中的实际情形，可观察到仅有少数几个点有尖楔形成。对于非常浅的结（小于 0.2 μm 左右），Al/Si 合金不再适用。这不仅是因为硅的凝结效应降低了 Al 中的硅浓度，也和导致接触失效的电迁移现象有关。在电迁移现象中，电子在外加电场的作用下加速移动并累积获得高能量，然后和 Al 原子发生碰撞。在某些情形下，碰撞传递给 Al 原子足够的动量，并将其推入衬底中。影响尖楔深度和形状的因素有：① 退火条件；② SiO_2 厚度，SiO_2 薄则尖角趋平；③ Si 晶向，（111）Si 横向扩散性强，尖角趋平（双极 IC 采用），（100）Si 纵向扩散性强，尖角严重（MOS IC 采用）。

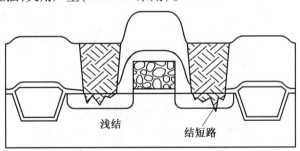

图 6.17　铝硅互溶造成的尖楔

例 6.1　考虑一铝的长导线，铝与硅的接触面积为 $ZL = 16\ \mu m^2$，$Z = 5\ \mu m$，$H = 1\ \mu m$，如图 6.18 所示，在 $T = 500\ ℃$ 退火时间 $t = 30\ min$ 后，求被消耗的硅的厚度。计算时假设为均匀溶解。

解　500 ℃ 时硅在铝中的扩散系数约为 $2 \times 10^{-8}\ cm^2/s$，故扩散长度约为 60 μm，铝与硅的密度比值约为 $2.7/2.33 = 1.16$；500 ℃ 时的固态溶解度约为 0.8%。当 $T = 1\ 273\ K$，$kT = 0.110\ eV$ 时，则被消耗的硅的厚度约为

$$b \approx 2\sqrt{Dt}\,\frac{HZ}{A}S\frac{\rho_{Al}}{\rho_{Si}} = 0.35\ \mu m$$

此结果下，铝将填入硅中的深度约为 0.35 μm。若该接触区有浅结，其深度比 b 要

小,则硅扩散至铝中将可能造成结短路。

有几种方法可以用来降低硅中形成 Al
尖楔的倾向。① 最简单的方法是保证采用
深的 pn 结。但从器件的观点来看,这并不总
是一个好方法;② 利用 Al – Si 合金而不是纯
铝。如果铝中已经有硅,那么硅从衬底向铝
中溶解的速度将会减慢,但需要注意 Si 的分
凝问题,硅在铝中形成合金的量是有限的,由
于硅在铝中凝,可能导致节结(小的硅高
浓度区域)的形成,从而可能明显地增加接
触电阻,并且在节结点的局部加热可能引起
可靠性严重下降;③ 利用 Al – 重磷(砷)掺杂

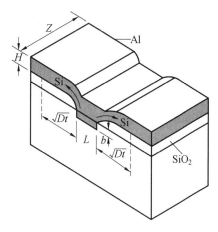

图 6.18 铝与硅的接触结构

多晶硅结构,因为磷(砷)在多晶硅晶粒间界中分凝,使晶粒间界中的硅原子的自由能减
小,减低了这些硅原子在铝中的溶解度;④ 另一种解决方法是引入阻挡层金属以抑制
扩散。

3. 复合金属化结构

超大规模集成电路通常选用复合金属化结构。要找到一种能完全代替铝的金属材料
比较困难:金的导电性很好,但与二氧化硅之间的黏附性却很差,而且在高温下会与硅形
成金 – 硅合金;钼、铂等金属虽然熔点很高,但又难以键合。复合金属化结构,可以利用
几种金属各自的优点,取长补短,制作出符合要求的接触与互连,如图 6.19 所示。

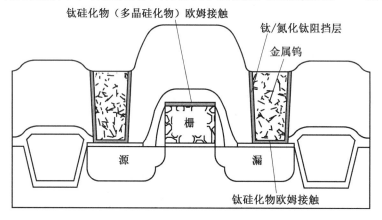

图 6.19 复合金属电极结构

(1)欧姆接触。

接触是指硅芯片内的器件与第一层金属层之间在硅表面的连接。接触有两种类型:
欧姆接触和肖特基接触。欧姆接触是低接触电阻的金属化系统。其理想电学性能主要体
现在金属 – 半导体界面的接触电阻、电流与外电压之间遵循欧姆定律,即呈线性关系。
欧姆接触用于大多数器件引出电极的制作,例如源、漏极。通常制作在重掺杂的半导体表
面上。不同种类和不同导电类型的半导体,选择的欧姆接触金属系统不同。在 Si 集成电

路技术中,铝(Al)、铜(Cu)是常用的欧姆接触金属,但是为了降低接触电阻率,防止电迁移,避免单一金属层尖楔穿透浅结和提高可靠性,通常采用多层金属结构。根据不同情况,首先在半导体上淀积一层合金或阻挡层金属或难熔金属硅化物,例如铝硅合金、铝铜合金,TiW、TiN、TaN、WN 阻挡层金属及 Ti、W、Pt 的硅化物,然后再淀积 Al 或 Cu。肖特基接触是具有整流接触特性的金属化系统。其理想电学性能主要体现在金属 – 半导体界面在正偏压时电阻很小、反偏压时电阻无穷大,呈现整流特性。肖特基接触是半导体金属化系统的特例,多数情况是在 n 型半导体上制作,选用的金属必须与半导体形成具有足够势垒高度的界面。对于 n 型 Si 常选用 Pt 为势垒金属。

欧姆接触形成条件:金属铝与轻掺杂浓度的 n 型硅接触时,形成整流接触;当提高 n 型硅的掺杂浓度后,接触区的整流特性严重退化,电压 – 电流的正反向特性趋于一致,即由整流接触转化为欧姆接触。因此,只要控制好半导体的掺杂浓度,就可以得到良好的欧姆接触。

欧姆接触制备:需要制备欧姆接触的地方并非都是重掺杂区,因此,必须对要制作接触区的半导体进行重掺杂,以实现欧姆接触。常用的方法有扩散法和合金法。

欧姆接触层的作用是与半导体层形成良好的欧姆接触,性能稳定,不与硅或电路中相邻的其他材料形成高阻化合物,厚度几十纳米。在早期,为了形成较好的欧姆接触,要在真空或氢、氦、氮等保护气氛中进行 500 ℃、10 ~ 15 min 的合金化处理,这时接触窗口处硅和铝层以一定比例互溶,在铝硅界面形成很强的铝 – 硅合金层,实现低阻欧姆接触。随着器件尺寸的缩小,源极／漏极的结面变浅,源极／漏极的硅化层厚度也必须随之变薄,以避免形成漏电结面。举例来说,对 0.18 μm 线宽的工艺技术,其结面深度小于 0.1 μm,而其源极／漏极硅化层的厚度可能只有 0.01 ~ 0.04 μm。

目前金属硅化物被广泛应用于源极、漏极和栅极与金属之间的接触。一般最常用来形成多晶硅化物的是硅化钨(WSi_2)、硅化钽($TaSi_2$)及硅化钼($MoSi_2$)。它们都耐热,在高温下仍稳定,并对工艺中常用的化学药品具有抗刻蚀能力。在溅射淀积过程中,需使用高温、高纯度合成的靶材来确保金属硅化物的品质。

自对准硅化物(Self – Aligned Silicide)工艺(图6.20)已经成为近期的超高速 CMOS 逻辑大规模集成电路的关键制造工艺之一。自对准技术的步骤是使用金属硅化物的栅区作为掩蔽层来形成 MOSFET 的源区和漏区,可降低电极的相互重叠及寄生电容。典型的多晶硅化物的形成步骤如图 6.20(a) ~ 6.20(d) 所示。① 栅氧化层的生长;② 多晶硅 LPCVD,PVD 制备 Ti 薄膜,退火形成金属硅化物;③ 多晶硅栅刻蚀;④CVD 淀积二氧化硅,二氧化硅反刻(不需要掩膜)。

自对准的金属硅化物的形成步骤如图 6.20(e) ~ 6.20(h) 所示。① 在工艺中,多晶硅栅极在金属硅化物形成前先形成,然后以二氧化硅或氮化硅形成侧墙(Sidewall Spacer)用以防止形成金属硅化物时栅极与源／漏极间的短路;在源／漏注入掩膜下完成源／漏注入。②将金属 Ti 或 Co 溅射于整个晶片表面。③ 金属硅化物的合金工艺。④以湿法刻蚀的方式将未反应的金属刻蚀掉,只留下金属硅化物。这种技术不需要额外的掩膜,且在源／漏极以及栅极表面都形成金属硅化物,降低了接触电阻。

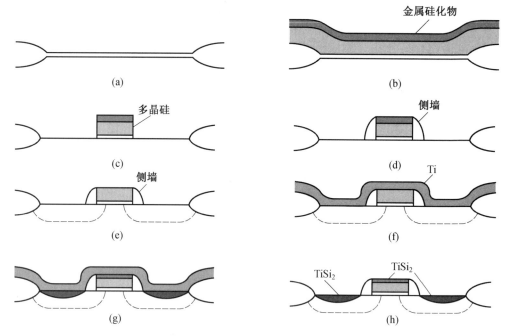

图 6.20 自对准硅化物工艺

钛硅化物(TiSi$_2$)因具有工艺简单、高温稳定性好等优点,被最早广泛应用于 0.25 μm 以上 MOS 技术。其工艺是首先采用溅射等方法将 Ti 金属淀积在晶片上,然后经过稍低温度的第一次退火(600 ~ 700 ℃),得到高阻的中间相 C49,然后再经过温度稍高的第二次退火(800 ~ 900 ℃)使 C49 相转变成最终需要的低阻 C54 相。钴硅化物(CoSi$_2$)作为 TiSi$_2$ 的替代品最先被应用于从 0.18 μm 到 90 nm 技术节点,其主要原因在于在该尺寸条件下没有出现线宽效应。另外,CoSi$_2$ 形成过程中的退火温度相比于 TiSi$_2$ 有所降低,有利于工艺热预算的降低。虽然在 90 nm 及其以上技术节点,从高阻 CoSi$_2$ 到低阻 CoSi$_2$ 的成核过程还十分迅速,在 CoSi$_2$ 相变过程中没有出现线宽效应。但当技术向前推进到 45 nm 以下时,这种相变成核过程会受到极大的限制,因此线宽效应将会出现。另外,随着有源区掺杂深度不断变浅,钴硅化物形成过程中对表面高掺杂硅的过度消耗也变得不能满足先进制程的要求。MOS 进入 45 nm 以后,由于短沟道效应(Short Channel Effect) 的影响对硅化物过程中热预算提出了更高的要求。CoSi$_2$ 的第二次退火温度通常还在 700 ℃ 以上,因此必须寻找更具热预算优势的替代品。对于 45 nm 及其以下技术节点的半导体工艺,镍硅化物(NiSi) 正成为接触应用上的选择材料。NiSi 仍然沿用之前硅化物类似的两步退火工艺,但是退火温度有了明显降低(< 600 ℃),这样就大大减少对器件已形成的超浅结的破坏。从扩散动力学的角度来说,较短的退火时间可以有效地抑制离子扩散。因此,尖峰退火(Spike Anneal) 越来越多地被用于 NiSi 的第一次退火过程。该退火只有升降温过程而没有保温过程,因此能大大限制已掺杂离子在硅化物形成过程中的扩散。另外,NiSi 的形成过程对源/漏硅的消耗较少,而靠近表面的硅刚好是掺杂浓度最大的区域,因而对于降低整体的接触电阻十分有利。NiSi 的反应过程是通过镍原子的扩散完成,因此不会有源漏和栅极之间的短路。同时 NiSi 形成时产生的应力较其

他硅化物更小。

当器件特征尺寸降到超深亚微米时,由于多晶硅栅线宽的进一步减小和源/漏结进一步变浅,加上多晶硅栅的耗尽效应和硅沟道表面层的量子效应,即使是自对准硅化物的多晶硅栅电极也不再满足要求,并且硅化物在形成过程中会产生较大的应力,在薄栅氧化层及其硅衬底中引入缺陷,使 MOS 器件的电学特性和稳定性变坏。因此难熔金属栅电极应运而生。它的采用不仅极大降低了多晶硅栅的电阻,而且彻底消除了多晶硅栅的耗尽效应(多晶硅栅已不存在)和硼穿透效应。已出现的金属栅有 W/TiN、Mo/MoN$_x$ 等。难熔金属栅与高 K 栅介质的组合结构将会是下一代 CMOS 集成电路的首选。

(2)互连。

互连线是指为了实现芯片上不同元件或部件之间的电学连接而用金属薄膜制作的导电层。随着技术的进步,由于芯片上互连线层数、数目增加,互连线的间距和线宽缩小,除了要求互连线低电阻率之外,还应抗电迁移能力强,理化稳定性、力学性能和电学性能在经过后续工艺及长时间工作之后保持不变,最好薄膜淀积和图形转移等加工工艺简单经济,制备的互连线台阶覆盖特性好、缺陷浓度低、薄膜应力小。

在 Si 集成电路技术中,传统上选择 Al 作为常用的互连线金属材料,它通过淀积方法覆盖薄膜,然后光刻形成互连线。为了提高互连线的传输能力和可靠性,往往使用合金或阻挡层金属或难熔金属,形成复合金属化结构,复合金属互连结构如图 6.21 所示。

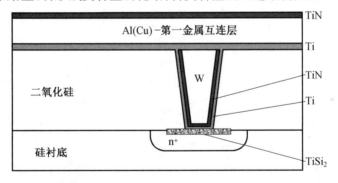

图 6.21　复合金属互连结构

黏附层起到将接触层与二氧化硅和上面的金属层粘合起来的作用,以便在二氧化硅上形成可靠的互连线。在深亚微米时代,该界面层材料也要同时具备浅结面及低电阻的基本要求,生产上经常将黏附层与接触层或阻挡层结合在一起。常用的黏附层金属为Ti。使用 Ti 金属膜作为黏附层时,它不仅可提供低的接触电阻,而且对 TiN 阻挡层也提供了良好的黏附效果。另外,Ti 与接触的 Si 材料在适当的高温处理后可以形成钛硅化合物作为接触电极,实现与 Si 衬底材料的欧姆接触。

阻挡层的作用是阻止层上下的材料互相混合。一方面是为了防止导电层材料渗透至器件表面与硅形成合金或产生尖楔穿透浅结问题,另一方面又要阻挡导电层与下层金属形成高阻化合物。阻挡金属层的厚度在特征尺寸为 0.25 μm 器件中的典型值约为 100 nm,而在特征尺寸为 0.18 μm 器件中减到 23 nm 甚至更小。阻挡层金属的基本特性是:很好的阻挡扩散特性;高电导率低欧姆接触电阻;附着性好;抗电迁移;热稳定性好;抗刻蚀和氧化。通常用作阻挡层的金属是高熔点金属，即难熔金属。在晶片制造业中，用于多层金属化的普通难熔金属有钛(Ti)、钨(W)、钽(Ta)、钼(Mo)、钴(Co)、和铂(Pt)等。用钛作为阻挡层的优点是增强铝合金连线的附着、减小接触电阻、减小应力和控制电迁移。钛钨(TiW)和氮化钛(TiN)也是两种普通的阻挡层金属材料，它们阻止硅衬底和铝之间的扩散。TiN 因其在铝合金互连处理过程中的优良阻挡特性，常用于钨和铝的阻挡层，并且也广泛用于铝层上的抗反射涂层以改进光刻确定图形的过程。然而 TiN 和硅之间的接触电阻比较大，为了解决这个问题，在 TiN 被淀积之前，先淀积一薄层钛(典型厚度为几百埃或更少)，这层 Ti 能与下层的硅材料反应从而降低它的电阻。

表 6.1 为常用互连材料的某些物理性质。

表 6.1 常用互连材料的某些物理性质

硅化物	熔点温度 /℃	电阻率 /($\Omega \cdot cm$)
Al	660	2.7 ~ 3.0
W	3 410	8 ~ 15
Cu	1 084	1.7 ~ 2.0
Ti	1 670	40 ~ 70
PtSi	1 229	28 ~ 35
$TiSi_2$	1 540	13 ~ 16
WSi_2	2 165	30 ~ 70
$CoSi_2$	1 326	15 ~ 20
NiSi	992	12 ~ 20
TiN	2 950	50 ~ 150
重掺杂多晶硅	1 417	450 ~ 10 000

随着集成电路技术的发展，2000 年之后的特征尺寸已达到 0.18 μm，铜已经成为金属导电材料的首选，在集成度更高的 ULSI 中已经取代了铝及铝合金。铜的优点包括：电阻率低，只有铝的40% ~45%；抗电迁移性，好于铝膜约 2 个数量级。缺点有：铜在硅中是快扩散杂质，能使硅"中毒"，铜进入硅内，改变器件性能；与硅、二氧化硅黏附性差；难以蚀刻、易氧化。为了解决铜向硅中扩散的问题，研究者在铜膜与绝缘层之间覆盖一层阻挡层，阻挡铜向晶片的扩散。由于铜布线材质及工艺的特殊性令传统的金属化工艺不能应用于铜互连制造。为此，IBM、摩托罗拉公司先后开发出适合铜金属化的大马士革(Damascene)工艺。图 6.22 所示为 IBM 公司的 Cu 互连系统表面

图 6.22 IBM 公司的 Cu 互连系统表面结构 SEM

结构 SEM。

图 6.23 所示为镶嵌式铜互连系统的工艺流程，即双大马士革（Dual Damascene）工艺。镶嵌式铜互连工艺步骤：① 根据互连图形在前层的互连层平面上淀积刻蚀停止层，如 PECVD – Si_3N_4；② 淀积厚的绝缘介质层，如 APCVD – SiO_2 或低 K 介质材料；③ 光刻互连线孔；④ 以光刻胶作为掩膜刻蚀互连线沟槽并去胶，如干法刻蚀 SiO_2 再去胶；⑤ 去刻蚀停止层，采用高选择比的刻蚀方法，通孔刻蚀过程将在停止层自动停止；⑥ 在有效清洁介质通孔、沟槽和表面的刻蚀残留物后，溅射淀积金属势垒层（阻挡层）和铜的籽晶层；⑦ 利用铜的电镀等工艺方法淀积填充通孔直到填满为止；⑧ 利用化学机械抛光（CMP）技术去除沟槽和通孔之外的铜和阻挡层材料，形成互连线。之后，开始下一互连层的制备。

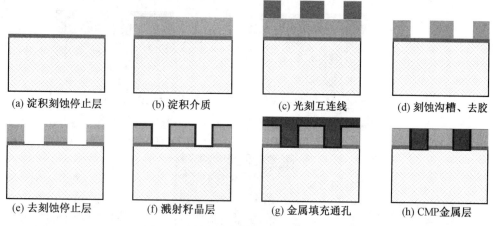

(a) 淀积刻蚀停止层　　(b) 淀积介质　　(c) 光刻互连线　　(d) 刻蚀沟槽、去胶

(e) 去刻蚀停止层　　(f) 溅射籽晶层　　(g) 金属填充通孔　　(h) CMP金属层

图 6.23　镶嵌式铜互连系统的工艺流程

通孔是指在贯穿半导体衬底或介质层并与相邻金属层相连的孔洞内填充金属导体，以便在两层金属之间形成电学通路，也称为接线柱、金属填充塞，如图 6.24 所示为金属填充塞 SEM。

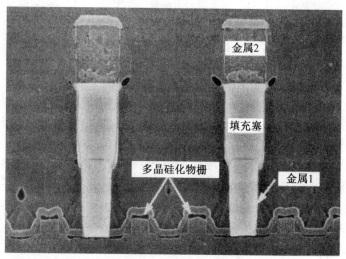

图 6.24　金属填充塞 SEM

难熔金属广泛用于通孔填充金属。目前在 Si 集成电路技术中,层间介质通孔填充金属普遍使用 CVD 方法制作钨塞,其工艺流程如图 6.25 所示,或在此基础上根据需要增加镀铜工艺。具有 Ti/TiN 阻挡层金属的钨塞工艺步骤:① 淀积厚的绝缘介质层,如 PECVD – SiO$_2$,然后刻蚀通孔。② 淀积 Ti,以便它和下层材料反应,降低接触电阻。如果这是在第一层间介质(ILD – 1)中的一个接触,那么钛和硅反应形成 TiSi$_2$ 硅化物,Ti 金属可以用 IMP PVD 淀积。③ 淀积氮化钛阻挡层,氮化钛作为钨的阻挡层金属和黏结剂,它需要最小为 5 nm 的底层厚度,并且具有连续的侧墙覆盖以形成有效的金属阻挡层,避免钨向下层材料扩散。采用 CVD 淀积 TiN 成为首选,因为可以改善台阶覆盖性。④ 采用 CVD 淀积 W。⑤ 用 CMP 技术清除介质层上剩余的垫膜 W,完成钨的平坦化。

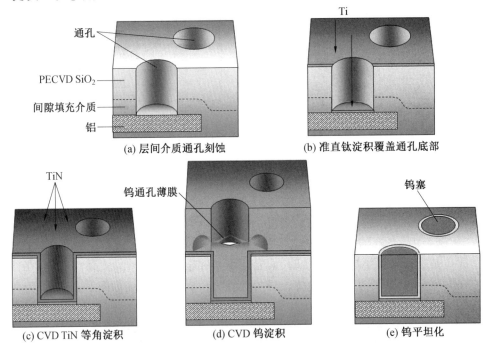

图 6.25　具有 Ti/TiN 阻挡层金属的钨塞工艺流程

4. 多层布线技术

随着 VLSI 复杂程度的增加,金属互连线的布线越来越复杂,只采用单层布线很难实现电路要求的全部互连,而且布线占用的芯片面积也越来越大。在 VLSI 中互连线占用的面积甚至达到芯片总面积的 80%。为此,在 IC 中采用多层布线技术,如图 6.26 所示,即首先形成一层金属化互连线,然后在其上生长一层绝缘层,并在该绝缘层上开出接触孔后形成第二层金属化互连线,…。目前 VLSI 中已有采用 8 层布线的情况,这样可增加设计灵活性、减小芯片面积,提高集成度。当前要解决的关键技术问题是不同层间的互连及层间绝缘层的平坦化问题。

大规模集成电路的多层布线必须在金属层之间夹有用于隔离的介质层,称为层间绝缘层(Inter Layer Dielectric,ILD)。层间绝缘材料要满足如下条件:① 电气绝缘性好;② 在互连线金属上有好的黏附性能;③ 对器件性能不产生坏的影响;④ 热膨胀系数与金属

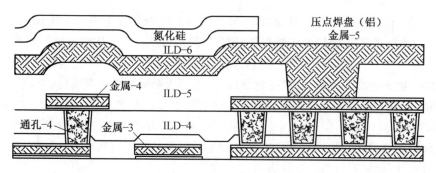

图 6.26　多层布线技术

相近不产生应力;⑤ 加工容易;⑥ 在 500 ℃ 以下能生成。适用的材料有磷硅玻璃、氯化硅、二氧化硅和聚酰亚胺有机膜等介质膜。

在多层布线中铝互连线的刻蚀是最困难的,存在着许多问题,其中主要方法有两种: ① 反应性干法刻蚀(RIE),具有各向异性但选择性差;② 高压力的等离子刻蚀,具有各向同性但对物质的选择性强。将这两种方法相互补偿以得到理想的铝的刻蚀方法。

在大规模集成电路中,微细加工、各向异性刻蚀是最大要求,但在多层布线时则又要求有强烈的选择性,因此选用反应溅射刻蚀最好。对铝的刻蚀选用含有卤族元素的气体进行刻蚀。具体反应情况下,铝在酸洗之后表面通常有一层氧化膜存在,依靠离子轰击将表面氧化层除去,这时铝暴露在卤素气体中,选择适当的工艺条件使离子能量小,而中性游离密度大,铝被化学刻蚀。化学刻蚀选择性强,但由于各向同性而存在着横向刻蚀。要得到各向异性刻蚀必须采用侧壁保护技术。也就是在刻蚀中如何在铝条的侧面上附着点保护膜以阻止侧壁上的刻蚀反应,从而得到各向异性刻蚀。在铝的干法刻蚀中使用的等离子体中的中性游离基的量很大,虽然刻蚀反应是在化学反应生成物的环境中,但这些中性游离基的存在使刻蚀不断进行。

在干法刻蚀中出现的大量光致抗蚀剂的分解物和生成物在气体中相混合又附着到表面上,表面的附着和刻蚀两种作用同时存在,常常是附着物被离子轰击飞出,使表面清洁刻蚀反应继续不断地进行下去,而侧壁上没有离子轰击,附着残留物在表面上,阻止了中性游离基与铝的接触,也就防止了横向刻蚀。这种侧向保护技术的应用效果是相当明显的。

对铝通常选用的工艺条件为:体积分数分别为 50% 的 BCl_3 和 CCl_4 的混合气体,压力为 3.9 Pa,射频功率密度为 0.25 W/cm^2。

对于其他高熔点金属可用 $CF_4 + O_2$ 的混合气体。铝的多层布线要得到良好的选择性和各向异性刻蚀必须配合平坦化技术。

5. 化学机械抛光技术

化学机械抛光(Chemical Mechanical Polishing,CMP) 工艺由 IBM 于 1984 年引入集成电路制造工业,并首先用在后道工艺的金属间绝缘介质(IMD) 的平坦化,然后通过设备和工艺的改进用于钨(W) 的平坦化,随后用于浅沟槽隔离(STI) 和铜(Cu) 的平坦化。化学机械抛光为近年来 IC 制程中成长最快、最受重视的一项技术。其主要原因是由于超大规模集成电路随着线宽不断细小化而产生对平坦化的强烈需求。

传统化学机械抛光原理示意图如图6.27所示,整个系统是由一个旋转的晶片夹持器、承载抛光垫的工作台和抛光浆料供给装置三大部分组成。化学机械抛光时,旋转的工件以一定的压力压在旋转的抛光垫上,而由亚微米或纳米磨粒和化学溶液组成的抛光液在工件与抛光垫之间流动,并产生化学反应,工件表面形成的化学反应物由磨粒的机械作用去除,即在化学成膜和机械去膜的交替过程中实现超精密表面加工,人们称这种CMP为游离磨料CMP。在CMP中,由于选用比工件软或者与工件硬度相当的磨粒,在化学反应和机械作用的共同作用下从工件表面去除极薄的一层材料,因而可以获得高精度、低表面粗糙度、无加工缺陷的工件表面。

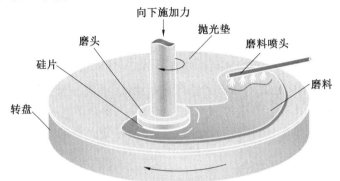

图6.27 传统化学机械抛光原理示意图

集成电路制造过程共分4个阶段:单晶硅片制造 → 前半制程 → 晶片测试 → 后半制程。在单晶硅片制造过程和前半制程多层布线都要用到化学机械抛光。简单而言,CMP抛光工艺就是在无尘室的大气环境中,利用机械力对晶片表面作用,在表面薄膜层产生断裂腐蚀的动力,而这部分必须由研磨液中的化学物质通过反应来增加其蚀刻的效率。而研磨液、晶片与研磨垫之间的相互作用,便是CMP中发生反应的焦点。CMP制程中最重要的两大组件便是浆料和研磨垫。浆料通常是将一些很细的氧化物粉末(粒径大约在50 nm)分散在水溶液中而制成。研磨垫大多是使用发泡式的多孔聚亚安酯制成。在CMP制程中,先让浆料填充在研磨垫的空隙中,并提供了高转速的条件,让晶片在高速旋转下和研磨垫与研磨液中的粉粒作用,同时控制下压的压力等其他参数。

化学机械抛光技术是化学作用和机械作用相结合的组合技术,其过程相当复杂,影响因素很多。在化学机械抛光时,首先是存在于工件表面和抛光垫间的抛光液中的氧化剂、催化剂等与工件表面的原子进行氧化反应,在工件表面产生一层氧化薄膜,然后由漂浮在抛光液中的磨粒通过机械作用将这层氧化薄膜去除,使工件表面重新裸露出来,再进行氧化反应,这样在化学作用过程和机械作用过程的交替进行中完成工件表面抛光。两个过程的快慢综合和一致性影响着工件的抛光速率和抛光质量,抛光速率主要由这两个过程中速率慢的过程所控制。因此要实现高效率、高质量的抛光,必须使化学作用过程和机械作用过程进行良好匹配。

一个CMP系统(抛光垫/抛光液/晶片)包括很多变量:设备过程变量、晶片本身变量、抛光液变量以及抛光垫变量。为了更好地控制抛光过程,需要详细了解每一个CMP参数所起的作用以及它们之间微妙的交互作用。然而影响化学作用和机械作用的因素很多,因此在进行化学机械抛光时要综合考虑上述各种因素,进行合理优化,才能得到满意的结果。

(1)抛光压力。抛光压力对抛光速率和抛光表面质量影响很大,通常抛光压力增加,机械作用增强,抛光速率也增加,但使用过高的抛光压力会导致抛光速率不均匀、抛光垫磨损量增加、抛光区域温度升高且不易控制、使出现划痕的概率增加等,从而降低了抛光质量。因此抛光压力是抛光过程中一个重要变量。

(2)相对速度。相对速度也是抛光过程的一个重要变量,它和抛光压力的匹配决定了抛光操作区域。在一定条件下,相对速度增加,会引起抛光速率增加。如果相对速度过高会使抛光液在抛光垫上分布不均匀、化学反应速率降低、机械作用增强,导致晶片表面损伤增大,质量下降。但速度较低,则机械作用小,也会降低抛光速率。

(3)抛光区域温度。一般情况下工作区温度升高,加强了抛光液化学反应能力,使抛光速率增加,但由于温度与抛光速率成指数关系,过高的温度会引起抛光液的挥发及快速的化学反应,表面腐蚀严重,因而会产生不均匀的抛光效果,使抛光质量下降。但工作区温度低,则化学反应速率低、抛光速率低、机械损伤严重;因此抛光区应有最佳温度值。通常抛光区温度控制在38 ~ 50 ℃(粗抛)和20 ~ 30 ℃(精抛)。

(4)抛光液黏度、pH。抛光液黏度影响抛光液的流动性和传热性。抛光液的黏度增加,则流动性减小,传热性降低,抛光液分布不均匀,易造成材料去除率不均匀,降低表面质量。但在流体动力学模型中,抛光液的黏度增加,则液体薄膜最小厚度增加、液体膜在晶片表面产生的应力增加,减少磨粒在晶片表面的划痕,从而使材料去除增加。pH 对被抛表面刻蚀及氧化膜的形成、磨料的分解与溶解度、悬浮度(胶体稳定性)有很大的影响,从而影响材料的去除率和表面质量,因此应严格控制。

(5)抛光垫。抛光垫材料通常为聚氨酯或聚酯中加入饱和的聚氨酯,它的各种性质严重影响被抛光晶片的表面质量、平坦化程度和抛光速率。抛光垫的硬度对抛光均匀性有明显的影响,当使用硬抛光垫时可获得较好的晶片内均匀性,使用软抛光垫可获得较好的表面质量和改善晶片内均匀性。抛光垫的多孔性和表面粗糙度将影响抛光液的传输、材料去除率和接触面积。抛光垫越粗糙,则材料去除率增大,接触面积越大;抛光垫使用后会产生变形,表面变得光滑,孔隙减少和被堵塞,使抛光速率下降,必须进行修整来恢复其粗糙度,改善传输抛光液的能力,一般采用钻石修整器修整。

(6)磨粒尺寸、硬度及浓度。CMP 的磨粒一般有 CeO_2、SiO_2 和 Al_2O_3,其尺寸在20 ~ 200 nm 之间。一般情况下,磨粒尺寸增加,抛光速率增加,但划痕也相应增多;另外,过小的磨粒尺寸易凝聚成团,也会使晶片表面划痕增加。磨粒硬度增加,抛光速率增加,但划痕增多,表面质量下降。磨粒浓度增加,抛光速率也随之增加,但晶片表面划痕也增多。虽然 CMP 技术发展很快,但还有很多理论和技术问题需要解决,还有太多的理论处于假设阶段,没有被人所证实、所认同,CMP 材料去除机理还有待深入研究和理解,CMP 系统过程变量必须进行优化与控制,从而建立完善的 CMP 工艺,增加 CMP 技术的可靠性和再现性。

化学机械抛光的主要检测参数包括:磨除速率(Removal Rate)、研磨均匀性(Uniformity)以及缺陷量(Defect)。磨除速率是指给定时间内磨除的厚度总量,这种测试通常在控片上进行;研磨均匀性又分为晶片内均匀性和晶片间均匀性。晶片内研磨均匀性指某片晶片表面研磨速率的标准偏差;晶片间研磨均匀性用于表征一定时间内晶片表面材料研磨速率的连贯性。对于化学机械抛光而言,主要的缺陷种类包括表面小颗粒、表面刮伤、研磨剂残留等,它们将直接影响产品的良品率。

随着集成电路的高密度化、微细化和高速化,CMP 在集成电路中的应用,对于 45 nm 以后的制程,传统的化学机械抛光将达到这种方法所能加工的极限,可能被淘汰,因此需要在研究传统的 CMP 理论与技术、提高其加工性能的同时,加大对新的平坦化方法的研究。目前,已有很多新的平坦化方法处于研究中,如固结磨料 CMP 技术、无磨粒 CMP、电化学机械平坦化技术、无应力抛光技术、接触平坦化技术、等离子辅助化学蚀刻平坦化技术等,新型平坦化方法将是今后的研究方向。

6.3 CMOS 工艺流程

6.3.1 CMOS 工艺概况

半导体集成电路加工最基本的任务是在半导体晶片上形成具有特定图形的薄膜层,可能会有 10 ~ 20 个甚至更多这样的图形层。通常首先在半导体衬底制作器件,然后淀积介质层和导电层,并把器件连接起来,形成具有特定功能的芯片。每一图形层的制造通常要经过薄膜生长或淀积、光刻、刻蚀、去胶等工艺步骤。即使同一类器件,其工艺流程的设计方案也可能不是唯一的,工艺设计必须考虑器件或电路的性能要求以及前后工艺的相容性等。

半导体工艺技术最为重要的物质条件是各种专用的加工设备和化学材料及净洁的加工环境。集成电路是在硅片制造厂中制造完成的,集成电路制造厂分为 6 个基本的工艺区(前端工艺):扩散(包括氧化、掺杂)、光刻、刻蚀、薄膜、离子注入和抛光,如图 6.28 所示。

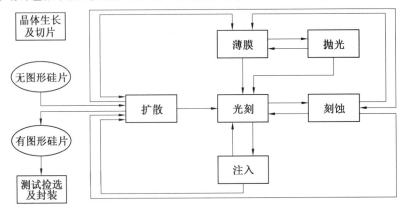

图 6.28 CMOS 集成电路制造厂典型的硅片流程模型(前端工艺)

集成电路芯片制造业是高技术、高投资、高风险的行业。建立一条半导体生产线需要重大的资金投入,这足以说明其工艺的复杂性和所需设备的多样性和精密程度。半导体制造需要对不同材料(金属、绝缘介质、半导体)进行可控淀积和加工。半导体制造过程并不是基本工艺的简单重复,每一道工艺的结果受到许多复杂因素的制约,而这一切有赖于具有扎实基础知识和丰富实践经验的工艺工程师对于每一项工艺条件的精心调节。图 6.29 所示为 CMOS 工艺流程中主要制造步骤。

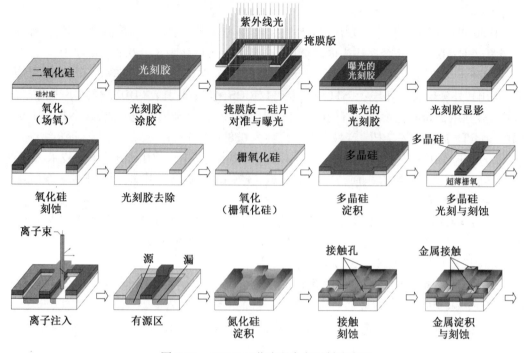

图 6.29 CMOS 工艺流程中主要制造步骤

随着制造工艺的进步,所加工的单晶硅片的直径越来越大,而器件特征尺寸却在不断缩小,单位面积上能够容纳的集成电路数量剧增,成品率显著提高,单位产品的成本大幅度降低,可靠性等性能指标显著提升,促进了大生产的规模化。集成电路制造技术的特点是成本低、可靠性高,适于规模化生产。但是,集成电路制造的产业投资巨大,是吃“金”产业。一般就建线成本而言,一条 200 mm 生产线需要约 12 亿美元的总投资,一条 300 mm 生产线需要约 25 亿美元的总投资,而且每年的运行保养、设备更新与新技术开发等养线成本占总投资的 20%。更严重的是行业竞争激烈,技术进步快,一旦设备更新不及时,新技术无法同步推出时,客户就会流失,竞争就处于被动状态。

当前的集成电路制造业可以划分为两大阵营,即 IDM(从芯片设计直到成品制成的一条龙集成器件制造企业)和 Foundry(专职于按照其他用户或芯片厂家的规格要求承包制造芯片的加工厂)。全球范围内主要的 IDM 厂商包括 Intel、意法、TI、美光、英飞凌、三星等,主要 Foundry 厂商包括台积电、台联电、特许、中芯国际等。当前,全球正在运营的 300 mm、200 mm 和 150 mm 的集成电路生产线有数百条,其中亚太地区主要分布在日本、中国(特别是台湾省)、韩国、新加坡、马来西亚等国家和地区,北美地区全部分布在美国,欧洲地区主要分布在英国、法国、德国、意大利等。

就集成电路制造业的核心竞争力而言,一方面在于工艺技术水平、工艺品种与其成熟度、管理效率和产品的成品率;另一方面在于设备的持续更新能力和新工艺的开发能力等。就集成电路制造的主要技术水平而言,针对 200 mm 晶片,用于大规模生产的技术是

0.13 ~ 0.25 μm 线宽,以铝工艺为主;针对 300 mm 晶片,大规模生产技术是 0.13 μm 线宽,以铜工艺为主;90 nm 线宽技术也进入规模生产中。从 1980 年至 2010 年 CMOS 工艺技术特点如下:

1980 年 CMOS 工艺为一层铝合金互连技术,其技术特点:①LOCOS 隔离工艺;②平坦化层为 PSG;③Al - Si 金属作为内联金属;④最小图形尺寸为 3 ~ 0.8 μm。

1990 年 CMOS 工艺为四层铝合金互连技术,其技术特点:① 消除单晶硅衬底内氧杂质的影响,外延生长器件层;②STI 绝缘替代 LOCOS 绝缘;③引入 LDD 结构减小热载流子效应;④利用金属硅化物减小寄生电阻;⑤利用 BPSG 作为金属前电介质,减小 Re - Flow 温度;⑥RTP 活化注入杂质;⑦最小图形尺寸为 0.8 ~ 0.13 μm。

2000 年 CMOS 工艺为铜和低 K 互连技术,其技术特点:① 使用 SOI 和 STI 技术;② 利用铜连接和低介电常数介电质,减少 RC 延迟;③ 使用金属 CMP 代替金属刻蚀;④ 图形最小尺寸为 0.13 μm。

2010 年 CMOS 工艺为高 K 金属栅、应力工程、铜和超低 K 互连技术,其技术特点:①具有高 K 金属栅;② 应力记忆技术;③ 选择性外延生长 SiGe 源／漏;④ 铜和超低 K 互连技术;⑤ 图形最小尺寸为 28 ~ 32 nm。

CMOS 工艺是当今各类集成电路制作技术的核心,由它可以衍生出不同的工艺。图 6.30 所示为 CMOS 工艺集成和对应变化。标准的 CMOS 工艺主要应用于高性能、低功耗的数字集成电路。如果"CMOS + 浮栅",标准 CMOS 工艺就转化为 CMOS 可擦写存储器工艺。

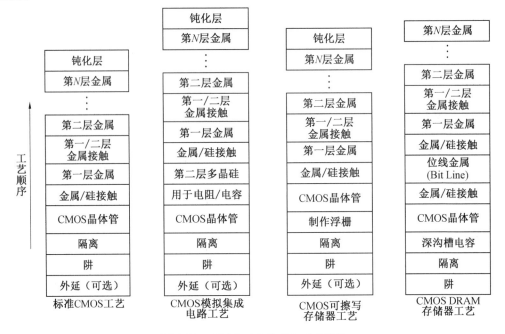

图 6.30 CMOS 工艺集成和对应变化

6.3.2 CMOS 制作步骤

20 世纪 90 年代中期的 200 mm 单晶硅片 0.25 μm 的 CMOS 电路制造的工艺流程如下：

① 双阱工艺；

② 浅槽隔离工艺；

③ 多晶硅栅结构工艺；

④ 轻掺杂漏（LDD）注入工艺；

⑤ 侧墙的形成；

⑥ 源 / 漏（S/D）注入工艺；

⑦ 接触孔的形成；

⑧ 局部互连工艺；

⑨ 通孔 Ⅰ 和钨塞 Ⅰ 的形成；

⑩ 金属 Ⅰ 互连的形成；

⑪ 通孔 Ⅱ 和钨塞 Ⅱ 的形成；

⑫ 金属 Ⅱ 互连的形成；

⑬ 制作金属 Ⅲ 以及制作压焊点及合金；

⑭ 参数测试。

1. 双阱工艺

一般来说，CMOS 流程的第一步是定义有源区。现在亚 0.25 μm 的工艺通常都是采用双阱工艺。双阱工艺包括 n 阱的形成和 p 阱的形成，每个阱包括 4～6 步工艺。为优化 MOS 管的电学特性，通常采用倒掺杂技术，该技术通过采用高能量、大剂量的注入来实现。高能注入将杂质推进到外延层内约 1 μm，之后在相同的位置进行第二次阱注入，而这次注入其注入能量、注入剂量都大幅度减小，因此相应的结深也较前一次要浅。阱注入可以减少 CMOS 电路中的一些问题，比如闩锁效应或一些可靠性方面的问题。同时，阱注入可以控制晶体管的阈值工作电压。

（1）n 阱形成的主要步骤。

n 阱形成的主要步骤：① 外延生长；② 原氧化生长（15 nm）；③ 第一层掩膜（n 型阱区）；④n 阱注入（高能）；⑤ 去胶、清洗；⑥n 阱退火；如图 6.31 所示。在制作器件之前晶片已经生长了一层薄的外延层。外延层与衬底的晶向完全相同，但纯度更高，晶格缺陷更少。外延层可以形成突变结，并且减缓闩锁效应。在制备外延层的过程中采用原位掺杂的方法同时进行轻的 p 型掺杂。然后再进行氧化，在进氧化炉之前必须进行晶片清洗，目的是去除晶片表面的颗粒、有机物和无机物沾污以及自然氧化层。在晶片漂洗、甩干之后放入高温氧化炉中进行氧化，反应气体是氧气，最终得到大约 15 nm 的氧化层。这一氧化层可以保护表面的外延层免受沾污，防止在注入过程中注入离子对晶片造成过度的损伤，此外还能够控制杂质的注入深度。下一步工艺是光刻，光刻过程包括晶片表面预处理、甩胶、烘焙、曝光、显影、坚膜等几个步骤。自动传送装置将晶片在各操作位之间转移。另一套传送装置将经过涂胶处理的晶片每次一片地送入对准与曝光系统。光刻过程使得掩膜版上的图形通过光刻机完整地转移到晶片表面的光刻胶上。这一次光刻的作用是定义晶片中 n 阱注入区域的位置，以便在后来的工序中制作 pMOS 管。在完成光刻工艺后，要进行 n 阱高能注入。在光刻胶图形掩蔽下,有光刻胶的区域可以使得离子不会注入胶下面的晶片中去,而在没被光刻胶覆盖的区域高能杂质磷离子可以穿透外延层表面注入 1 μm 的深度。之后进行 n 阱低能注入,注入深度较上次浅,浓度要低。离子注入机的作用是离化杂质原子,并使其加速以获得较高的能量,然后通过质量分析器筛选出合适的元素进行注入。为保证注入的均匀性,必须将离子聚焦成为极窄的一束,并通过扫描使晶片不受光刻胶保护的区域得到均匀的掺杂。此外,因为在注入过程中杂质离子要穿透硅的晶格结构,会对其共价原子结构造成损伤,所以无论制作什么样的电路,在离子注入工序完成后,必须要进行一次热退火过程,以达到恢复损伤和激活杂质的目的。值得注意的是,在退火之前必须通过等离子反应器将每一个晶片去胶,因为光刻胶在高温下会发生分解,从而对退火系统造成沾污。去胶之后还要经过一系列的化学湿法清洗过程以去除晶片上残留的光刻胶和等离子体处理过程中形成的聚合物,以及作为注入时保护硅表面的 15 nm 的氧化层。因为在以后的离子注入步骤结束后都要经过去胶和湿法清洗过程,所以在下面的注入工序中就不再重复说明了。注入后的晶片立刻被转移到扩散区,经过清洗处理后放入退火炉,这一步工序称为 n 阱退火,其目的是通过高温扩散使杂质向硅中扩散,同时使裸露的晶片表面生长了一层新的氧化阻挡层。此外,高温过程使得离子注入引入的损伤得到修复,并且杂质原子能够移动到替位位置上,完成电激活。

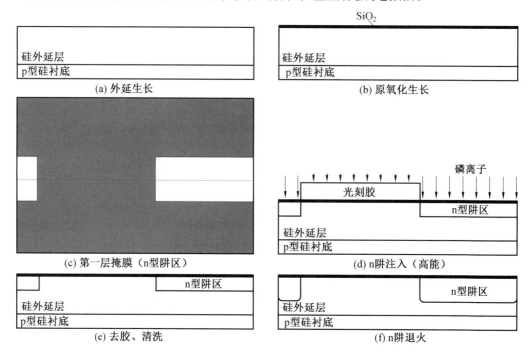

图 6.31　n 阱形成的主要工艺步骤

(2)p 阱形成的主要步骤。

　　p 阱形成的主要步骤:① 第二层掩膜(p 型阱区);②p 阱注入(高能);③ 去胶、清洗;④p 阱退火;如图 6.32 所示。p 阱注入区的光刻步骤与第一次光刻过程完全相同,只是掩膜图形有所变化:p 阱注入区掩膜图形的开孔位置在 n 阱注入掩膜开孔位置的旁边。p 阱倒掺杂注入离子的能量明显低于 n 阱,这是因为注入成分的质量差别较大。对比硼的相

对原子质量(约为11)与磷的相对原子质量(约31)可以看出,硼相对原子质量只有磷相
对原子质量的1/3,所以当注入硼的能量只有注入磷所需能量的1/3时,就能够得到相同
的结深。第④步的p阱退火和n阱退火基本上一样。

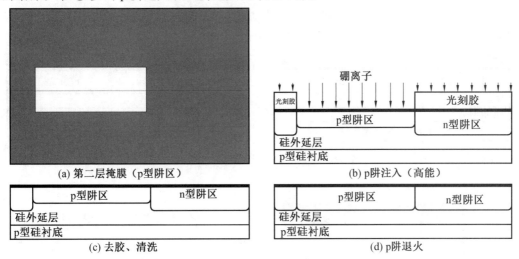

(a) 第二层掩膜（p型阱区）

(b) p阱注入（高能）

(c) 去胶、清洗

(d) p阱退火

图6.32　p阱形成的主要工艺步骤

2. 浅槽隔离工艺

浅槽隔离(STI)又称为等平面工艺,是在衬底上制作晶体管有源区之间隔离区的一
种方法。在制作亚0.25 μm器件时这一方法十分有效。最早使用的氧化物隔离工艺是硅
的局部氧化工艺(LOCOS),又称为半等平面工艺。这一工艺于20世纪70年代早期研发
成功,直到20世纪90年代末还在使用。但由于LOCOS技术会产生鸟嘴,不利于集成度的
进一步提高。随后发展了浅槽隔离工艺,可以获得更高的集成度和真正的等平面隔离。
尽管它的工艺更为复杂,但浅槽隔离在ULSI芯片制造中仍得到了广泛的应用。下面分三
个主要步骤来介绍浅槽隔离:槽刻蚀、氧化物填充和氧化物平坦化。

(1)STI槽刻蚀主要步骤。

STI槽刻蚀主要步骤:① 生长氧化隔离层;② 淀积氮化硅;③ 第三层掩膜(浅槽隔
离);④STI槽刻蚀;如图6.33所示。氮化硅是一层坚固的掩膜材料,有助于在STI氧化物
淀积过程中保护有源区,而且氮化硅可以在化学机械抛光(CMP)中充当抛光的阻挡材
料。但因为氮化硅与单晶硅之间的应力较大,所以不能直接将氮化硅淀积在硅表面,必须
先生长一层氧化硅。经过漂洗和甩干后,晶片进入高温氧化设备,氧化一层厚度约为
15 nm的二氧化硅。这层氧化物除了缓解应力外,还可以在去掉氮化物的过程中作为隔
离层保护有源区不受化学沾污。然后进行光刻浅槽隔离区,这一光刻步骤与前面的光刻
步骤非常类似,当然掩膜版的图形不同,因为这一次光刻的尺度更小,所以要求比第一次
光刻更加苛刻。光刻后需要进行晶片检测,包括特征尺寸检测、缺陷检测。光刻步骤只是
将掩膜版上的图形转移到光刻胶上,这种图形只是临时的,接下来还需要将光刻胶上的图
形转移到晶片上,这一道工序称为刻蚀。在光刻胶图形的保护下,晶片上那些不需要刻蚀
的区域不会被刻蚀,而没有光刻胶保护区域的氮化硅、氧化硅以及硅被离子或强腐蚀性的
化学物质刻蚀掉。能够有效刻蚀出槽结构的设备称作反应离子刻蚀机。刻蚀机利用大功

率的射频能量在真空反应腔中将氟基或氯基的气体离化。这些离化的分子、原子通过物理刻蚀、化学刻蚀将晶片上定义为隔离区的硅原子移走。刻蚀出的沟槽侧壁有一定的倾斜度,底面也较圆滑,这些特点有助于提高填充质量和隔离结构的电学特性。下一步进行工艺检测,检测内容包括阶梯高度、刻蚀速率、特征尺寸以及缺陷等。在以后的每一步刻蚀工艺后都包括这些测试步骤,下面的内容不再重复。

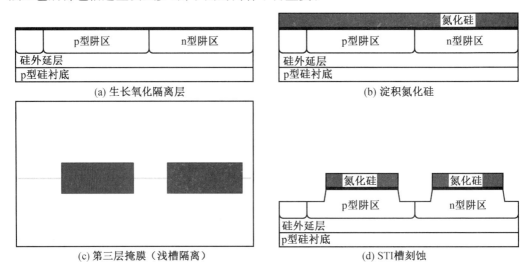

图6.33　STI 槽刻蚀主要工艺步骤

(2)STI 氧化物填充主要步骤。

STI 氧化物填充主要步骤:① 沟槽氧化;② 沟槽 CVD 氧化物填充;如图6.34 所示。生长沟槽氧化层是为了改善硅与沟槽填充氧化物之间的界面特性。经过漂洗及甩干之后,晶片进入高温氧化设备,在暴露隔离沟槽的侧壁上生长了一层厚度约为 15 nm 的氧化层。由于氮化物掩蔽层的存在,有源区不会被氧化。CVD 氧化物填充可以利用低压化学气相淀积设备完成,利用这些设备可以实现高产出率和高速淀积。

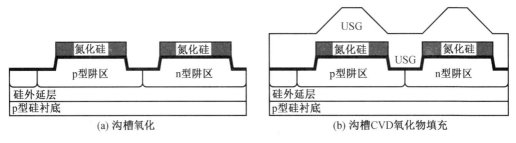

图6.34　STI 氧化物填充主要工艺步骤

(3)STI 氧化层抛光的主要步骤。

STI 氧化层抛光的主要步骤:① 沟槽氧化物抛光;② 氮化物去除;如图6.35 所示。晶片表面的平坦化可以有多种方法,但是到目前为止,化学机械抛光技术是最有效的一种平坦化技术。平坦化过程中除了有物理机械作用之外还有化学反应。化学反应过程由抛光液实现。在抛光过程中抛光液使得晶片和抛光垫保持湿润,同时与晶片表面的二氧化硅发生反应,这有助于研磨晶片。与二氧化硅相比氮化硅更加坚韧,它充当抛光的阻挡层,阻止隔离结构的过度抛光。晶片上的氮化物通过热磷酸去除,然后清洗、漂洗、烘干,最后检查隔离氧化层的厚度。由于抛光工艺引入了额外的颗粒和化学沾污,因此在晶片进入下一步工序前必须彻底清除这些颗粒和沾污。一般采用特制的清洗设备来同时清洗晶片的上下表面,然后进行漂洗和烘干。

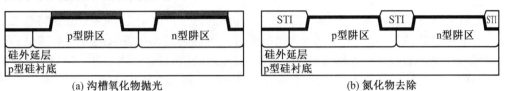

(a) 沟槽氧化物抛光　　　　　　　　　(b) 氮化物去除

图 6.35　STI 氧化层抛光主要工艺步骤

3. 多晶硅栅结构工艺

多晶硅栅结构的制作是 CMOS 流程中最关键的一步,因为它包括了最薄的栅氧化层的热生长以及最细的多晶硅栅的光刻和刻蚀。多晶硅栅结构的主要工艺步骤包括:① 栅氧化层的生长;② 多晶硅淀积;③ 第四层掩膜(多晶硅栅);④ 多晶硅栅刻蚀;如图 6.36 所示。栅氧化层生长前要求先清洗晶片,除掉沾污和氧化层。这一步骤必须在晶片进入氧化炉前的几小时内进行,如果时间太长,暴露在空气中的晶片表面就会被其中的氧气所氧化,生长一层自然氧化层,从而影响栅氧的质量和厚度。清洗后的晶片进入氧化炉后,在晶片表面生长一层厚度为 2 ~ 5 nm 的薄二氧化硅。之后晶片被立刻送到低压化学气相淀积设备。通过硅烷分解,多晶硅淀积在晶片表面,淀积的多晶硅厚度约为 500 nm。在完成淀积工艺后,进行多晶硅掺杂,以降低其电阻率。然后通过光刻工艺来定义多晶硅的线宽。对于亚 0.25 μm 工艺,需要利用深紫外光刻技术来光刻多晶硅栅的精细结构。通常需要在多晶硅与光刻胶之间加一层抗反射涂层(Anti - Reflection Coating,ARC),以减少不希望的反射。由于用于定义多晶硅栅的光刻胶条宽度是整个集成电路上最窄的结构,因此必须进行各种不同的质量检测,包括特征尺寸检测、套准精度检测和缺陷检测。

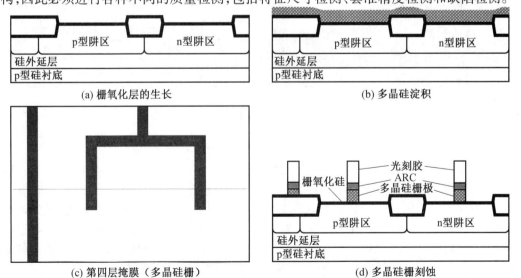

(a) 栅氧化层的生长　　　　　　　　　(b) 多晶硅淀积

(c) 第四层掩膜（多晶硅栅）　　　　　(d) 多晶硅栅刻蚀

图 6.36　多晶硅栅结构的主要工艺步骤

最后,还要使用芯片厂内最好的各向异性等离子体刻蚀机来满足集成电路中最精细的一步刻蚀工艺的要求,以得到足够垂直的剖面,完成光刻胶上图形向晶片上介质层的高保真转移。

4. 轻掺杂漏注入工艺

随着CMOS多晶硅栅宽度的不断减小,源漏间的沟道长度也在不断减小,这将增加源漏间电荷穿通的概率,造成不希望的沟道漏电流。可以通过两次注入的方法来减少沟道漏电流的产生。第一次注入称为轻掺杂漏注入,注入的结深很浅;之后是中等或高剂量的源／漏注入。轻掺杂漏注入使用砷或 BF_2,大质量杂质注入有利于维持浅结,从而减少源漏间的沟道漏电流效应。

整个轻掺杂漏注入工艺包括 n^- 轻掺杂漏注入(n^- LDD)和 p^- 轻掺杂漏注入(p^- LDD),如图 6.37 所示。

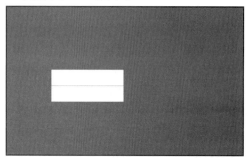
第五层掩膜(n⁻LDD)

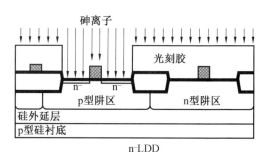
n-LDD

(a) n⁻轻掺杂漏注入

第六层掩膜(p⁻LDD)

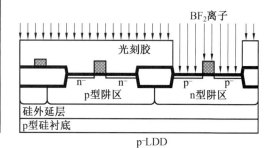
p-LDD

(b) p⁻轻掺杂漏注入

图 6.37 轻掺杂漏注入主要工艺步骤

(1)n^- 轻掺杂漏注入的主要工艺步骤。

n^- 轻掺杂漏注入的主要工艺步骤包括:① 第五层掩膜(n^- LDD);②n^- 轻掺杂漏注入;如图 6.37(a) 所示。光刻 n^- 轻掺杂漏注入区得到可以使 n 型 MOS 管被注入的光刻胶图形,其他所有的区域都被光刻胶保护着。在未被光刻胶保护的区域,用砷离子进行选择注入。这次注入的能量很低,剂量也很小,因此结深很浅。选择砷而不用磷的原因是砷的原子量更大,这有利于硅表面的非晶化,从而在注入中能够获得更均匀的掺杂深度。

(2)p^- 轻掺杂漏注入的主要工艺步骤包括。

p^- 轻掺杂漏注入的主要工艺步骤包括:① 第六层掩膜(p^- LDD);②p^- 轻掺杂漏注

入;如图6.37(b)所示。与n¯轻掺杂漏注入工艺类似,光刻p¯轻掺杂漏注入区得到可以使n型MOS管被注入的光刻胶图形,其他所有的区域都被光刻胶保护着。p¯轻掺杂漏注入中通常使用BF_2代替硼,因为BF_2比硼的分子质量更大,这样有利于形成浅结,减少源漏间的沟道漏电流效应。

5. 侧墙的形成

大剂量的源漏注入会造成较大的横向扩散,使有效的沟道长度缩短,发生源漏穿通。通过制作侧墙,可以阻止有效沟道长度的缩短。侧墙的形成主要包括两步工艺:① 二氧化硅的淀积;② 二氧化硅的反应离子刻蚀;如图6.38所示。

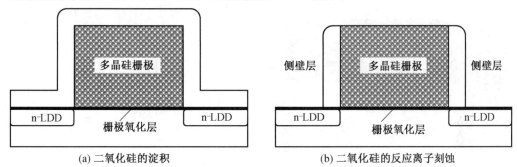

(a) 二氧化硅的淀积　　　　　　　　　(b) 二氧化硅的反应离子刻蚀

图6.38　侧墙的形成主要工艺步骤

首先,在整个晶片表面淀积一层厚度约10 nm的二氧化硅。这层二氧化硅用来在多晶硅栅的四周形成侧墙。随后利用干法刻蚀工艺将这层二氧化硅刻蚀干净。因为生长二氧化硅时采用了各向同性的化学气相淀积方法,所以在多晶硅侧壁上的氧化硅厚度和表面氧化硅厚度相当。而刻蚀时采用各向异性的反应离子刻蚀,水平方向上的刻蚀速率很小,所以当表面大部分二氧化硅刻蚀干净后,多晶硅栅的侧墙上必然会保留一部分二氧化硅,厚度和前面淀积的二氧化硅厚度相当。侧墙的形成利用了化学气相淀积各向同性和反应离子刻蚀各向异性的特点,这一步工艺不需要光刻掩膜版。

6. 源/漏注入工艺

这一步注入工艺采用中等剂量掺杂,结深稍稍超过LDD的结深,因此可以形成倒掺杂。在上一步工艺中形成的侧墙能够保护沟道不受源/漏注入过程中掺杂原子的影响。源/漏注入主要包括n^+源/漏注入和p^+源/漏注入,如图6.39所示。

(1)n^+源/漏注入的主要工艺步骤。

n^+源/漏注入的主要工艺步骤:① 第七层掩膜(n^+源/漏);②n^+源/漏注入;如图6.39(a)所示。首先通过光刻n^+源/漏注入区定义要进行n^+注入的器件区域。然后通过中等能量注入使杂质进入硅的深度大于LDD的结深。由二氧化硅组成的侧墙阻止了磷杂质侵入狭窄的沟道区。

(2)p^+源/漏注入的主要工艺步骤。

p^+源/漏注入的主要工艺步骤:① 第八层掩膜(p^+源/漏);②p^+源/漏注入;如图6.39(b)所示。与n^+源/漏注入工艺非常相似。

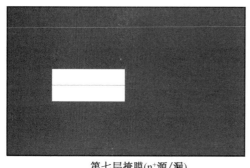
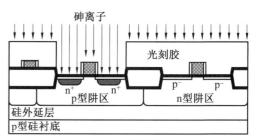

第七层掩膜(n⁺源/漏)

n^+源/漏注入

(a) n^+源/漏注入

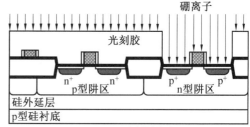

第八层掩膜(p⁺源/漏)

p^+源/漏注入

(b) p^+源/漏注入

图 6.39　源／漏注入主要工艺步骤

在完成源漏注入后,将晶片放进快速退火炉中退火。快速退火装置可以迅速达到 1 000 ℃ 左右的高温,并在设定温度保持数秒,这对于减少源／漏区杂质的扩散非常重要。

7. 接触孔的形成

这一步工艺的目的是在有源区形成金属接触。这层金属接触可以使硅和随后淀积的导电材料更加紧密地结合起来。由于金属钛的电阻很低,同时能够与硅发生充分反应,因此钛是做金属接触的理想材料。当温度高于 700 ℃ 时,钛和硅发生反应生成钛的硅化物($TiSi_2$),而钛和二氧化硅不发生反应,因此能够轻易地把钛从二氧化硅表面除去,这使得钛的硅化物在源、漏和栅这些有源硅的表面可以保留下来且不互接。这一步是自对准形成的,不需要额外的光刻掩膜。

接触孔的形成主要工艺步骤:①清洗;②Ti 的淀积;③退火($TiSi_2$ 形成);④选择刻蚀 (Ti 的刻蚀);如图 6.40 所示。首先要对晶片进行清洗,在 HF 溶液中快速浸泡,去除沾污和氧化物,使栅、源、漏区的 Si 暴露出来;然后利用溅射方法在晶片表面生长一层厚度 20 ~ 40 nm 金属钛;随后晶片放入快速退火装置,在 N_2 气氛及 800 ℃ 高温下,Ti 和 Si 接触的区域发生反应,生成 $TiSi_2$,而其他区域的 Ti 没有变化;最后用 $NH_4OH + H_2O_2$ 湿法刻蚀,选择刻蚀掉没有发生反应的金属钛,而将钛的硅化物 $TiSi_2$ 留在硅的表面,形成 Si 和金属之间的欧姆接触。

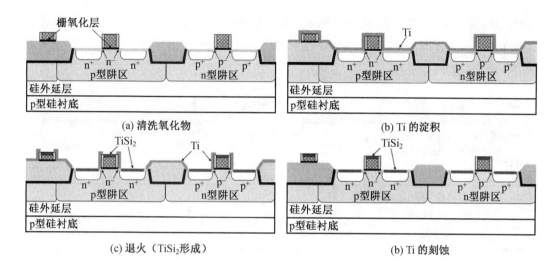

(a) 清洗氧化物

(b) Ti 的淀积

(c) 退火（TiSi$_2$形成）

(b) Ti 的刻蚀

图 6.40　接触孔的形成主要工艺步骤

8. 局部互连工艺

CMOS 集成电路工艺流程的下一步是形成金属局部互连线。首先要求淀积一层介质薄膜,然后进行化学机械抛光、光刻、刻蚀和钨金属淀积,最后是金属层抛光,这种工艺称为大马士革(Damascene) 技术。这步工艺的最后结果是在晶片表面得到一种类似精致的镶嵌首饰或艺术品的图案,如图 6.41 所示为大马士革技术制作的局部互连金属和局部互连氧化物镶嵌结构。具体的工艺步骤包括局部互连(Local Interconnect,LI) 氧化硅介质的形成和局部互连金属的形成。

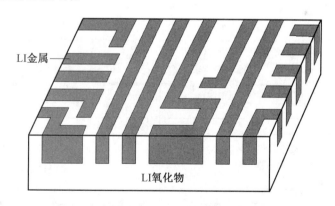

LI金属

LI氧化物

图 6.41　大马士革技术制作的局部互连金属和局部互连氧化物镶嵌结构

局部互连氧化硅介质的形成主要工艺步骤:①氮化硅CVD;②二氧化硅掺杂CVD;③氧化层抛光;④第九层掩膜(局部互连刻蚀);如图 6.42 所示。首先要用化学气相淀积方法淀积一层氮化硅作为阻挡层。这层氮化硅将有源区保护起来,使其与随后的掺杂介质层隔离。局部互连介质的成分是化学气相淀积的二氧化硅,通常是磷或硼轻掺杂二氧化硅(BPSG)。因为当在二氧化硅中引入杂质后,能使其在低温下发生流动,从而得到更加平坦的表面,而且退火温度低,不会造成杂质的再分布。然后再利用化学机械抛光工艺对局部互连的氧化层进行抛光,抛光后的氧化层厚度约为 800 nm。最后在平坦化的氧化层表面光刻出金属化图形来,再通过刻蚀的方法在氧化层中制作出窄沟槽,这些沟槽定义了局部互连金属的路径形式。

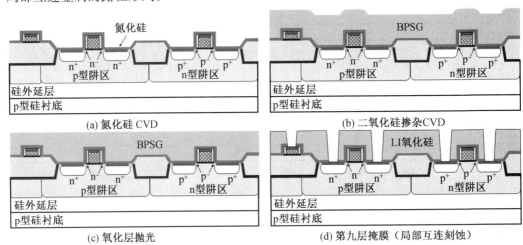

图 6.42　局部互连氧化硅介质的形成主要工艺步骤

局部互连金属的形成主要工艺步骤:① 钛 PVD;② 氮化钛 CVD;③ 钨互连淀积 CVD;④ 钨的抛光;如图 6.43 所示。首先生长一层很薄的金属钛黏附层,布满局部互连沟道的底部和侧壁。之后生长氮化钛,作为钨的扩散阻挡层。因为采用化学气相淀积钨的保形覆盖能力强,在深孔填充过程中不会形成空洞,而且钨的抛光特性良好,所以通常使用钨而不用铝来做局部互连金属。

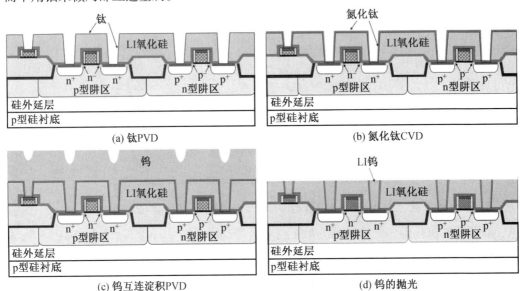

图 6.43　局部互连金属形成的主要工艺步骤

9. 通孔 I 和钨塞 I 的形成

在层间介质上有许多小的通孔,它们的作用是为相邻的金属层之间提供电学通道。通孔中填充有导电金属,通常是钨,称为钨塞。钨塞放置在适当的位置,以形成金属层间的电学通路。

通孔 I 的主要工艺步骤:① 第一层层间介质氧化物 CVD;② 氧化物抛光;③ 第十层掩膜(第一层层间介质)④ 第一层层间介质刻蚀;如图 6.44 所示。首先利用化学气相淀积设备在晶片表面淀积一层氧化物,这层氧化物(第一层层间介质)将充当介质材料,通孔就制作在这一层介质上。用化学机械抛光的方法抛光第一层层间介质氧化物,抛光后的氧化层厚度约为 800 nm。清洗晶片以去除抛光工艺中所引入的颗粒,之后晶片进行光刻和刻蚀。

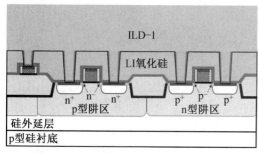

(a) 第一层层间介质氧化物 CVD (b) 氧化物抛光

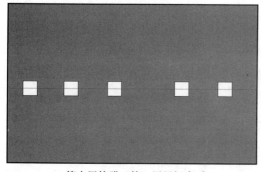
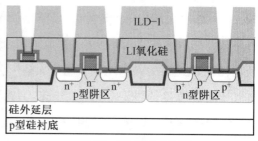

(c) 第十层掩膜(第一层层间介质) (d) 第一层层间介质刻蚀

图6.44 通孔 I 的主要工艺步骤

与局部互连金属的形成相类似,钨塞 I 的主要工艺步骤包括:① 钛 PVD;② 氮化钛 CVD;③ 钨塞互连 CVD;④ 钨的抛光;如图 6.45 所示。先用物理气相淀积设备在整个晶片表面生长一薄层金属钛,然后淀积氮化钛。钛是将钨限制在通孔当中的黏附层,氮化钛是钨的扩散阻挡层。再使用另一台化学气相淀积设备在晶片上淀积钨。金属钨填满通孔后进行钨的抛光,直到第一层层间介质的上表面,以形成钨塞。

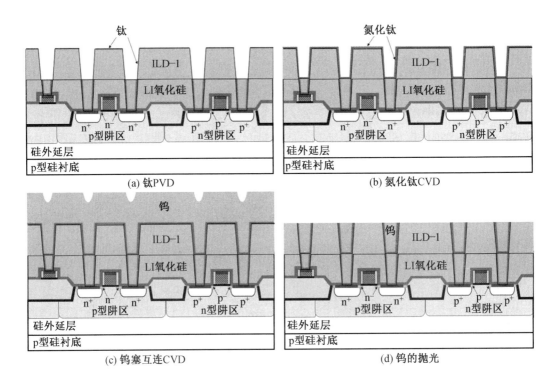

图 6.45 钨塞 Ⅰ 的主要工艺步骤

10. 金属 Ⅰ 互连的形成

为了提高金属的抗电迁移能力,互连金属一般都采用三层金属薄膜,称为三明治结构。三明治金属结构由多种难熔金属构成,包括钛、铝铜合金和氮化钛。经过金属淀积、光刻和刻蚀后第一层金属互连就完成了。金属层的数目随着管芯复杂程度的不同而有所变化,当前先进的管芯有八层金属叠加结构。

金属 Ⅰ 互连的形成主要工艺步骤:①钛 PVD;②铝铜合金 PVD;③氮化钛 CVD;④第十一层掩膜(金属 Ⅰ 刻蚀);如图 6.46 所示。和前面介绍的金属工艺一样,钛是淀积于整个晶片上的第一层金属,它为钨塞和下一层金属铝提供了良好的黏附性。同样,钛与层间介质材料的结合也非常紧密,提高了金属叠加结构的稳定性。然后利用物理气相淀积设备将铝铜合金(体积分数分别为 99% 和 1% 的铝和铜)溅射在有钛覆盖的晶片上。铝中加入体积分数为 1% 的铜可以提高铝的抗电迁移能力。在铝铜合金层上再淀积一层薄的氮化钛,作为下一次光刻中的抗反射涂层。接下来光刻金属互连线,最后用等离子体刻蚀机刻蚀三明治金属结构。

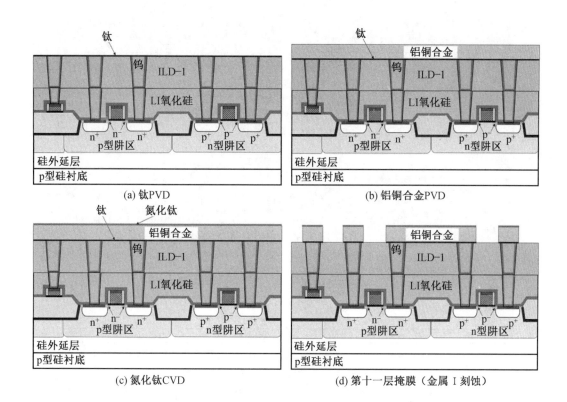

(a) 钛PVD

(b) 铝铜合金PVD

(c) 氮化钛CVD

(d) 第十一层掩膜（金属 Ⅰ 刻蚀）

图 6.46　金属 Ⅰ 互连形成的主要工艺步骤

11. 通孔 Ⅱ 和钨塞 Ⅱ 的形成

接下来形成第二层层间介质和其上的通孔。因为形成第一层金属后表面不再平坦，所以首先要填充第一层金属刻蚀出的间隙。除此之外，第二层层间介质的制作与第一层层间介质的制作是一样的。一般使用介电材料来填充间隙，这些材料能够进入细小的空间，从而避免能够影响电学性能的空洞和其他缺陷的形成。在亚 0.25 μm 工艺中常用高浓度等离子体化学气相淀积（HDPCVD）方法来填充间隙。间隙填满以后，可利用等离子增强化学气相淀积（PECVD）方法完成剩余的第二层层间氧化物的淀积。再经过平坦化、光刻，最后刻蚀形成钨塞所需的通孔。

形成通孔 Ⅱ 的主要工艺步骤：① 间隙填充 HDPCVD；② 层间介质氧化物 PECVD；③ 氧化物抛光；④ 第十二层掩膜（第二层层间介质刻蚀）；如图 6.47 所示。

形成钨塞 Ⅱ 的主要工艺步骤：① 钛 PVD；② 氮化钛 CVD；③ 钨塞互连 CVD；④ 钨的抛光；如图 6.48 所示。这一步骤和前面介绍的钨塞 Ⅰ 的形成完全相同。

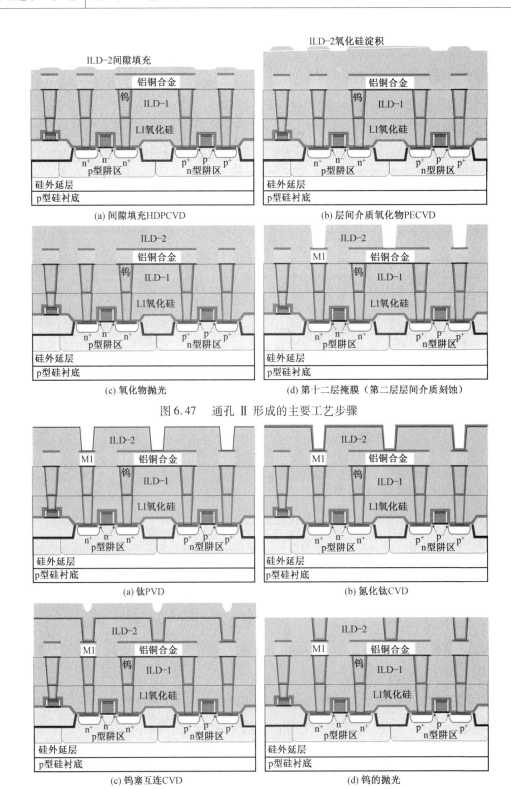

(a) 间隙填充HDPCVD

(b) 层间介质氧化物PECVD

(c) 氧化物抛光

(d) 第十二层掩膜（第二层层间介质刻蚀）

图 6.47 通孔 Ⅱ 形成的主要工艺步骤

(a) 钛PVD

(b) 氮化钛CVD

(c) 钨塞互连CVD

(d) 钨的抛光

图 6.48 钨塞 Ⅱ 形成的主要工艺步骤

12. 金属 Ⅱ 互连的形成

金属 Ⅱ 与金属 Ⅰ 结构完全一样,也由钛、铝铜合金和氮化钛三层构成,其工艺步骤也完全相同。金属 Ⅱ 互连的形成主要工艺步骤:① 三明治结构的淀积;② 第十三层掩膜(金属 Ⅱ 刻蚀);③ 金属 Ⅱ 刻蚀;④ 层间氧化物填充及平坦化;如图6.49所示。首先PVD淀积钛,PVD淀积铝铜合金以及CVD淀积氮化钛,形成三明治结构;然后利用等离子体刻蚀机按照光刻后光刻胶的图形刻蚀金属 Ⅱ,形成互连线;金属 Ⅱ 刻蚀以后利用高浓度等离子体化学气相淀积方法将致密的二氧化硅填充金属间隙,再利用等离子增强化学气相淀积的方法淀积层间氧化物;最后平坦化氧化物得到平整的表面。

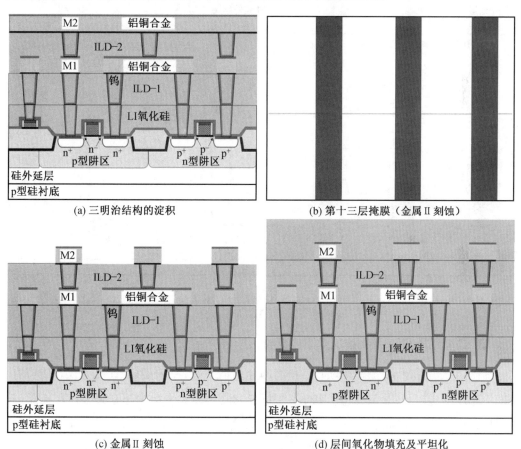

(a) 三明治结构的淀积

(b) 第十三层掩膜(金属Ⅱ刻蚀)

(c) 金属Ⅱ刻蚀

(d) 层间氧化物填充及平坦化

图6.49 金属 Ⅱ 互连形成的主要工艺步骤

通孔 Ⅲ 和钨塞 Ⅲ 的形成的工艺步骤与通孔 Ⅱ 和钨塞 Ⅱ 的形成的工艺步骤也相同,主要包括:① 第十四层掩膜(第三层层间介质刻蚀);② 钛／氮化钛的淀积;③ 钨的淀积;④ 钨的抛光;如图6.50所示。在平坦化后的氧化物表面刻蚀通孔 Ⅲ,再淀积金属阻挡层(钛／氮化钛),然后在晶片的整个表面淀积钨,之后进行钨的平坦化直到氧化物的上表面。通孔中留下的钨塞为金属 Ⅱ 和金属 Ⅲ 间提供互连。

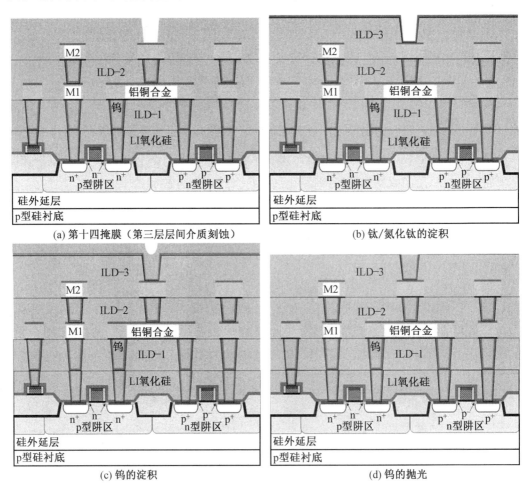

(a) 第十四掩膜（第三层层间介质刻蚀）

(b) 钛/氮化钛的淀积

(c) 钨的淀积

(d) 钨的抛光

图 6.50　通孔 Ⅲ 和钨塞 Ⅲ 形成的工艺步骤

13. 制作金属 Ⅲ 以及制作压焊点及合金

制作第三层和第四层金属的工艺和前面介绍的一样,主要包括:① 三明治结构的淀积;② 第十五层掩膜(金属 Ⅲ 刻蚀);③ 层间氧化物填充及平坦化 ;④ 第十六层掩膜(通孔 Ⅲ 光刻);⑤ 通孔 Ⅲ 刻蚀;⑥ 金属 Ⅳ 淀积;⑦ 第十七层掩膜(金属 Ⅳ 光刻);⑧ 金属 Ⅳ 刻蚀;如图 6.51 所示。抛光后的晶片采用 Ar 离子进行清洗,之后淀积 Ti/Al－Cu/TiN 三明治结构的金属 Ⅲ;晶片清洗后,进行预处理,自旋覆盖光刻胶,软烘烤,金属 Ⅲ 光刻,曝光后烘烤,显影,硬烘烤,图形检测,刻蚀金属 Ⅲ,去胶后清洗;淀积层间氧化物,并采用化学机械抛光技术平坦化;光刻并刻蚀通孔 Ⅲ;清洗后淀积 Ti,淀积铝铜合金,淀积氮化钛;光刻并刻蚀金属 Ⅳ,清洗,金属退火。

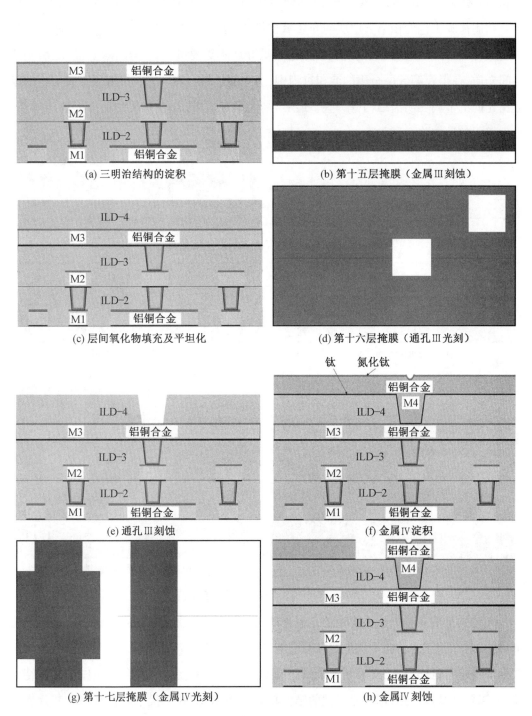

(a) 三明治结构的淀积

(b) 第十五层掩膜（金属III刻蚀）

(c) 层间氧化物填充及平坦化

(d) 第十六层掩膜（通孔III光刻）

(e) 通孔III刻蚀

(f) 金属IV淀积

(g) 第十七层掩膜（金属IV光刻）

(h) 金属IV刻蚀

图6.51　制作第三层和第四层金属的主要工艺步骤

在完成第四层金属的刻蚀后,制作压焊点及合金的主要工艺步骤:① 介质氧化物淀积;② 淀积氮化硅;③ 第十八层掩膜(压焊点光刻);④ 氧化物及硅化物刻蚀;如图6.52所示。利用薄膜工艺淀积第五层层间介质氧化物,由于这一步光刻的线条尺寸比前面工艺中形成 $0.25~\mu m$ 的尺寸要大很多,因此这一层介质不需要进行化学机械抛光。之后刻蚀层间介质,使得在第五层金属的淀积过程中,通孔能够被金属填充。第五层金属淀积的厚度比先前的金属三明治结构厚一些。最后,刻蚀第五层金属,在必要的地方形成压焊点,在不需要的地方将金属去除。

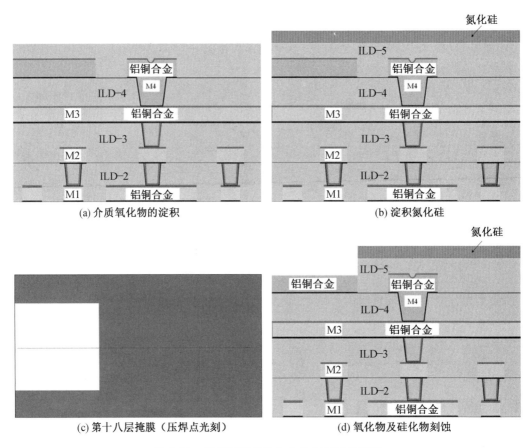

图 6.52　制作压焊点及合金的主要工艺步骤

工艺的最后一步包括再次生长二氧化硅层,随后生长顶部的氮化硅层。这一层氮化硅称为钝化层,它的目的是保护产品免受潮气、划伤以及沾污的影响。最后,在氮、氢气氛扩散炉中进行低温合金,实现互连金属间的冶金接触。但在这一步合金操作中必须特别小心,以免产品过加热,产生永久性的结构缺陷。20世纪90年代中期的CMOS芯片横截面示意图如图6.53所示。

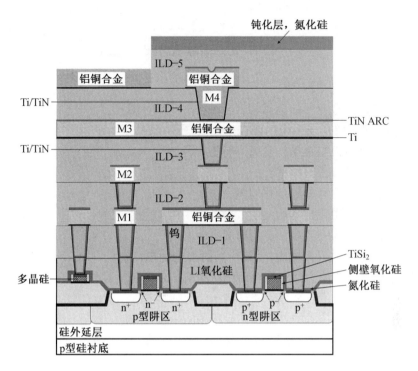

图 6.53　20 世纪 90 年代中期的 CMOS 芯片横截面示意图

14. 参数测试

如上述所示,CMOS 要经过几十步甚至几百步工艺,其中任何一步的错误,都可能是最后导致器件失效的原因。同时版图设计是否合理,产品可靠性如何,这些都要通过集成电路的参数及功能测试才可能知道。对于生产测试,由于其目的是为了将合格品与不合格品分开,测试的要求就是在保证一定错误覆盖率的前提下,在尽可能短的时间内进行通过／不通过的判定。为了降低封装成本,使用探针对封装前的晶片进行基本功能测试,将不合格品标记出来,这在封装越来越复杂、占整个 IC 成本比例越来越大的情况下,尤为重要。

晶片制作过程中要进行两次测试以确定产品功能的可靠性:第一次测试在第一层金属刻蚀完成后进行;第二次是在完成芯片制造的最后一步工序后进行。金属刻蚀完成后,利用电学测试设备的微型探针仪测试晶片中特定器件测试结构的特定电学参数。

电学特性测试的目的是最大限度地覆盖可能存在于 IC 中所有的失效源。IC 电学特性测试主要包括直流特性测试、交流特性测试、功能测试和工作范围测试。测试技术将在第 7 章介绍。

思考与练习题

6.1　什么是欧姆接触,主要作用是什么?

6.2　半导体制造业用的金属和合金种类?

6.3　LSI 对多层互连系统的要求是什么?

6.4　什么是阻挡层金属? 其基本特性是什么?

6.5　金属化的方法有哪些?

6.6　解释金属化后的电迁移现象。

6.7　什么是平坦化技术。

6.8　层间绝缘膜的要求和类型有哪些?

6.9　什么是化学机械抛光,主要影响因素有哪些?

6.10　CMP 工艺后为什么需要清洗? 清洗的杂质包括哪些?

6.11　CMP 进行抛光平坦化的材料主要包括哪些?

6.12　MOS 隔离技术的可选工艺有哪些?

6.13　画图说明 CMOS 制造过程中 STI 槽刻蚀的工艺步骤,并阐述氮化硅和氧化硅的作用。

6.14　在 CMOS 制造工艺中,采用那些措施防止短沟道效应? 并叙述具体工艺步骤。

6.15　STI 氧化物填充过程中发生了哪些氧化反应步骤? 分别写出反应方程、氧化反应特点及作用。

6.16　中英文简述微电子制造技术的基本工艺技术及其单项工艺。

6.17　叙述 CMOS 电路中 p 阱注入和 n 阱注入时的差别。

6.18　画图说明钨塞Ⅰ及第一层金属互连的结构及其作用。

6.19　画图说明 CMOS 制造过程中 n 阱形成的工艺步骤及各关键步骤的作用。

6.20　简述局部互连工艺流程。

参 考 文 献

[1] FRANSSILA S. 微加工导论[M]. 陈迪,刘景全,朱军,等译. 北京:电子工业出版社,2005.

[2] 张亚非.半导体集成电路制造技术[M]. 北京:高等教育出版社,2006.

[3] 徐泰然. MEMS 和微系统:设计与制造[M]. 王晓浩,译. 北京:机械工业出版社,2004.

[4] 施敏.半导体器件物理与工艺[M].王阳元,嵇光大,卢文豪,等译. 北京:科学出版社,1992.

[5] 施敏,梅凯瑞.半导体制造工艺基础[M].陈军宁,柯导明,孟坚,等译. 合肥:安徽大学出版社,2007.

［6］张兴,黄如,刘晓彦. 微电子学概论［M］.北京:北京大学出版社,2003.

［7］ZANT P V. 芯片制造:半导体工艺制成实用教程［M］. 赵树武,朱践知,于世恩,等译. 北京:电子工业出版社,2008.

［8］QUIRK M, SERDA J. 半导体制造技术［M］. 韩郑生,译. 北京:电子工业出版社,2009.

［9］CAMPBELL S A. 微电子制造科学原理与工程技术［M］. 曾莹,严利人,王纪民,等译. 北京:电子工业出版社,2003.

第7章 监控与测试

微电子芯片工艺步骤繁多,相互之间影响复杂,很难从最后测试结果准确分析得出影响产品性能与合格率的具体原因。因此 在微电子芯片生产过程之中应进行工艺监控,通过工艺监控及时发现问题并解决问题,从而制造出参数均匀、成品率高、成本低、可靠性高的芯片。

半导体集成电路测试技术贯穿集成电路制造和集成电路封装、应用的全过程。不同的应用,要求对集成电路电性能测试的深度及广度也不同,以确保使用的芯片是优质芯片(Known Good Die,KGD)。但是,这在芯片制造和芯片封装厂家却难以完成,往往由独立的测试公司来完成各类用户对集成电路电性能参数测试的不同要求,故当今国际上已逐渐形成独立的测试产业。

半导体集成电路工艺监控与测试是微电子产品制造的重要环节,本章主要对当前主要半导体集成电路工艺监控与测试技术进行介绍,包括工艺监控概述、晶片检测、氧化层的质量检测、扩散层检测、离子注入层检测、光刻工艺检测、外延层检测、集成结构测试图形、微电子测试图形的功能与配置、电学测试的基本分类及成本因素、测试等级、测试器件类型及方法、测试技术发展趋势。

7.1 工艺监控

7.1.1 工艺监控概述

所谓工艺监控就是借助于一整套检测技术和专用设备,监控整个生产过程,在工艺过程中,连续提取工艺参数,在工艺结束时,对工艺流程进行评估。

工艺过程检测是指在硅片加工工艺线上设立的材料、工艺检测和评价体系。通过对某些特定项目进行定期或不定期的检测,以获得必要的关于材料质量和工艺参数的数据。目的是通过检测数据的及时反馈,使整条工艺线的控制达到最佳化,同时它也为追寻芯片生产中发生问题的原因提供重要的依据。因而工艺过程检测是工艺线工程管理、质量管理、成品率管理和可靠性管理不可缺少的组成部分。工艺过程检测有下列关联作用式:

① 工艺过程检测 — 检测结果的反馈 — 工艺优化 — 器件质量和性能提高;

② 器件生产问题 — 检验数据查询 — 确定问题原因 — 问题的解决。

工艺过程检测内容包括硅与其他辅助材料检测和工艺检测两大部分。

1. 材料检测

材料主要有高纯水、高纯气体、扩散源、硅抛光片等,在材料使用前进行质检,在工艺过程中进行定期抽检。材料质量对提高和保证器件性能、成品率都有十分重要的作用。

2. 工艺检测

检测项目大致可分成4类:

① 硅片晶格完整性、缺陷等物理量的测定。

② 薄膜厚度、结深、图形尺寸等几何线度的测量。

③ 薄膜组分、腐蚀速率、抗蚀性等化学量的测定。

④ 方块电阻、界面态等电学量的测定。

随着新的检测技术的不断发展,工艺检测技术得到了迅速的提高,今后将主要向着以下 3 个方向发展:

① 工艺线实时监控,指工艺进行到受控参数没定值时,自动调整,或过程自动终止。

② 非破坏性检测,指对硅片直接进行检测。

③ 非接触检测,指对硅片直接进行检测。

工艺监控是微电子产品生产的重要组成部分,它涉及与整个制造过程相关的各个方面,监控内容主要有以下 4 个方面:

① 生产环境。温度、湿度、洁净度、静电积聚等。

② 基础材料。高纯水(去离子水)、高纯气体、化学试剂、光刻胶、单晶材料、石英材料等。

③ 工艺状态。工艺偏差、设备运行情况、操作人员工作质量等。

④ 设计。电路设计、版图设计、工艺设计等。

当前,工艺监控一般同时采用以下 3 种方式:

① 通过工艺设备的监控系统,进行在线实时监控。

② 用工艺检测片,通过对工艺检测片的测试跟踪了解工艺情况。

③ 配置集成结构测试图形,通过对微电子测试图形的检测评估具体工艺、工艺设备、工艺流程。

3. 实时监控

实时监控是指生产过程中通过监控装置对整个工艺线或具体工艺过程进行的实时监控,当监控装置探测到某一被测条件达到设定阈值时,工艺线或具体工艺设备就自动进行工艺调整,或者报警(自停止),由操作人员及时进行工艺调整。

现代化的微电子工艺线通常对工艺环境进行实时监控。例如,微电子芯片生产要求在超净环境下进行,通过设置环境监控装置自动调整工艺环境,满足芯片生产对温度、湿度、洁净度等指标的要求。

在 MBE 设备中,外延生长室中有完备的监测系统,监测系统主要由四极质谱仪、俄歇电子能量分析器、离子枪和高能电子衍射仪组成。能实现对外延层生长速率、室内气体成分、外延晶体结构和厚度的实时监测及原位分析。操作者由检测分析结果及时调整工艺条件,这是 MBE 生长的外延层有高品质的前提和保证。

在先进的 CVD、PVD 等设备中也有类似的监控系统。

随着微电子产业的科技进步,当前微电子芯片生产已基本上实现了对全工艺过程的实时监控,并在监控方法、技术、内容等各方面还在不断进步。

4. 工艺检测片

工艺检测片,又称工艺陪片(简称陪片)。一般使用没有图形的大圆片,安插在所要监控的工序,陪着生产片(正片)一起流水,在该工序完成后取出,通过专用设备对陪片进行测试,提取工艺数据,从而实现对工艺流程现场的监控,并在下一工序之前就判定本工序为合格(或返工、报废)。表7.1所示为检测项目和陪片设置。

表7.1 检测项目和陪片设置

工序	检测项目	常用检测方法和设备	陪片	备注
抛光片	电阻率	四探针、扩展电阻		对MOS集成电路,要分挡
	抛光片质量	紫外灯、显微镜、化学腐蚀、热氧化层错法	√	紫外灯100%检查,其余抽检
外延	表面	紫外灯、显微镜		紫外灯100%检查
	电阻率、杂质分布	三探针、四探针、扩展电阻、C-V法	√	
	厚度	层错法、干涉法、红外反射法	√	
	埋层漂移	干涉法、显微镜	√	
热氧化	表面	紫外灯		100%,必要时显微镜抽检
	厚度、折射率	椭圆仪、反射仪、干涉法、分光光度计	√	
	表面电荷	C-V法	√	陪片做成MOS结构
	场氧后"白带"效应	显微镜		正式抽检
	三层腐蚀后场氧厚度	分光光度计		正式抽检
扩散	薄层电阻	四探针	√	
	结深	磨角法、滚槽法	√	
	杂质分布	扩展电阻、C-V法、阳极氧化剥层法	√	不作为常规检测
	结的漏电、击穿电压	电学测试	√	带图形检测片
离子注入	大剂量的反型掺杂层	同扩散	√	
	小剂量载流子分布	扩展电阻,C-V法	√	
光刻	光刻胶厚度	分光光度计、机械探针扫描	√	
	硅片平整度	平整度测试仪		正式片抽检
	CD尺寸	目镜测微仪、线宽测试仪	√	
	接触孔腐蚀情况	分光光度计、液体探针		正式片抽检
	各种薄膜腐蚀速率	用相应的干法和湿法腐蚀	√	
多晶硅	表面	紫外灯、显微镜		正式片抽检
	厚度	分光光度计、反射仪	√	

续表7.1

工序	检测项目	常用检测方法和设备	陪片	备注
CVD、PSG	厚度、折射率	同热氧化	√	
	缺陷、漏电、击穿电压	电测试、各种针孔检查方法	√	电测试用样品做成 MOS 结构
	磷含量	扩散后测薄层电阻、查曲线	√	定期抽检
	回流效果	扫描电镜		正式片抽检
	腐蚀速率	同光刻	√	
CVD Si₃N₄	表面	紫外灯、显微镜		紫外灯 100% 检查
	厚度、折射率	同热氧化		
	腐蚀速率	浓 HF 或同光刻		
PVD 铝等金属薄膜	表面	紫外灯、显微镜		正式片抽检
	厚度	机械探针扫描、干涉法	√	表面要做成台阶

注:"√"记号表示要放工艺检测片。记录测试结果,进行计算机辅助测试、分析。

7.1.2 晶片检测

晶片检测包括对原始抛光片和工艺过程中晶片的检测。对抛光片的检测项目见表7.2。在检验项目中,外观缺陷要100% 检验,通常是在硅片进炉前,在100级超净台中,用强紫外光照射硅片表面观察。一般情况下,纯度在 1 μm 以上的缺陷和小于 1 μm 但弥漫成雾状的缺陷均可检出,必要时可用显微镜做进一步判定。

表7.2　对抛光片的检测项目

种类	项目
几何尺寸	参考面位置和宽度、硅片直径、厚度、边缘倒角、平整度、弯曲度等
外观缺陷	片子正面:划痕、凹坑、雾状、波纹、小丘、橘皮、边缘裂口、沾污等;片子背面:边缘裂口、裂纹、沾污、刀痕等
物理特性	晶向、导电类型、少数载流子寿命、电阻率偏差、断面电阻率不均匀度、位错、微缺陷、漩涡缺陷、星形缺陷、杂质补偿度、有害杂质含量等

电阻率则是在磨片后100% 检测,并按其数值范围分挡(这对 MOS 集成电路更为重要)。有时为检查材料电阻率的热稳定性,还要对经过各种工艺热处理后的硅片进行电阻率跟踪测量。

金属和非金属杂质含量(包括反型杂质补偿度)一般是材料生产厂家的保证项目,必要时可进行抽检。

材料原生缺陷和工艺中诱发缺陷一般也作为抽检项目。

至于几何尺寸和外观缺陷,有的虽然并不反映结晶学的完整性,但它们对后续加工工艺有重大影响,同样不可忽视。

在实际生产中,由于受检测手段的限制,再加上工艺因素的复杂性,很难把材料性能同成品率和电路性能直接对应起来,因此除了进行一些基本检测外,普遍流行的做法是在工艺线上同时投放两个以上厂家的硅片进行实际对比,并储备一些经过流片证明是质量较好的硅片,作为参照标准。

1. 化学腐蚀法

化学腐蚀法是晶体缺陷的常规检测方法。对于各种缺陷已有多种成熟的腐蚀液配方。

2. X 射线形貌照相法

X 射线形貌照相法用于检测位错、层错和夹杂物等。当 X 射线通过晶体时,会发生偏离原来入射方向的 X 射线,即 X 射线的衍射。如果晶体中存在缺陷,这种衍射会在缺陷引起的晶格畸变区大为增强,衍射强度反映了晶格畸变的程度,可用照相底片记录,或用 X 光导摄像管通过 CRT 屏幕观察。

3. 铜缀饰技术

X 射线形貌法不能用于直接检测微缺陷,这是因为它的分辨能力为数微米,而微缺陷的线度小于 1 μm,晶格畸变区太小。若把样品经过铜缀饰使微缺陷产生的晶格畸变区扩大就可以用 X 射线形貌法检测了。缀饰后的硅片也可以用红外显微镜观察。

铜缀饰的过程是:先在样品表面滴上硝酸铜溶液后烘干或在硅片表面真空蒸发一层铜,在 900 ~ 950 ℃ Ar 气氛中扩散 1 h,然后快速冷却到室温,这时过饱和的铜就会择优淀积在微缺陷处,再把样品研磨和化学抛光,去除硅铜合金层和表面应力。

在 X 射线形貌照片上和红外显微镜下,微缺陷呈现具有一定结晶学方向的花瓣状图像,但对特别小的缺陷,则呈黑点状。

7.1.3 氧化层的质量检测

通过热氧化在硅表面生长的氧化层在后续工艺中可以作为掩膜使用,也可作为电绝缘层和元器件的组成部分,其生长质量及性能指标是否可以达到上述各功能使用要求,必须在生长工艺后进行必要的检测。检测主要体现在 SiO_2 层厚度测量。Si 片表面 SiO_2 层的厚度可以通过多种方法来进行测量。根据测量机理的不同可以将这些方法分为直接测量法、光学测量法和电学测量法三类。

1. 直接测量法

常用的直接测量法是采用扫描电子显微镜(Scanning Electron Microscope,SEM)或透射电子显微镜(Transmission Electron Microscope,TEM)观察硅片的截面形貌和微观结构,直接确定氧化层与衬底之间界面的位置,从而量出氧化层厚度。其中,扫描电子显微镜一般用于测量厚度在 100 nm 以上的氧化层,而透射电子显微镜则适用于厚度小于 100 nm 的氧化层的精确测量。这两种方法都属于非接触式的测量方法。

台阶仪是一种接触式表面形貌测量仪,也可用于氧化层厚度的直接测量。其测量原理是:使触针的针尖沿被测表面轻轻滑过,表面微小的凸起和凹陷将导致针尖位置的变化,针尖的运动情况就反映了表面的轮廓和峰谷的高低。为了通过针尖的位移来测量氧化层厚度,首先需要将硅片表面的部分氧化层去掉(如用氢氟酸腐蚀掉),露出硅衬底的原始表面,从而在氧化层与硅衬底表面之间形成台阶。台阶仪的测量精度较高(分辨率可以达到0.2 nm甚至更高),量程大,测量结果稳定可靠,重复性好,还可同时获得被测表面的粗糙度等多种表面形貌参数,是半导体行业常用的设备。

2. 光学测量法

测定 SiO_2 层厚度的光学方法有比色法、干涉法和椭圆偏振法等,其中比色法简单、使用方便,应用非常广泛。抛光过的干净硅片表面呈银白色镜面,有金属光泽。氧化后,其表面不同厚度的 SiO_2 膜将呈现不同颜色。表7.3是不同厚度的氧化硅层的颜色。从表面颜色就可以估计出氧化层的厚度。

表7.3 不同厚度的氧化硅层的颜色

厚度/nm	十六进制颜色代码	颜色
50	D2B48C	黄褐色
75	A52A2A	棕色
100	B32F79	暗紫色
125	2E73F3	宝蓝色
150	ADD8E6	金属蓝
175	D9ECB3	淡黄绿色
200	F9F9C8	浅金色
225	DAA520	橙色
250	F6853D	橘瓜色
275	B32F79	红紫色
300	5D3694	紫蓝色

更准确的做法是,将已氧化好的硅片的一部分浸入一定浓度的氢氟酸中,将浸入部分的 SiO_2 层完全腐蚀掉,在腐蚀和未腐蚀区的中间交界处将出现一个氧化层厚度逐渐变化的楔形区域(图7.1)。当白光(或自然光)入射到这个区域时,由于不同波长的光将在不同位置产生等厚干涉条纹,根据等厚条纹的颜色变化序列即可从表7.3中查出对应的氧化层厚度。

也可将上述腐蚀过的硅片放在干涉显微镜下观察,此时入射在腐蚀和未腐蚀区交界处的是单色平行光。入射光将分别在氧化层和硅衬底的表面产生反射,两束反射光的波长相同,产生干涉。若入射光的波长为两束反射光之间光程差的整数倍时,将在表面形成亮条纹;相应地,若入射光的半波长为两束反射光之间光程差的奇数倍时,将在表面形成暗条纹。不同条纹处的膜厚 t_{ox} 可由下式确定

$$t_{ox} = \begin{cases} (2k-1)/4n & (k=1,2,3,\cdots) \quad 明纹 \\ k\lambda/2n & (k=0,1,2,\cdots) \quad 暗纹 \end{cases} \tag{7.1}$$

式中,k 为条纹的级数;n 为 SiO_2 的折射率。$k=0$ 为硅表面与氧化硅交界处的棱边,此处 $t_{ox}=0$,呈现暗纹。根据最大一级条纹即可计算出氧化层的厚度。这种测量方法即为干

涉法。

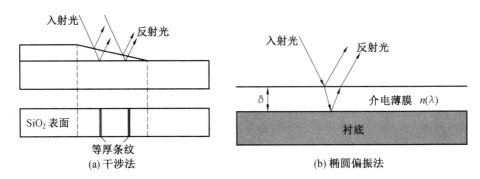

图 7.1 氧化硅厚度的光学测量法

干涉法也可以不腐蚀氧化层,进行非破坏性测量。同样地,采用单色平行光入射氧化后的硅片表面。但入射光的波长连续变化,随着波长的变化,氧化硅片的表面将交替出现亮条纹和暗条纹。相邻明条纹与暗条纹出现时入射光波长的差值 $\Delta\lambda$ 与氧化层厚度 t_{ox} 成正比

$$t_{ox} = \frac{\Delta\lambda}{2n_{ox}} \tag{7.2}$$

此处假设氧化层的折射率 n 不随入射光波长变化。

椭圆偏振法采用偏振光入射氧化后的硅片表面,测量反射光的极化角与强度随入射光的入射角和波长的变化。这种方法不仅可以测量被测薄膜的厚度,还可以同时获得薄膜介电性质(如复数折射率或介电常数)、表面粗糙度和均匀性等相关信息,是一种多功能的光学测量技术。椭圆偏振法用于测量厚度在几埃(Å)或几纳米到几微米的薄膜都有较高的精度,常被用来鉴定单层或多层堆叠的薄膜厚度。它还具有非破坏性和非接触的优点,在半导体行业中有着广泛的应用。但它是典型的间接测量方法,所获得的测量数据往往不能直接转换为样品的厚度或光学常数,而是需要构建相应的模型来进行分析。

3. 电学测量方法

电学测量方法通常有击穿电压法和电容 – 电压法(C – V 法)两种,测量之前都需要在硅衬底和氧化层表面分别制作金属电极,形成典型的 MOS 结构,如图 7.2(a)。通过测量固定面积 MOS 结构的电学性质,来推算氧化层厚度。

对纯度高且致密的 SiO_2 薄膜而言,其本征击穿场强 E_{break} 约为 12 MV/cm,则其厚度 t_{ox} 与测量得到的 MOS 结构的击穿电压 U_{break} 之间的关系应为

$$U_{break} = E_{break}t_{ox} \tag{7.3}$$

氧化过程中,由于存在杂质、气孔、应力等因素,会导致氧化膜中局部存在缺陷。在有缺陷的位置,氧化层的击穿为非本征击穿,击穿电压较低。采用击穿电压法测量时,常在氧化层表面制作出均匀分布的电极阵列,依次测量每个 MOS 结构的击穿电压,并做出击穿电压的柱状分布图,即可获得氧化层的厚度、缺陷分布及电学质量等信息。实测典型氧化硅片击穿电压的柱状分布图如图 7.2(b) 所示。

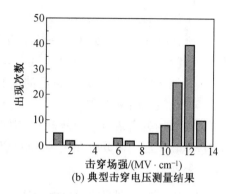

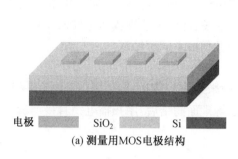

(a) 测量用MOS电极结构

(b) 典型击穿电压测量结果

图7.2　氧化硅厚度的击穿电压测量法

电容－电压法通过测量 MOS 结构的电容 C_{ox} 来推算氧化层厚度,此时要求电极尺寸远大于氧化层厚度,有

$$C_{ox} = \frac{\varepsilon_{ox} A}{t_{ox}} \qquad (7.4)$$

式中,ε_{ox} 为 SiO_2 的介电常数,A 为 MOS 结构的面积。

典型测量结果如图 7.3 所示。实际工作中往往采用偏温测量:首先在室温下测量 MOS 结构的 C－V 曲线;将 MOS 结构加热到 100 ℃,在栅极加 2～5 mV/cm 的正电场,保持 10～20 min;撤掉电场,将 MOS 结构冷却到室温,再次测量 C－V 曲线;然后将 MOS 结构重新加热到 100 ℃,在栅极加 2～5 mV/cm 的负电场,保持 10～20 min;撤掉电场,将 MOS 结构冷却到室温,重新测量 C－V 曲线。加栅电场前后 C－V 曲线的移动情况反映 SiO_2/Si 界面附近各种电荷的性质(如杂质浓度、少子寿命等),从而可以判断氧化层的质量。

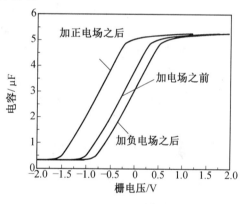

图7.3　典型测量结果

7.1.4　扩散层检测

1. 薄层电阻测量

通常采用两种方法:四探针法和范德堡法,后者适合于微区探测。

2. 结深测量

(1)结的显示。

利用磨角法或滚槽法在样品表面磨出一个 1°～5° 的斜面或凹形槽面,经过化学染色后,显示出结的边界,然后即可进行结深测量。在显示比较浅的结时,通常采用滚槽法,开槽柱体直径一般取 6.5～13 mm。

（2）结深测量。

干涉法是在样品表面覆盖一块平板玻璃，或由干涉显微镜提供一参考面，在单色光照射下，在样品斜面或槽形凹面上产生等厚的干涉条纹，即可由条纹数和光波长计算结深。几何法是测出槽宽 W_1 和露出衬底的宽度 W_2，由几何关系计算结深。

（3）亚微米结深测量。

可以采用测定杂质浓度分布的方法确定亚微米结深，常用的有扩展电阻法、C－V 法和阳极氧化剥层的微分电导法等，也可以在显示解理面的结后，用扫描电镜直接测量。

3. 杂质分布测量

（1）阳极氧化剥层的微分电导法。

阳极氧化剥层的微分电导法是一种传统方法，也被认为是精度最高的方法。该方法是在样品上逐次阳极氧化—剥层（用 HF 腐蚀掉阳极氧化层）—测量薄层电阻，直到 pn 结边界为止（对应于薄层电阻突然由大变小），得到 $1/R_s - x$ 曲线，进而求出电阻率分布，再由电阻率与杂质浓度曲线查得杂质浓度分布。

（2）扩展电阻法。

在一个磨角样品上，用两探针沿斜面以一定步进距离，逐次测出各点的扩展电阻 R，利用 $R = r/2a$ 可以求出电阻率。由于扩展电阻法具有微米级的空间分辨率，又采用计算机进行数据校正，能够自动地把扩展电阻－深度曲线转换成电阻率－深度曲线，进而转换成杂质浓度－深度曲线，因此扩展电阻法已成为工艺检测的标准方法，广泛用于测定外延层、扩散层的杂质和离子注入层的载流子纵向和横向分布以及外延层的自掺杂分布。

7.1.5 离子注入层检测

1. 中、大剂量注入检测

对于剂量范围在 $5 \times 10^{12} \sim 1 \times 10^{17}\ cm^{-2}$ 的反型离子注入层的检测方法与扩散层相同，只是检测的是载流子特性。

2. 小剂量注入检测

对于范围在 $1 \times 10^{11} \sim 5 \times 10^{12}\ cm^{-2}$ 的小剂量注入的均匀性和载流子分布的检测方法有二次注入法、MOS 晶体管阈值电压漂移法、脉冲 C－V 法和扩展电阻法等。

3. 几种方法的比较

离子注入剂量范围通常是 $10^{11} \sim 10^{16}\ cm^{-2}$，相当于杂质浓度范围为 $10^{15} \sim 10^{20}\ cm^{-2}$。四探针法一般用于 $5 \times 10^{12}\ cm^{-2}$ 以上的剂量范围，具有快速和简便的特点。C－V 法可用于 $1 \times 10^{11} \sim 5 \times 10^{12}\ cm^{-2}$ 的剂量范围，对于小剂量注入，是一种比较准确的测量技术，如果采用水银探针，可以大大简化样品的制备。扩展电阻法可以覆盖整个剂量范围，但在小剂量下精度不如 C－V 法。可以看出，作为离子注入的检测技术来说，三种方法是互相补充的。

离子注入层中杂质原子的分布一般采用中子活化分析、放射性示踪法、二次离子质谱

（SIMS）、背散射（RBS）和俄歇电子能谱（AES）等方法检测。

7.1.6 光刻工艺检测

光刻工艺的检测包括：掩膜版和硅片平整度检测；掩膜版和硅片上图形的 CD（Critical Dimension）尺寸检测；光刻胶厚度及针孔检测；掩膜版缺陷及对准检测；刻蚀终点探测。

1. 平整度检测

掩膜版和硅片的平整度是光刻微细加工中的两个重要参数。

平整度测试装置分为接触式和非接触式两种。接触式可采用螺旋分厘卡等机械量具，目前大多采用非接触式的专用平整度测试设备；非接触式种类很多，按其原理可分为电容法、激光干涉法、声波法和激光扫描法等。

2. 线宽测量

在光刻工艺中，为了得到满足工艺规范要求的图形 CD 尺寸，必须控制好掩膜版以及硅片显影、腐蚀等各步工序的线条宽度和间距，因此线宽的跟踪测量是必不可少的。测量线宽的方法和设备很多，主要有以下两种。

（1）目镜测微计。采用高精度螺旋千分尺测微目镜代替普通目镜，在 400 倍下测量线宽，精度为 $0.3 \sim 0.5 \ \mu m$，由于图形边缘有过渡区和人工判读数据，因此重复性很差，不宜大量检测。

（2）电子显微镜。精度高，即使计入放大倍率误差和畸变，以及考虑到集成电路表面的实际结构，测量精度也可达 $0.02 \ \mu m$。一种低压电子束测量装置可以测出 $0.1 \ \mu m$ 的线宽，用于亚微米级的 CD 尺寸测量是很理想的。

3. 光刻胶检测

（1）厚度测量。光刻胶胶层厚度是一项重要的工艺参数，工艺规范对其中心值和容差都有严格规定。胶层厚度测量普遍采用台阶测试仪、分光光度计，其他还有椭圆仪、SEM 等，后者仅用于薄的胶层和微区检测。

（2）针孔检测。原则上，检测 SiO_2 的方法也可用于光刻胶的针孔检测。方法是，先在硅片上生长一层 SiO_2，利用非破坏性的方法（如液晶显示法）检测氧化层针孔，然后进行涂胶、前烘、无掩膜曝光、显影、坚膜等一系列典型的光刻操作，再在 BHF 中腐蚀。如果光刻胶有针孔，腐蚀液就会透过针孔腐蚀底下的氧化膜，从而在 SiO_2 上腐蚀出与光刻胶针孔位置和密度相对应的针孔，这时即可沿用 SiO_2 检测针孔的方法检测出的针孔密度，减掉原有的针孔密度，就得到光刻胶的针孔密度。

4. 刻蚀终点探测

与湿法刻蚀不同，干法刻蚀有很高的选择比；过度地刻蚀可能会损伤下一层的材料，因此必须准确无误地掌握刻蚀时间。另外，机台状况的稍微变化，如气体流量、温度和被刻蚀材料批次间的差异，都会影响刻蚀时间的控制，因此必须时常检查刻蚀速率的变化，以确保刻蚀的可重复性。使用终点探测器可以计算出刻蚀结束的准确时间，进而准确地控制过度刻蚀的时间，以确保多次刻蚀的重复性。

常见的终点探测分为光学放射频谱分析（Optical Emission Spectroscopy，OES）、激光干涉测量法（Laser Interferometry）和质谱分析法（Mass Spectroscopy）三种。最常用的终点探测器是光学放射频谱分析，它是利用探测等离子体中某种波长的光线强度变化来达到终点探测的目的。由于光线是等离子体中的原子或分子被电子激发到某个激发状态再返回到另一个状态时所伴随发射的光线，光线强度的变化反映了等离子体中原子或分子浓度的变化。光学放射频谱分析可以很容易地加在刻蚀设备上而不影响刻蚀的进行，同时它还可以灵敏地探测反应过程的微变化以及提供有关刻蚀反应过程中许多有用的信息。但它也有一些缺陷：一是光线强度正比于刻蚀速率，难以探测刻蚀速率较慢的刻蚀过程；另外，当刻蚀面积很小时，信号强度过弱，从而导致终点探测失效。如在 SiO_2 接触孔的刻蚀工艺中的信号强度就比较弱，若在接触孔外提供大面积 SiO_2 来同时进行刻蚀，可增加信号强度，但大区域的刻蚀速率又大于接触孔的刻蚀速率，因此仍需要过度刻蚀以确保接触孔能完全刻蚀。

激光干涉测量法是通过探测透明薄膜厚度变化实现的，当停止变化时即为刻蚀终点。厚度的探测是利用激光垂直射入透明的薄膜，被透明薄膜反射的光线与穿透透明的薄膜后被下层材料反射的光线互相干涉，形成叠加干涉，根据叠加波形变化可显示刻蚀终点。激光干涉测量法的一些限制有：① 激光束必须聚焦在镜片上的被刻蚀区，而且此区的面积要够大；② 即使晶片存在足够大的面积供激光干涉探测，但激光必须对准在该区上，因而增加了设备及晶片设计的困难；③ 被激光照射的区域温度升高，将影响刻蚀速率，造成刻蚀速率与其他区域不同的情形；④ 如果被刻蚀表面粗糙不平，则所测得的信号将会很弱。

质谱分析法是另一种终点探测的方法，此外，它还可以提供在刻蚀前后，刻蚀腔内成分的相关信息。这种方法是利用刻蚀腔壁上的洞来对等离子体中的物质成分取样。取得的中性粒子被灯丝所产生的电子束解离成离子，离子经过电磁场出现偏析，不同质量离子的偏析程度不同，因而可将离子分辨出来，不同的离子可通过改变电磁场大小来进行收集。当这种方法应用于终点探测时，将磁场固定在欲观测或分析的离子所需的电磁场大小，并观察质谱的连续变化便可得知刻蚀终点。质谱分析虽然能够提供许多有用的信息，但是仍有一些缺点，如部分化合物的荷质比相同，即如果 N_2、CO、Si 同时存在，则探测刻蚀终点较难。另外，取样结果将左右刻蚀终点的探测，并且质谱分析设备不容易安装在各种刻蚀机台上。

7.1.7 外延层检测

1. 厚度测量

磨角法和滚槽法同前。层错法起源于衬底表面的外延层错的边长与外延层厚度的关系，如果测出层错的边长，即可计算出外延层厚度。红外干涉法是利用红外光在低阻衬底和高阻外延层界面反射光与表面反射光的干涉效应。

2. 图形漂移和图形畸变的测量

外延过程中，外延层表面相对于埋层图形的漂移和畸变的测量方法：先用磨角法或滚槽法显示出外延层,然后根据图形漂移 $= [(a-c)+(b-d)]/2$,图形畸变 $= ab-cd$ 进行计算。

3. 电阻率测量

外延层电阻率的测量通常采用三探针法、四探针法、扩展电阻法和范德堡法等。对于高阻的薄外延层,一般应采用扩展电阻法和范德堡法。

4. 杂质分布和自掺杂分布测量

外延层的杂质分布和自掺杂分布一般采用扩展电阻法和 C – V 法(微分电容法)测量。为了提高测量精度,保证重复性,外延片表面制备汞 – 硅肖特基接触直径的选取和校准,以及避免汞探针的沾污等方面都要有所注意。C – V 法具有精确、快速和非破坏性的特点,测量范围是 $10^{14} \sim 10^{18}$ cm^{-2}。

7.1.8　微电子测试图形及结构

1. 测试图形及结构的要求及用途

测试图形是随着微电子业的出现而诞生的,最初的测试图形也比较简单,直接把产品器件图形本身作为测试图形。随着微电子业的发展,特别是 ULSI 工艺越来越复杂。现在,一般 ULSI 工艺往往需要几十道工序。要获得参数均匀、成品率高、成本低、可靠性好的产品,必须保证每个工艺环节都处于受控状态,使其达到一定的参数指标。否则就会使器件性能下降,甚至失效。因此,微电子测试图形及测试结构不断优化,目前已趋于标准形式。

微电子测试图形和测试结构必须满足以下两个准则:

① 要求通过对测试结构和测试图形的检测能获得正确的结果。因此,要根据电路设计要求和实际能达到的工艺条件来进行测试结构和测试图形设计。每种结构、图形只用来测量一个参数,且测量不受材料或工艺特点的影响,即应把外界因素的影响减到最小。

② 求测试图形和测试结构能使用自动测量系统便捷地获取数据,自动测量系统应用最少的探针(或探测板)。近年来发展了 $2 \times N$ 探测点阵列形式(N 为任意正整数),这适用于计算机辅助自动化测试。

微电子测试结构图形的使用除了能监控工艺过程、保证工艺水平、提高器件质量和成品率之外,还有多方面用途:

① 为新产品的工艺设计提供必要的数据,如提取新器件的电参数、电阻设计参数(如误差、条宽、电阻比、接触电阻)等。

② 对不同的生产工艺和生产线进行比较。

③ 评价工艺设备。

④ 在某些情况下,测试结构的信息可以用来预测电路是否能执行功能,或者用以诊断电路是否失效。

2. 测试图形的功能

微电子测试图形是工艺监控的重要工具,为微电子工业普遍采用。微电子测试图形是一组专门设计的结构,采用与集成电路制造相容的工艺,通过对这些结构的测试和分析来监控工艺和评估由这种工艺制造的器件和电路。具体功能大致归纳如下:

① 提取工艺、器件和电路参数,评价材料、设备、工艺和操作人员的工作质量,实行工艺监控和工艺诊断。

② 制定工艺规范和设计规范。

③ 建立工艺模拟、器件模拟和电路模拟的数据库。

④ 考察工艺线的技术能力。

⑤ 进行成品率分析和可靠性分析。

3. 测试图形的配置方式

微电子测试图形在硅片上的配置方式可分为三类:

(1) 全片式。

全片即工艺陪片(Process Validation Wafer,PVW),这种类型是把测试图形周期性地重复排列在圆片上,形成 PVW。PVW 是仅有测试图形的完整圆片,可先于生产片或与生产片一起流水,通过测试图形中的各种测试结构可探明掺杂情况、掩膜套准误差、接触电阻参数及随机缺陷等。

PVW 上的测试图形通常需要全部测量,并以作图方式表明整个圆片上工艺参数或器件参数的分布情况。这种参数分布图可用于评价某项工艺设备的性能、某条工艺线的均匀性与稳定性、不同生产线或厂家之间工艺水平的比较、查找产品成品率下降的原因、预测器件或电路的可靠性等。参数分布图也是进行工艺设计优化的根据。

这种测试图形的配置方式可以解决各种问题,但是既费钱又花时间,所以当工艺趋于成熟稳定、成品率提高后,就应改用其他的配置方法。

(2) 外围式。

外围式是一种早期常用的方式。它由位于每个电路(芯片)周围的测试结构组成,用于工艺监控和可靠性分析。

由于这种方式配置的测试图形是用与集成电路完全相同的工艺同时制成的,又是在电路的周围,由它测得的数据能反映电路参数的真实情况,因而经常使用。这种测试结构的一个限制是随机缺陷的"俘获截面"远小于大规模集成电路本身,同时因为面积有限,只能选择几个必要的结构以控制主要的电路或工艺参数。所以外围式一般只在成熟的工艺线上使用。

(3) 插花式。

这种方式是在圆片的选定位置用测试图形代替整个电路芯片,其数量和位置由需要而定。分布可以是星形、柱状形或螺线形。一般是在片子的每个象限中分布几个测试图形。插入的测试图形有两种形式:一种是由根据需要设计的一组测试结构组成的,用于工艺控制和可靠性分析;另一种是由改变了电路金属化连线的测试图形组成的,它可以获得内部单元电路的性能,对复杂的电路比较有用。

7.2 测试技术

微电子产品特别是集成电路的生产,要经过几十步甚至几百步的工艺,其中任何一步的错误,都可能是最后导致器件失效的原因。同时,版图设计是否合理,产品可靠性如何,这些都要通过集成电路的参数及功能测试才可能知道。以集成电路由设计开发到投入批量生产的不同阶段来分,相关的测试可分为原型测试和生产测试两大类。

原型测试用于对版图和工艺设计的验证,这一阶段的测试,要求得到详细的电路性能参数,如速度、功耗、温度特性等。同时,由于此时引起失效的原因可能是多方面的,既有可能是设计不合理,又有可能是某一步工艺引发的偶然现象,功能测试结合其他手段(电子显微镜等),可以更好地发现问题。

对于生产测试而言,它又不同于设计验证,由于其目的是将合格品与不合格品分开,测试的要求就是在保证一定错误覆盖率的前提下,在尽可能短的时间内进行通过／不通过的判定。为了降低封装成本,使用探针对封装前的圆片进行基本功能测试,将不合格品标记出来,这在封装越来越复杂、占整个 IC 成本比例越来越大的情况下,以及多芯片组件的生产中尤为重要。封装完成后,还必须进行成品测试。由于封装前后电路的许多参数将有较大的变化,如速度、漏电等,许多测试都不在圆片测试阶段进行。同样,成品测试也是通过／不通过的判断,但通常还要进行工作范围、可靠性等的附加测试,以保证出厂的产品完全合格。

7.2.1 电学测试的基本分类

电学特性测试的目的是最大限度地覆盖可能存在于 IC 中的所有的失效源。IC 电学特性测试主要包括直流特性测试、交流特性测试、功能测试和工作范围测试。

1. 直流特性测试

在 IC 制造、出厂、验收、可靠性保证的各个阶段,直流特性测试用的最为普遍,它是一切测试的基础。直流特性测试大致可分为输入、输出、全电流和功耗的测试。直流输入特性是在需要测试的输入端加上一个规定的电压,其他的输入端加一定的电压或短路、开路,然后测定它的输入电流。对于直流输出特性,则是测试它能否满足规定的负载条件,方法是在被测的输出端加上一定电压时,测定它的输出电流。VLSI 逻辑电路内部门电路很多,输入的逻辑组合也多,输入条件不同,直流输出特性也会发生变化,因此输入条件的确定非常复杂,需特别注意。

2. 交流特性测试

交流稳态测试是用正弦信号或其他周期性信号激励被测器件,在稳态情况下同时测量输入／输出波形,主要用于模拟电路测试。

脉冲测试是用来测试数字／数模混合电路的脉冲传输特性,也称动态测试。就是在测定输入／输出的开关波形时,根据输入／输出的电平定义,测定上升、下降、延迟时间等参数,也就是通常所说的参数测试。另外,对于用时钟动作的电路,要测定最小脉冲宽度

(最高工作频率)等参数。

3. 功能测试

由于纯模拟电路的规模通常都不太大,它的功能测试通过交/直流特性测试即可完成,这里所说的功能测试,主要是针对数字及数模混合电路。逻辑功能测试是数字/数模混合电路测试的中心,它是对电路逻辑功能的检验,方法是通过在电路输入端加一系列的测试图案,测量输出端响应,并与无错误的输出预期值比较,以检查被测器件的功能是否正确。为了最大限度地覆盖电路中所有节点可能存在的所有错误,并尽可能缩短测试时间以降低成本,如何产生更加合理的测试图案是关键。

功能测试常与动态测试结合进行,形成了所谓实时功能测试,也称动态功能测试。这在被测器件的工作频率不断提高的情况下尤其重要。

4. 工作范围测试

工作范围测试也称安全工作区测试,确定被测器件在某些参数条件下的正常工作范围,如极限测试及绘制 SHMOO 图等。确定这个范围对于了解器件的性能、确定工作条件、改进设计和工艺都有很大的意义。

面对集成电路测试得到的大量测试数据,需要用适当的方法来统计分析和整理,使其变为容易理解和便于使用的形式,如各种曲线、图表和统计结果等。用这些统计数据可以方便地鉴定器件质量,确定参数规范,分析产品失效原因,控制生产工艺等。

常用于分析单个器件合成批器件的曲线与图表形式有:曲线图、SHMOO 图/组合 SHMOO 图、三维图和等高线图等。

集成电路的测试成本来源于测试设备与测试行为两个方面。

测试设备方面的成本又可以具体分成硬件与软件两部分。

硬件方面:测试仪的购买和维护费用,包括测试控制(计算机和存储设备)、引脚电路(驱动/接收接口)和连接线。

软件方面:测试软件的生产与维护费用,包括测试图形发生、测试设计验证(失效模拟与失效分析)以及相应的文件等。

测试行为带来的消耗来源于测试时间和测试人员费用。

测试时间:测试占用测试设备与计算机的机时、长时间测试(如老化测试)带来的隐蔽性消耗。

测试人员:测试人员培训和工作时间的费用。

随着电路规模和复杂性的不断增加,集成电路测试的成本已经占到整个生产成本的30% ~ 40% 。

7.2.2 测试等级

1. 圆片测试

在 IC 加工过程中和加工后,都要进行电气测试,才可获得 KGD。因此电气测试将应用于各道工序中。首先是圆片级层次的测试。当 IC 还处于圆片形式时,用圆片探针测得电路功能。在圆片探针测试期间,自动激励/响应仪器同时连接到相应芯片引脚,然后测试每个芯片,通常用黑点分辨错误芯片。探针测试通常只检查器件的基本功能,性能测试一般是在器件封装后进行。它的局限性是由于高性能测试要求精确的电连接,圆片级的这种连接非常昂贵。然而,当器件用在多芯片封装时,单个封装中测试每个器件是不现实的。在这些情况下,必须对圆片级、裸片级和划片后的芯片进行电气测试。

2. 裸芯片测试

裸芯片是没有经过封装且一个个分立的芯片,芯片大小各异,功能多样,种类繁杂,版图结构各种各样,没有统一的夹具进行测试和试验,必须通过制定夹具系统为裸芯片测试和老化时提供临时的封装;而裸芯片测试、试验过程中夹具的电连接及其可靠性,裸芯片的无损装／卸等问题,都对裸芯片的测试结果和应用有着非常大的影响。

裸芯片临时封装夹具系统。实现裸芯片的无损测试和老化试验,关键是裸芯片夹具及夹具系统。裸芯片夹具可分为两类:半永久性夹具和临时性夹具。半永久性夹具是在裸芯片与夹具之间形成接触,当要取出裸芯片时要破坏掉这种接触,多数情况下裸芯片上会留下一些残余物,如载带 TAB 结构。临时性夹具则是当裸芯片取出时所有的连接都要去掉,不在裸芯片上留下任何残余物,裸芯片在夹具中如同在封装中一样,完成测试和老化后将裸芯片取出。为了达到对裸芯片无损测试和老化筛选的目的,并对筛选后的裸芯片使用不带来任何的影响,临时性夹具技术用得非常广泛。

临时性夹具系统是可以对裸芯片进行暂时封装的载体,芯片载体需对芯片起到保护作用,也不会损伤芯片电极,可以反复使用。夹具系统内装薄膜导电布线基板(衬底),四周有微小间距的金属接触区,其图形及间隔满足表面贴装集成电路测试插座对其参数要求,在薄膜的中心区域有一个金属凸点区。金属凸点的位置参数与相应裸芯片上的键合区相对应,裸芯片倒扣在薄膜基板上,芯片上压焊区与衬底上的金属凸点接触,芯片上方的盖板带有弹簧装置,使盖板具有弹性,盖下时将芯片与基板压紧,从而实现良好的电接触。芯片载体再装到有标准的集成电路测试插座内,插座可装到测试架或老化板上,这样就可以进行老化和全温度范围的电性能测试。

裸芯片的测试方法和技术与标准封装集成电路的测试相类似,但是裸芯片的测试夹具只提供了裸芯片测试时的临时封装,测试过程中裸芯片所承受的气氛与测试的环境气氛相同,因此测试过程中必须对裸芯片进行气氛控制。同时裸芯片与 KGD 夹具间的接触是一定压力下的硬接触,其能承受冲击和振动的能力很弱,在测试过程中都必须进行特殊处理和对待。

要测试裸芯片,必须具备以下三种设备:满足测试裸芯片的功能和基本参数的测试仪、用于裸芯片高低温控制设备、测试过程中对裸芯片进行充氮气保护的设备。

裸芯片的测试可根据产品规范和用户需求进行常温、低温和高温测试。

在测试过程中,对于常温和低温测试,这两个测试没有高温过程,不需要对裸芯片进行防氧化保护,但为了减小环境中水汽对裸芯片功能和参数的影响,可对裸芯片所处的局部空间进行干燥空气或氮气保护。对裸芯片进行高温测试时,要避免在芯片表面的键合区金属化在高温下氧化,影响 KGD 以后的使用,需要在高温测试时对裸芯片所处局部空间充干燥氮气等惰性气体进行保护。

确认 IC 为优质芯片前,对其进行的测试称为老化测试。在老化测试期间,电路长时间处于高温并通电,设计电路的恶劣环境迫使潜在失效的出现。老化测试加速了"初期失效率"的启动。"初期失效率"是在寿命周期的初期,电路更趋于失效。通常老化测试要求单个封装,使其能放在标准的测试箱中,然而,如果 IC 用在多芯片封装中,标准测试箱则不适用,应使用临时芯片载体。如果要把测试接触点加到圆片金属层上,则要用另一种称为"片级老化"的方法。在这种情况下,圆片上所有芯片一起加上电源,使整批圆片都放入老化箱中。芯片老化测试后,再进行电气测试,以发现失效芯片及不合格的参变量。

3. IC 测试

芯片测试由芯片制造商完成。芯片制造商首先进行简单的圆片挑选,如结构完整测试或功能测试。圆片级芯片进行测试后,挑选出好的芯片进行封装,并对封装好的芯片再进行测试。

4. 基板测试

测试基板上的互连线是否开路或短路。在 KGD 装配到基板之前,必须保证基板是没有缺陷的。

5. 组件测试

组件测试包含了把基板和 IC 作为一个单元的测试。为检查 IC 与基板的互连,需要进行互连测试,而芯片测试是用来测试 IC。

6. 系统测试

在系统级测试中,功能测试包含详细的性能测试及验证设计指标。

7. 互连测试

电子封装提供了互连、供电、冷却和保护 IC 芯片的方式。封装或基板上的互连提供了有源器件间的连接或与其他分立元件间的连接。由于半导体芯片比较昂贵,必须进行测试以保证非常规基板内所有互连路径的完整性。互连测试基于一套设计标准如绝缘电阻、导体电阻、连续性和网络电容等,这些标准保证了互连的正确性,从而避免了在有缺陷基板上装配昂贵芯片,也就降低了封装产品的成本。

封装互连是由单层或多层金属构成的,它把有源电路连接起来形成功能。在互连金属层制备过程中,可用光学方法检查这些互连层。加工过程中允许检查和修补与缺陷相关的工艺。尽管每层都进行光检查,但温度和后续各层的加工应力可能导致互连错误。因此,互连在芯片黏接前就要进行检查。对基板的上下表面也要进行测试。芯片装配前埋层基板互连的测试称为基板测试。

通过基板测试来检查开路和短路,有时基板测试要求高分辨率以检查潜在故障。这些结构上的不完整性并不能致使互连出现功能性开路或短路,但是在以后的应用中可能会降低出现开路或短路的条件。在将来进一步处理或客户应用期间,这些故障可能导致电路失效,所以对其特别关注。

7.2.3 测试器件类型及方法

1. 模拟器件

模拟器件市场有很广泛的定义。模拟器件是指动力产品,例如电源、稳压器和电源开关;通信产品,例如信号放大器、开关和滤波器;还有其他类产品,例如刹车灯、停车灯和光电鼠标器件中的发光二极管(LED)。

(1)模拟器件的定义。

模拟器件是在一定范围内输出和输入成线性比例的器件。模拟器件有时也称为线性器件。与数字器件相反,模拟器件有连续不断的输出,在理论上可以有无限种状态。一些普遍的模拟器件包括运算放大器(OPAMP)、滤波器、稳压器、模拟开关、二极管/LED、晶体管、可控硅开关/可控硅整流器(SCR)和光电偶。

模拟器件是高端产品中的一部分,也可称为"模拟黏合剂"。例如,一部手机会结合控制器、闪存、静态存储器(SRAM)、数字信号处理(DSP)和许多模拟元件,如 RF 放大器、滤波器、开关和 LED。

(2)模拟器件测试机的结构。

模拟器件测试机的结构很大程度上取决于所测器件的种类。通常,首选的测试机是自动测试设备(ATE)或"拼接"设备,而"拼接"设备就是一些独立仪器的结合。由于模拟器件的测试机结构取决于被测器件的功能,而这些器件要求很低的测试成本(COT),因此很多时候,测试机结构是特定针对一个器件族的,而不是通用的。然而,需要如下一些通用测试机的功能块。

转换矩阵提供了连接电源和测量设备到被测器件(DUT)不同管脚的方法。指定(或设计)转换矩阵要求考虑管脚数量、功能和参数规范。

电源要提供测试器件的动力。电源方面的考虑包括需要多少电源及其电压电流规范。所有信道、电线和用具都要能承受最大电流和电压。有些测试会对人体或测试设备造成伤害。例如,测试 DUT 的击穿电压,要给器件加一个高电压(几百伏)以确保其符合规范。通常,会用一个脉冲高电流源以使测试设备不太大,而且能避免破坏器件特别是在测晶圆时,因为不能附加散热片。就算是测封装器件时,散热片的应用也要尽量少。

数字逻辑输入/输出管脚可用做通到 DUT 的数字控制管脚,或为特定测试模式配置这些管脚。控制线、信号线,或识别管脚可以用来控制 DUT 测试板上的继电器或开关。不同的器件要用不同的测试板,而且通常测试程序会检测测试板上的识别信息以确保正确。

探针机/装卸机接口会自动移到下一个芯片模或器件,而且也会送出分类信息从而将器件分类到不同的等级。接口通常也会结合设备进行温度测试。由于机械或电性问题将探针机或装卸机和测试机接合起来通常比预期更费时。无论是晶体管 - 晶体管逻辑(TTL)接口还是标准通用接口总线(GPIB)接口,都有一套标准预期信号。

系统控制器用于操纵和协调测试单元的所有操作。对于系统控制器的考虑包括所用的操作系统、联网能力、数据处理速度、可升级性、可支持的测试语言,以及操作系统语言是否是工业标准或属于某项专利。

要考虑的最后一个因素是通常测试系统要安装在洁净区域或限制进入的区域。由于在这些限制区域进行测试开发不方便,因此找到一种方法进行远程开发是很重要的。

模拟器件的基本测试设置模拟器件的测试设置取决于器件的功能和要求的测试等级。例如,测试一个简单的二极管需要一个可编程的电压和电流源,以及电压和电流测量设备(通常称为参数测量单元或 PMU)。还需要示波器或可编程阈值计数器,以便测量交流转换特性。测试机的构架取决于需要的自动化程度和期望的准确性。例如,如果只要测一小批二极管,一名操作员可以用电源、电压表、脉冲发生器、模拟示波器和纸笔进行手动测试。如果是大批量的二极管,并要记录数据和测试温度,就需要加入自动化设备,包括系统控制器、计算机控制的 PMU、信号发生器、示波器/计数器、可控温的装卸机和器件标识系统,以便和记录的数据相对应。

纯模拟电路通常规模比较小,模拟电路测试的难点不是数据量大,而是电路的复杂性。即使是一个最简单的运算放大器,也需要进行 20 ~ 30 种互不相关的不同内容的测试。每一种电路的测试内容和要求都几乎是完全不同的。比如运算放大器与调频电路间就没有什么共性可言。以运算放大器为例,需要测试的参数包括输入失调电压、输入失调电流、共模抑制比、电源电压抑制比、正增益、负增益等。

在模拟电路的原型测试阶段,需要进行工艺参数和电路参数两个方面的测试,并且在其成品测试中,也需要保证相应的工艺参数稳定不变,因为表面状况、光刻版套准精度等的偏差都会引起模拟电路性能下降。

模拟电路的失效类型大致可以概括为以下几类:参数值偏离正常值;参数值严重偏离正常范围,如开路、短路、击穿等;一种失效引发其他的参数错误;某些环境条件的变化引发电路失效(如温度、湿度等);偶然错误,但通常都是严重失效,如连接错误等。

其中,参数值偏离正常值、一种失效引发其他的参数错误、某些环境条件的变化引发电路失效(如温度、湿度等)通常只是引起电路功能偏离设计值,但仍可工作。由此也有人将模拟电路失效情况分为硬失效和软失效,前者指不可逆的失效,引发电路功能的错误;后者发生时,电路仍可工作,但偏离允许值范围。

在数字电路测试中通常采用的 s – a 失效模型,基本上可以覆盖数字电路的绝大部分失效情况,但在模拟电路测试里情况有所不同,硬失效只占总数的 83.5%(也有的资料上为 75%),这样就至少有 16.5% 的失效情况不能由失效模型得到。所以即便采用了失效模型,也还需要使用 SPICE 等仿真软件来模拟发生某种失效时的实际结果。随着 VLSI 技术的不断发展,详细的无故障特性模拟结合功能测试成为模拟电路测试的主流,用以检测出任何的特性偏移,取代失效模型分析。

(3)模拟电路参数测试。

纯模拟电路通常包括放大器(特别是运算放大器)、稳压器、晶振(特别是压控晶振)、比较器、锁相环、取样保持电路、模拟乘法器、模拟滤波器等。数模转换器、模数转换器也可以归为模拟电路。由于不同的模拟电路特性参数也各不相同,当然不可能给出统一的测试方法和要求。实际测试只能针对具体电路,依据客户或设计者提出的电路特性参数要求。设计相应的测试内容,进行合格与否的检测。

在测试前先要依据生产商提供的电路参数进行仿真,得到被测电路的特性参数期待值和偏差允许范围,以运放为例,生产方应提供的参数包括高/低电平输出、小信号差异输出增益、单位增益带宽、单位增益转换速率、失调电压、电源功耗、负载能力、相位容限典型值等。得到了测试所需的输入信号和预期的输出响应,就可以准备相应的测试条件了。确定需要的测试测量仪器,搭建外围测试电路。这也是与数字电路测试的不同之处。模拟电路的特性参数可能会因为外围条件的微小差异而有很大的不同,所以诸如测试板上的漏电等因素都必须加以考虑。

(4)特殊信号处理与 DSP(Digital Signal Processing)技术。

传统的模拟电路测试方法很难得到精确、重复的输入信号和输出响应,对电路的输入端也很难做到完全同步。同时,靠机械动作切换的测量仪器,响应速率也难以达到输出测量的要求。DSP 技术的出现和发展,正为高速、精确的模拟电路测试提供了有效的解决方法。

使用 DSP 技术进行模拟电路测试的好处有以下几点:可精确控制产生任意幅度、频率和波形的模拟信号;准确测量输出信号;可做到准确的时间控制和信号同步;对输入信号产生和输出信号测量的精确重复。最大限度地防止信号的漂移;不存在传统模拟测试在设备间切换时需要很长的稳定时间的问题;由于数字信号的采样频率与模拟信号测试速度相比,至少要高 10 倍以上,其测试速度要大大高于传统方式的模拟测试。

DSP 技术更大的用途在于混合电路的内建自测试。由于其数字部分已有的自测试结构可以作为对模拟信号进行数字处理的模块,充分利用了电路内部的可用模块。

模拟器件的趋势:将来制造商为了增值和减少成本,会将越来越多的模拟器件集成到更高端的最终产品的封装。

2. 数字器件

数字器件为从最低端零件到最复杂系统提供逻辑和计算功能。一些例子包括仪表、打印机、计算器、汽车和计算机。数字逻辑器件主要的类型包括处理器、专用集成电路(ASIC)和可编程逻辑电路。处理器可以通过编程完成多种任务。ASIC 是为了特定应用而设计和优化的,例如控制打印机或控制汽车性能。因此,设计 ASIC 更容易也更廉价。成本因素和为了及时投入市场是开发人员开发如此多种 ASIC 的主要原因。最后,可编程逻辑电路给了用户灵活性,使其进行改变以达到最终应用的要求。

(1)数字器件的定义。

数字数据有两种状态:开/关,高/低,即逻辑"1"或"0"。给器件一个或多个输入脉冲会有一个或多个输出。逻辑门由晶体管或场效应管(FET)组成。逻辑门是所有逻辑功能块中最简单的一种。逻辑门包括与门、或门、异门和非门等,这些门可以组合成具体功能的逻辑电路。一个数字器件可能由几个功能块组成。这些数据位组合在一起形成数字数据的字节。每个数据位有两种可能的状态(0,1)。数字器件上的二进制字节也称为总线。总线可用来定位存储器,将特定的数据写到特定的存储位置,也称为控制线。

许多公司将数字功能块作为知识产权(IP)出售,这使开发人员可以实现最高性能的设计,而且也使他们能用一家公司带有数字模块的微处理器模块和另一家公司的接口模块来产生一个符合要求的新器件。

数字信号是基于器件的时钟来接收和传输的。时钟信号的上升沿和下降沿或二者一起用来将数据锁到器件的翻转器。时钟频率越快,器件速度越快,器件也就能更快完成任务。处理器和 ASIC 可能有几个时钟。一个器件可以在内部以一个时钟频率来进行运算,而以不同的速率传输和接收数据。在这种情况下,器件可以用锁相环产生其自身的时钟,并用此时钟频率传输数据。最高的时钟频率通常用于器件的内部运算,其他时钟频率用于和其他元件之间交流,这能减少传输误差的风险。

（2）基于功能、结构和缺陷的测试。

测试数字器件的常用方法是利用功能测试来模拟同样的实际应用。例如,对于一个"与"门,以下的一系列输入——00,01,10,11——会产生输出 0,0,0,1。IC 开发人员模拟器件操作以确保他们的设计正确。这些模拟数据可以用来产生测试矢量。伴随着数字器件上逻辑门的数量增加,用来模拟器件的时间以及测试矢量的数量呈指数级增长。包含百万个晶体管的器件由于投入市场的时间(TIM)和模拟及测试设备成本(例如,需要更大的存储器和处理能力) 的压力,其功能不可能完全模拟。因此,工程师可将测试电路设计到器件里,可以将功能和测试结构结合在一起来验证器件的运作。简单的功能测试可以用来测试器件内不同功能块间的互连,而测试结构可以用来测试各个逻辑门。

可测试性设计总结可以用来确定器件要用的方法。测试结构是为了验证是否所有产品电路都存在并工作。换言之,测试结构可以验证 DUT 没有失误,但并不能验证器件能否达到其规范的功能。最普通的数字测试结构是扫描。为了做扫描测试,开发者必须用扫描反转器。而且,当芯片置于扫描模式,器件上的特殊输入管脚可以连续输入数据到寄存器,并放到特定的反转器。需要检测特定失误的数据可以很简单地应用于逻辑门的输入。将正确的数据放入反转器后,器件计时一次,扫描反转器从这些逻辑门的输出获取数据。这些数据连续送出,并和模拟预期的数据相比较。扫描寄存器可以并行测试多条"链"以增加产出量。任何数据都可放到任何逻辑门,所以错误覆盖率很高。不好之处在于这些不同的连续扫描链需要大量的矢量存储器,而扫描线通常比器件的其他部分速度慢,因此测试时间可能会很长。

第三个测试方法是基于缺陷的测试(DBT)。DBT 通过检测器件输出不正常的表现来探查电路中的缺陷,即使输出符合规范。最广泛应用的 DBT 方法是测量电路静态供电电流,称为 I_{DBT}。这些方法广泛应用于互补金属氧化物半导体(CMOS) 电路。最理想的,在 CMOS 器件中当器件通电但没工作时应该没有电流泄漏。任何电流流动都是 FEI 泄漏或缺陷所致,通常互连线之间的搭桥使部分电压加到连接的 n 沟道 MOSFET 管(NMOS)和 p 沟道 MOSFET 管(PMOS) 的栅极上,所以这两种 FET 一旦微弱开启电流,就从 U_{DD} 流到了地。当一个器件有一定的 I_{DDQ} 定义。任何超出 I_{DDQ} 定义的器件就可被认为是不合格品。器件通常是在静态做扫描的,所以 I_{DDQ} 测试是建立在结构扫描测试之上的。由于 FET 越变越小,它的自然漏电快速增加,这使得区分缺陷电流和非缺陷电流变得更困难。更高级的 I_{DDQ} 测试已经开发出来,用于测小尺寸器件,包括 I_{DDQ} 变量和 I_{DDQ} 电流识别。这些测试将器件编程到静止状态来进行多个 I_{DDQ} 测量。极端的变化表明器件故障。这些更高级的方法需要大量的描述定义。

一个不用外部测试机的通用替代方法是内置自测(BIST),可以执行功能和结构测试。高速或高密度数字功能块可能无法扫描测试。BIST 是植入器件内部的小型状态 –

机器电路。测高速电路时对器件编程来驱动随机数据,可以利用器件本身的输入管脚接收数据并和预期结果比较。BIST 可以作为器件的一部分或做到器件以外,成为在晶圆上的一个小电路,称为外置自测(BOST),这些电路在器件封装时会被切掉。

其他常见测试分类方法:

①实装测试法。把被测试的 IC 连接到实际工作的系统环境中,看它能否正确地执行运算和操作,以此判断它是好是坏。由于不需要特殊的测试仪器,这种方法比较简单经济,但缺点也很多,比如不能分析工作不正常的原因、不能进行改变定时等条件测试、没有特别的硬件时不能在中断等最坏情况的外部环境状态下进行测试、测试灵活性差等。这种测试方法主要为需要少量 IC 的用户用于验收测试。

②比较测试法。把存储在逻辑功能测试仪器的存储器里的输入向量,同时输入到被测试的 IC 和比较用的合格 IC 中,对两个电路的输出向量进行比较,看其是否一致,以此来判断好坏。这种测试方法可用价格较低的测试仪器,比较简单经济,可以进行实时重复响应测试,并可以针对 VLSI 内部特定模块生成测试图形,对失效进行定位。但它的缺点同样不可忽视,对于比较合格 IC 的依赖性很强,从哪里获得最先用于比较的合格 IC 以及如何管理它,输入的调试向量是设计人员确定的,改变和修正的自由度很小,对于动态状态下的功能测试有一定的限制,不可能进行参数测试。这种测试方法一般用于 VLSI 制造中 GO/NO GO 测试。

③测试图形存储法。这是目前应用最广泛的逻辑 VLSI 功能测试法。在测试前,把预先脱机生成的测试图形输入到 VLSI 测试仪器的缓冲存储器里,然后进行逻辑功能测试,所以这种方法也称存储响应法,具体又分为以下两类:

a.逻辑模拟法。由测试图形发生器,依据被测试 VLSI 的逻辑连接,生成输入/输出测试图形。这种方法的优点是:只需要输入被测 IC 的逻辑连接数据,是最方便的方法。适用于一切 VLSI;能够以逻辑门单位,查出失效部位;测试程序简单,电平、定时等参数容易改变,可建立 VLSI 特性图表;对于一种 IC 只需要生成一次测试图形。同样,这种方法也有缺点:测试图形发生器的算法非常复杂;由于测试图形是自动生成的,不能自由改变顺序;不了解 VLSI 的内部结构,就不能使用这种方法;需要存储测试图形的大容量存储器。

b.输出向量检出法。这种方法主要是针对微处理器的测试提出来的,它是把以翻译程序转换为输入向量的操作码与操作数加到合格 IC 上(或直接把输入向量加到合格 IC 上),检测出这时的输出向量和输入向量一起作为测试图形,保存在 VLSI 测试仪的大容量存储器中,用于逻辑功能测试。

它的优点是测试微处理器时,指令和操作数系列只需以助记符的形式输入;可以测试特定的指令,此时向量的顺序可以自由改变;测试程序简单,定时等参数容易改变,可做特性图表。缺点是对于每一种 VLSI 都要有相应的翻译程序;需要存储测试图形的大容量存储器;需要准备检测输出图形用的合格 IC。测试图形存储法通常使用价格昂贵的通用 VLSI 测试仪器。但由于它即使在生成测试图形后,也可以通过改变测试程序自由改变测试条件,对器件的特性进行评价,因此目前的 VLSI 制造商和部分用户都采用这种方法进行测试。

④ 实时测试图形发生法。这种方法不必把测试图形存入缓冲存储器,而是用图形发生器,一边实时地产生测试图形,一边进行逻辑功能测试。

产生测试图形的方法有仿真法和算法测试图形发生法两种。仿真法使用测试仪器的硬件构成待测 IC 的仿真器,根据输入产生测试图形。对于算法测试图形发生法,应用的算法种类很多。

实时测试图形发生法由于实时产生测试图形,不需要测试仪器具有大容量的存储器,但同时也限制了测试速度。对仿真法,还有不同电路需要不同硬件仿真器的问题。

⑤ 折中法。根据被测电路的具体情况,将以上各种方法加以组合,以适应实际测试需要。

上述测试方法都各有优缺点,有的适用于产品测试或改进阶段的验证测试,有的适用于大规模生产中的合格品检验,有的通常只用于客户验收测试,具体采用哪一种方法,要根据实际需要确定。

（3）确定性表现和非确定性表现。

传统的功能测试是在测试前定义确定的模式,这些模式通常是由器件模拟和一定的刺激及回馈数据而来的。刺激信号是为了练习 DUT,回馈信号是对刺激信号的回馈结果。被测器件要被证实能匹配刺激反馈,对于已知的输入只有一个正确的输出。

非确定性表现有多种形式,但基本的定义是用于决定输出正确性的算法或协议。执行前输出不可预知,因此事前没有产生好的“预期数据”。测试数据和执行时间都是可变的。

对于数据而言,即如果对于已知输入,合格器件有一个有效的输出区间。对于时间而言,即比较脉冲的时间是依据寻找一些管脚的时间设置而测量其他管脚。

（4）数字测试的基本设置。

设置和执行数字测试的基础包括定义管脚配置,或 DUT 管脚到测试机资源的对应、电压电平、管脚信号沿的时间,以及定义正确的驱动和接收的状态,或将矢量放到框架中以便开发程序。

其他交流测试包括功能测试、时间测试、水平测试、功能测试,在其中给出输入矢量和要比较的输出;时间测试要找出何时信号沿通过测试而何时不通过;水平测试动态检查输入和输出,传播延迟决定信号通过电路所用的时间,并以此来设定和保持测量,以决定在时钟信号发出前的多少时间要设置输入,以及持续测量到时钟周期发生后多久。其他测试包括频率测量、抖动性测量和扫描测量。扫描测量在一定区间内改变电压、时间沿或频率,然后确定器件在何处通过或失效。通常这是一个描述测试,因为很费时。在生产中,一个单独的功能测试模式会和重要的时间或水平一起来确定通过或失效的状态。

（5）数字器件测试机的结构。

数字测试机的结构差异很大,取决于被测器件的目标市场。一些数字测试机瞄准特定市场部分,例如 DFT 或低端产品。而其他数字测试机可以升级平台,速度和存储器深度可变,以便使用者随着需求的升高来扩充系统,或为另一项特定任务重新配置系统。而无须投资一台新平台、DUT 板或转化测试程序。

数字测试机的“心脏”是器件输入和输出(I/O)管脚连接到测试机的 I/O,这部分称为管脚电子(PE)。PE 包括许多功能。驱动器设定要输入器件的逻辑"1"和"0"电压电平,并设定管脚为高阻抗或"三态"功能以便 DUT 驱动管脚。比较器设定从器件输出的逻辑"1"和"0"电压电平。如果电压是介于这两个逻辑水平之间,则称为"中间带"。DC 输入和测量也用参数测量单元(PMU)完成水平设定和统计偏差。因为 DUT 会收到交流动态信号,所以必须由时钟发生器产生时间沿以满足器件需求。驱动器和比较器都有通用的格式,是一组器件周期内的水平和时间。通常,器件周期是器件运行的时钟频率,代表接受、处理和发送 1 位数据的时间。一个器件周期有越多的时间沿,信号就越灵活而且越快。矢量存储器包含每个器件周期从测试机输入的逻辑"1"和"0"。比较存储器里有一张表格,包括每个周期测试机期望从 DUT 得到的信号和错误存储器记录失误的管脚及其位置。这些都互相配合以使逻辑"1"从矢量存储器在正确的时间并以正确的水平发出,以使 DUT 识别出这是有效的输入,DUT 发出恰当的回馈,比较器解码成逻辑"1"和"0",然后和比较存储器比较来判定其是否正确。测试可选择以线性方式通过存储器地址。序列器是一个矢量地址发生器,使用结构化的方法访问存储器,例如子程序或随机跳操作。而且,人们希望有某种灵活性,能将一种格式或时间沿组变换成下一个器件周期的其他格式,这称为快速(OTF)转换。所有这些操作需要和谐配合,将 DUT 置于其应用环境,而测试处理器是一个管脚接一个管脚完成此任务的。以上描述的管脚电子的所有功能性是每个管脚都必须具备的,或者说每个管脚都要满足不同数字器件所要求的灵活性和复杂性。

扫描在数字器件中很流行。为了满足这一需求,配置中要包含长度很大的扫描存储器,例如,超过 100 MB。

结构中其他一些重要部分包括时钟和定时。时钟是用来驱动 DUT 的,而且可能不止一个范围。每个范围的时钟频率可以无关,或相位无关。对于数字测试机,通常认为全部时间准确性(OTA)和时间沿部位准确性(EPA)是最重要和最基本的规范。这些规范表明测试系统开启和测量时间沿所能达到的准确度。信号沿的清晰度对于 DUT 的性能和信号波动(即不必要的信号沿移动)也至关重要。

测试机结构中还需要的其他功能包括电源,高精度直流参数测量单元 —— 比管脚 PMU 的测量更精确,一个系统控制器或 CPU 来运行测试程序,以及一个时间间隔分析仪用来测量信号沿的时间。软件环境要求是交互式的,并且基于图形用户界面(GUI)。由于速度和管脚数目的增加,使得系统中的空气流通很困难。为了保持一定的温度,液体冷却系统是技术发展的趋势。

(6) 高速数字测试。

半导体业的发展,如更小的栅极宽度和更高级的材料及制造技术,使得快速芯片内通信成为可能。在许多情况下,IC 的瓶颈在于芯片和其他系统功能块之间的数据传输。开发更快的芯片间接口的需求导致了数据传输的许多不同标准。

理解高速器件的特点和挑战是概括测试计划和确定合用的 ATE 重要的第一步。例如,有些标准利用内置式的时钟,而另一些,如超级传输,提供一个与数据和内部锁相环(PLL)同步的外部时钟。后者需要一个具有资源同步能力的接口,而前者则需要一个时钟恢复电路。有许多情况是数字测试机要求使不确定字位流或一些随机数据包同步。

许多高速总线协议是以微分为基础的。微分波动通常是极小的,这就要求数字测试机有能力提供一个很好定义的、回转率受控的、低波动的线性信号。

有些器件需要实现双传输线以完成快速读写传输,或完成专用单驱动或单接收的 ATE 和双向器件接口连接。一个例子是双数据率(DDR) 器件必须用一个驱动器和一个接收器使双向 DDR 数据管脚(单端) 和 ATE 连接。

设置、保持和调整测量对于高速测试极为重要,并且 ATE 硬件必须能够准确测量调整、设置和保持时间。

最重要的高速参数之一是抖动。抖动的影响是当它被引入器件,就会引起相连的接收机探测到一个不正确的数位传输,从而引起失误。通常,测试机要能够输出和测量抖动。抖动偏差测量要求测试机输出一个已知大小的抖动,同时监控器件的输出察看数位错误率。这是一项功能测试。另外,抖动传输是测量器件如何放大或传输抖动输入到其输出。器件的 PLL 过滤抖动的能力是很重要的。对于这项测试,测试机提供抖动源来描述刻画器件对抖动的传输。

眼状图表是另一种常用的图示方法,用于显示测试机测量的器件上的全部抖动。眼状图是所有数位时段内获取的波形互相叠加在一起的一个综合表现。为了利用数字测试机产生眼状图,通常要执行多次模式,每次都要改变信号沿的位置和 / 或脉冲水平。眼睛的大小和形状表明器件上的抖动。眼睛交叉点的形状表明在随机抖动之外是否有确定性抖动。

同步输入的器件输出要求采用与传统技术不同的方法来测试。测试这些输出的主要区别在于输出信号传输的不确定放置。传统的器件有规范来定义输入和输出的时间关系。同步输入器件没有类似的规范;相反,数据输出也伴随着一个时钟信号。对于 ATE,这意味着器件的输出时钟要用做采样数据。而今,许多同步输入器件允许一个很大的输出放置的偏移,如 2 个或 4 个数据位时间,并且能够不使用同步输入性能来测试。在这种情况下,寻找最佳获取数据的时间是利用无同步输入功能测试机的一种方法。

3. 数模混合器件

数模混合信号器件在人们的日常生活中很流行。最常见的应用包括手机、硬盘驱动器、访问互联网服务提供者(ISP) 的互联网设备、多媒体音频和视频器件、光盘存储、游戏和医疗仪器,这些应用中的混合信号器件使其更便于使用。

(1)混合信号器件的定义。

一个混合信号器件由模拟和数字元件组合或集成在一个器件内以完成特定的功能。模拟部分用来应对随时间和幅度变化的信号,具有和线性器件(如放大器和滤波器) 相似的功能。这可以用逻辑、状态机和处理器来完成数字部分的功能。

(2)混合信号器件的基本功能块。

数字部分的功能性和构成类似于本章介绍的数字器件部分。一个更特别的数字部分包括 DSP,用于根据特定的需求处理信号。DSP 的典型用处是转换时域数据到更适合 CPU 数学操作的数据,例如转换时域数据到频域(快速傅里叶变换),并执行数学计算以达到实际测试参数,例如总谐波失真等。其他用处包括复杂信号处理,如信号调制、解调或数字滤波。其他数字块包括 CPU、数字逻辑以及内置存储器。

器件的模拟部分用来应对随时间和幅度变化的信号。一般认为这些信号是现实世界中的信号,因为这些信号通常与固定时间的事件无关,随时都可发生,而且不是周期性的。最常用的模拟功能块是放大器和滤波器。

器件的转换器部分可以将模拟信号,或随时间和幅度变化的信号转换为数字信号(A/D转换器),并为数字信号转换为模拟信号(D/A转换器)转换器提供了一个数字域和模拟域之间的接口。数字域的信号可以修改和传输而没有任何扭曲。这更适合数字逻辑和计算;而模拟信号更适合提供面向人的用途,例如音频和视频信号,而且模拟信号易受噪声干扰而变形。

滤波部分利用一些技术从有用信号中去除或限制无用信号。滤波可以是模拟滤波形式,通常发生在时域。利用有源元件(如功放)或无源元件(如电阻、电感和电容)。数字滤波是一个数学计算过程,可用时域的卷积运算或频域的基于FET的运算,并去除无用部分或加强有用部分。

电源部分是器件最重要的部分,却常常被忽略。最适宜的电源供电、发送、旁路过滤对于保持噪声和波纹最小化是关键,这使得器件能正常工作。

(3)混合信号测试机的结构及测试。

一个能测试所有基本功能块不同功能的测试机的结构必须匹配预期的刺激信号,并能测量预期的输出。

用于混合信号测试的基本数字测试机测试时和数字信号测试类似。然而,增加了两个数字性能,是提供数字刺激波形数据和获取模/数转换结果所必需的。这两个性能是数字源存储器和数字获取存储器。

数字获取存储器是ATE系统的一个功能,用于将矢量比较的结果存储到DSP可访问的存储器。所存储的是数据而不是通过/失效状态。

模/数转换器(ADC)要求采样数据存到测试机存储器,因为其输出是不确定的,更进一步,DSP是决定通过或失效条件所必需的。对高精度器件要求很大的获取存储器。此外,为了减少测试机资源,测试机要求有基于矢量地址进行选择性存储采样数据的功能,这种功能称为选择性获取。这个功能由音频编码/解码(CODEC)器来完成,CODEC经常用在电信和多媒体音频业。这些器件要求256位结构,而这个结构里只有20位用于代表一个信道的结果。数字获取功能要求仅仅获取这一结构中相关的采样位的能力,以减少不必要的获取和后期处理一个采样中其余不必要的236位的费用。为了实现足够的动态测试覆盖,数字获取率必须以最快频率运行。

数字源存储器(DSM)分出一部分数字矢量存储器作为一个连续数据块,标准测试矢量可以调用这个数据块。在许多情况下,存储器用于框架结构的连续性器件接口。这个功能简化了用于ADC测试的源波形的有效管理。和获取存储器类似,所要求的容量大小与分辨率和波形的数量有关。因为这个功能主要用于框架结构的接口,所以对速度的要求不高。

模拟部分混合器件测试要求两个模拟模块 —— 波形发生器和数字转换器,二者通常由其分辨率和采样率说明。

随机波形发生器(AWG)提供采样存储器,用户编程来产生任意类型的波形,波形可用数学方法定义。输出频率变化可以通过修改采样时钟或波形数据来完成。AWG 的采样时钟可以从带数字矢量的通用主时钟得来以确保一致性,或从另一个主时钟得来。通常,在混合信号测试机内至少提供两个主时钟来支持测试中的多频率组合。

波形数字转换器对器件产生的模拟输出进行采样,并存储离散电压值到本地存储器。数字转换器内的 DSP 接下来计算规范规定的性能并返回结果到用户计算机。在采样频率超过数字转换器最大可用的尼奎斯特频率的情况下,可以减少采样。这种方法利用测量单元的高输入带宽将有用信号放到频谱中。利用这种采样方法的数字转换器称为取样器。

(4) 混合信号测试方法。

对于数模混合电路的测试,通常没有什么简单的方法,只有在电路设计中将其分为可以单独测试的模拟、数字模块,在测试时,对模拟部分与数字部分分别进行测试。据统计,混合电路中模拟部分所占的芯片面积通常为 20% ~ 25% ,但所需的测试时间和测试成本,却与数字部分相当,甚至更高。对于数字、模拟部分有效隔开的混合电路,测试的步骤通常依照以下的顺序进行:模拟测试 — 数字测试 — 整体功能测试。需要注意的是,即使模拟测试与数字测试的结果完全合格,也并不表示电路没有故障。因为两者间的连接部分出现一点错误,同样会导致电路失效,所以无论整体功能与模块化的测试结果间有怎样确定的关系,在测试项目中,保留一些整体功能测试都是必需的。

混合电路测试不同于单纯的模拟或数字测试,它的测试质量不仅取决于二者各自的精度,也与它们之间的相互影响有关,比如模拟部分与数字部分必须有相互独立的接地系统。另外。由于模拟部分的存在,测试负载板的性能也格外重要,其噪声特性应比测试要求低 12 ~ 18 dB,除此之外。数字信号线应为 50 Ω 屏蔽线,低频模拟信号需要屏蔽双绞线,高频信号线间应避免相互交叉,直流电源要接电容等。在这些细节上的疏忽,可能给测试结果带来很大的干扰,甚至错误。

对混合电路的测试,特别是生产测试中,不可能分别用不同的仪器设备进行模拟与数字测试,这在测试时间上是不允许的,因而测试设备必须同时具备模拟测试与数字测试的能力。增加了模拟测试功能的通用测试仪与单纯的数字测试系统相比,价格又高了很多。测试成本问题,以及随着器件尺寸缩小产生的测试能力限制,都使得内建自测试技术受到越来越多的关注。

4. 测试技术发展趋势

(1) 芯片系统。

无线和光应用中的现代电路含有模拟和混合信号电路部分。电路的测试技术目前正在完善,设计者认识到测试这些电路的复杂性。将来,把一些通信与无线产品设计成整个系统都集成在一个芯片上。中心处理器、存储器、I/O 接口和其他处理电路集成在同一芯片上 ——SOC。

(2) 混合信号测试。

如今单一 IC 芯片上混合了多种技术模块,如数字逻辑、嵌入式动态 RAM 和模拟电路模块,这种发展给测试带来了更大的困难。不同的电路有不同的故障行为并要求使用不同的测试方法。为产生测试数据并比较所有响应,不同模块需要不同的测试源(测试图生成和激励等）和响应分析仪,这是由外部测试设备来完成这些测试需要的。然而,测试一个混合电路芯片可能需要 3 个不同的外部测试器。一些测试设备商开发了所谓的超级测试器,它合并了 3 个外部测试器的功能,但这种测试器的价格更高。

IC 芯片的测试包括芯片加工后检验模拟电路和数字电路的功能。在数字电路领域,已经开发出许多技术来测试数字电路。如 ATPG 和 DFT 电路。然而,由于模拟电路的输出特性,测试混合信号(尤其模拟信号)电路非常困难,换句话说,模拟电路的测试不是简单的逻辑 1 或逻辑 0 的测量,而是包括电压、电流、频率响应、S 参数等的测量。因此,模拟电路中单固定故障的影响能通过电路传送,并破坏电压和电流的输出。

混合电路测试的研究者积极研究优化模拟电路输入激励,这种激励能测试混合信号芯片的故障模型。目前,由于混合信号电路的复杂性,模拟故障模型的开发受到了很大的挑战。模拟 DFT 电路的功能提供了技术诊断能力,因此测试工程师能发现芯片故障的原因。

片上系统技术基于应用嵌入式内核来缩短市场周期和节省芯片成本。嵌入式内核表示先设计好的复杂功能模块,也称虚拟元件或知识产权(IP)模块。这些嵌入式内核可能已被不同的供应商设计出来,也可能设计为多种层次以适应在 SOC 设计中的重新使用,也可能是 SOC 在不同时间开发出来。每个嵌入式内核有自己的测试能力,SOC 必须能利用内核的测试能力进行 SOC 上每个内核的测试。目前,由于知识产权的保护,要获得嵌入式内核测试功能很难。如果嵌入式内核设计测试友好,则 SOC 测试比较简单。目前,正在开发嵌入式内核测试的相关标准。开发标准的目的是确保来自不同供应商的嵌入式内核具有互用性和测试友好性。当相关标准可用时,大多数芯片将能自测,意味着将减少对昂贵外部测试设备的需要。

（3）可测性设计。

传统上,IC 测试与设计的关系只是测试时以设计为标准和依据,设计出相应的测试方案,这种情况随着集成电路的发展也产生着必然的变化。由于电路规模的增大、电路结构的复杂化,IC 测试的难度也随之增加。为了降低测试成本,在设计阶段考虑到测试的需要,增加相应的结构,以降低测试难度,这就是可测性设计(DFT)。

DFT 的基本原则可概括如下:将模拟部分与数字部分在物理结构和电学性能上尽可能分开;电路内部所有锁存器和触发器可以初始化;避免所有可能的异步和多余结构;避免出现竞争;提供内部模块的控制、检测手段;反馈通路可以断开;谨慎使用有线逻辑;使用控制、测试点;使用分割、选择控制。

思考与练习题

7.1 什么是工艺监控?
7.2 氧化层质量检测的流程和手段有哪些?
7.3 什么是集成结构测试图形?
7.4 电学测试的基本分类有哪些?
7.5 简述封装测试的等级。

7.6　简述模拟器件的特点及测试方法。

7.7　简述数字器件的测试方法。

7.8　混合器件测试需考虑哪些要素?

参 考 文 献

［1］RICHARD K U，BROWN W D. 高级电子封装［M］. 2 版. 李虹,张辉,郭志川,等译. 北京:机械工业出版社,2010.

［2］GENG H. 半导体集成电路制造手册［M］. 赵树武,陈松,赵水林,等译. 北京:电子工业出版社,2006.

［3］王蔚,田丽,任明远. 集成电路制造技术:原理与工艺［M］. 修订版. 北京:电子工业出版社,2013.

［4］TUMMALA R R. 微系统封装基础［M］. 黄庆安,唐洁影,译. 南京:东南大学出版社,2005.

［5］TABATA O，TSUCHIYA T. MEMS 可靠性［M］. 宋竞,尚金堂,唐洁影,等译. 南京:东南大学出版社,2009.

［6］GARROU P E，TURLIK L. 多芯片组件技术手册［M］. 王传声,叶天培,译. 北京:电子工业出版社,2006.